그림과 상상과 비유로 체험하는 재미있고 유쾌한 교양과학

익사이팅 사이언스

지은이 조엘 레비(Joel Levy)

영국 출신의 작가이자 저널리스트. <뉴턴의 노트(Newton's Notebook)> <침대 맡에 두고 보는 화학(The Bedside Book of Chemistry)> <성당 안의 한 마리 벌(A Bee in a Cathedral)> 등 과학과 역사에 관한 책 10여 권을 썼다. 특히 <성당 안의 한 마리 벌>은 비유와 인포그래픽으로 과학의 세계를 설명해 크게 주목받았다. <브리티시 내셔널 프레스(British National Press)> 등의 신문과 잡지에 기고하면서 TV와 라디오 등에도 출연해 과학 대중화에 힘쓰고 있다.

옮긴이 이영기

서울대 물리학과를 졸업했다. 중앙일보 기자로 일했으며 현재 전문 번역가로 활동하고 있다. 저서로는 <상식 밖의 과학사>가 있으며 <시간은 왜 흘러가는가> <과학의 탄생> <아인슈타인:철학적 견해와 상대성 이론> <위험한 생각들> <구글 이후의 세계> <물리캠프> <기하학 캠프> 등을 번역했다.

익사이팅 사이언스

초판 1쇄 인쇄 2019년 4월 30일

지은이 조엘 레비
옮긴이 이영기
펴낸이 김태수
디자인 정다희
펴낸곳 엑스오북스
출판등록 2012년 1월 16일(제25100-2012-11호)
주소 경북 김천시 개령면 서부1길 15-24
전화 02-2651-3400

ISBN 978-89-98266-25-7 03400

잘못 만들어진 책은 구입하신 곳에서 바꾸어 드립니다.
값은 뒤표지에 있습니다.

이 도서의 국립중앙도서관 출판예정도서목록(CIP)은 서지정보유통지원시스템 홈페이지(http://seoji.nl.go.kr)와
국가자료종합목록시스템(http://www.nl.go.kr/kolisnet)에서 이용하실 수 있습니다. (CIP제어번호 : CIP2019012434)

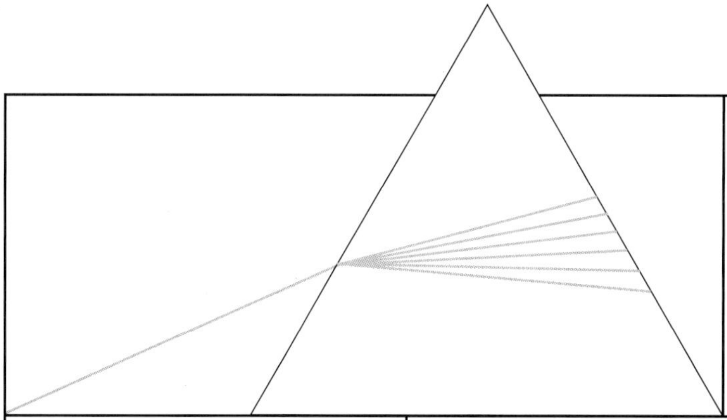

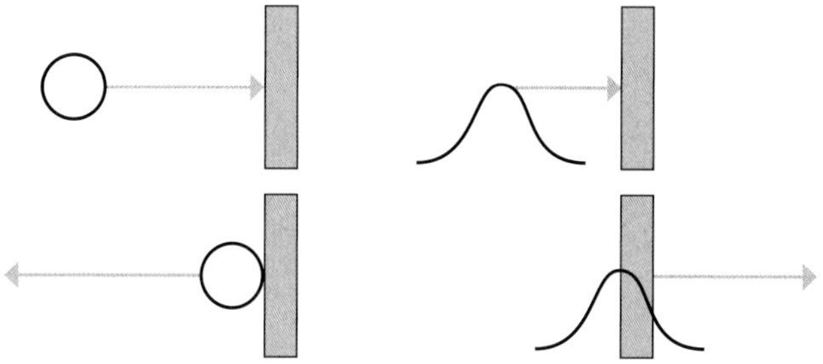

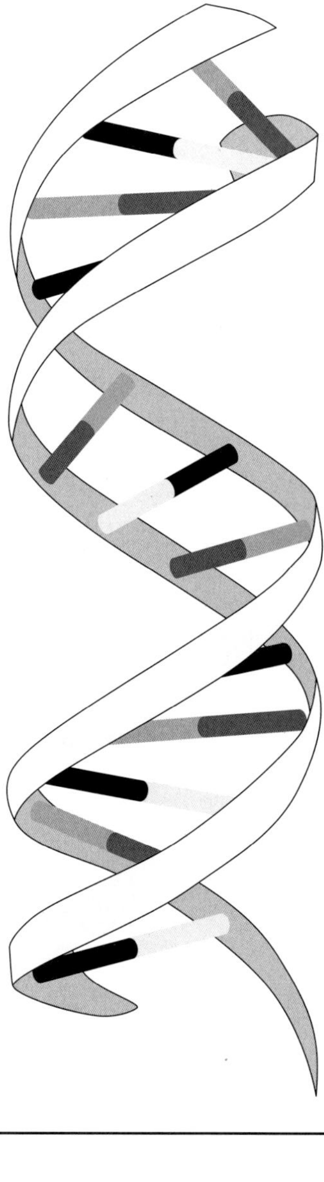

그림과 상상과 비유로 체험하는 재미있고 유쾌한 교양과학

익사이팅 사이언스

JOEL LEVY

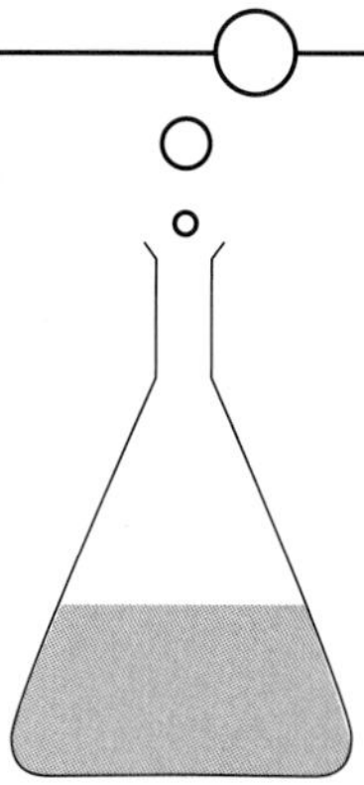

Contents

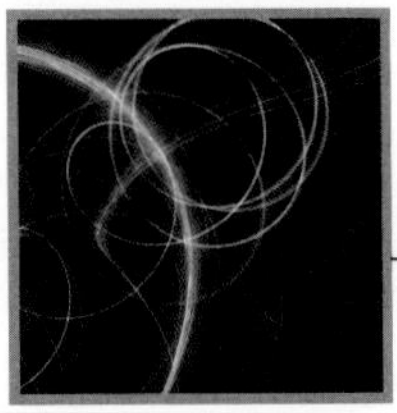

01 물리학

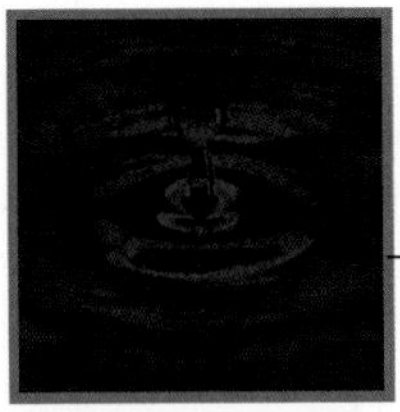

02 화학

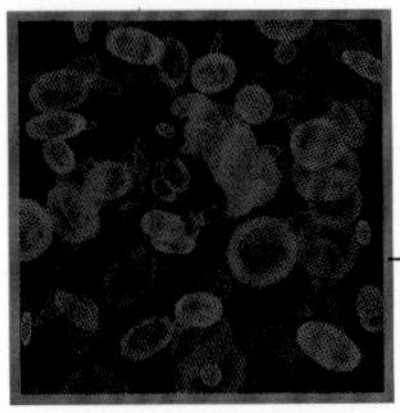

03 생물학

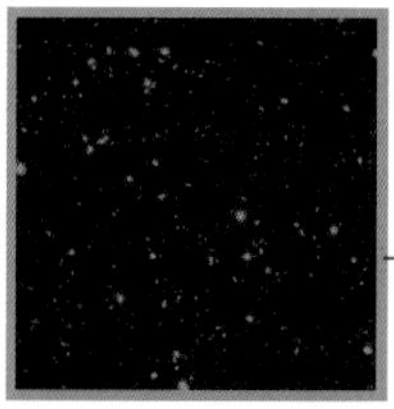

04 천문학

05 지구과학

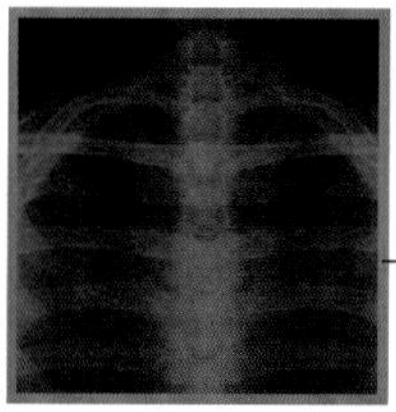

06 인체

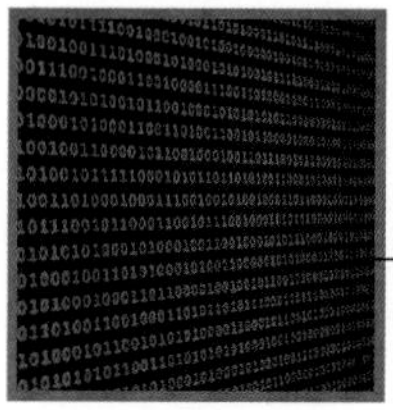

07 기술

들어가는 말

지구의 성층구조가 스카치 에그와 얼마나 닮았는지를 알고 싶다면 174쪽(*추후 확인)를 펼쳐보라.

▶ 지구가 스카치 에그(완숙한 달걀을 소시지 고기로 감싼 다음 빵가루를 묻혀 기름에 튀긴 스낵)와 비슷하다는 걸 알고 있는가? 만약 자동차 기술이 컴퓨터의 발전 속도만큼 발달했다면, 휘발유 한 탱크만으로도 달까지 왕복할 수 있다는 걸 알고 있는가? 맥스웰의 도깨비와 데카르트의 전능한 악마(evil genius)에 대해 궁금하지 않은가? 당신은 2차원 평면에 거주하는 플랫랜더(Flatlander)와 같고, 셰익스피어와 칭기즈칸의 몸의 일부가 우리 몸에도 들어와 있다는 걸 알고 있는가? 거미가 어떻게 점보제트기를 낚아챌 수 있는지 알고 싶지 않은가? 슈뢰딩거의 불쌍한 고양이에게 무슨 일이 일어났는지는 궁금하지 않은가?

이 책은 이런 의문들에 대해 답할 것이다. 그뿐만이 아니다. 태양은 1초에 코끼리를 몇 마리나 태워 죽일 수 있는지, 왜 정자의 운동을 당밀로 가득 찬 뻑뻑한 풀에서 수영하는 것과 마찬가지라고 하는지(당신이 이 풀에서 수영을 한다면 아무리 팔을 휘저어도 1분에 1cm밖에 나아가지 못할 것이다), 왜 전자 하나가 커다란 성당 안을 날고 있는 한 마리 벌과 비슷하다고 말하는지, 어떻게 구멍에 가만히 앉아서도 당신의 쌍둥이 형제보다 두 배나 빨리 늙을 수도 있고 혹은 더 오래 살 수 있는지, 태평양 바닷물을 모두 마시려면, 엘리베이터로 에베레스트 산 정상까지 올라가려면 몇 시간이 걸리는지 등등, 이런 의문들에 대한 답도 들려줄 것이다.

이 책에는 많은 비유(analogy)와 사고실험(thought experiment)들이 등장한다. 이 둘을 잘 버무린 맛있는 스튜로 지식을 향한 당신의 입맛을 당기기 위해서다. 또 은유와 직유도 소스처럼 적절히 가미했는데, 난해한 과학개념들을 소화하기가 더 쉬울 것이라고 생각하기 때문이다.

비유의 해부

과학이 어려운 데는 다양한 이유가 있다. 난해한 수학과 복잡한 방정식이 들어있기 때문이다. 또한 불가해할 정도로 엄청나게 큰 대상을 다루거나 혹은 상상하기 힘들 정도로 작은 미세한 대상을 다루기 때문이다. 전문적인 용어나 표기법이 가로막기도 하고, 심지어 논리나 직관을 거스르는 것처럼 보이기도 하기 때문이다. 이 때문에 과학 교육자들은 과학의 개념을 보다 명료하게 설명하기 위해 오래 전부터 비유나 은유, 직유 그리고 사고실험 등에 관심을 기울여 왔다.

비유가 매우 효과적인 까닭은 인간의 정신 구조에 부합하기 때문이다. 인간의 정신은 복잡하면서도 유동적인 환경 속에서 진화해 왔

비유는 출처 즉 **유사**(analog, 손쉽게 다가갈 수 있는 친밀한 개념이나 상황 혹은 물체)와 **대상**(target, 설명되거나 비교되어야 하는 개념)으로 이루어진다. 출처와 대상 사이를 연결하는 것이 매핑(mapping)이다. 긍정적인 매핑은 출처와 대상이 엇비슷함으로써 둘 사이의 속성을 공유하지만, 부정적인 매핑은 대상이 출처와 닮지 않은 경우이다-이런 경우에는 비유가 되레 오해를 초래하게 된다.

으며, 그러다 보니 불완전하고 혼란스러운 정보를 빠르고 효과적인 방법으로 처리하는 쪽으로 발달해 왔다. 인간의 정신은 경험으로 터득한 지식을 활용하며, 어떤 상황에서도 가능한 한 지름길을 찾으려고 애쓴다. 대부분의 사람들이 엄격하고 논리적인 사고 과정을 따라가는 것을 어려워하는 하는 까닭도, 이처럼 인간 정신이 경험 법칙에 치중해서 진화해 온 탓이다. 대신에 우리는 익숙하지 않은 것을 익숙한 것과 비교하거나, 경험한 것을 되돌아보거나, 사물들 사이의 관계를 들여다보면서 패턴이나 의미를 찾는 방식이 더 편하다. 비유를 통한 추론은 바로 이런 방식들을 채택하는 것과 다를 바 없다. 사실 비유는 워낙 효과적이어서 과학의 소통뿐 아니라 과학의 탐구 과정에서도 핵심적인 역할을 한다. 비유는 과학적인 영감이나 창조성이라는 신비한 현상을 이해하는 열쇠이다. 따지고 보면 과학의 역사에는 비유를 통해 일궈낸 획기적인 업적들이 수두룩하다.

비유에 의한 과학혁명

비유가 얼마나 효율적인지 확인하려면 과학혁명의 탄생이라는 결정적인 시기를 돌아보면 된다. 요하네스 케플러는 행성의 운동에 관한 법칙-최초의 과학법칙들 중 하나-을 발견한 인물이다. 그가 이 법칙을 발견할 수 있었던 것은 처음부터 우주를 거대한 시계 장치로 보았기 때문이다(10~11쪽을 볼 것). 이 비유를 통해 그는 세계에 대한 기존의 이론이 잘못되었음을 확신했으며, 우주의 수학적 법칙을 발견할 수 있다는 용기를 갖게 되었다. 그의 연구방식-그의 비유-은 젊은 아이작 뉴턴에게도 영감을 주었다. 뉴턴은 어머니 집의 과수원에서 사과가 떨어지는 것을 보고 달의 궤도와 비교했고, 이런 비유에 깔려 있는 어떤 원리가 있지 않을까 의심하면서 더 깊이 파고들었다.

과학적인 발견 과정에서 비유로부터 영감을 받은 사례는 이 밖에도 매우 많으며, 그런 사례 일부가 이 책에 담겨 있다. 예컨대 로버트 보일은 기체 입자들을 코일 스프링으로 상상함으로써 기체분자 운동론을 발전시킬 수 있었다(38~39쪽 참조). 크리스티안 호이겐스와 후계자들은 광학 현상을 분석하면서 물에서 일어나는 파동과 비교했으며, 제임스 클러크 맥스웰은 전기력을 수조에 담긴 물의 압력과 비교해 모델링했다(48~49쪽 참조). 아우구스트 케쿨레는 꿈에서 뱀이 자신의 꼬리를 물고 있는 모습을 보고 영감을 받아 벤젠의 화학적 구조가 고리모양을 하고 있다는 사실을 발견했다. 왓슨과 크릭-그리고 그 이전과 이후의 많은 과학자들도-은 연구과정에서 모델(모형)을 사용했으며-모델이야말로 비유의 한 형태다-, 이를 통해 DNA가 이중나선 구조를 하고 있다는 결론에 이를 수 있었다(90~91쪽 참조).

한편 사고실험은 비유나 은유를 통한 추론의 한 형태라고 할 수 있다. 사고실험은 대부분의 과학영역에서 유용성을 입증했지만 물리학 분야에서 가장 효과적으로 기능했다. 특히 아인슈타인의 획기적인 발견들 대부분은 사고실험-"빛에 올라타고 있으면 어떤 느낌일까?" "자유낙하 하고 있는 사람에게는 어떤 힘이 작용할까?" 같은 것들-의 산물이었다. 이처럼 가상의 상황을 상정함으로써 아인슈타인은 상대성이론에 도달할 수 있었고, 우주에 관한 우리의 이해를 새롭게 전환시킬 수 있었다(14~15쪽 참조).

비유를 오용할 때의 폐해

하지만 비유의 한계를 인식하는 것도 매우 중요하다. 왜냐하면 효율적인 도구들이 흔히 그렇듯이 비유도 오용되거나 남용될 수 있기 때문이다. 비유를 오용하면 잘못된 관념이 굳어질 수 있다. 가장 흔한 예로 전기와 물의 비유를 들 수 있다(48~49쪽 참조). 예컨대 전선을 플러그에서 빼면 전기가 새어 나온다고 믿는 것이다. 이것은 비유를 비유로 받아들이지 않고 전기와 물을 동일시함으로써 생긴 잘못된 믿음이다. 이보다 훨씬 심각한 사례는 진화를 나무와 비교한 다윈의 비유를 잘못 받아들임으로써(100~101쪽 참조), 진화란 곧 진보적인 힘이라고 오해하거나, 진화란 자연에 존재하는 위계 관계 혹은 생물체들이 계층적으로 '사다리'를 차지하고 있다는 것을 뜻한다는 믿음이 널리 퍼지게 되었다. 이러한 오해는 인종차별주의자들이 내세우는 사이비과학의 근거로 사용되었다. 식민지 정복과 원주민 대량학살에서부터 나치의 엉터리 우생학에 이르기까지 심각한 결과를 초래했다. 또한 잘못된 비유는 과학적인 사고를 방해하거나 모호하게 만드는 데도 이용될 수 있다. 창조론자들이나 지적설계운동을 주창하는 이들이 근거로 내세우는 시계제조공의 비유가 그런 예다(126~127쪽 참조).

하지만 일반적으로 비유는 과학에서 매우 긍정적인 역할을 맡고 있다. 비유는 대중적으로 널리 퍼지지 못했을 개념들이 폭넓게 논의될 수 있는 기회를 제공하며, 흔히 따분하고 칙칙하다고 여기는 과학 분야에 재미라는 요소를 더해 주기도 한다. 과학은 실내의 화초와 같다. 화초가 제대로 자라게 하기 위해서는 가끔씩 우중충한 구석에서 빼어내 햇볕을 쐬어 주어야 한다.

Section 01

▶ 물리학은 우주에 존재하는 근본적인 힘들을 연구하는 학문이다. 또한 우리의 이해력과 상상력을 훨씬 뛰어넘어 존재하는 에너지들과, 물질 및 시간의 차원, 우리의 상식에 반하는 아찔할 정도로 복잡한 개념들을 다룬다.
나아가 보통 사람들이 풀기에는 너무나도 난해한 수학들을 취급한다. 따라서 물리학이야말로 비유를 가장 많이 필요로 하며, 비유로부터 가장 많은 이득을 취할 수 있는 분야다.
이 섹션에서는 양자역학, 상대성이론, 끈 이론 등을 이해하는 데 필요한 비유들을 소개한다.

물리학

시계처럼 작동하는 우주

▶ *"하늘이 움직이는 원리는...시계와 비슷하다....하늘에서 일어나는 모든 움직임과 운동은 단 하나의 힘에서 비롯된다...그것은 시계의 모든 움직임이 단 하나의 추에서 비롯되는 것과 같다."* 요하네스 케플러.

근대 이전 사람들은 지구를 중심에 놓고, 수정으로 된 완벽한 구들이 동심원을 그리고 있는 게 우주라고 생각했다. 이런 지구 중심적인 우주체계는 신비주의에서 비롯된 것이다. 우주가 어떤 법칙과 힘에 의해 다스려지는 것이 아니라, 완벽한 구체들이 서로 신비한 방식으로 신호를 주고받음으로써 유지되고 있다고 본 것이다. 이들은 밤하늘에서 관측된 천체들의 운동이 자신들의 주장과 들어맞지 않자, 복잡한 방식으로 수학적인 왜곡을 가하면서까지 우주가 완벽한 구들로 이루어져 있다는 걸 보여주려고 했다.

16, 17세기에 니콜라우스 코페르니쿠스(1473~1543)와 요하네스 케플러(1571~1630)는 하늘을 관측한 결과 우주의 중심은 태양이며, 행성들은 태양 주위를 돈다는 단순하고도 우아한 우주체계를 내놓았다. 이 접근법이 혁명적이었던 까닭은 행성들의 운동을 간단한 수학법칙으로 설명했기 때문이다. 다른 모든 천체들에도 적용할 수 있는 보편성을 띠었던 것이다.
이제 우주는 시계처럼 우아하고 아름답게 작동하는 것으로 받아들인다. 거대한 톱니바퀴와 기어를 가진 기계장치로 보게 된 것이다. 나아가 케플러는 우주라는 이 거대한 장치가 단 하나의 힘에 의해서 작동한다고 생각했다(하지만 그는 이것을 증명하지는 못했다). 하나의 추가 좌우로 움직임으로써 괘종시계가 작동하는 것과 같은 원리라고 본 것이다.

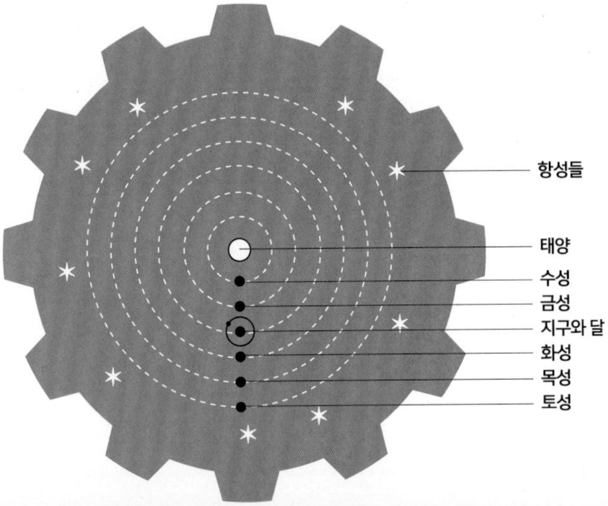

코페르니쿠스는 우리 태양계가 8개의 구로 이뤄져 있다고 보았다. 6개의 구는 태양 주위를 도는 행성들이, 나머지는 지구를 도는 달, 먼 하늘에 있는 항성들이 차지한다.

1,000
고대에
이름이 알려진 별의 숫자 *

2,000
1600년경에
이름이 알려진 별의 숫자 * *

3,000
1712년에
이름이 알려진 별의 숫자 * * *

225,300
1918년에
이름이 알려진 별의 숫자 * * * *

16,000,000
1983년에
이름이 알려진 별의 숫자 * * * *

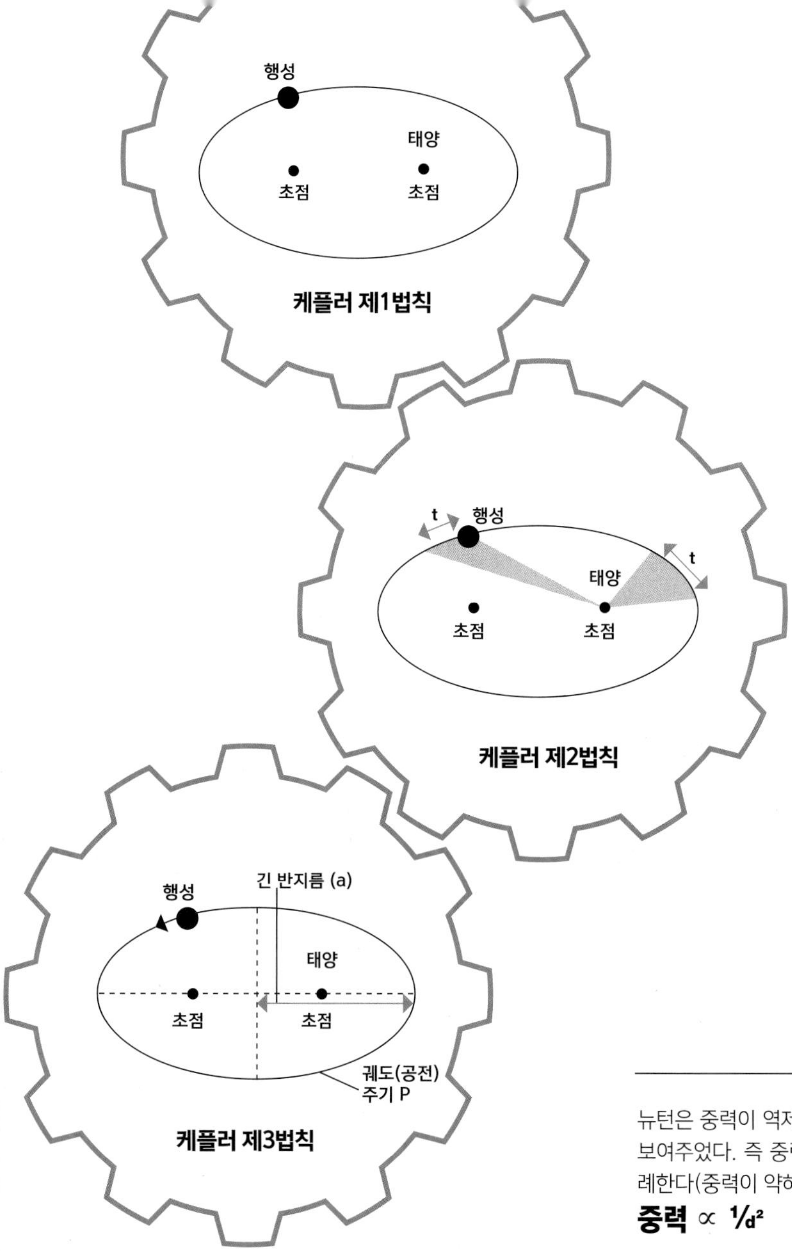

행성운동에 관한 케플러의 법칙3

1 행성은 태양 주위를 타원 궤도를 따라 움직이며, 태양은 타원이 가진 두 개의 초점 중 하나에 위치한다.

2 행성이 궤도에 머무는 한, 행성과 태양을 연결한 선은 같은 시간 동안에 같은 면적을 그린다.

3 행성의 공전주기(P)의 제곱은 (타원의) 긴 반지름(a)의 세제곱에 비례한다. 즉 $p^2 \propto a^3$이다.

뉴턴은 중력이 역제곱 법칙을 따른다는 사실을 보여주었다. 즉 중력은 거리(d)의 제곱에 반비례한다(중력이 약해진다).

중력 $\propto 1/d^2$

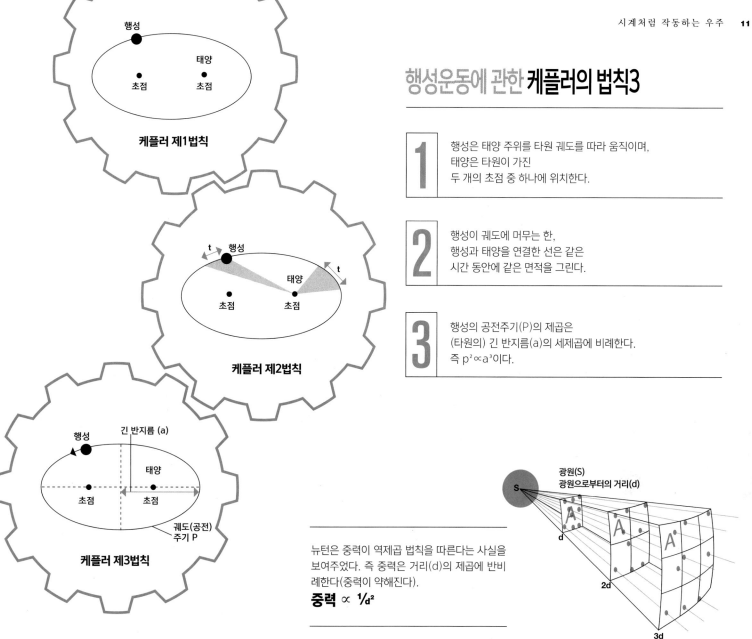

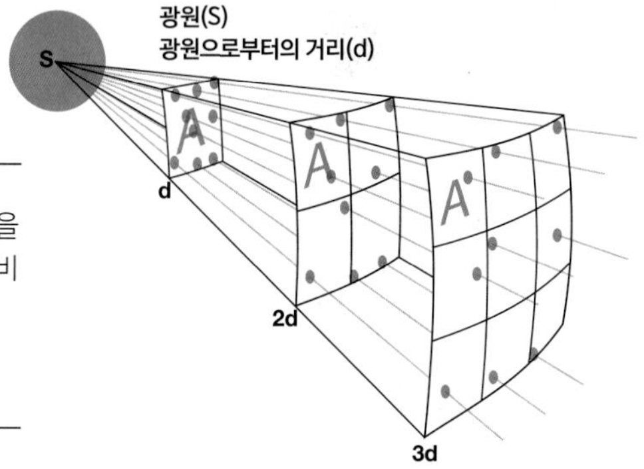

케플러는 천문학자가 아니라 **수학자**였다. 그는 행성 운동에 관한 자신의 법칙을 발견하는 데 필요한 천문학적인 자료들을 얻기 위해 덴마크의 위대한 천문학자인 티코 브라헤로부터 도움을 받았다. 브라헤는 특이한 개성의 소유자였다. 그는 결투를 하다 코 한쪽이 베이자 은-금 합금으로 가짜 코를 만들어 붙였다. 또 그가 기르던 애완용 사슴은 맥주를 잔뜩 마시고 계단에서 굴러 떨어지는 바람에 죽어버렸다.

한 번 섞은 카드는 원래대로 되돌릴 수 없다

▶ 포장을 뜯은 카드를 무작위로 섞어 순서를 흩트려놓으면, 아무리 다시 카드를 섞더라도 원래 순서대로 되돌려놓을 수 없다. 이것이 바로 엔트로피다.

열역학 제2법칙에 따르면 닫힌계의 엔트로피는 결코 감소하지 않는다. 엔트로피는 질서의 정도, 혹은 무질서의 정도를 가리키는 말로서 정보나 에너지에 적용되는 개념이다.

포장된 상태의 카드는 상대적으로 낮은 엔트로피를 갖는다. 카드패들이 차례대로 정리돼 있기 때문이다. 하지만 이 패들을 섞어 질서 패턴을 깨버리면 무질서가 도입되고 시스템의 엔트로피가 증가한다. 이후에는 아무리 카드를 섞어도 원래대로 돌아가지 않는다. 카드를 더 많이 섞으면 섞을수록 패들은 더 뒤죽박죽 되고 엔트로피도 증가한다. 이는 사실 아주 정확한 비유는 아니다. 카드를 무한히 섞는다면 우연히 처음의 패 순서로 돌아갈 가능성도 있기 때문이다. 오히려 루빅스 큐브가 더 적절한 비유일 것이다. 색깔별로 정리된 원래 상태의 큐브를 흩트린 다음, 임의로 돌려서 다시 처음 상태로 되돌리는 것은 평생 동안 계속해도 거의 불가능하다.

두 비유와 비슷한 것으로 칸막이로 나눠진 용기를 생각할 수 있다. 두 칸에 각각 뜨거운 기체와 차가운 기체가 담겨 있다. 열역학법칙에 따르면 열에너지는 높은 곳에서 낮은 곳으로, 두 칸의 온도가 같아질 때까지, 흐른다. 즉 시스템의 엔트로피가 증가한다. 일단 이 과정이 진행되면 원래 상태로 되돌리기는 불가능하다.

맥스웰의 악마

물리학자인 제임스 클러크 맥스웰은 (아래 그림과 같은) 사고실험을 제안했다. 어떤 존재-나중에 '맥스웰의 도깨비'로 불렸다-가 온도가 같아진 기체로 가득 차 있는 양쪽 칸막이 사이의 문을 조절해 속도가 빠른 입자는 왼쪽 칸에서 오른쪽 칸으로 보내고, 느린 입자는 오른쪽에서 왼쪽 칸으로 옮긴다고 해보자. 결과적으로 오른쪽은 온도가 올라가고 왼쪽은 낮아져서 엔트로피가 감소하고 열역학 제2법칙이 깨진다(카드를 섞어서 원래 상태로 되돌리는 데 성공한 것과 같다). 이런 모순은 어떻게 설명될 수 있을까. 사실 그 도깨비 자신이 (칸막이를 여닫음으로써 일을 했기 때문에) 에너지의 원천이며 엔트로피가 더 늘어났다고 할 수 있다. 따라서 도깨비가 시스템을 만드는 데 관여하는 한 열역학 제2법칙은 그대로 지켜진다.

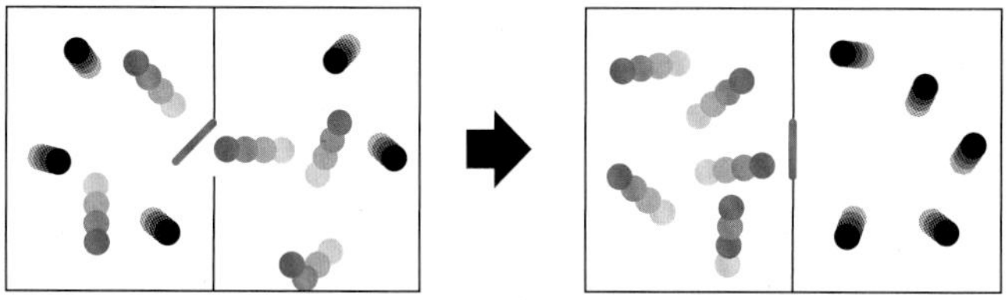

자기부상 바퀴의
최장 작동시간

영구운동기관을 만드는 것은 불가능하다. 열역학 제2법칙에 위배되기 때문이다. 영구운동기관에 가장 가까운 것은 진공상태에서 작동하는 자기부상(magnetic levitation) 바퀴다.

12 years

우주가 계속 팽창한다고 가정할 때
최고의 **엔트로피** 상태에 이르려면 10^{100}-10^{1000}년이 걸린다.

10^{100}-$10^{1,000}$ years

우주의 **현재** 나이

10^{10} x1.38 years

물리학자인 아서 에딩턴은 열역학 제2법칙이 깨질 확률은,
한 무리의 원숭이들이 타자기를 쳐서
대영박물관에 있는 모든 책들의 내용과
똑같이 타이핑할 수 있는 확률보다도 더 낮다고 지적했다.

우주 전체가 자기 마음대로 타자기를 치는 원숭이들로 가득 차 있다고 할 때,
한 마리의 **원숭이**가 한 번의 시도로 셰익스피어의 **<햄릿>**을 똑같이 타이핑할 수 있을 확률은 10^{183800} 분의 1이다.

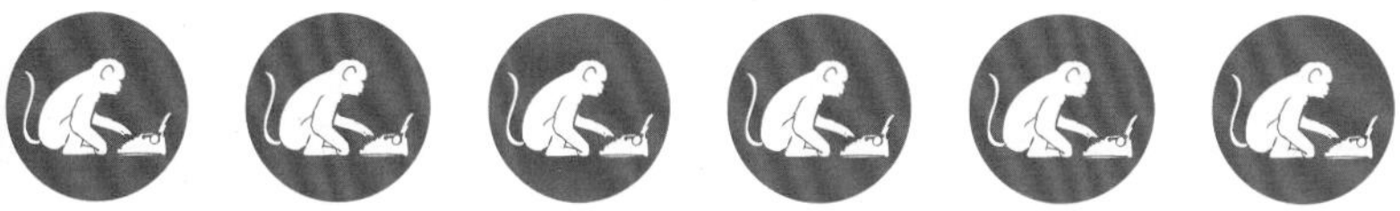

1 in $10^{183,800}$

광속으로 달리는 기차는
정상 속도로 달리는 기차보다 더 짧아 보인다.

당신이 플랫폼에 서서 기차가 빠르게 왼쪽에서 오른쪽으로 달리는 걸 보고 있고, 기차 안에서는 두 사람이 탁구를 치고 있다고 하자. 이 경우 탁구공은 항상 왼쪽에서 오른쪽으로 움직일 것이다. 오른쪽에 있는 사람이 왼쪽으로 공을 넘길 때조차도 그렇게 보인다. 하지만 기차 안의 두 사람에게는 공이 왼쪽과 오른쪽으로 번갈아 움직이는 걸로 보인다. 이것은 당신의 관성좌표계(frame of reference 외부의 힘이 작용하지 않아 정지해 있거나 등속운동을 하는 계. 모든 관성좌표계에서 물리법칙은 동일하게 적용된다-역주)와 기차 안의 관성좌표계가 다르기 때문에 일어나는 현상이다. 탁구공의 속도도 관찰자에 대해 상대적이 된다. 이것을 갈릴레이의 상대성원리라고 부른다. 만약 빛의 속도도 관찰자에 대해 상대적이라면, 지구가 자전하는

슬로모션 속의 기차

▶ 빛의 속도는 (진공상태에서) 일정하기 때문에,
광속에 가까운 속도로 달리는 물체에 대해 시간은 지연되고 공간은 압축된다.
따라서 플랫폼에 서있는 관찰자에게 광속에 가까운 속도로 달리는 기차는 원래보다 더 짧아 보이고,
기차 안의 승객들은 느릿느릿 움직이는 것처럼 보이게 된다.

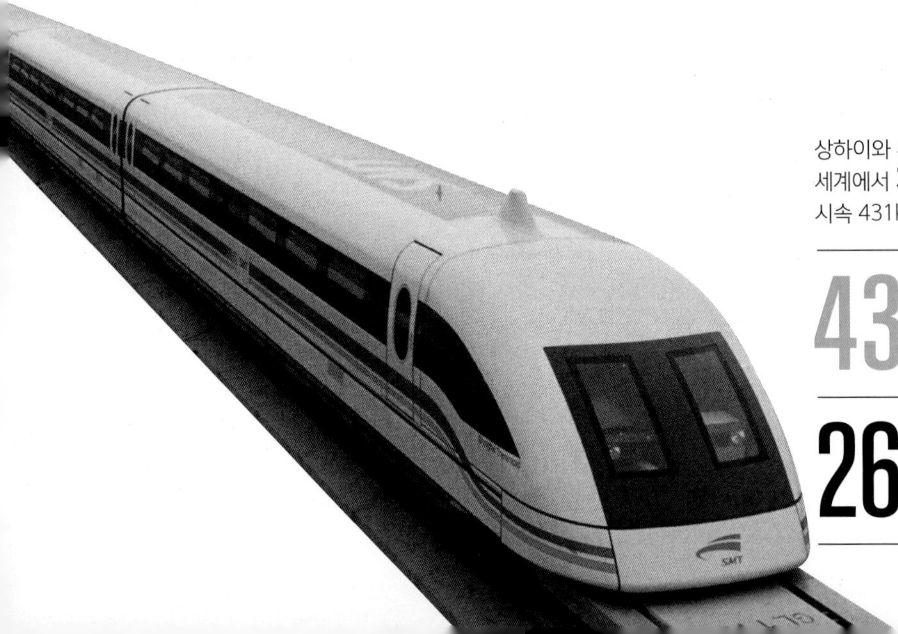

상하이와 푸둥 국제공항을 연결하는 상하이 자기부상열차는
세계에서 **가장 빠른** 열차로 최고 속도가
시속 431km, 268마일에 이른다.

431kilometers
268miles
perhour

방향으로 보낸 빛의 속도(보통 c로 표시한다)는 반대방향으로 보낸 빛보다 속도가 더 빠를 것이다(지구 자전 방향일 때는 자전속도+빛의 속도, 자전 반대 방향일 때는 빛의 속도-자전 속도가 되어야 하기 때문-역주).

그러나 1881년 미국 물리학자 앨버트 마이켈슨은 과연 이런 결과가 나오는지 실험해본 결과 지구 회전 방향에 상관없이 빛의 속도는 일정하다는 걸 알게 됐다. 즉 광속은 관찰자에 따라 상대적인 게 아니라 관찰자와 상관없이 절대적이라는 것이다.

1905년 앨버트 아인슈타인은 광속이 관찰자에 대해 상대적이지 않다면, 대신 시간과 공간에 대해서는 상대적이어야 한다는 걸 밝혀냈다. 기차가 광속에 가까운 속도, 예컨대 0.6c로 당신을 스치면서 달린다고 하자. 이때 기차 안의 승객이 천장을 향해 플래시를 비춘다면, 승객에게는 빛이 수직으로 곧장 올라가는 것으로 보이지만 플랫폼에 서있는 당신에게는 ∧ 모양으로 보일 것이다. 즉 플랫폼 관찰자에게는 빛이 움직인 경로가 더 길다. 하지만 광속은 기차 안이든 바깥이든 동일해야 한다. 이 역설을 해결하기 위해서는 플랫폼 관찰자 입장에서 볼 때, 승객의 시계는 자신의 시계보다 느리게 가야만 한다(거리=시간x속도이다. 여기서 속도인 광속은 일정하기 때문에 거리가 줄어들면 시간도 줄어야 한다. 시간이 준다는 것은 시계가 느리게 간다는 뜻이다-역주). 하지만 운동은 상대적이기 때문에 승객 입장에서 볼 때 0.6c로 움직이는 것은 플랫폼에 서있는 당신이며, 따라서 당신의 시계가 더 느리게 가야 한다고 생각하게 된다. 시간이 지연되면 거리도 줄어든다. 따라서 플랫폼 관찰자에게 기차는 진행 방향으로 짧아진 것처럼 보인다. 속도가 빠르면 빠를수록 기차 길이는 그만큼 더 짧아지고 기차 안의 시간은 더 느리게 흐르는 것처럼 보일 것이다.

X 1.5million

상하이 자기부상열차가 0.6c의 속도를 얻기 위해서는 지금의 최고속도보다 150만 배 더 빨라야 한다.

인간이 만든 **가장 빠른 물체**는 헬리오스2라는 우주탐사선으로, 초속 68.75km다.

68.75 kilometers persecond

진공에서 빛의 속도는

299,792 km/s

뮤온은 높은 에너지를 가진 우주선(線)이 상층 대기권과 충돌하면서 생기는 입자로 수명은 매우 짧지만 광속에 가까운 속도를 갖기 때문에 시간지연 현상에 의해 수명이 길어져 지표면에까지 도달한다.

뮤온의 수명은 0.0000015초이다.

0.0000015 seconds (1.5 microseconds)

뮤온의 수명시간 동안 광속으로 여행할 수 있는 거리는 457m에 불과하다.

457 meters

우주선 뮤온이 실제 이동하는 거리는 12.5km

~ 12.5km **시간 지연으로 뮤온의 수명이 길어지는 배수는 약 25배**

25

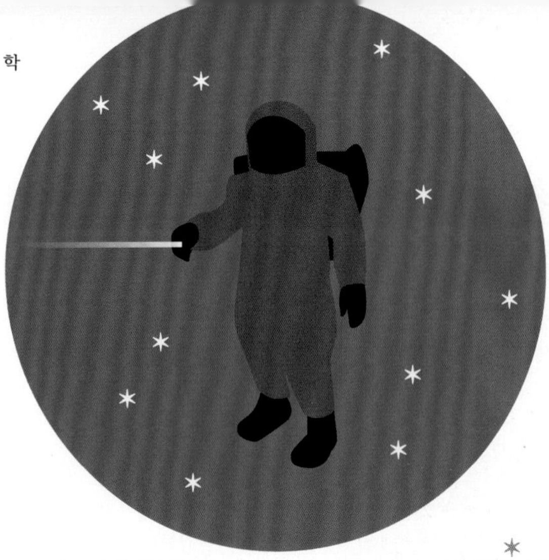

엘리베이터와 로켓

▶ 우주에서 떠다니는 우주인이 중력과 같은 크기로 가속하면서 자기 곁을 지나고 있는 로켓 창을 향해 빛을 쏜다고 하자. 로켓 안의 승객에게는 그 빛이 휘어진 것처럼 보인다. 하지만 이 승객은 자신이 지구의 정지해 있는 엘리베이터 안에 있는 것과 아무 차이를 느끼지 못한다.

중력으로 인해 공은 엘리베이터 바닥으로 가속된다.
두 경우 모두 공이 느끼는 것은 같다.
로켓을 발사하면 엘리베이터 바닥이 공을 향해 가속된다.
자유낙하하는 엘리베이터는 공과 같은 비율로 가속된다.
두 경우는 동일하다
우주에서 정지해 있는 로켓 안의 공은 아무런 가속을 느끼지 않는다.

아인슈타인의 등가원리(principle of equivalence)에 따르면, 창이 없고 아무런 소음도 내지 않는 로켓이 지구 중력($9.8m/s^2$)과 같은 비율로 가속하고 있을 때 로켓 안의 승객은 자신이 지구의 엘리베이터 안에 있는 것과 아무런 차이를 느끼지 못한다. 다시 말하면, 케이블이 끊어져 추락하는 엘리베이터 내부에 있는 사람은 우주에서 정지해 있는 로켓 안의 비행사가 받는 것과 같은 힘을 받는다. 즉 중력과 가속도는 동일하다.

이제 우주에 떠있는 우주비행사가 지나가는 로켓의 창을 향해 레이저 빔을 쏜다고 해보자. 우주비행사가 보기에는 빔이 직진하지만, 로켓 안의 승객에게는 달리 보이게 된다. 로켓이 움직이고 있기 때문에, 빔은 창의 반대편 벽으로 곧장 날아가는 것이 아니라 더 아래쪽에 닿는다. 즉 로켓 승객에게는 빔의 궤적이 휘어지는 것처럼 보인다. 이번에는 같은 빔을 지구에 있는 엘리베이터를 향해 쏘아도 마찬가지다. 엘리베이터 안의 사람에게 빔은 휘어져 보인다. 등가원리에 따르면 중력과 가속도는 같기 때문이다(물론 지구중력은 매우 약한 탓에 휘어지는 정도는 극히 미세할 것이다).

정지 상태

로켓이 우주비행사에 대해 상대적으로 정지해 있으면 레이저 빔은 두 관찰자 모두에게 직선으로 보인다.

등속 운동

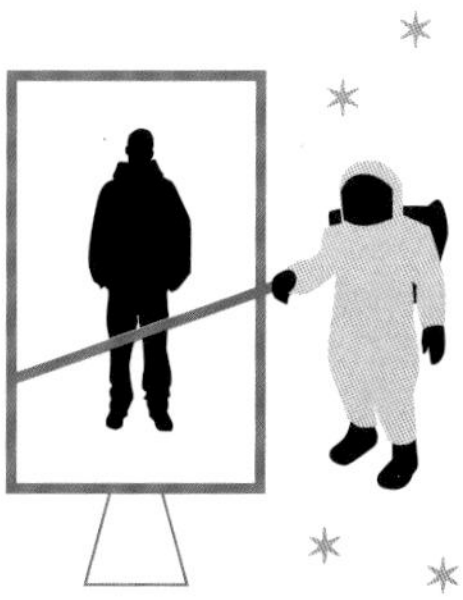

로켓이 등속운동으로 움직일 때 승객은 레이저 빔이 직선으로 아래쪽으로 기우는 것을 보게 된다.

가속 운동

로켓이 가속운동하면, 우주비행사는 빔이 직선으로 움직이는 것으로 보고 승객은 곡선 경로를 그리는 것으로 본다.

빛은 두 지점 사이의 최단거리를 이동하는데, 휘어진 평면에서 최단거리는 하나의 곡선이다. 결국 중력/가속도는 공간이 휘어진 정도, 즉 곡률이라고 할 수 있다. 관찰자에게 중력/가속도는 공간의 곡률이 빛을 휘어지게 하는 것처럼 보일 것이다. 특수상대성이론은 시간과 공간은 같은 사물의 서로 다른 측면일 뿐이라는 걸 보여주었다. 따라서 실제로 휘어진 것은 4차원의 구조물인 시공간(space-time)이라고 할 수 있다.

지구 대비 중력의 비율

태양	수성	금성	지구	달	화성	목성	토성	천왕성	해왕성	명왕성
27.95	0.37	0.90	1.00	0.17	0.38	2.65	1.13	1.09	1.43	0.04

중력에 의한 가속도 크기

태양	수성	금성	지구	달	화성	목성	토성	천왕성	해왕성	명왕성
274.13	3.59	8.87	9.81	1.62	3.77	25.95	11.08	10.67	14.07	0.42

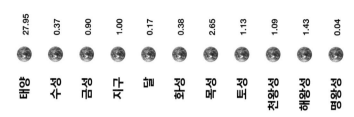

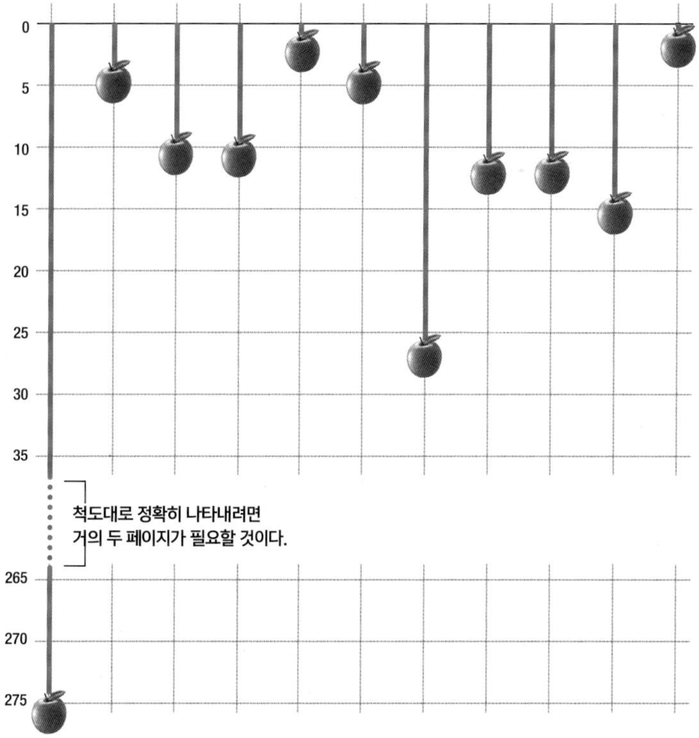

볼링공은 트램펄린을 움푹하게 만들어 3차원으로 밀어 넣는다. 평면에 거주하는 플랫랜더는 2차원만 인식하기 때문에 움푹 파인 상태를 볼 수가 없다.

플랫랜더-2차원의 평면에 사는 사람들

▶ 중력을 시공간의 곡률로 나타내면, 우리는 2차원 평면에 사는 사람들과 같게 된다.
질량을 가진 3차원의 물질이 2차원 평면에 힘을 가했을 때 생기는 변형에 반응하는 셈이다.

중력은 '끌어당기는 힘'이라기보다는 시공간의 경사면에서 떨어져 내리는 것과 같다.

플랫랜더는 오직 2차원의 세계에서만 살아간다. 마치 트램펄린 위를 돌아다니는 개미들과 같다. 2차원의 '트램펄린 세계'에 볼링공 같은 걸 놓으면 무게 때문에 트램펄린이 아래로 처진다. 하지만 2차원 감각만 가진 플랫랜더는 움푹 파인 상태 자체를 인식하지 못한 채 그 결과만을 경험한다. 즉 움푹 들어간 곳을 직선 코스라고 여기면서 따라가지만, 나아갈수록 자신들이 이상한 힘에 의해 당겨지는 것처럼 느낄 것이다. 사실 그들은 측지선-휘어진 표면에서 두 점 사이의 최단거리-을 따라 가는 것이지만, 그들 감각으로는 휘어진 곡선을 볼 수가 없다. 마찬가지로 지구에 사는 우리가 중력이라고 인지하는 것도 사실은 경사면에서 떨어져 내릴 때 생기는 가속도일 뿐이다. 물론 이 경사면은 4차원의 시공간에 존재한다.

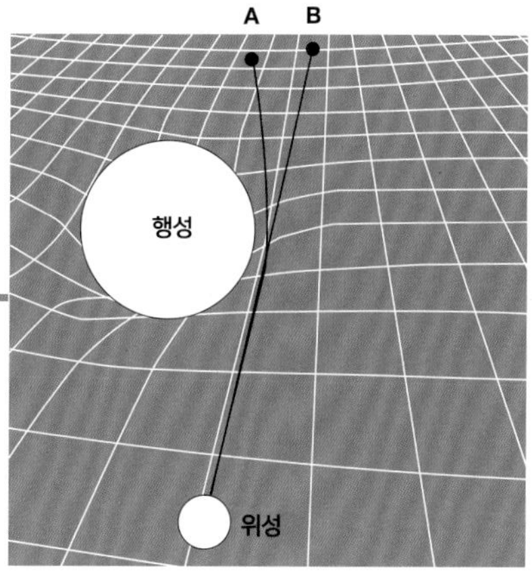

운동하는 천체는 최단 경로를 취한다. 행성의 무게에 의해 시공간이 휘어지면 이 최단 경로는 직선(B)이 아니라 곡선 형태의 측지선(A)이 된다.

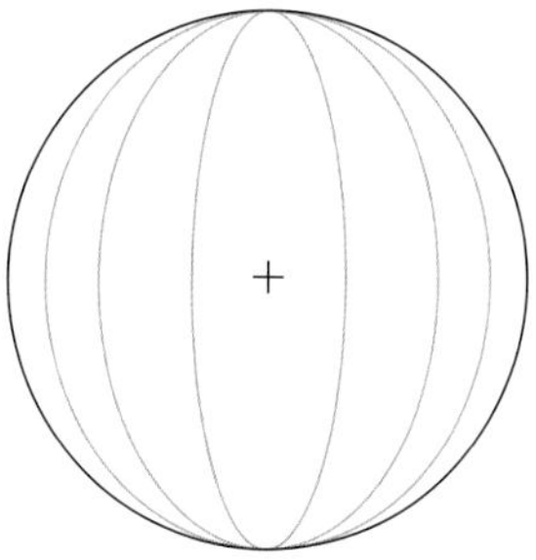

4차원인 시공간의 곡률을 3차원의 관점에서 그림으로 나타내는 한 가지 방법은 구체 내부에서 바라보는 것이다. 내부에서 정면으로 바라보면 휘어진 경도선은 직선이며 서로 평행한 것처럼 보인다. 물론 그 경도선들은 구체의 위, 아래 꼭지점인 천정과 천저에서 만나게 된다.

예컨대 지구가 태양 둘레를 도는 것은 태양의 중력이 당기기 때문이 아니라 태양의 거대한 질량 때문에 움푹 파인 시공간의 테두리를 따라 굴러가는 것이다. 천체의 질량이 클수록 시공간도 더 가파르게 움푹 파이기 때문에 그 곁을 지나는 다른 천체는 그만큼 더 빠르게 가속된다. 즉 **더 강한 중력**을 받는 것이다.

빛이 태양 질량에 의해 휘는 정도는 1.75아크초(1아크초는 1°의 3600분의 1), 즉 0.0004861°이다.

1.75arcseconds

= 0.0004861°

별빛이 지구에 도달하는 동안 태양에 의해 휘어지는 거리는

1,269km 789miles

1269km이다. 런던에서 빈까지의 거리와 비슷하다.
다시 말해 런던에 떨어진 별빛은, 중간에 태양이 없었다면, 실제로는 빈에 떨어졌을 것이라는 뜻이다.

측지선은 우리에게 대권항로(Great Circle route)라는 형태로 익숙하다. 지구는 구형이어서 두 지점 사이의 최단거리는 직선이 아니라 대원(大圓, 구의 중심을 지나는 평면과 구가 만나는 원)이다. 메르카토르 지도에서는 항정선(Rhumb line 지구의 모든 측지선과 같은 각도로 만나는 곡선)으로 나타난다.

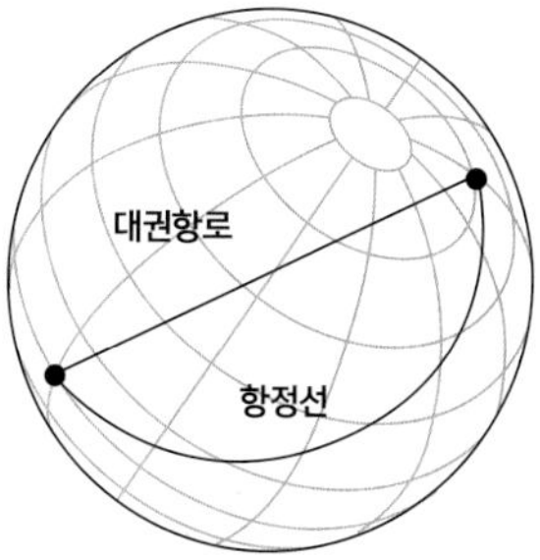

뉴욕에서 홍콩을 갈 때 항정선의 거리는 18,000km이다.

18,000km 11,160miles

뉴욕에서 홍콩을 갈 때 대권항로의 거리는 13,000km이다.

13,000km 8,080miles

5½ hours

뉴욕에서 홍콩까지 여행할 때 대권항로를 따르면 항정선을 따를 때보다 5시간 반이 절약된다.

시간여행을 하는 쌍둥이

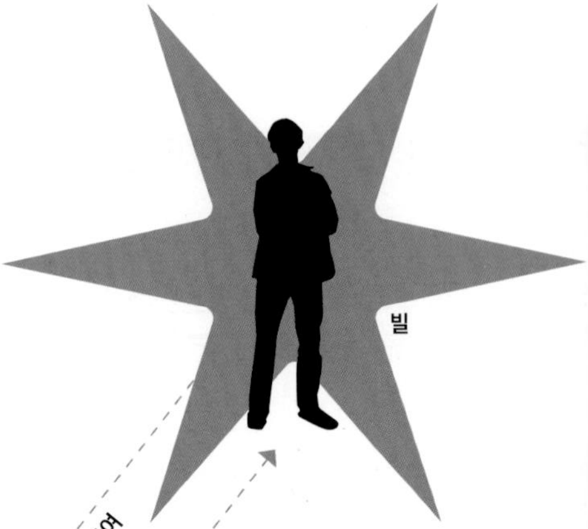

▶ 특수상대성이론에 따르면, 시간지연 현상은 상대적으로 운동하는 두 사람에 의해 관측된다. 만약 빌(Bill)이 6광년 떨어진 별까지 0.6c의 속도로 왕복할 경우, 빌이 지구로 돌아오면 그동안 계속 지구에 있었던 쌍둥이 형제인 벤(Ben)보다 4년 더 젊어져 있을 것이다. 이것은 역설일까 아닐까?

쌍둥이 형제는 상대적으로 운동하는데도 왜 한 쪽이 더 젊어질까? 사실 형제가 경험하는 상황은 대칭적이지 않다. 우주여행을 떠난 쌍둥이는 목적지에 도착한 후 지구로 귀환할 때 가속을 경험하지만, 지구에 남은 쌍둥이는 가속을 경험하지 않기 때문이다.

우리는 앞에서 기차의 움직임과 관련한 사고실험에서, 서로 상대적인 운동을 하고 있는 두 관찰자들은 동일한 입장에 있기 때문에 서로 상대편이 운동하고 있으며, 따라서 상대가 시간지연 현상을 경험한다는 걸 배웠다. 그런데 이른바 '쌍둥이의 역설'에서 빌은 벤보다 더 젊어진다. 왜 그런지 알아보기 위해 먼저 쌍둥이 형제가 상대편의 시간을 어떻게 인지하는지 따져보자. 지구에 있는 벤이 볼 때, 빌의 여행은 왕복하는 데 각각 10년(6c/0.6c)이 걸린다. 하지만 빌이 볼 때는, 상대론적인 길이 축약으로 인해 별까지의 거리는 4.8광년 떨어져 있고, 따라서 여행은 왕복 각각 8년씩 걸리게 된다.

시간축약 공식 $L=L_0 x\sqrt{1-(v/c)^2}$에 따라 $L=6$광년$x\sqrt{1-(0.6c/c)^2}=6x\sqrt{1-(0.6)^2}=6x\sqrt{0.64}=6x0.8=4.8$광년이 된다-역주

벤이 성능 좋은 망원경으로 본다면, 빌이 별에 도착했을 때 우주선 시계는 8년을 가리키고 있을 것이다. 그런데 빛이 우주선 시계의 표면으로부터 벤의 망원경까지 도달하는 데 걸리는 시간이 6년(6c/c)이기 때문에, 벤의 시계는 16년을 가리키고 있을 것이다(지구에서 지난 시간 10년 더하기 빛이 도달하는 데 걸린 시간 6년-역주). 한편 8년간의 여행 끝에 별에 도달한 빌은 6년 전에 벤의 시계 표면에서 출발한 빛을 보게 될 것이고 그 시계는 '4년'을 가리키고 있을 것이다(지구에서 4년이 지난 뒤에 출발한 빛이 6년 뒤에 도달했기 때문-역주). 결국 두 형제 모두 상대편이 2배만큼 시간지연를 경험하는 것처럼 보이게 된다(지구의 벤은 자기 시계는 16년인데 빌의 시계는 8년을 가리키기 때문이고, 별에 있는

빌은 자기 시계는 8년인데 벤의 시계는 4년을 가리키고 있기 때문이다-역주).

한편 지구의 벤 입장에서 20년이 지났을 때, 우주선에 있는 빌은 16년이 지났으므로 벤이 빌보다 4년 더 나이를 먹은 셈이 된다. 두 사람이 대칭적인 상황을 겪지 않았기 때문에 생긴 현상이다. 빌은 벤의 관성좌표계를 떠나 다시 돌아온 데 반해 벤은 같은 관성좌표계에 계속 머물러 있었던 것이다. 다시 말해 빌은 가속을 경험했지만 벤은 경험하지 않았기 때문에 이런 차이가 생겼다고 말할 수도 있다. 빌은 (0.6c의 등속으로) 목적지인 별에 도착했지만(즉 가속을 경험하지 않았지만), 지구로 다시 돌아오기 위해 우주선을 돌리는 과정에서 가속을 경험했던 것이다(빌에 대해서 우주의 나머지 부분이 가속/중력에 의한 시간지연을 겪었다고 할 수도 있다. 다음 쪽 참조). 이 문제를 바라보는 세 번째 방식은, 빌이 상대론적인 도플러 효과(편이)(56~57쪽 참조)를 겪었다고 보는 것이다. 지구로 돌아오는 과정에서 빌은 벤의 망원경을 향해 진행하는 빛을 따라잡을 수 있었기 때문에 시간이 줄었다. 따라서 벤의 입장에서는 지구로 돌아오는 여행은 더 짧은 시간으로 '압축' 되지만, 같은 현상이 빌에게서는 일어나지 않는다. 따라서 두 형제는 비대칭적인 경험을 하는 것이다.

쌍둥이 형제처럼 상대론적인 시간지연 때문에 발생하는 **비동시성(desynchronization)**은 항공기 조종사가 비행을 할 때마다 일어난다. 자신의 배우자는 집에 있고 조종사는 그(그녀)에 대해 가속을 경험하기 때문이다. 그 시간 차이가 워낙 작기 때문에 감지하기가 어려울 뿐이다. 우주정거장의 우주인들도 지구에 있는 사람들에 대해 시간지연을 경험한다.

우주선의 속도가 **1g**로 가속된다면,

1g (9.81m/s²)

After 1 hour

127,138km/h

1시간 뒤 속도는 시속 127,138km다.
태양 주위를 도는
지구의 속도보다 빠르다.

After 1 day

3,000,000km/h

하루 뒤 속도는 시속 3,000,000km다.
우리 은하계의 인력을 벗어나기에
충분한 속도다.

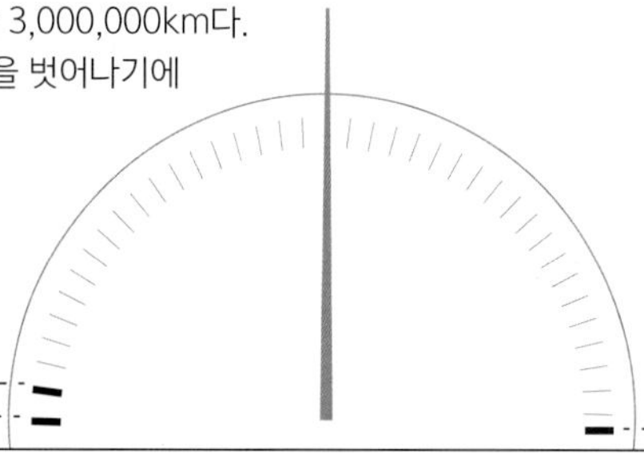

After 353 days

1,079,252,848.8km/h

353일 뒤의 속도는 시속 1,079,252,848.8km다.
빛의 속도에 해당한다.

1987년에 발사된 구 소련의 우주탐사선
미르 EO-3 승무원들은 미르 우주정거장에 도착해
정확히 1년간 지구 궤도를 돌았다.
이들은 천체 관측, 생리학 연구 등
2000개가 넘는 실험을 진행했다

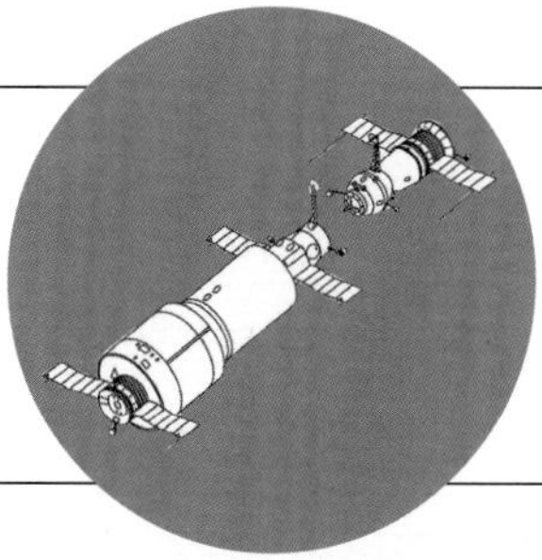

지구궤도에 머문 시간: **1년**

우주선의 회전속도: **초속 8 km**

지구 도착 때 상대론적 시간차이: **0.01초**

사다리 위에 있으면 더 빨리 늙는다

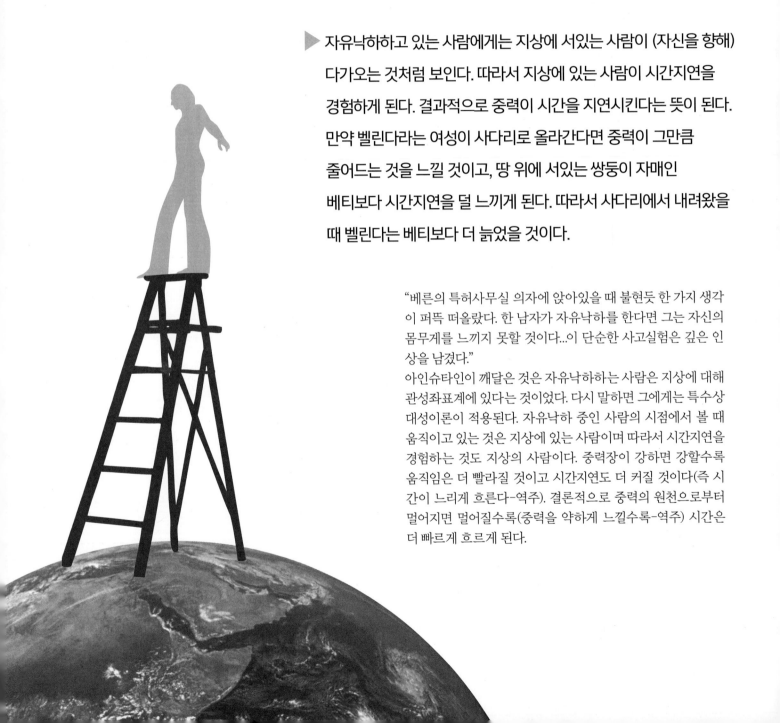

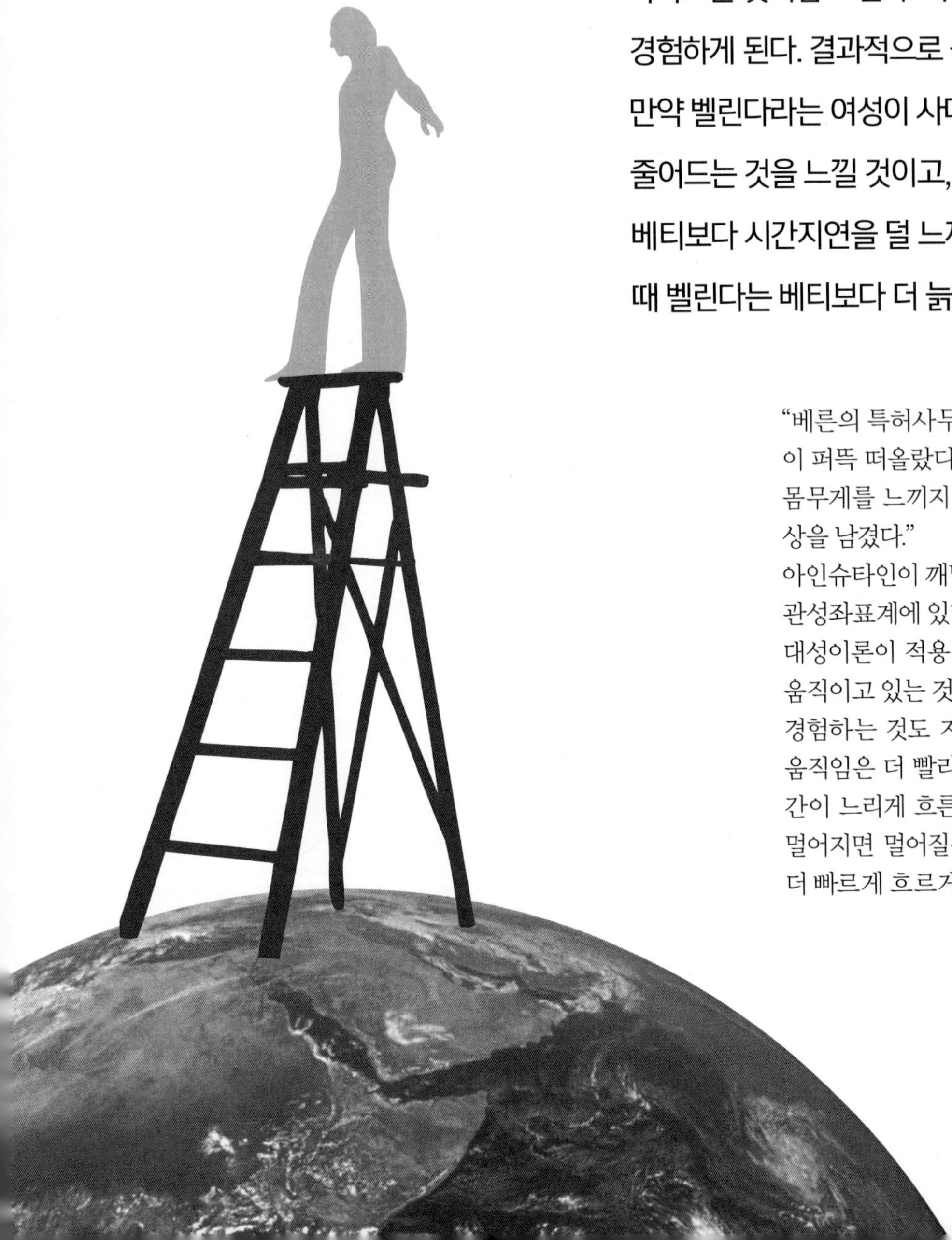

자유낙하하고 있는 사람에게는 지상에 서있는 사람이 (자신을 향해) 다가오는 것처럼 보인다. 따라서 지상에 있는 사람이 시간지연을 경험하게 된다. 결과적으로 중력이 시간을 지연시킨다는 뜻이 된다. 만약 벨린다라는 여성이 사다리로 올라간다면 중력이 그만큼 줄어드는 것을 느낄 것이고, 땅 위에 서있는 쌍둥이 자매인 베티보다 시간지연을 덜 느끼게 된다. 따라서 사다리에서 내려왔을 때 벨린다는 베티보다 더 늙었을 것이다.

"베른의 특허사무실 의자에 앉아있을 때 불현듯 한 가지 생각이 퍼뜩 떠올랐다. 한 남자가 자유낙하를 한다면 그는 자신의 몸무게를 느끼지 못할 것이다...이 단순한 사고실험은 깊은 인상을 남겼다."

아인슈타인이 깨달은 것은 자유낙하하는 사람은 지상에 대해 관성좌표계에 있다는 것이었다. 다시 말하면 그에게는 특수상대성이론이 적용된다. 자유낙하 중인 사람의 시점에서 볼 때 움직이고 있는 것은 지상에 있는 사람이며 따라서 시간지연을 경험하는 것도 지상의 사람이다. 중력장이 강하면 강할수록 움직임은 더 빨라질 것이고 시간지연도 더 커질 것이다(즉 시간이 느리게 흐른다-역주). 결론적으로 중력의 원천으로부터 멀어지면 멀어질수록(중력을 약하게 느낄수록-역주) 시간은 더 빠르게 흐르게 된다.

사다리를 오르면 당신은 지구 중심으로부터 더 멀어지기 때문에 당신에게 미치는 중력도 약해지며, 결국 아주 미세하게나마 나이를 더 빠르게 먹는다. 이 논리를 따르면 미래여행을 위해 추천할 수 있는 한 가지 방법은 중성자별이나 블랙홀 근처로 날아가서 한동안 머물다가(중력이 엄청 강하기 때문에 시간지연이 일어나 나이를 많이 먹지 않는다–역주) 다시 지구로 돌아오는 것이다.

9.2

중성자별 표면에서의 **시간지연** 인수는 9.2배다. 중성자별은 매우 큰 별이 가지고 있던 질량을 아주 작은 공간으로 압축시킨 것이기 때문에 중력이 엄청나게 크며, 따라서 시간지연도 크게 일어난다.

67

중성자별에 있는 사람이 1시간이라고
느끼는 시간에 대해
우주에 있는 관측자가 느끼는 시간은 **67분**이다.

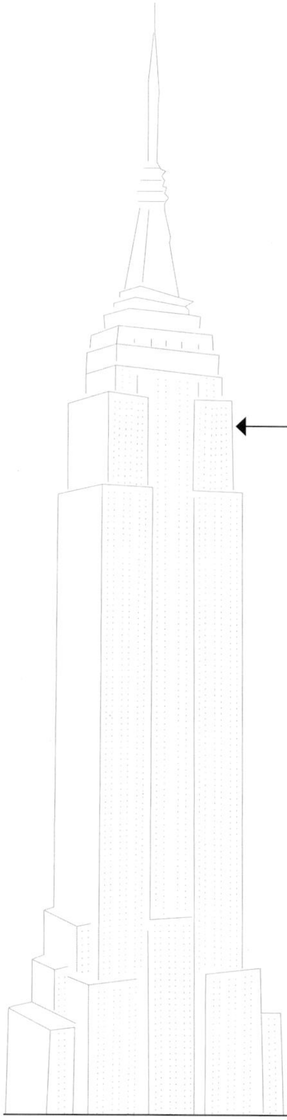

79
years

엠파이어스테이트 빌딩 꼭대기에서는
바닥에서보다 시간이 더 빨리 흐른다.
만약 380m 높이의 꼭대기 층에서 79년을 살았다면

GPS위성의
궤도 높이는
20,000km

상대성효과 탓에
매일 발생하는 GPS 오류는
10km

중력에 의한 시간지연 현상으로, GPS의 시계가
하루동안 더 빨리 흐르는 시간은 45마이크로초이다.

45microseconds/day

상대성에 따른 시간오차를 교정하지 않을 경우 GPS를 읽을 때
발생할 수 있는 시간 차이는 2분이다.

2minutes

화성은 지구보다 작고 가벼워 중력이 지구의 5분의 2에 불과하다. 즉 화성에 있으면 지구에서보다 훨씬 더 빨리 나이를 먹는다.

중력에 따른 시간지연 탓에 화성 표면은
지구 표면보다 **3년** 더 오래 되었다.

–0.000104seconds 땅에서 79년을 산 것보다 0.000104초만큼 손해 본 셈이 된다.

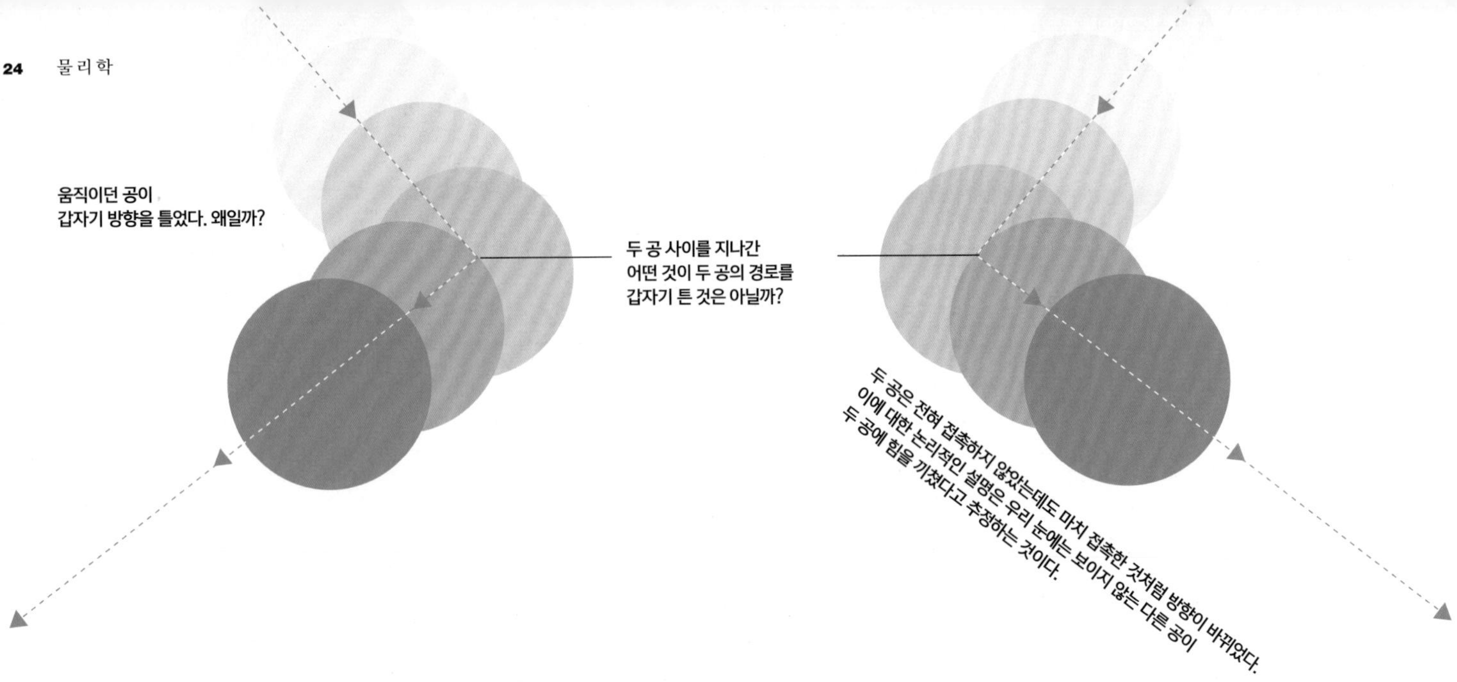
움직이던 공이
갑자기 방향을 틀었다. 왜일까?
두 공 사이를 지나간
어떤 것이 두 공의 경로를
갑자기 튼 것은 아닐까?
두 공은 전혀 접촉하지 않았는데도 마치 접촉한 것처럼 방향이 바뀌었다.
이에 대한 논리적인 설명은 우리 눈에는 보이지 않는 다른 공이
두 공에 힘을 끼쳤다고 추정하는 것이다.

어둠 속의 당구대

▶ 어두운 곳에 당구대가 놓여 있고, 당구공 두 개는 밝은 빛을 띠고 있어 움직이는 경로를 눈으로 확인할 수 있다고 하자. 두 공이 서로 다가오다가 직접 부딪치지도 않았는데 경로가 바뀐다면, 다른 공–까만색이어서 우리 눈에 보이지 않는 공–이 두 공 사이를 지나가면서 양쪽 공에 힘을 줘 서로 밀치는 것처럼 보였다고 추측할 것이다. 마찬가지로 입자물리학자들은 입자들의 경로를 관측한 결과, 보이지 않는 입자들이 교환됨으로써 힘이 발생한다는 사실을 알게 되었다.

운동량 보존법칙은 우리에게 친숙한 개념으로, 흔히 당구공의 충돌로 설명된다. 두 공의 힘과 각 운동량의 합은 충돌 이전과 이후에 똑같다, 즉 보존된다. 운동량 보존개념은 입자물리학자들이 우주의 네 가지 기본 힘들-전자기력, 강한 핵력, 약한 핵력, 중력-이 입자의 교환을 통해 전달되는 현상을 설명할 때도 이용된다. 예를 들어 우주에서 유영하는 비행사 두 명이 서로에게 무엇인가를 던지고 받는 것처럼 움직이면서 서로에게 다가가다가 갑자기 코스를 바꾼다면, 우리는 두 사람 사이에 무엇인가가 지나갔다고-설사 그 무엇인가를 눈으로 보지 못했다고 할지라도- 추측하게 된다. 마찬가지로 깜깜하게 어두운 공간 속에서 두 명의 아이스 댄서가 머리에 밝은 전구를 차고서 춤을 추다가 서로에게 다가가더니 상대편 주위를 회전한다면, 우리는 두 무용수가 서로 손을 꼭 잡고 있다고 추측할 것이다. 위의 두 경우 모두, 눈에 보이는 입자들(우주비행사, 아이스 댄서)이 서로를 밀어내거나 끌어당길 때 무엇인가가 관여한다, 즉 상호작용한다고 생각할 수 있다.

마찬가지로, 소립자들 사이에 힘이 상호작용할 때도 어떤 입자가 교환되고 있다고 생각할 수 있으며, 이처럼 힘을 전달하는

자연에 존재하는 네 가지 기본 힘

힘의 명칭	힘의 세기	힘이 미치는 범위	범위에 해당하는 것
강한 핵력	1	0.000000000001mm	아연원자핵의 지름
전자기력	0.0073	무한	우주의 지름
약한 핵력	0.000001	0.000000000000001mm	양성자 지름의 0.1%
중력	6×10^{-39} (강한 핵력보다 6000x조x조분의 1만큼 작다)	무한	우주의 지름

입자를 게이지 보손(gauge boson)이라고 부른다. 이러한 상호 작용은 흔히 ―노벨물리학상 수상자인 리처드 파인만이 개발한―파인만 다이어그램으로 묘사된다. 파인만 다이어그램은 소립자들이 게이지 보손을 교환하는 모습을 보여주지만, 위에서 거론했던 비유들을 묘사할 때도 똑같이 사용될 수 있다.

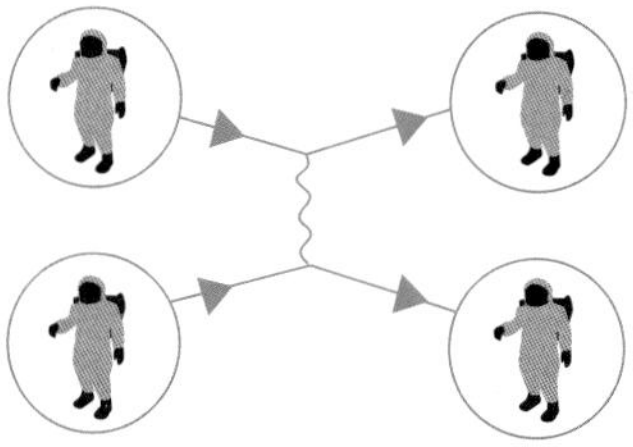

파인만 다이어그램은 소립자들 사이의 상호작용을 다스리는 원리는 유영하는 우주인들이 서로 스패너를 주고받을 때도 적용된다는 걸 보여준다.

빛을 이루는 **광자**는 질량이 없다. 그런데도 왜 광자를 입자라고 하는가? 사실 아인슈타인의 유명한 방정식 $E=mc^2$은 운동량을 가진 것은 모두(질량이 없더라도) 입자로 볼 수 있다는 사실을 밝힌 긴 방정식을 축약한 것이다.

사람 한 명에게는 초대형 수소폭탄 30개에 해당하는 에너지가 들어있다.

30 very large **H-bombs**

현재까지 확인된 **기본입자**
(더 이상 쪼개지지 않는 최종 입자)는 29개다.

29

현재까지 알려진 원자보다 **작은 입자**(아연원자입자)는 200개 이상이다.

>200

6,886,706,217 x

1kg

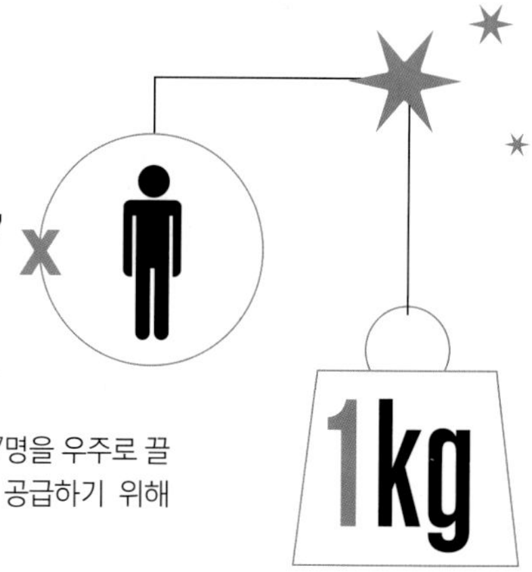

전 세계 인구 6,886,706,217명을 우주로 끌어올리는 데 드는 에너지를 공급하기 위해 **필요한 질량**은 1kg이다

만물을 설명하는 끈 이론

▶ 물질을 구성하는 기본입자들은 실제로는 진동하는 끈들로 이뤄져 있다.
우리 우주는 11차원으로 구성된 거대우주(megaverse) 안에 있는 4차원(시공간)의 막이며,
중력은 여러 차원에 걸쳐 있는 끈들로 이뤄진 것이다.

현재 물리학의 표준모형-네 가지 기본 힘과 기본입자들을 통해 우주를 설명하는 모델-은 여러 문제점을 안고 있다. 네 가지 기본 힘 가운데 세 가지를 설명하는 양자역학과 중력이론을 통합적으로 설명할 수 없기 때문이다. 더구나 세 가지 기본 힘들에 대해서도 표준모델은 임의의 상수를 도입하는 등 매끄럽지 못한 방식으로 설명하고 있다. 이에 물리학자들은 양자역학과 중력이론을 통합하는 대통일이론(Grand Unified Theory, GUT)을 추구하는 과정에서 표준모형의 기본 힘과 기본입자들이 실제로는 근본적인, 더 이상 나눌 수 없는 힘과 입자들이 아닐지도 모른다는 주장을 내놓았다. 즉 양자역학과 중력을 통합적으로 설명할 수 있는 더 근본적인 구조가 있을 것이라고 본 것이다.

그런 대안 중의 하나는 우리가 기본입자로 간주하는 것들-광자나 쿼크 같은 것들-이 실제로는 다차원을 가진 끈들이 4차원(즉 시공간)의 우리 우주를 침투하면서 생긴 점(point)이라고 본다. 이 끈들-혹은 초끈들-은 진동하며, 우리가 입자와 힘이라고 인지하는 것들도 사실은 이 끈들의 진동이라는 것이다.

물리학자들은 초끈이론을 수학적으로 설명하는 과정에서,

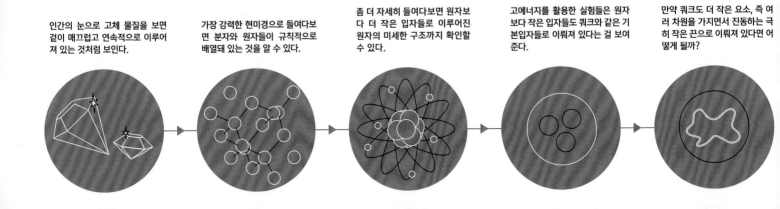

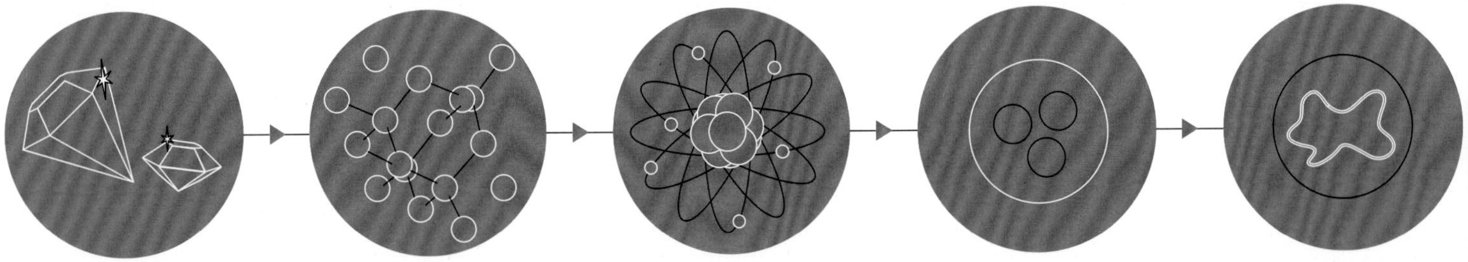

인간의 눈으로 고체 물질을 보면 겉이 매끄럽고 연속적으로 이루어져 있는 것처럼 보인다.

가장 강력한 현미경으로 들여다보면 분자와 원자들이 규칙적으로 배열돼 있는 것을 알 수 있다.

좀 더 자세히 들여다보면 원자보다 더 작은 입자들로 이루어진 원자의 미세한 구조까지 확인할 수 있다.

고에너지를 활용한 실험들은 원자보다 작은 입자들도 쿼크와 같은 기본입자들로 이뤄져 있다는 걸 보여준다.

만약 쿼크도 더 작은 요소, 즉 여러 차원을 가지면서 진동하는 극히 작은 끈으로 이뤄져 있다면 어떻게 될까?

빅뱅 타임라인

	여분의 끈 차원이 조밀화된 시간	현재의 물리학이 적용되기 시작한 시간	우주배경 복사가 시작된 시간	현재
빅뱅 이후의 시간	10^{-43} 초	10피코초 (10^{-11}초, 1초의 10조분의 1)	380,000년	약 138억년
우주의 평균온도	100x1,000조x1,000조K (10^{32}K 즉 10^{19}GeV, 1GeV=10,000,000,000,000K =10조K)	1~2x1,000조K (가장 뜨거운 초신성보다 10,000배 더 높은 온도)	3,000 K (2,727 °C / 4,940.6 °F)	2.7 K (-270.424°C / -454.76°F)

끈에는 모두 10차원이 존재해야 하며 그 중 6개의 여분의 차원은 우리가 접근할 수 없는데, 그건 아마도 6개의 차원들이 너무나 빽빽하게 작은 세계로 말려 들어가서-이를 조밀화(compactification)라고 한다-우리가 감지할 수 없기 때문이라는 것이다.

또 다른 이론은, 끈이 모두 11차원을 가지며 우리의 4차원 우주는 11차원인 거대우주의 '표면' 혹은 막(membrane)에 불과하다는 것이다. 마치 플랫랜더의 세계나 개미의 트램펄린 세계(18~19쪽 참조)가 3차원 공간의 2차원 세계인 것처럼 말이다.

흔히 인용되는 또 다른 비유로는 우리 우주가 컴퓨터 화면-3차원 세계의 일부이자 2차원의 표면-과 비슷하다는 것이다. 이와 같은 막이론, 즉 M-이론에서는 초끈의 일부가 조밀화되어 우리의 우주막에 갇혀 있다고 본다. 그러나 초끈의 또 다른 일부-특히 중력끈들-는 여러 개의 막에 걸쳐 뻗어 있다고 본다. 이 때문에 중력은 다른 힘들에 비해 약할 수밖에 없다-중력끈이 우리의 우주막에 집중돼 있지만, 여러 개의 막에 걸쳐서 힘을 분산시키고 있기 때문에 우리는 단지 중력끈들의 메아리(반향)만을 느끼고 있는 것이다.

만약 빅뱅이 시작되고 처음 몇 밀리초 사이에 벌어진 일이 지구 나이만큼의 시간에 걸쳐 서서히 진행되었다면, 현재의 물리학이 적용되기 시작한 시간은 빅뱅 이후 10피코초가 아니라 **50년 뒤**가 될 것이고, 여분의 끈 차원이 조밀화하는 시간도 빅뱅 이후 10^{43}초가 아니라 지구 탄생 이후 **0.15초** 이후가 되었을 것이다.

100

100x1,000조x1,000조K.
믿을 수 없을 정도로 높은 이 온도는 빅뱅 이후 찰나의 순간에 일어난 일이다. 이것은 초신성을 10억조 개 모아놓은 것과 맞먹는 온도다.

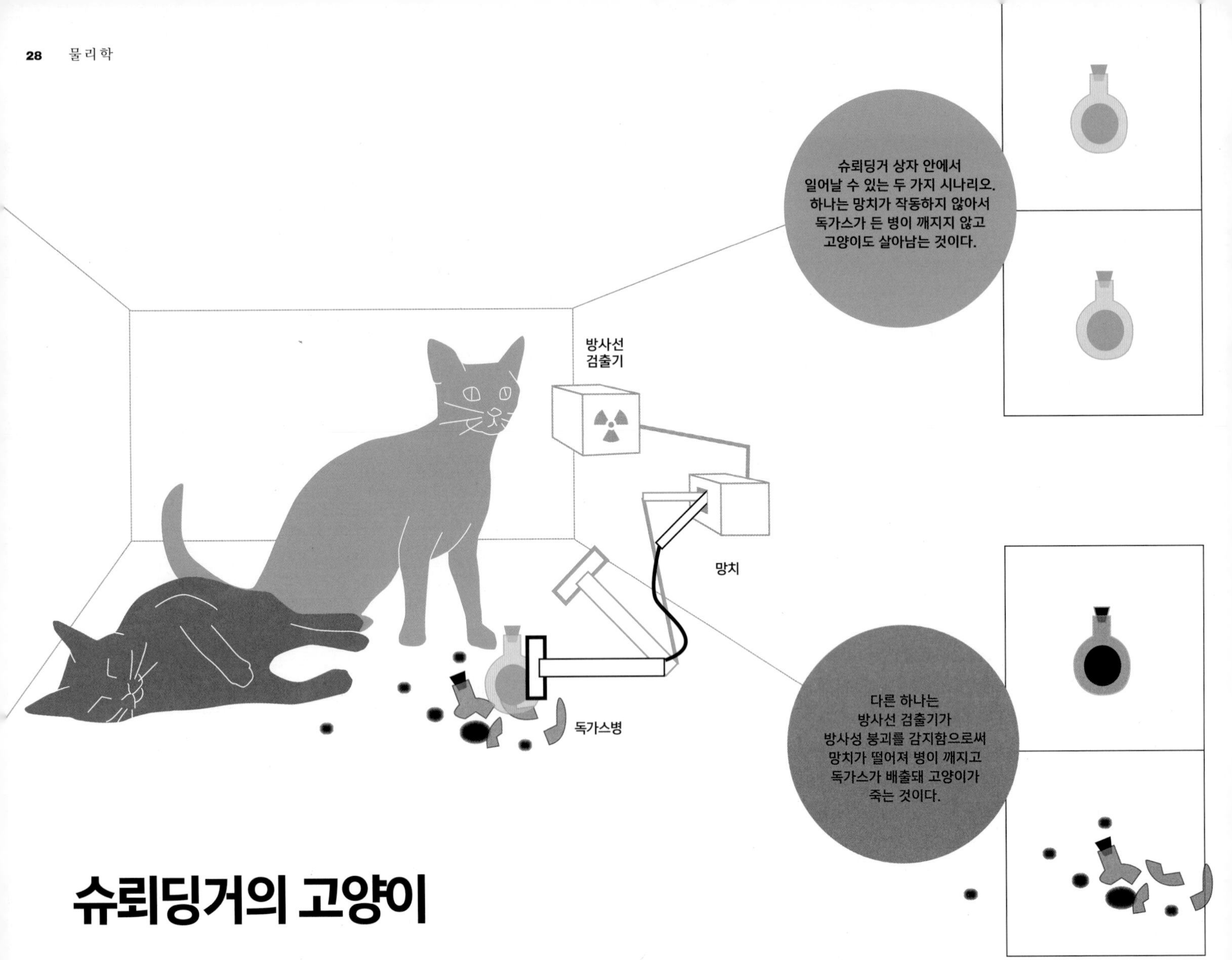

슈뢰딩거 상자 안에서 일어날 수 있는 두 가지 시나리오. 하나는 망치가 작동하지 않아서 독가스가 든 병이 깨지지 않고 고양이도 살아남는 것이다.
방사선 검출기
망치
독가스병
다른 하나는 방사선 검출기가 방사성 붕괴를 감지함으로써 망치가 떨어져 병이 깨지고 독가스가 배출돼 고양이가 죽는 것이다.

슈뢰딩거의 고양이

▶ 밀폐된 상자 안에 살아있는 고양이와 독가스가 든 병이 있다.
독가스가 든 병은 양자적인 사건에 의해 깨질 수 있다.
이 상자는 관찰자가 들여다보기 전에는 불확정적인 상태에 있다고 할 수 있다.
즉 양자역학의 해석에 따르면 박스를 열기 전에는 고양이는
동시에 살아있기도 하고 죽어있기도 해야 한다.

양자역학은 입자가 파동처럼 움직인다고 설명하기 때문에 많은 역설을 제기한다. 그 중 하나는 파동이 동시에 두 가지 형태로 존재할 수 있다는 것이다. 이를 중첩이라 부른다. 예컨대 바다의 파도에는 작은 물결들이 들어있음을 알 수 있다. 파도와 잔물결은 중첩을 형성하면서 동시에 존재하는 것이다.

하지만 입자를 이렇게 설명하면 직관적으로 납득하기 어렵다. 입자의 방사성 붕괴가 그런 경우다. 통상적으로 우리는 입자가 붕괴하거나 붕괴하지 않거나 둘 중 하나여야만 한다고 생각한다. 그러나 이런 현상을 다루는 수학의 원리 즉, '파동함수'는 두 결과가 중첩해서 나타날 수 있음을 보여주며, 따라서 하나의 결과가 나올 확률과 다른 결과가 나올 확률만 말할 수 있을 뿐이다. 양자역학에 따르면 우리가 어떤 상태를 확실히 알 수 있는 것은 관찰할 때뿐이다(방사성 붕괴를 관찰하기 전에는 확률로만 말할 수 있지만, 일단 관찰하게 되면 붕괴했는지 안 했는지 한쪽으로 말할 수 있다는 뜻-역주). 이를 '코펜하겐 해석'이라고 한다.

이에 대해 오스트리아 물리학자 에르빈 슈뢰딩거(1887~1961년)는 코펜하겐 해석이 기존 개념에 대해 얼마나 심각한 도전인지를 보여주기 위해 하나의 사고실험을 제안했다. 밀폐된 상자 안에 살아있는 고양이와 청산가리가 든 병, 가이거 계수기(방사능 측정장치), 계수기와 연결된 망치를 넣는다. 계수기는 방사성 붕괴를 할 확률이 50퍼센트인 입자 옆에 둔다. 만약 방사성 붕괴가 일어나면 계수기가 작동하면서 망치가 아래로 떨어지고 병이 깨지면서 청산가리가 나와 고양이가 죽게 된다. 그러나 코펜하겐 해석에 따르면 상자를 열어 결과를 관찰하기 전까지는 상자 내부를 파동함수로만-즉 확률적으로만-표현할 수 있다. 상자를 열기 전까지는 고양이는 동시에 살아있기도 하고 죽어있기도 해야 한다. 하지만 이것은 현실에 대한 기존 개념과는 분명히 어긋난다. 이 불운한 고양이는 살아있든 죽어있든 둘 중 하나여야만 하는 것이다.

헝가리 물리학자 유진 위그너(1902~1995년)는 슈뢰딩거 고양이의 역설을 확대해 **'위그너의 친구(Wigner's friend)'**로 알려진 사고실험을 제안했다. 고양이 상태를 확인하기 위해 친구를 상자 안에 넣어 확인해 보면 되지 않느냐는 것이다. 하지만 상자 안에 들어간 친구도 중첩 상태이므로, 그것을 확인하기 위해서는 또 다른 관찰자가 필요하고, 그 관찰자도 중첩상태이므로 또 다른 관찰자가 필요하게 된다. 이런 식으로 '양자적 비결정성'은 관찰자의 역설이 무한히 계속되는 것을 의미한다.

양자역학에서 가장 짧은 거리(더 이상 공간이 존재할 수 없는 거리-역주)는 **플랑크 길이**로, $1.6x10^{-35}$m이다.
광자가 이 거리를 지나는 데 걸리는 시간은 플랑크 시간이라고 하며 $5.4x10^{-44}$초다.

x14,350,000 당신이 1초에 한 번씩 플랑크 길이만큼 센다면, 원자의 크기를 플랑크 길이로 다 세는 데는 우주의 현재 나이보다 14,350,000배 더 많은 시간이 걸린다.

입자가속기가 플랑크 길이와 시간을 잴 수 있을 정도가 되려면 그 입자가속기는 달의 무게와 비슷하고, 화성의 궤도와 맞먹는 둘레를 가지게 될 것이다.

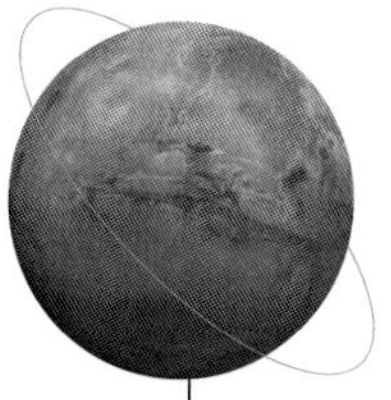

플랑크 시간:

0.0000000000000000000000000000000000000000000054 seconds

골디락스의 우주

▶ 골디락스(영국 전래동화의 주인공인 금발소녀. 소녀의 행동양식에서 빗대어 '가장 적당한 상태'를 가리키는 말-역주)처럼 우리에게는 "딱 적당한" 우주가 필요하다. 우주 물질과 에너지의 특성을 결정하는 기본 상수들이 지금과 조금이라도 다른 값을 가졌다면, 우리(지적인 생명체)는 결코 출현하지 못했을 것이다.

우리 우주가 지적인 생명체의 출현을 허용하게끔 구성돼 있다는 건 자명하다. 그렇지 않았다면 우리가 이렇게 우주를 관측하면서 존재하고 있지 못했을 것이다. 물리학자들과 천문학자들은 우주가 왜 지금과 같은 구조를 갖게 됐는지를 설명하려고 노력한다. 예컨대 우리를 존재하게끔 만든 요소 중 하나는 초기 우주에 존재하고 있던 수소가 탄소 같은 무거운 원소들로 변환되었기 때문이다. 나아가 수소가 이처럼 무거운 원소로 변환하기 위해서는 양성자와 중성자의 비율이 적절해야 했고, 양성자와 중성자 비율이 적절하기 위해서는 약한 핵력과 중력의 비율이 딱 적당해야만 한다. 이처럼 여러 조건들이 서로 맞물려 있는 것이다.

만약 약한 핵력이 조금이라도 강했다면, 우주 초기의 중성자들이 모두 붕괴해 우주는 수소로만 가득 차게 되었을 것이다. 반대로 약한 핵력이 조금이라도 약했다면 우주는 헬륨으로 가득 찼을 것이다. 이 외에도 우주가 현재 구조를 가지려면 최소한 다섯 가지의 '인본적인 우연(anthropic coincidences)'이 더 필요했다. 이 우연들은 우주가 가장 적당한 수준에서 '구조화' 되게끔 하는 기본 상수들이다-이런 우주를 '동조된 우주 (fine-tuned universe)'라고 부른다.

물리학자 브랜든 카터는 이런 우연들(상수들)을 설명하기 위해, 우주에는 인본원리(Anthropic Principle)가 존재한다고 주장했다. "우주는, 역사의 어느 단계에서 생명이 발달할 수 있는 조건들을 갖추어야만 했다"는 것이다(카터는 훗날 '인본적'이라는 단어를 사용한 것을 후회했다. 꼭 인간만이 아니라 다른 형태의 지적인 존재도 이 원리를 충족시키기 때문이었다).

그런데 인본원리는 신의 존재를 인정하는 논리로도 이용되었다. 우주가 지적인 생명체가 출현하게끔 정확하게 디자인되었다면, 그것을 디자인한 존재가 있어야 하는데 그게 신이라는 것이다

'수소가 너무 많음'

약한 핵력이 지금보다 더 컸다면, 우주는 수소로 가득한 수프처럼 됐을 것이다.

'딱 적당함'

약한 핵력이 딱 지금만큼의 크기를 가졌기 때문에 우주에 다양한 원소가 존재할 수 있게 되었다.

'헬륨이 너무 많음'

약학 핵력이 지금보다 조금 더 작았다면, (암흑물질을 제외한) 우주의 물질은 모두 헬륨 형태를 띠게 되었을 것이다.

헬륨은 빅뱅이 일어나고
180초 뒤에 형성되기 시작했다.

빅뱅이 일어나고 15분 뒤, 우리 우주는 **10%**가 헬륨이고, **90%**가 수소였다.

(126~127쪽 참조). 한편 인본원리가 아무런 의미 없는 동어반복에 지나지 않는다고 비판하는 이들도 있다. 인본원리는 "우리가 이렇게 존재하고 있기 때문에, 우주는 우리가 존재하도록 구조화될 수밖에 없었다"고 말하는 것과 진배없다는 것이다. 어쨌든 인본원리는 '최종인본원리(Final Anthropic Principle)'로 확장돼 왔다. 이것은 지적인 존재는 반드시 출현되어야 하며, 일단 출현하고 난 다음에는 결코 소멸(멸종)할 수 없다고 주장한다.

몸에 딱 맞는 양복을 찾아서

인본원리를 다른 식으로 해석하는 이들은 '다중 우주'가 존재하는 증거로 받아들인다. 천문학자 마틴 리스는 다양한 사이즈의 양복들로 가득 차 있는 백화점에 들어갔을 때 자기 몸에 딱 맞는 양복을 찾았다고 해서 결코 놀랄 일이 아닌 것처럼, 서로 다른 많은 우주들이 있다면-무한히 많이 있을 수도 있다-그들 중 적어도 한 우주가 인본원리를 충족시킨다고 해서 결코 놀랄 일은 아니지 않느냐고 주장한다.

우주 상수는 지적인 생명체가 존재하는 데 유리하게 작용한 기본 상수들 중의 하나이다. 또 우리 우주가 가속적으로 팽창하고 있는 현상을 설명해준다. 관찰을 통해 확인한 **우주 상수**의 크기는 양자역학에서 예측한 크기와는 매우 큰 차이가 난다.

우주 상수의 관측값과 예측값 사이의 차이는 10^{120}이나 된다.	10^{120}

우주 상수를 제외한 대부분의 기본 상수들은 100만분의 몇 정도의 정확도로 측정되었다. 이것은 축구 경기장의 길이를 종이 두 장 두께의 오차 범위 안에서 측정하는 것과 비슷한 정확도다.

어떤 상수들은 1조분의 1의 정확도로 측정되기도 했는데, 뉴욕과 샌프란시스코 사이의 거리를 종이 한 장 두께의 10분의 1의 오차범위 안에서 재는 것과 비슷한 정확도다.

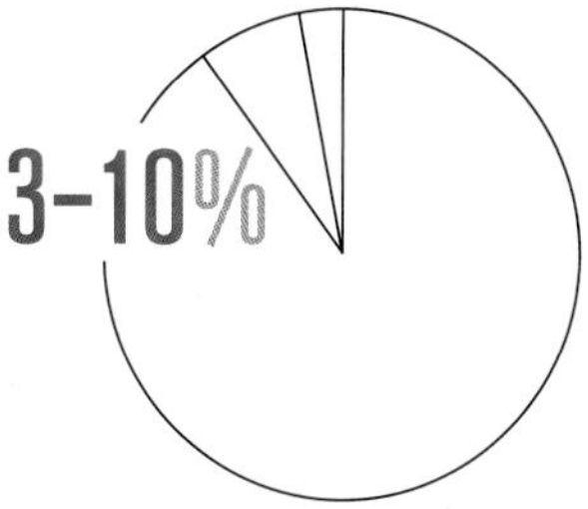

현재 보통의 은하에 존재하는 수소의 비율은 3~10%이다.

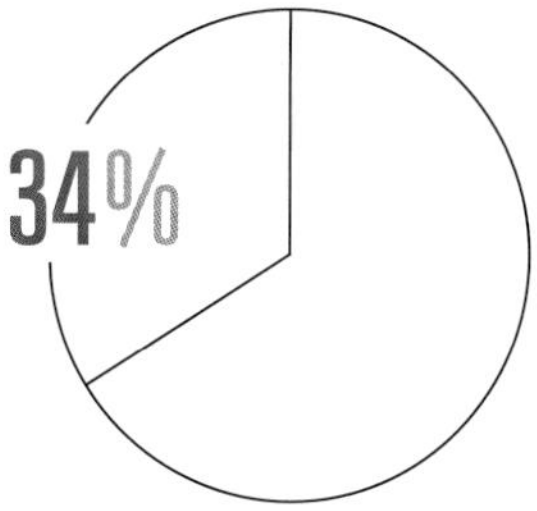

80억 년 전 우리 은하에 존재했던 수소의 비율은 34%였다.

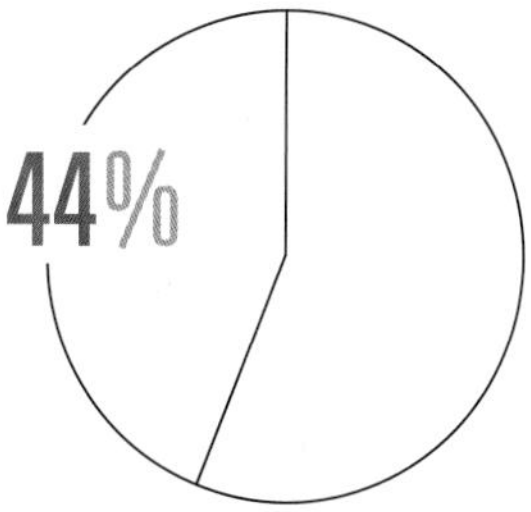

100억 년 전 우리 은하에 존재했던 수소의 비율은 44%였다.

1m³ 부피의 우주에는
평균 6개의
수소 원자가 있다.

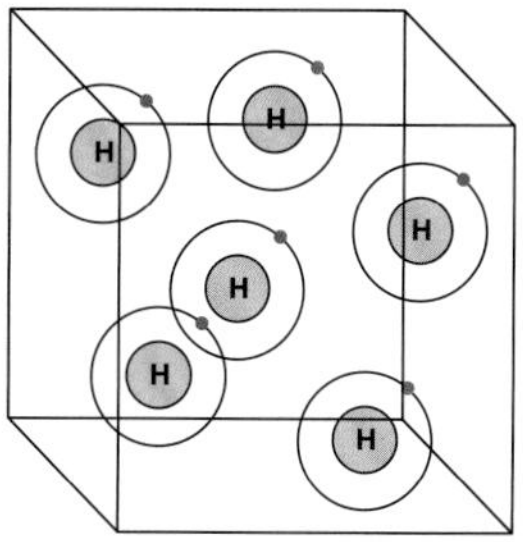

벌처럼 행동하는 원자

▶ 점점 찌그러드는 상자 속의 벌이 공간이 작아질수록 점점 더 흥분하고 윙윙거리면서 더 많은 에너지를 쏟듯이, 하이젠베르크의 불확정성원리 덕분에 전자의 속도는, 전자의 위치가 정확히 고정될수록 점점 더 커진다는 것을 알게 되었다.

하이젠베르크의 불확정성원리는 한 입자의 위치와 속도를 동시에 완벽하게 알 수는 없다는 것이다. 이 원리를 확대하면, 위치나 속도 둘 중 어느 하나를 정확한 값으로 고정하려고 하면 할수록 다른 하나의 값은 그만큼 더 불확실해진다. 속도의 불확실성이 커진다는 말은, 입자가 가질 수 있는 속도의 범위가 엄청나게 늘어난다는 뜻이다. 따라서 전자의 위치가 작은 공간 안으로 한정되면, 그 전자가 가질 수 있는 속도는 굉장히 커질 수 있다. 마치 상자 안에 갇힌 벌이 상자의 공간이 점점 좁혀질수록, 더 빠르게 움직이면서 윙윙거리는 것과 비슷하다.
불확정성원리는 양자 터널링 같은 현상을 설명할 수 있다. 양자 터널링은 원자보다 작은 입자들이 입자 상태에서라면 결코 통과할 수 없을 장벽을 '뚫고 지나가는' 현상이다. 또한 불확정성원리는 원자 안에서 전자의 움직임을 잘 설명해준다. 음전기를 띤 전자는 전기적인 인력 때문에 양전기를 띤 핵을 향해 끌려가야 하는데도 왜 핵 주위를 돌고 있을까. 만약 전자가 핵에 끌려가 충돌하게 되면 전자의 위치가 제약되고 따라서 전자의 속도가 엄청 커지기 때문에 제한된 공간에 계속 머물 수 없게 된다. 대신 전자는 핵의 주위를 회전함으로써 정전하를 제공해 원자를 안정되게 만들고 있는 것이다. 한편 원자 안에서 전자가 차지하고 있는 궤도 혹은 껍질(shell)이 불연속적인 간격을 띄고 있는 까닭은 전자가 입자와 파동의 성질을 동시에 갖고 있기 때문이다. 전자는 각각의 궤도에 맞는 특정한 파동에만 공명을 하면서 다른 궤도로 올라가거나 내려간다.

$$\Delta x \, \Delta p \geq \frac{\hbar}{2}$$

불확정성원리를 수학적으로 표현한 이 공식은, 어떤 입자가 특정한 위치(x)에 있을 확률과 특정한 운동량(p)을 가질 확률의 곱은 플랑크 상수(h)의 2분의 1보다 크거나 같다는 걸 보여준다.

갇혀 있는 공간이 줄어들수록 벌은 더 흥분하고 더 윙윙거린다. 원자도 이와 비슷하게 행동한다.

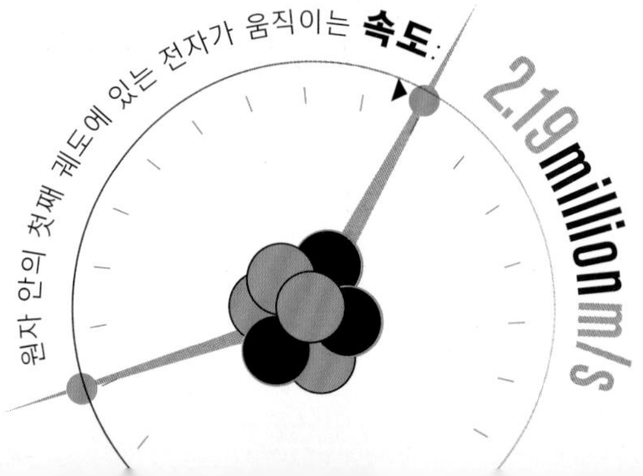

양자 수준에서 입자가 파동의 특성을 가짐으로써 우리의 직관에 반하는 결과들이 많이 나온다. 우리를 가장 당혹스럽게 만드는 것 중 하나는 **양자 터널링**이라는 현상이다. 입자 상태로는 결코 통과할 수 없는 장벽을 통과하는 것처럼 보이기 때문이다. 이는 입자의 파동적인 성격에서 나오는 결과다. 한 입자가 특정 위치에 있을 확률을 나타내는 파동 방정식은 장벽의 이쪽에서 가장 높을 수 있지만, 파동함수의 '꼬리'는 장벽을 넘어서 퍼질 수 있기 때문에 입자가 장벽의 저쪽에서 나타날 수 있게 되는 것이다(아래 다이어그램을 보라).

고전물리학 **양자물리학**

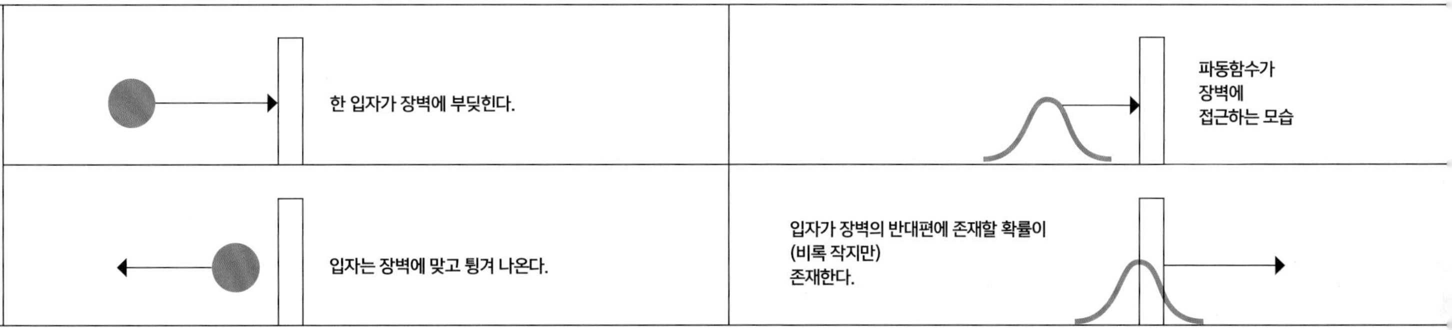

한 입자가 장벽에 부딪힌다.
입자는 장벽에 맞고 튕겨 나온다.
파동함수가 장벽에 접근하는 모습
입자가 장벽의 반대편에 존재할 확률이 (비록 작지만) 존재한다.

양자 터널링 효과가 없다면, 태양에서 핵융합 활동이 지속되는 데 필요한 온도는 100억℃다.

10 billion°C

하지만 양자 터널링 효과로 인해 태양 핵의 실제 온도는 1,500만℃다.

15 million°C

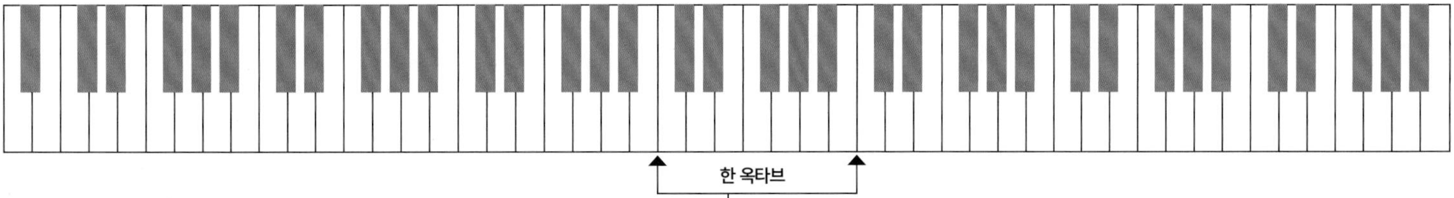

페르세우스 은하단의 블랙홀에서 만들어지는 음파는 B단조로, 피아노 정중앙에 있는 건반보다 57옥타브 아래다. 이는 인간의 귀가 들을 수 있는 한계치의 저음보다 100만x10억(10^{16})배나 낮다. 이 음은 **25억 년** 전부터 울리고 있다.

57 옥타브

세계에서 **가장 큰** 파이프 오르간은 미국 펜실베이니아 주, 필라델피아에 있는 워너메이커 그랜드 코트 오르간으로 파이프가 **28,482**개, 전체 무게는 **287**톤이나 된다.

파리와 피츠버그에 있는 당구공

▶ 양자얽힘은 두 개의 당구공을 나란히 둔 상태에서 그 둘을 연결한 막대가 공을 서로 다른 방향으로 회전하게 한 다음, 회전이 멈추지 않도록 한 채 하나의 공은 배에 태워 파리로 보내고 다른 하나는 피츠버그로 보낸 후, 파리에서 공의 회전을 관찰하면 즉각적으로 피츠버그에 있는 공이 어떤 방향으로 회전하고 있는지를 알 수 있게 되는 현상과 같다.

당구공의 특성을 잠재 상태의 파동함수로 나타낼 수 있을 경우, 당구공을 관찰하면 파동함수는 하나의 상태-이 경우는 시계 방향으로 도는 것-로 붕괴한다.

"여기서" 관찰하면

양자얽힘은 우리 직관과는 어긋나는 현상인데, 양자의 비국소성 개념과 연관돼 있다. 전자와 같은 기본 입자들은 스핀이라는 특성을 갖는다. 한 쌍의 전자가 만들어지면 둘의 스핀은 상쇄된다. 따라서 한 전자가 시계 방향으로 회전하면 다른 하나는 반드시 반대 방향으로 회전해야 한다. 전자는 파동의 성질도 갖기 때문에 그들이 두 가지 상태로 중첩(28, 29쪽 참조)되는 것도 가능하다. 즉 전자쌍 중 하나는 시계방향-반시계방향, 다른 하나는 반시계방향-시계방향이 될 수 있다. 전자쌍 중 하나의 스핀이 관찰될 때만 다른 전자의 스핀이 어떤 상태인지 결정되는데, 그것도 즉각 결정된다.

만약 전자쌍이 서로 떨어져 있으면, 각각은 슈뢰딩거의 고양이처럼 두 가지 가능한 상태로 존재한다. 고양이의 경우 상자를 들여다보면 파동함수가 붕괴되면서 하나의 결과 즉, 고양이가 살았는지 죽었는지 알게 된다. 하지만 이 경우는 고양이가 한 마리만 상자 안에 있었다. 반면 전자쌍의 경우에는 둘 중 하나를 관찰하거나 측정하면 두 전자 모두에 대해 파동함수를 붕괴시키기 때문에, 전자A를 파리로 가져가서 스핀을 측정하게 되면 피츠버그에 있는 전자B도 측정과 동시에 전자A와 반대되는 스핀을 얻게 된다. 마치 두 전자가 빛보다 빠른 텔레파시로 연결된 것처럼 반응한다. 이것이 양자얽힘이다.

이는 다음과 같은 상황과 비슷하다. 검은 당구공과 자주색 당구공을 어떤 장치를 이용해 동시에 서로 반대 방향으로 회전하도록 했다면, 우리가 당구공을 보지 않는 한, 검은 공이 시계 방향으로 돌고 자주색 공이 반시계 방향으로 돌 확률이 50 대 50이라는 것밖에 알지 못한다. 한편 두 공을 계속 회전시키는 상태에서 밀폐 상자에 담아 검은 공은 파리로 보내고 자주색 공은 피츠버그로 보낸다고 하자. 파리에서 상자를 열어 보고 검은 공이 어떤 방향으로 도는지 확인하기 전까지는 피츠버그의 자주색 공은 시계 방향과 반시계 방향으로 모두 돌고 있다고 생각해야 한다. 그러나 파리에서 상자를 여는 순간, 피츠버그의 공은 파리의 검은 공과 반대 방향으로 돌기 시작한다. 양자얽힘이 실제로 측정된 것은 1982년 파리대학의 알랭 아스페가 이끄는 연구팀에 의해서였다. 이 팀은 양자얽힘 상태에 있는 광자들이 빛보다 빠른 속도로 전보를 전송한다는 사실을 입증했다.

아스페의 양자얽힘 실험에서,
광자들이 서로 떨어져 있는 거리:13미터

13meters

이 거리에서 양자얽힘의 정보를
전달하는 데 걸리는 최대 시간:10나노초

10nanoseconds

10ns(나노초) 동안에 빛이 달리는 거리:3미터

3meters

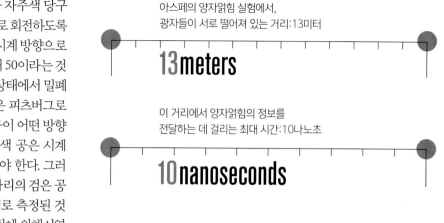

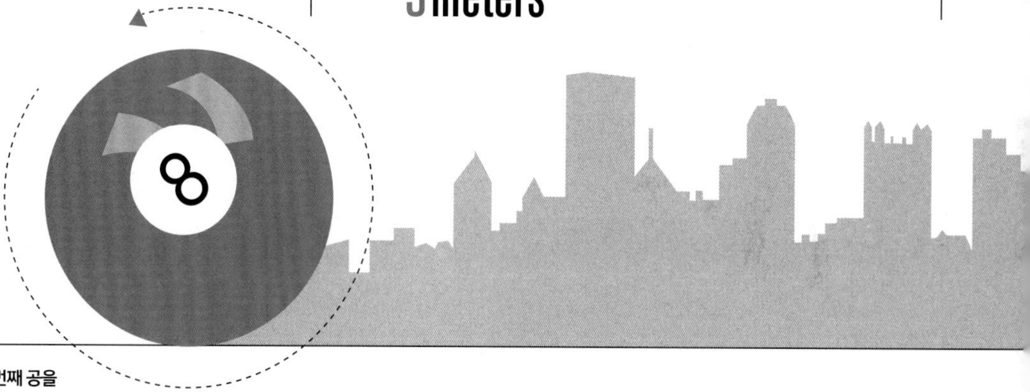

“저기서” 결정된다

두 번째 공의 상태는 첫 번째 공의 상태에 의존하기 때문에, 첫 번째 공을 관찰함으로써 상태가 확정되면, 두 번째 공의 상태-이 경우는 반시계 방향으로 도는 것-도 확정된다.

양자얽힘은 공간을 통해 정보를 순간이동(teleport)하는 데 이용할 수도 있다. 이 정보를 이용해, 한 쪽 텔레포터로부터 다른 쪽 텔레포터의 물질을 재구성할 수도 있다.

지금까지 양자얽힘을 통해
순간이동을 한 가장 먼 거리:404킬로미터

404kilometers (253miles)

한 인간을 순간이동시키는 데 필요한 모든 정보를 전송하는 데 걸리는 시간은, 오늘날의 가장 빠른 시스템을 사용하더라도, 우주의 나이보다

100million 1억배 더 많은 시간이 걸린다.

방사성 물질의 반감기와 한 움큼의 동전

▶ 반감기가 4분인 방사성 원자들 무리는 4분마다 던져 올리는 동전들과 같다.

동전을 앞면으로 한 상태에서 일정한 간격을 두고 동시에 위로 던질 때, 늘 같은 비율로 전체의 절반이 앞면으로 나올 것이다. 마찬가지로 방사성 원소의 원자들 수가 절반이 되는 비율도 일정하다. 이 비율이 반감기다.

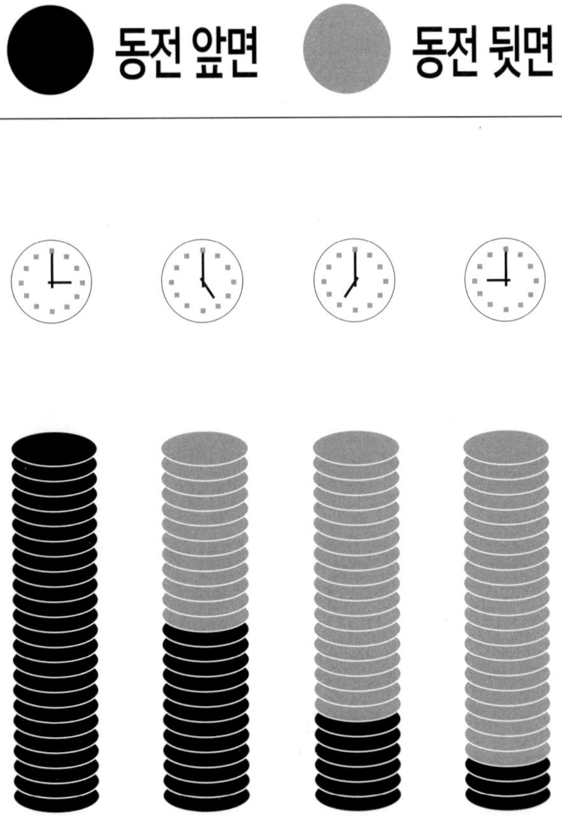

방사성 물질의 반감기는 그 물질을 이루는 원자들의 절반이 방사성 붕괴를 겪는 평균적인 시간이다. 예를 들어, 비스무트-212의 반감기는 60.5분이다. 비스무트-212 샘플이 하나 있을 때 이 샘플의 원자들 절반은 앞으로 60.5분 뒤에 방사성 붕괴를 하게 된다는 뜻이다. 남은 원자들의 절반은 다시 60.5분 뒤에 방사성 붕괴를 하게 되고, 거기서 남은 원자들은 다시 60.5분 뒤에 붕괴하는 식으로 이어진다. 당신에게 동전이 100개 있고 모두 앞면이 위로 가게 해둔 상태에서, 60.5분마다 동시에 이 동전들을 던져 올린다고 하자. 처음 던져 올리면, 동전의 절반(50개)이 뒷면이 나올 것이다. 원자들이 방사성 붕괴를 겪은 것과 같다. 이어서 뒷면이 나온 동전을 제쳐두고 남은 동전들을 60.5분 뒤에 다시 던지면 원래 동전 개수(100개)의 4분의 1(25개)이 앞면이 나오게 된다. 이와 마찬가지로, 비스무트-212 원자 100만 개가 든 샘플이 있을 때, 121분 뒤에는(반감기 60.5분의 2배) 약 25만개의 비스무

수소의 반감기는 10^{30}년으로, 원소들 중에서 반감기가 가장 길다.

10^{30} years

텔루륨-128의 반감기는 $2.2x10^{24}$년으로 방사성 원소 중 반감기가 가장 길다

2.2

$2.2x10^{24}$ years

trillion trillion years

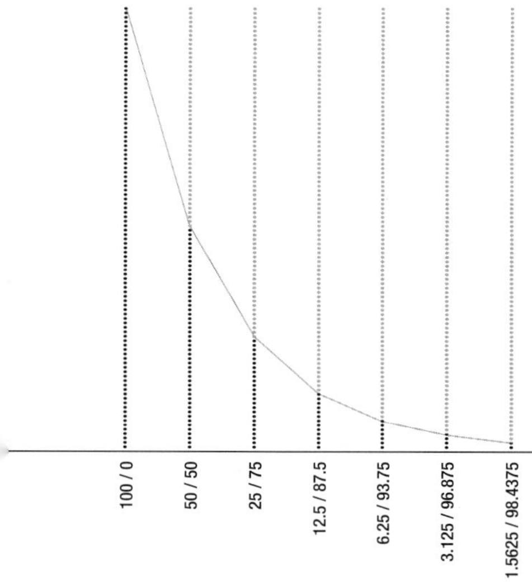

각각의 반감기마다, 원래의 양에서 남은 양의 비율은 점점 작아진다. 이 그래프는 방사성 원자들과 동전에도 똑같이 적용될 수 있다.

수소-7은 반감기가 $2.3x10^{-23}$초로 방사성 원소 중 가장 반감기가 짧다.

$2.3x10^{-23}$ seconds

중성미자는 베타 붕괴 동안 만들어진다.

875 trillion

어떤 순간에 우리의 몸을 통과하는 중성미자의 수는 875조 개에 달한다. 중성미자는 베타 붕괴가 일어나는 동안 형성되는 입자로서, 전하와 질량을 갖지 않고 약한 핵력에만 영향을 받기 때문에 다른 물질과 상호작용할 가능성이 거의 없어 대부분의 물질을 그냥 통과한다.

트 원자가 남게 된다. 다른 75퍼센트의 원자들은 방사성 붕괴된 것이다. 그렇다면 1만5625개의 비스무트-212 원자가 남게 되려면 얼마의 시간이 걸릴까? 여기서 주의할 것은 맨 처음의 원자 개수와는 관계가 없다는 점이다. 반감기는 늘 일정하게 같기 때문이다. 당신이 단 하나의 비스무트-212 원자-혹은 단 하나의 동전-를 갖고 있다면 그 원자가 60.5분 뒤에 붕괴할 확률은 50퍼센트다. 그런데 여기서 동전과 방사성 붕괴가 다른 점은 동전 던지기는 겉으로만 무작위적으로 보일 뿐 실제로는 꽤 정확하게 예측이 가능한 데 반해 방사성 붕괴는 오직 확률로만 말할 수 있다는 점이다. 당신에게 필요한 모든 데이터가 있고 데이터들을 고속으로 처리할 수 있는 슈퍼컴퓨터가 있다면 어떤 주어진 동전이 앞면이 나올지 뒷면이 나올지 꽤 정확하게 예측할 수 있다. 하지만 방사성 붕괴에서는 어떤 주어진 원자가 붕괴를 할지 안 할지를 확률로밖에는 말할 수 없다.

투과력은 방사선과 관련된 입자의 크기와 전하에 따라 다르다. 중성자는 크기가 크지만 전하를 갖지 않기 때문에 투과성이 매우 높다.

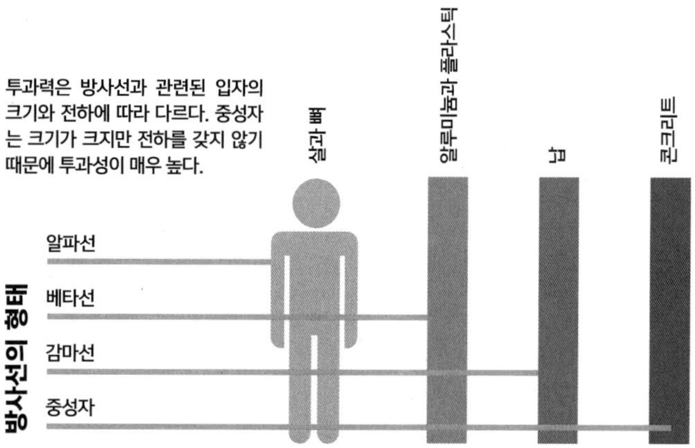

열, 압력, 당구공

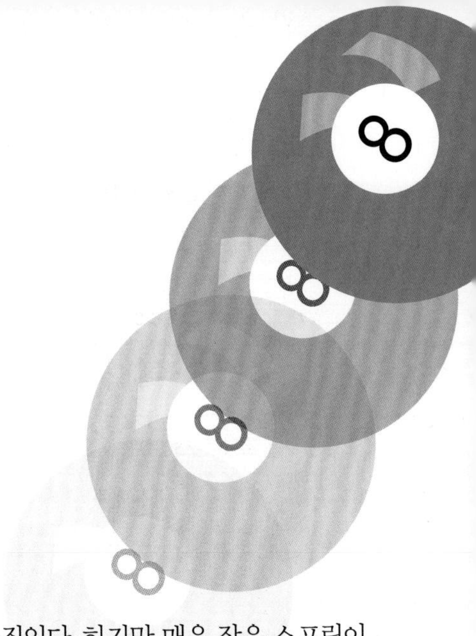

▶ 기체가 담긴 용기는 힘차게 움직이는 당구공들–각각의 당구공을 작은 스프링이 둘러싸고 있다–이 가득 들어있는 상자와 닮았다. 상자를 누르면 당구공들이 더 활발하게 더 빨리 움직이는데, 기체에 압력을 가하면 온도가 올라가는 것과 비슷하다.

17세기에 로버트 보일(1627~1691년) 같은 선구적인 화학자들은 몇 가지 전제조건을 붙이면 기체의 운동을 잘 설명할 수 있다는 걸 깨달았다. 그것은 실제 기체와 근접한 '이상(ideal)' 기체라는 개념을 도입하는 것이었다. 이상 기체란 아주 작은 당구공들의 모임이라고 할 수 있다. 공들은 작은 스프링으로 둘러싸여 있다. 이 당구공들처럼 용기에 든 기체 입자들은 다른 입자들과 충돌하거나 용기의 벽에 부딪치기 전까지는 일직선 운동을 하면서 매우 빨리 움직인다. 하지만 매우 작은 스프링이 부착돼 있어 충돌은 완벽하게 탄성을 띤다. 다시 말하면, 공(입자)들은 서로 부딪쳐도 에너지를 전혀 잃지 않은 채 서로 튕겨 나온다. 다만 당구공과의 차이점은, 당구공은 일정한 폭과 부피를 갖지만, 이상기체의 입자들은 용기의 공간에 비하면 너무나 작아서 크기를 갖지 않는 점 입자라는 사실이다.

나중에 기체분자운동론이라고 불리게 되는 이런 전제들을

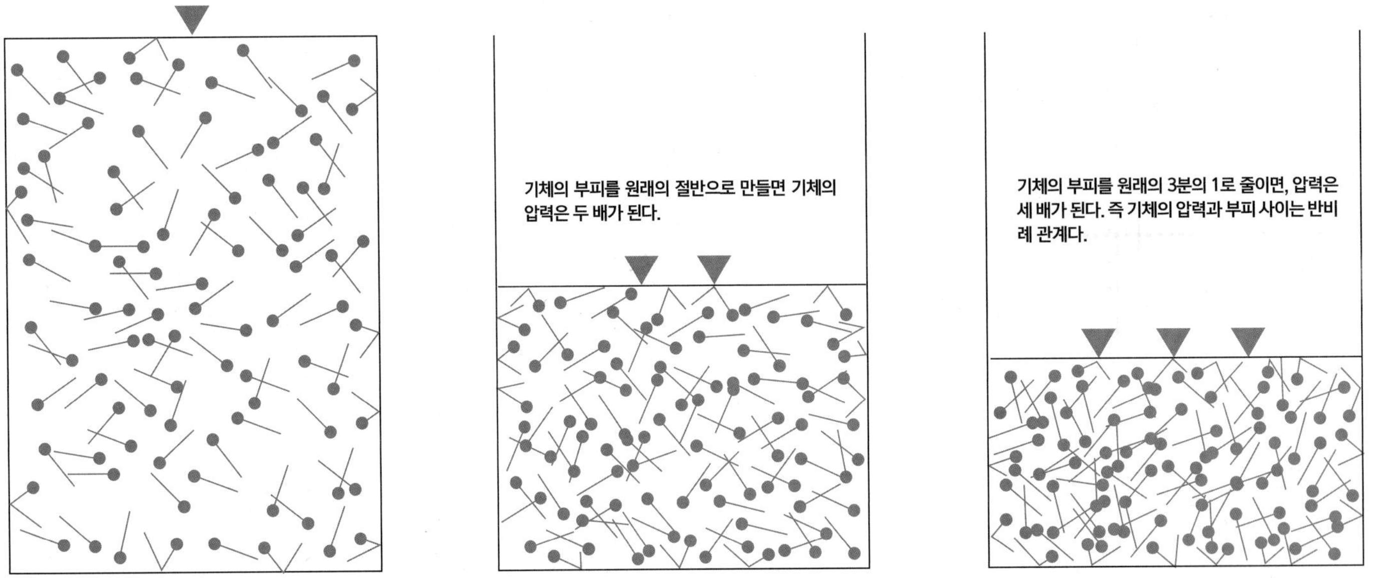

기체의 부피를 원래의 절반으로 만들면 기체의 압력은 두 배가 된다.
기체의 부피를 원래의 3분의 1로 줄이면, 압력은 세 배가 된다. 즉 기체의 압력과 부피 사이는 반비례 관계다.

대기압에서 분자의 평균 속도는 초속 약 450m.

~450 m/s

기체분자들끼리 충돌이 일어나는 평균 시간은 2.36×10^{-7}초.

2.36×10^{-7} seconds

충돌 횟수는 초당 4.23×10^{6}.

4.23×10^{6} per second

라돈은 가장 무거운 기체 중의 하나다.

라돈	수증기	수소
22.4리터의 무게 **222g**	22.4리터의 무게 **18g**	22.4리터의 무게 **2g**

통해 기체가 어떻게 용기에 압력을 가하는지를 설명할 수 있고–수십 억 개에 달하는 작은 입자들이 용기의 벽을 끊임없이 두드림으로써 용기에 압력이 가해진다–, 나아가 온도와 압력, 부피 사이의 관계를 나타내는 수학적인 공식을 만들 수 있게 되었다.

라돈, 가정의 위험 물질

1피코퀴리=분당 라돈 원자 2.2개가 만들어지는 양

(퀴리는 방사능의 양을 표시하는 단위. 1퀴리는 1g의 라듐이 1초 동안 방출하는 방사능의 양이다. 1피코퀴리=1조분의 1퀴리)

실내에서 라돈 기체의 평균적인 양은 리터 당 1.3피코퀴리

1.3picoCuriesperliter

실외에서 라돈 기체의 평균적인 양은 리터당 0.4피코퀴리 미만

<0.4picoCuriesperliter

1.15million

가정집에서 **1년 동안** 축적되는 라돈 원자의 수는 115만개

이 라돈 원자들을 발산하기 위해 환기시켜야 하는 공기의 양은 500만 리터

5 million liters

건강에 위험을 초래하는 라돈의 노출량은 리터당 3~4피코퀴리

3-4picoCuriesperliter

미국에서 라돈에 과다 노출돼 폐암으로 **죽는 사람**은 연간 20,000명에 달한다.

20,000deathsperyear

도미노는 책보다 빨리 쓰러진다

▶ 금속은 비금속보다 열전도율이 더 높다. 왜냐하면 금속 안의 자유전자들은 원자 및 분자의 결합보다 열에너지를 더 빨리 전달하기 때문이다. 이것은 도미노를 세워 놓은 줄이 책을 세워 놓은 줄보다 더 빨리 쓰러지는 것과 비슷하다.

열의 전달은 앞에서 다룬 기체분자운동론으로 부분적이나마 설명할 수 있다. 하나의 고체(입자들이 화학결합에 의해 긴밀히 연결된 물질)를 공들이 스프링에 의해 격자처럼 연결된 모습이라고 생각하면, 열 전도를 설명하기 쉽다. 하나의 입자에 전달된 열에너지는 운동에너지로 변환되면서 입자를 진동시킨다. 스프링-공 모델에서 하나의 공이 진동하면, 그 진동이 스프링을 통해 다른 공으로 전달될 것이다. 열도 같은 방식으로, 하나의 입자에서 다른 입자로 운동에너지를 통해 전달된다.

그런데 금속이 나무나 다른 유기물질보다 열전도율이 더 높은 까닭은 무엇인가? 그 답은 자유전자에 있다. 자유전자는 한 입자에서 다른 입자로 상대적으로 수월하게 이동할 수 있다. 나무와 같은 물질은 자유전자가 없다. 그런 물질은 원자 전체의 진동에 의해서만 열을 전달한다. 원자는 크기가 작지만 전자보다는 훨씬 크다.

이런 차이가 어떻게 열전도율의 차이를 만들어내는지 실험해보자. 도미노 20개를 세워놓고 그 옆에는 책 20권을 나란히 세워 놓는다. 이제 제일 앞에 있는 도미노와 책을 동시에 살짝 밀어보자. 결과는, 도미노가 책보다 크기가 훨씬 작기 때문에 책보다 더 빨리 넘어진다. 마찬가지로, 금속은 크기가 작은 전자들이 원자보다 훨씬 빠르게 움직이기 때문에 에너지를 전달하는 데도 더 효율적이다.

비금속의 열전도

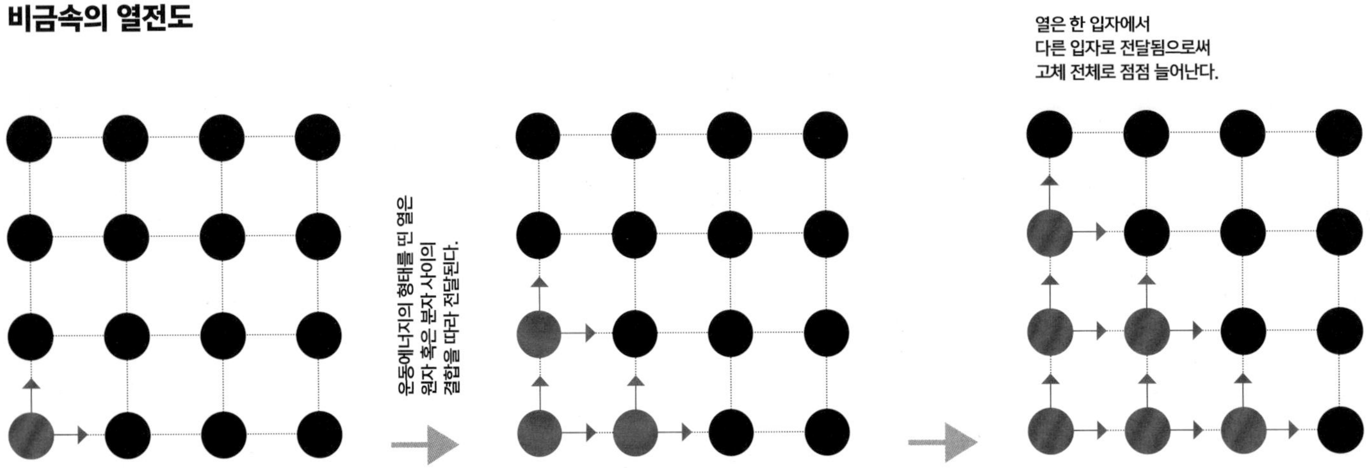
열은 한 입자에서
다른 입자로 전달됨으로써
고체 전체로 점점 늘어난다.
운동에너지의 형태를 띤 열은
원자 혹은 분자 사이의
결합을 따라 전달된다.

금속의 열전도

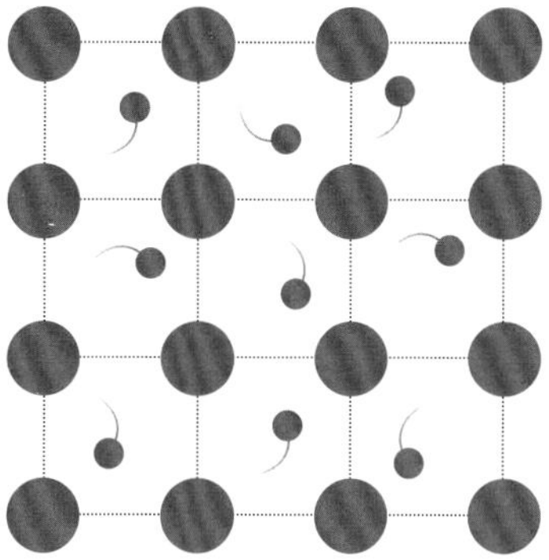

자유전자들은 입자들 사이의 결합보다 훨씬 빠른 속도로 에너지를 전달한다.

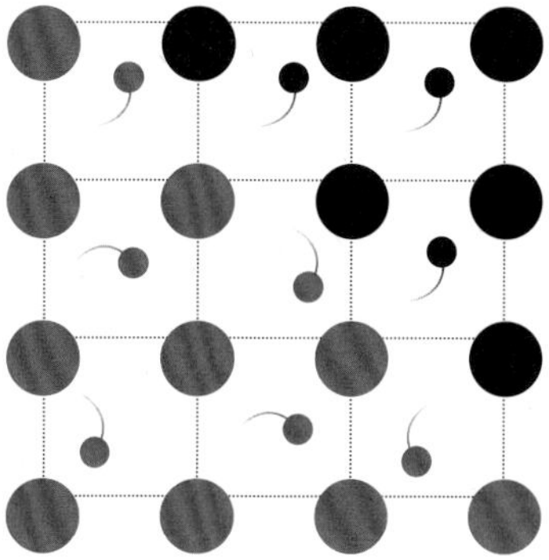

금속 고체에서는 에너지(열)가 입자들 사이의 결합을 통해서뿐 아니라 자유전자들을 통해서도 전달된다.

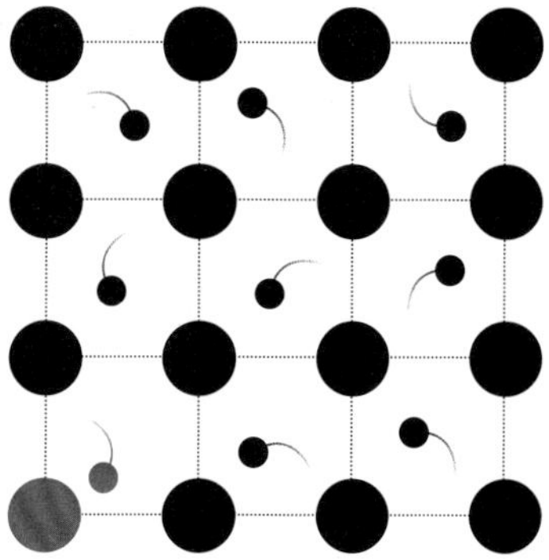

물질에 따른 열전도율 (단위: W/mK)

(온도는 특별히 언급되지 않은 경우 모두 상온)

물질	W/mK	물질	W/mK
해수면에서의 공기	0.025	네오프렌(합성고무)	0.15–0.45
10,000m에서의 공기	0.020	니켈	90.7
알루미늄	237	종이	0.04–0.09
석면	0.05–0.15	파티클 보드(PB)	0.15
벽돌	0.18	석고	0.15–0.27
탄소(다이아몬드)	895	백금	71.6
탄소(흑연)	1950	합판	0.11
카펫	0.03–0.08	폴리에스테르	0.05
콘크리트	0.05–1.50	발포 폴리스티렌	0.03–0.05
구리	401	우레탄 폼	0.02–0.03
솜	0.04	모래	0.27
새의 깃털	0.034	실리카 에어로겔	0.026
펠트 천	0.06	은	429
유리섬유	0.035	눈(<0℃)	0.16
프레온 12(액체)	0.0743	탄소강(0℃)	45–65
프레온 12(기체)	0.00958	스테인리스 강(0℃)	14
유리	1.1–1.2	밀짚	0.05
금	317	테플론(섬유)	0.25
흑연	2.2	티타늄	21.9
헬륨 가스	0.152	텅스텐	174
헬륨 Ⅰ(<4.2K)	0.0307	진공	0
헬륨 Ⅱ(<2.2K)	~100,000	물(얼음, 0℃)	2.2
철	80.2	물(액체, 0℃)	0.561
납	35.3	물(액체, 100℃)	0.679
석회암	1	물(응결된 수증기, 0℃)	0.016
대리석	1.75	물(끓는 수증기, 100℃)	0.025
수은	8.34	나무	0.09–0.14
운모	0.26	양모	0.03–0.04
마일라(필름)	~0.0001	아연	116

팀에서 "나"는 존재하지 않는다

전기회로나 자석은 축구팀과 비슷하다. 축구팀 선수들 사이에서는 직접적인 접촉이 없어도 한 선수의 행동이 경기장(필드)의 모든 선수들에게 영향을 미친다.

중력, 자력, 전기력은 먼 거리에서 작용한다. 이 힘들은 공간을 통해 퍼지면서 장(field)을 만들어낸다. 장은 눈에 보이지 않고, 장을 통한 힘의 전달은 입자들 사이의 직접적인 접촉 없이 이루어지기 때문에(적어도 양자역학에서 다루는 세계보다 큰 거시적인 세계에서는 그렇다. 34~35쪽 참고) 이들의 행동 메커니즘을 시각화하기는 쉽지 않다. 전기회로와 같은 시스템이 전기장을 만들어낼 때, 회로를 구성하는 어느 한 요소는 전체 장에 영향을 미치고 또한 전체 장으로부터 영향을 받는다. 직관적으로는 쉽게 납득할 수 없는 현상이다. 예컨대 직렬로 연결된 전구들이 있을 때 전지(배터리)는 세 번째 전구보다는 가장 가까이 있는 전구에 더 많은 전류를 보낼 것처럼 여겨지지만, 실제로는 모든 전구에 똑같은 양의 전류가 흐른다.

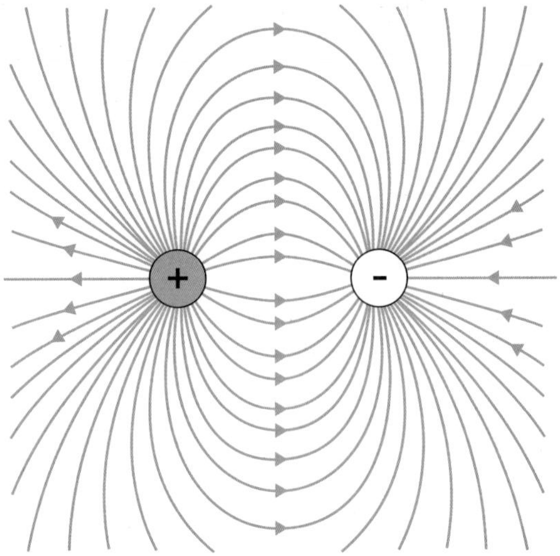

역선(line of force)은 자기장이 자석의 양극과 음극 사이의 공간을 어떻게 퍼져나가는지 잘 보여준다.

마찬가지로 필드에서 경기를 펼치는 축구팀 경우도 선수들은 직접적으로 연결돼 있지 않지만 서로서로 영향을 미친다. 선수들은 동일하게 적용되는 경기 규칙으로 묶여 있으며(회로를 구성하는 요소들이 전기적 법칙을 따르듯이), 필드에서 경기가 어떻게 흐르고 있는지를–한 선수만 공을 가지고 있는 경우에도–모두가 잘 알고 있다. 게다가 미묘한 상황의 영향도 받는다. 예를 들면, 스타플레이어가 부상을 당하면 팀 전체의 사기가 떨어질 수 있는데, 이는 회로의 한 구간에 저항을 높이면 전체 회로의 전기장 크기가 영향받는 것과 비슷하다.

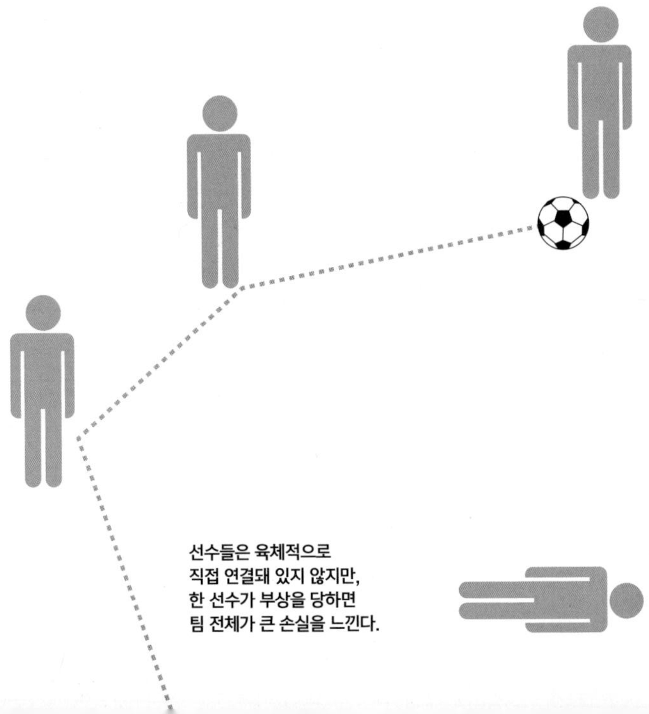
선수들은 육체적으로 직접 연결돼 있지 않지만, 한 선수가 부상을 당하면 팀 전체가 큰 손실을 느낀다.

영국 전체 지상의 **송전망 길이**는 7,200km.

7,200kilometers (4,500miles)

1 kilowattperhour

1kW시(kW-hour)의 전기로
여러 가지 가사 일을 할 수 있다.

21.6 **전 세계** 전기생산량(2016년 기준)은
21조6000만kWh.
trillion kWh

40W 전구를
24시간 켜
놓을 수 있다...

PC를
2시간 반 동안
사용할 수 있다...

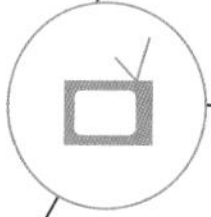

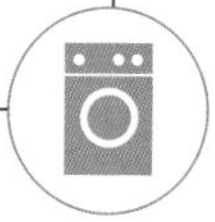

19인치 컬러TV를
4시간
시청할 수 있다...

빨래건조기를
15분간
돌릴 수 있다...

아래 원그래프는 미국 같은 산업 선진국에서 가정용과 상업용 전기의 비중이 매우 높다는 걸 보여준다.

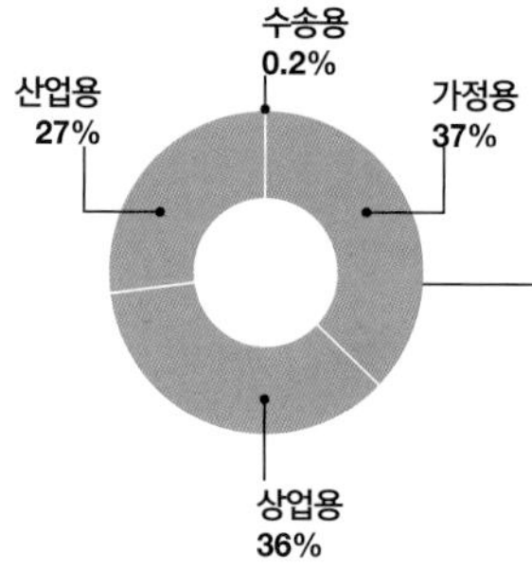

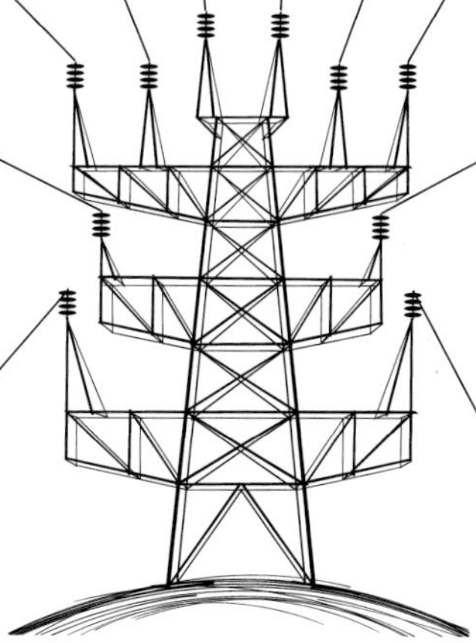

사람과 관련해 1kw시를 풀어보면, =

2,600,000foot-pounds

260만 풋 파운드(1파운드 무게를 1피트 들어올리는 일의 양)이며 ,350만J(줄) 혹은 840kcal와 같다.

이것은 907kg의 무게를

907kilograms(2,000lbs)

396m 거리만큼 들어 올릴 수 있는 에너지와 같다.

396meters(1,300ft)

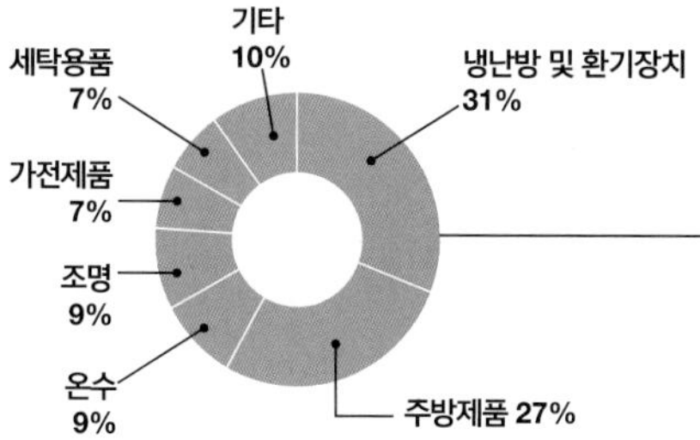

미국 정부의 2001년 통계에 따르면, 가정용 전기 가운데 가장 사용량이 많은 것은 냉난방 및 환기장치이고, 냉장고와 세척기 같은 주방제품들이 27%로 그 다음을 차지했다.

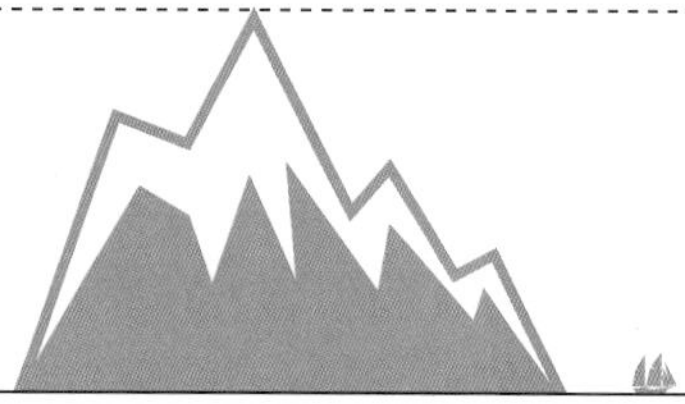

또한 이것은 40kg의 배낭을
해수면에서부터 **에베레스트** 산 정상까지
옮길 수 있는 에너지양이다.

전기회로와 마천루

▶ 전기회로가 마천루라면,
꼭대기 층까지 올라가는 엘리베이터는
전지, 건물의 높이는 전압,
건물에 있는 사람들은
전하를 띤 입자(전자)라고 할 수 있다.

전기는 눈에 보이지 않고 손에 잡히지도 않으며, 우리가 직관적으로 기대하는 대로 행동하지도 않기 때문에 파악하기가 쉽지 않다. 그래서 전기를 이해하기 위해 다양한 비유들이 동원된다.
전기에서 핵심적인 개념의 하나는 전압이다. 전압은 위치에너지의 양이다. 마천루로 비유하면, 전압은 건물의 높이와 같다-건물 꼭대기에서 동전을 떨어뜨리면 2층에서 떨어뜨릴 때보다 더 빠른 속도로 바닥에서 튕기게 되는데, 그 까닭은 꼭대기 층에 있는 동전이 더 많은 위치에너지를 갖기 때문이다. 건물에 있는 사람들을 전하를 나르는 입자라고 하면, 사람들을 태워서 꼭대기 층까지만 올라가는 한 방향의 엘리베이터는 전지라 할 수 있다. 따라서 꼭대기 층에 올라간 사람들은 최대치의 위치에너지를 갖게 된다.

전류의 흐름은 꼭대기 층에 올라간 사람들이 계단을 하나하나 내려와 로비에 도착하면, 엘리베이터가 즉시 그들을 태워 다시 꼭대기 층까지 올려다주는 것을 반복하는 것이라고 할

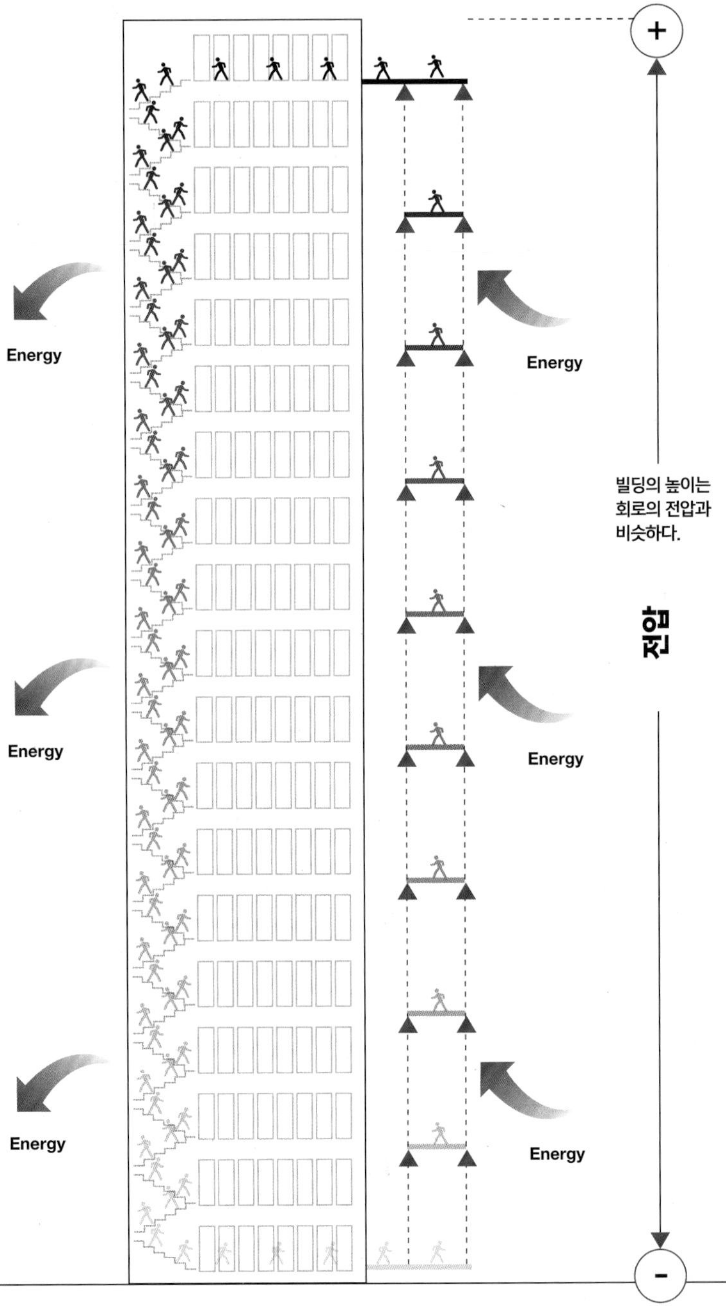

어떤 사람이 마천루 꼭대기 층까지 오르면 그 사람의 위치에너지가 커지게 된다.
그가 1층까지 내려오면 그 과정에서 위치에너지가 다른 형태의 에너지로 변환하게 된다.
마찬가지로 전기회로에서도 전자는 위치에너지를 띠고 있다가 회로를 돌면서
전압의 경사(voltage gradient)를 내려감에 따라 위치에너지가 다른 형태로 변환하게 된다.

수 있다.

전류의 크기는 1분마다(다른 시간 단위도 가능하다) 특정 지점을 지나는 사람들의 수라고 할 수 있다. 각층의 복도는 회로의 전선과 같은데, 복도를 지나는 것은 아무런 에너지를 필요로 하지 않는다. 그러나 사람들이 계단을 내려오게 되면 위치에너지가 열에너지로 변화하기 때문에 각 계단은 회로에서 저항기(resistor)와 같다. 계단이 좁을수록 사람들이 내려오기가 더 힘들기 때문에 저항기의 저항이 더 커지는 것과 같다. 전구는 저항기의 한 형태다. 계단을 내려오는 사람들이 자신들의 위치에너지를 열에너지로 바꾸듯이, 전구의 필라멘트를 지나는 대전입자(전자)는 자신들의 위치에너지를 열에너지(와 빛)로 바꾼다.

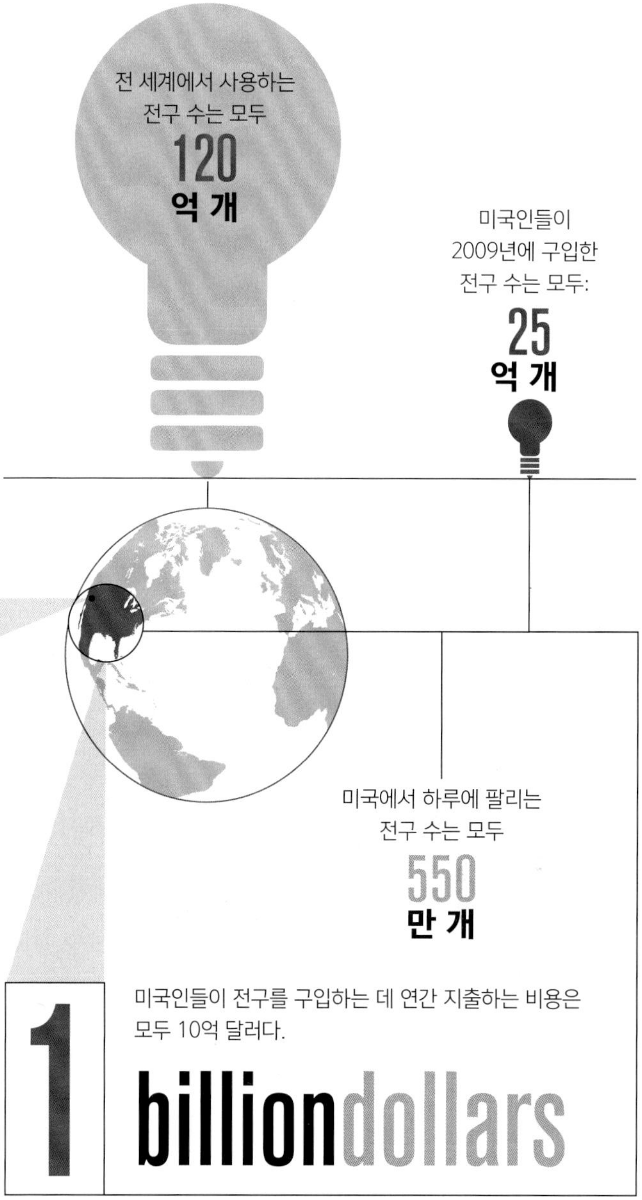
전 세계에서 사용하는
전구 수는 모두
120
억 개
미국인들이
2009년에 구입한
전구 수는 모두:
25
억 개
미국에서 하루에 팔리는
전구 수는 모두
550
만 개

캘리포니아 주, 리버모어의 소방서에 있는 4와트짜리 리버모어 라이트(Livermore Light)는 세계에서 **가장 오래된** 전구다. 이 전구는 1901년부터 지금까지 계속 켜져 있다.

1901

미국인들이 전구를 구입하는 데 연간 지출하는 비용은 모두 10억 달러다.

1 billiondollars

리버모어 라이트가 그동안 **사용한 에너지**는 총 13.75기가줄(GJ)이다.

>13.75gigajoules

이것은 회전식 건조기 4대를 **1년간** 계속 돌릴 수 있는 양이다.

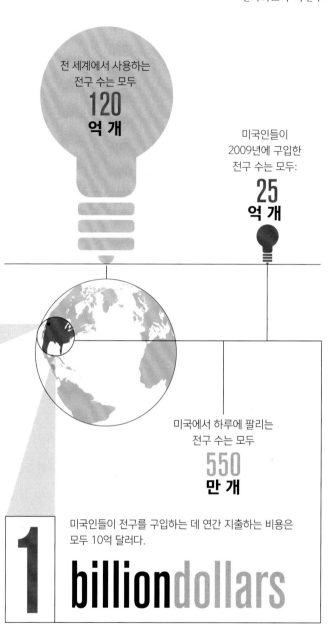

컨베이어벨트와 석탄 더미

▶ 전기회로에서 전류는 석탄 더미에서 석탄을 고로(高爐)로 나르는 컨베이어벨트와 같다. 전달된 에너지는 소모되지만, 전류 자체는 컨베이어벨트와 마찬가지로 그대로 보존된다.

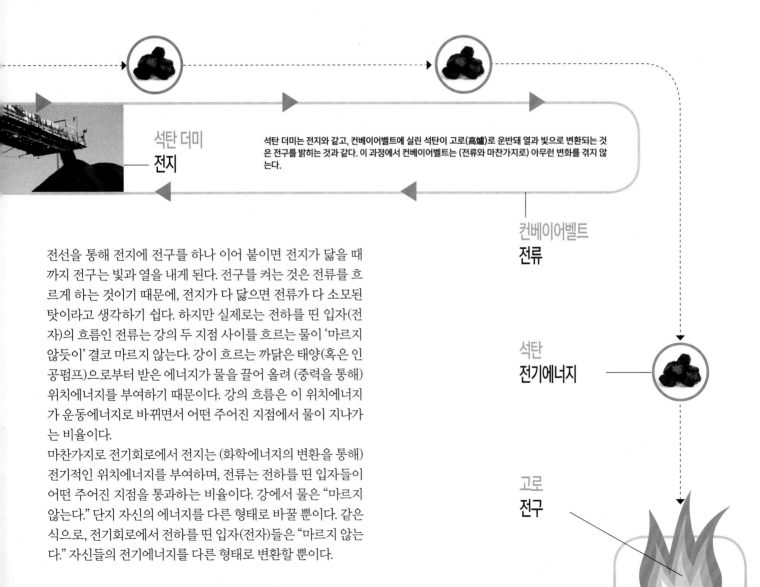

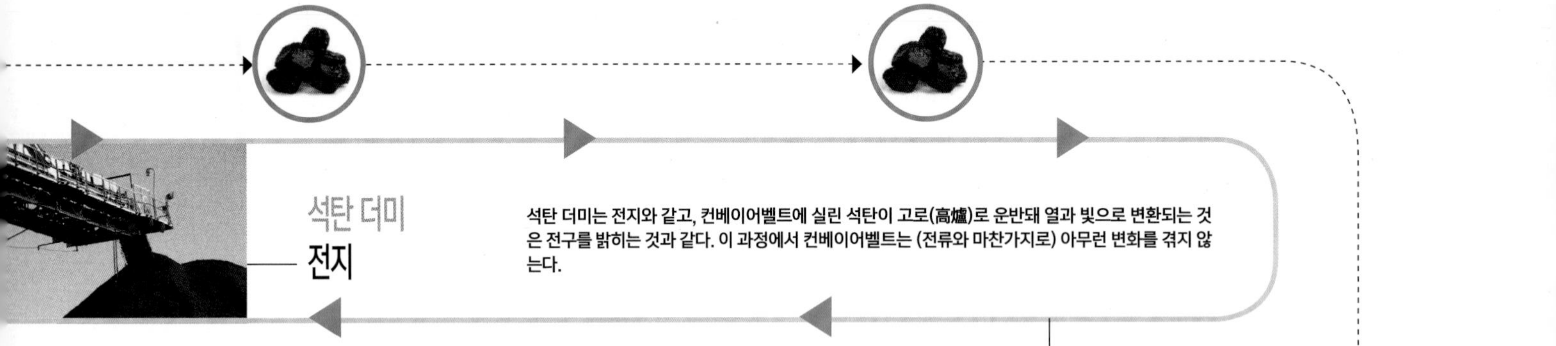
석탄 더미
전지
석탄 더미는 전지와 같고, 컨베이어벨트에 실린 석탄이 고로(高爐)로 운반돼 열과 빛으로 변환되는 것은 전구를 밝히는 것과 같다. 이 과정에서 컨베이어벨트는 (전류와 마찬가지로) 아무런 변화를 겪지 않는다.

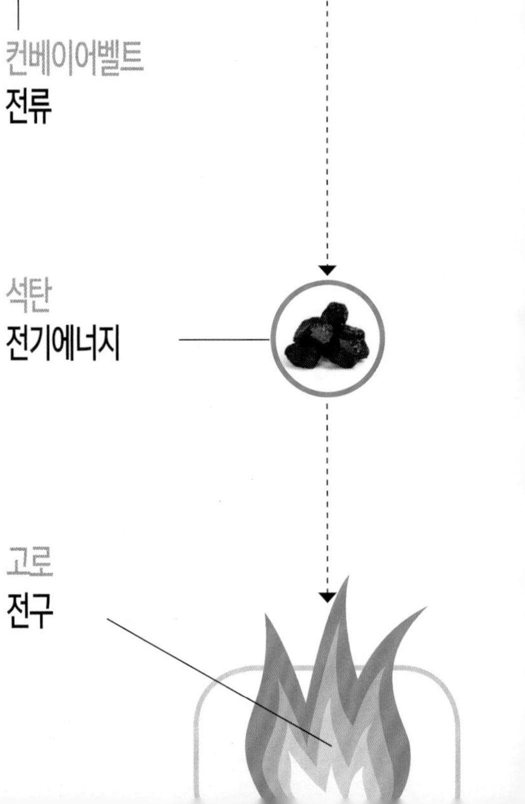
컨베이어벨트
전류
석탄
전기에너지
고로
전구

전선을 통해 전지에 전구를 하나 이어 붙이면 전지가 닳을 때까지 전구는 빛과 열을 내게 된다. 전구를 켜는 것은 전류를 흐르게 하는 것이기 때문에, 전지가 다 닳으면 전류가 다 소모된 탓이라고 생각하기 쉽다. 하지만 실제로는 전하를 띤 입자(전자)의 흐름인 전류는 강의 두 지점 사이를 흐르는 물이 '마르지 않듯이' 결코 마르지 않는다. 강이 흐르는 까닭은 태양(혹은 인공펌프)으로부터 받은 에너지가 물을 끌어 올려 (중력을 통해) 위치에너지를 부여하기 때문이다. 강의 흐름은 이 위치에너지가 운동에너지로 바뀌면서 어떤 주어진 지점에서 물이 지나가는 비율이다.

마찬가지로 전기회로에서 전지는 (화학에너지의 변환을 통해) 전기적인 위치에너지를 부여하며, 전류는 전하를 띤 입자들이 어떤 주어진 지점을 통과하는 비율이다. 강에서 물은 "마르지 않는다." 단지 자신의 에너지를 다른 형태로 바꿀 뿐이다. 같은 식으로, 전기회로에서 전하를 띤 입자(전자)들은 "마르지 않는다." 자신들의 전기에너지를 다른 형태로 변환할 뿐이다.

전류의 보존은 컨베이어벨트와 석탄 더미를 이용해 더 단순하게 설명할 수 있다. 석탄 더미는 전지와 같다-즉, 화학적인 에너지의 저장고이다. 컨베이어벨트는 이 연료를 고로(전기회로의 전구와 같다)로 옮길 뿐이다. 고로에서 석탄은 다른 형태의 에너지들로 변환되지만 컨베이어벨트에는 아무런 변화가 없다. 운반해야할 석탄이 있는 한 벨트는 계속해서 작동한다. 석탄 더미가 바닥이 날 때에야 벨트는 멈춘다. 하지만 석탄 더미가 채워지면 언제든 다시 작동한다. 석탄이 어떤 지점을 통과하는 비율은 전기회로에서의 전류와 같다. 또 다른 비유로는 자전거 체인을 들 수 있다. 체인은 페달로부터 받은 에너지를 바퀴로 전달하지만 체인 자체를 다 써버리는 경우는 없다.

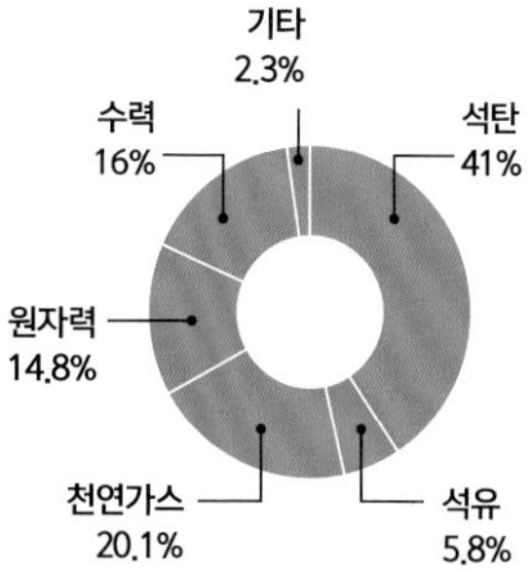

41%

전 세계 전기생산량의 41%는 석탄 화력발전소에서 나온다.

현재의 채굴 속도라면 전 세계 석탄 매장량은 앞으로 110년 동안 사용할 수 있는 양이다.

110 years

전 세계 **석탄 매장량**은 약 1조1000억 톤으로 추정된다.

이는 현재 지구 전체의 생물량(biomass)-모든 살아있는 유기체를 합친 것-보다 **1.5배** 많은 양이다.

1.1 trillion tonnes

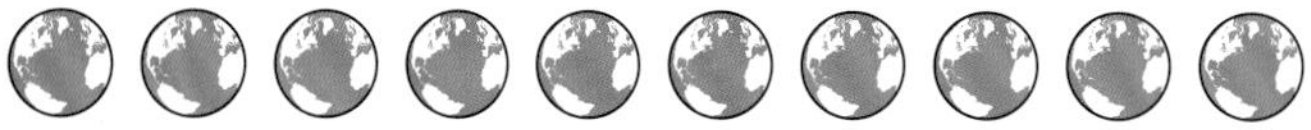

7 billion tonnes

2009년의 석탄 생산량은 약 70억 톤에 달했다.
전 세계 인구 1인당 1톤에 해당하는 양이다.

당신에게 부여된 이 석탄 1톤으로 낡은 자동차를 2시간 반 동안 몰 수 있거나, 회전식 건조기를 9시간 돌릴 수 있다.

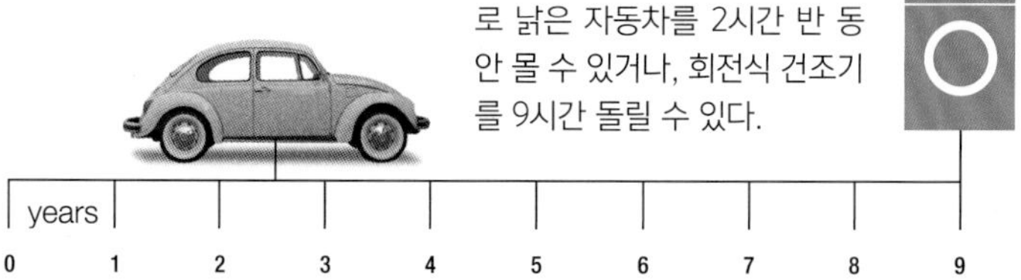

가정용 전등회로에 쓰이는, 1mm 두께의 구리선에 들어있는 구리 원자의 수는

3.51×10^{20}

개다.
이는 지구에 있는 모래 알갱이 수와 거의 비슷하다.

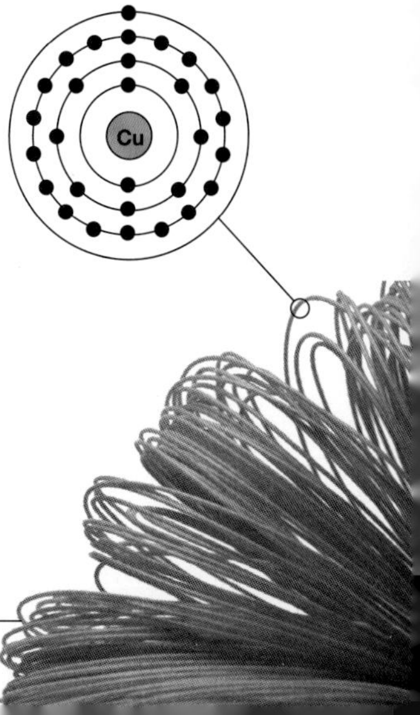

전기는 물과 같다

전기회로는 수족관 시스템과 닮았다. 전기회로의 전지는 수족관의 펌프이고, 전선은 송배수관이며, 저항기는 필터와 같다.

전기는 회로를 통해 흐르기 때문에, 전기를 설명하기 위해 물을 끌어들이는 것은 매우 자연스럽다. 수족관처럼 물의 부피가 일정한 물의 회로에서는 물을 순환시키기 위해 에너지를 가해야 한다. 마찬가지로 전자의 수가 일정한 전기회로에서는 전자가 순환하도록 하기 위해 에너지가 가해져야 한다. 펌프가 압력을 가함으로써 수족관의 물에 위치에너지를 부여하듯이, 전지는 전압이라는 형태로 전기적인 '압력'을 만들어낸다. 전기회로를 움직이는 것은 바로 이 '압력'이다.

물은 송배수관을 통해 흐르면서 저항을 경험하지만, 그 저항이 그다지 크지 않기 때문에 물이 자유롭게 흐를 수 있다. 마찬가지로 몹시 높은 전도성을 가진 구리선의 저항은 매우 작기 때문에 전류가 자유롭게 흐를 수 있다. 그러나 수족관의 필터가 물의 흐름을 거세게 저지하듯이 전기회로에서는 전구의 필라멘트 같은 저항기(resistor)가 전기의 흐름에 반발한다. 물은 이 필터를 헤치고 나가기 위해 열심히 일을 해야 한다(즉 에너지를 쏟아야 한다). 당신이 매우 정밀한 온도계를 가지고 있다면, 물의 운동에너지가 열에너지로 변할 때 생기는 아주 미세한 온도의 상승을 측정할 수 있을 것이다.

같은 식으로, 전류가 가진 전기에너지는 전구에서 열과 빛으로 변환된다. 어떤 주어진 순간에 주어진 지점에 흐르는 물의 양

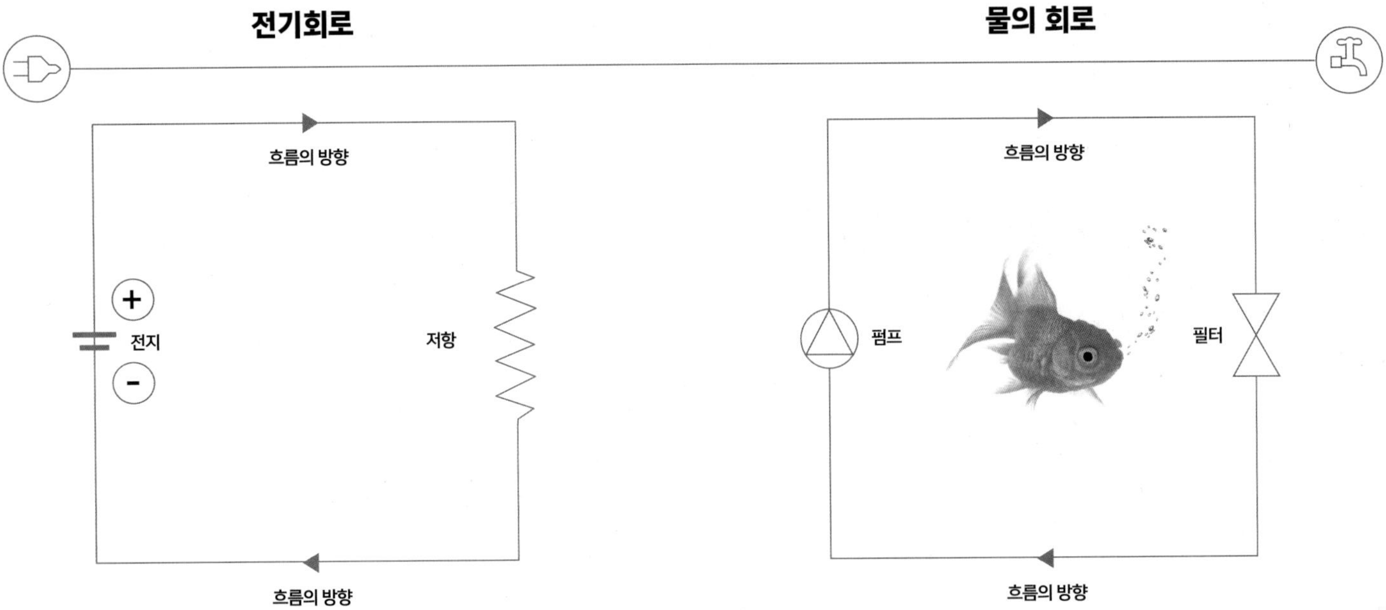

을 물의 흐름(current)이라고 하듯이, 어떤 주어진 순간에 주어진 지점에 흐르는 전자의 양을 전류(current)라고 한다.

두 회로의 유사점은 개별적인 물 분자나 전자가 회로를 완전히 한 번 순환하는 데 걸리는 시간이 상대적으로 꽤 길다는 점에서도 나타난다. 송배수관이나 전선은 이미 물이나 전자들도 가득 채워져 있기 때문에, 송배수관이나 회로의 한 쪽 끝에 압력을 주면 그쪽에 있는 분자나 전자들이 다른 쪽 끝까지 직접 이동하는 것이 아니라 다른 쪽 끝에 있는 물 분자나 전자들이 압력에 의해 즉각적으로 밀려나면서 순환하게 된다.

1

전류는 암페어(초당 지나가는 전하의 수)로 측정되며,
1암페어는 초당 600만조 개의 전자가 통과하는 양이다.

amp ~ 6milliontrillion

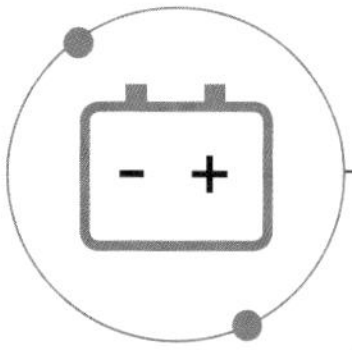
- +

1.728 x 10²⁴electrons

보통의 자동차 배터리는 1시간에 80암페어를 공급하는데,
1.728x10²⁴개의 전자에 해당한다.
이것은 지구의 모래 알갱이 수보다 1만 배 많은 양이다.

전류의 전달 속도는 빛의 속도와 거의 같다.

~ speedoflight

1

보통의 전기회로에서 개별적인 전자의
운동속도는 시속 1m다.

meterperhour

백열전구에서
열로 소비되는 에너지는
전체의 95%다.

95%

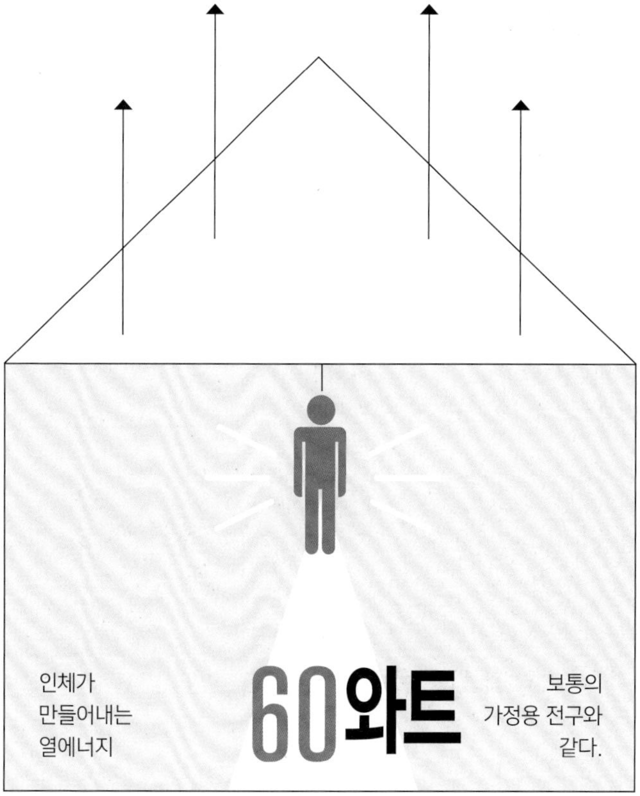
인체가
만들어내는
열에너지
60와트
보통의
가정용 전구와
같다.

병렬회로는 학교 강당과 닮은꼴

출구가 두 개 있는 학교 강당에서는 출구가 하나인 강당보다 학생들이 두 배 빠른 속도로 빠져나갈 수 있다. 마찬가지로 전구가 두 개 병렬로 연결된 전지는 전구가 하나 연결된 회로에서보다 두 배 빨리 닳게 된다.

전기회로 문제에서 가장 이해하기 어렵고 직관에 반하는 것 중 하나는 직렬회로와 병렬회로의 차이점이다. 전선 하나에 전지와 전구 두 개가 나란히 연결된 것을 직렬회로라고 하고, 전지 하나에 전선 하나와 전구 하나, 다른 전선 하나와 다른 전구 하나가 연결된 것을 병렬회로라 한다. 병렬회로에서는 각각의 '루프(loop)'가 같은 전압을 갖는 반면 직렬회로에서는 연결된 모든 전구에 같은 전류가 흐르기 때문에 전구들이 전압을 나눠 갖는다.

직렬회로에 대한 간단한 비유는 여러 개의 스프링클러가 연결된 정원의 호스로 보는 것이다. 처음에는 물의 압력이 일정하지만, 스프링클러가 더해질수록 이들이 물의 압력을 나눠 갖기 때문에 각각의 스프링클러에서 나오는 물줄기가 약해진다. 마찬가지로 직렬회로에서는 전구가 전압을 나눠 갖기 때문에 전구가 많이 연결될수록 각각의 전구가 내는 빛은 점점 어두워진다.
정원 호스의 비유는 병렬회로에는 들어맞지 않는다. 병렬회로는 각각의 전구가 같은 전압을 공급받기 때문에 모두 똑같은 밝기를 유지한다.

이를 비유적으로 설명하자면 강당을 가득 메운 학생들이 밖으로 나가려고 하는 상황을 들 수 있다. 출구에서 학생들이 빠져나가는 비율은 일정하다고 해보자(이것은 전구에 흐르는 전류와 같다). 따라서 출구를 하나 더 열면(전구를 병렬로 연결하는 상황과 같다) 학생들이 빠져 나가는 비율도 두 배가 될 것이다. 이는 전류가 두 배로 되는 것과 같다. 여기서 만약 두 번째 출구가 첫째 출구보다 한참 아래층의 복도에 있다면, 학생들이 강당을 빠져나가는 비율은 변하지 않는데-직렬로 전구가 연결된 것과 같다- 이는 전류가 바뀌지 않는 것과 같다. 하지만 앞의 경우는 강당을 빠져나가는 비율이 후자에 비해 두 배 빠르다. 마찬가지로 병렬연결에서 전지는 직렬연결에서보다 두 배 더 빨리 닳는다.

오른쪽의 병렬회로에 있는 전구는 왼쪽의 직렬회로에 있는 전구보다 더 밝은 빛을 내지만 전지는 직렬회로보다 더 빨리 닳는다.

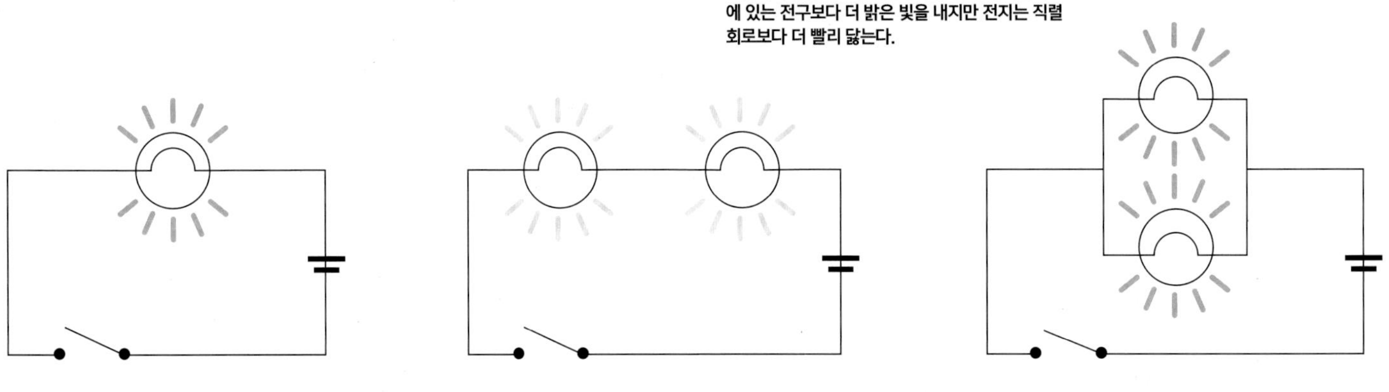

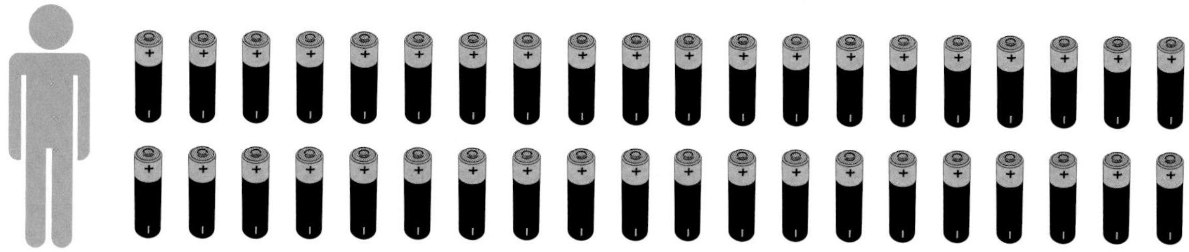

1인당 연간 소비하는 일회용 건전지는 **30~50**개다.

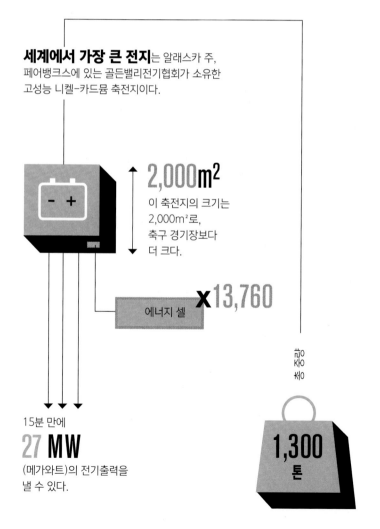

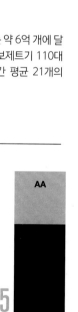

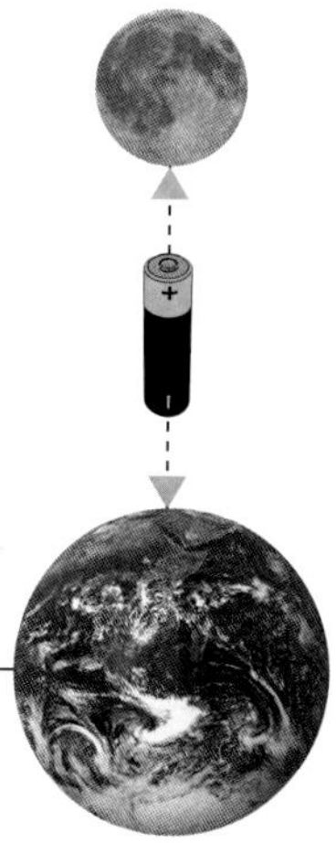

전 세계적으로 매년

15billion batteries

150억 개 이상의 건전지가 버려진다. 차곡차곡 쌓으면 달과 지구를 왕복할 수 있는 거리다.

미국에서만 매년

2.9billion batteries

29억 개의 건전지가 버려진다.

세계에서 가장 큰 전지는 알래스카 주, 페어뱅크스에 있는 골든밸리전기협회가 소유한 고성능 니켈-카드뮴 축전지이다.

2,000m²

이 축전지의 크기는 2,000m²로, 축구 경기장보다 더 크다.

에너지 셀 **x**13,760

15분 만에

27 **MW**

(메가와트)의 전기출력을 낼 수 있다.

총 중량

1,300 톤

22

영국 가정에서 매년 버리는 건전지는 약 6억 개에 달한다(총 무게는 2만2000톤으로 점보제트기 110대 분량과 맞먹는다). 한 가정에서 연간 평균 21개의 건전지를 사용한다

thousand tonnes

세계에서 가장 작은 전지는 폴리실록산 폴리머 신경이식용 배터리다.

이 배터리의 지름은 2.9mm, 길이 13mm(연필심 크기와 비슷하다)로 AA건전지 크기의 약 35분의 1에 불과하다.

x35

AA

종이성냥과 쥐덫, 그리고 핵분열

▶ 원자로나 핵폭탄에서는 핵분열이라는 연쇄반응이 일어나는데, 이것은 성냥이 줄줄이 꽂힌 종이성냥첩에서 하나의 성냥에 불을 붙이거나, 쥐덫이 서로 연결된 방에서 하나의 쥐덫을 건드렸을 때 연쇄적으로 반응이 일어나는 것과 같다.

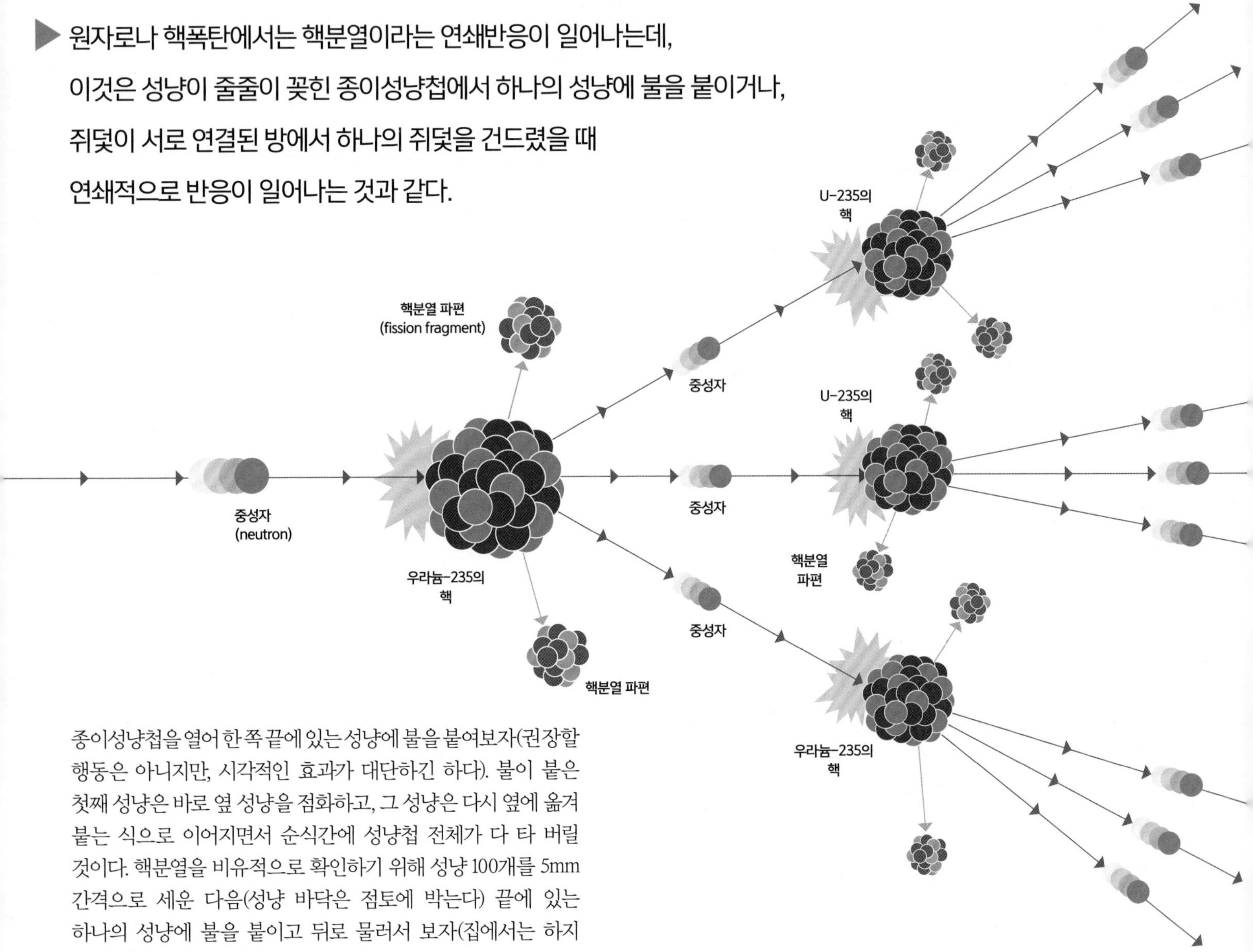

종이성냥첩을 열어 한 쪽 끝에 있는 성냥에 불을 붙여보자(권장할 행동은 아니지만, 시각적인 효과가 대단하긴 하다). 불이 붙은 첫째 성냥은 바로 옆 성냥을 점화하고, 그 성냥은 다시 옆에 옮겨 붙는 식으로 이어지면서 순식간에 성냥첩 전체가 다 타 버릴 것이다. 핵분열을 비유적으로 확인하기 위해 성냥 100개를 5mm 간격으로 세운 다음(성냥 바닥은 점토에 박는다) 끝에 있는 하나의 성냥에 불을 붙이고 뒤로 물러서 보자(집에서는 하지 말고, 다른 데서 하더라도 안전에 주의해야 한다). 불길이 사방으로

확 번질 것이다.

이보다 더 나은 모델은 수족관 같은 곳에 쥐덫 수십 개를 나란히 설치하는 것이다. 쥐덫마다 설치된 스프링 위에는 세 개의 작은 종이 공을 올려놓는다. 이제 종이 공 하나를 건드리면 쥐덫이 작동하면서 세 개의 종이 공이 이웃한 쥐덫 위의 공을 건드릴 것이고, 그 공들은 다시 다른 쥐덫들의 공을 건드리면서 잇따라 작동하게 될 것이다.

여기서 쥐덫은 우라늄-235 원자들과 같다. 우라늄-235는 매우 불안정한 우라늄의 동위원소로서, 중성자를 충돌시키면 붕괴해 크립톤-91 원자 하나와, 바륨-142 원자 하나, 매우 높은 속력을 지닌 세 개의 중성자(위의 비유에서 세 개의 종이 공)로 변환한다. 이 세 중성자들은 주변에 우라늄-235 원자들이 있으면 그들과 충돌해 다시 새로운 방사성 붕괴를 일으킨다. 이런 충돌이 연쇄적으로 일어나면서 수많은 중성자가 만들어지고 원자핵 분열이 활발하게 일어나는 것이다. 하지만 전기를 만들어내는 원자로에서는 우라늄-238을 농축해 3~4%의 우라늄-235만을 이용한다. 세 개의 중성자가 나올 때마다 그 중 하나만 다른 우라늄-235 원자들과 충돌을 일으키기 위해서다. 그래야만 핵분열을 적절히 통제할 수 있다. 반면 핵폭탄(원자탄)은 무기이기 때문에 연쇄반응이 폭발적으로 일어나도록 하기 위해 90%의 우라늄-235를 사용한다.

우라늄-238은 알파 입자를 방출함으로써 붕괴한다.

알파 입자의 속도는 초속 25,000km이다.

25,000 kilometers per second

100,000x

여객기보다 100,000배 빠른 속도다.

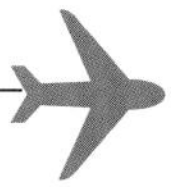

40

천연 우라늄 1톤은 전기 4000만kW시 이상을 만들어낼 수 있다.

million kilowatt-hours

of electricity.

이것은 석탄 16,000톤을 연소하는 것과 같고,

16,000 tonnes of coal

석유 80,000배럴을 연소하는 것과 같다.

80,000 barrels of oil

이론적으로 **1kg**의 우라늄-235는 약 80테라줄의 에너지를 만들어낼 수 있다. 이것은 석탄 3,000톤이 만드는 에너지와 같다.

미국에서는 원자로에서 나오는 핵폐기물이 대부분 'DUF6'으로 알려진 감손 6불화우라늄(depleted uranium hexafluoride) 형태로 처리된다.

미국 에너지국이 그동안 축적한 DUF6의 양은 **57,634**실린더에 해당한다. 이는 미 해군이 보유한 니미츠 급 항공모함 8대를 합친 것보다 무겁고, 타이콘데로가 급 순양함 70대를 합친 것보다 더 무겁다. 이 폐기물 실린더를 차례대로 쌓으면 219km 높이의 탑이 된다.

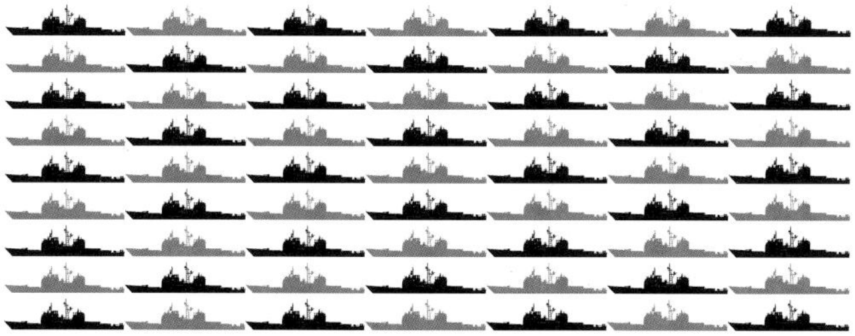

거친 빙판에서 스케이트 타기

▶ 스케이트를 탈 때 매끄러운 빙판에서 거친 빙판으로 넘어갈 때 코스에서 살짝 벗어나게 되는 것은, 한 쪽 스케이트가 다른 쪽 스케이트보다 느려지기 때문이다. 이와 비슷하게 빛이 한 매질에서 다른 매질로 통과할 때도 광선이 꺾이면서 굴절한다.

매끄러운 빙판
거친 빙판
두 개의 스케이트 중 하나가 다른 하나보다 미세하게 나마 먼저 거친 빙판에 닿기 때문에, 스케이트를 타는 사람의 코스가 살짝 꺾어진다. 이것은 광선이 공기에서 유리로 들어갈 때 일어나는 현상과 비슷하다.
거친 빙판에서 매끄러운 빙판으로 돌아오면, 스케이트 타는 사람의 코스는 아까와는 다른 방향으로 살짝 꺾어진다.

굴절은 빛이 서로 다른 밀도를 지닌 매질을 통과할 때 일어나는 현상이다. 빛이 밀도가 낮은 매질에서 높은 (투명한) 매질로 지나가면, 광선은 법선(두 매질의 접면에 수직한 선) 안쪽으로 꺾이게 된다. 반대로 밀도가 높은 데서 낮은 매질로 나아가면 법선의 바깥으로 꺾이게 된다.

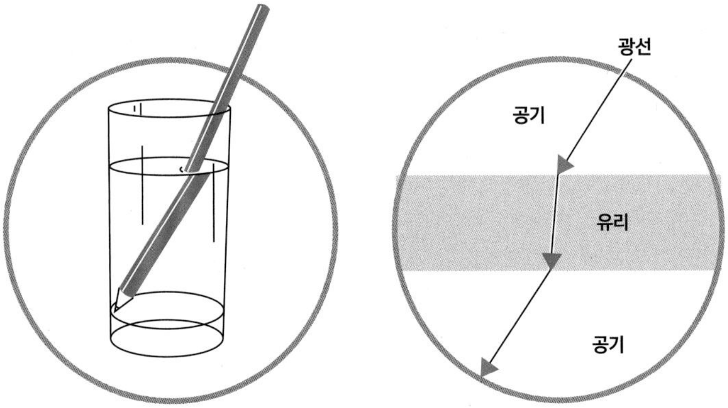

굴절은 빛의 속도가 느려지거나 빨라지면서 생기는 결과다(광속 c는 진공에서의 속도다). 빛이 밀도가 높은 매질로 들어가면 광속은 느려진다. 진공에서의 광속 c와 매질에서의 광속의 비율을 그 매질의 굴절률이라고 한다. 유리의 굴절률은 약 1.5이기 때문에 유리 안에서 빛은 c/1.5, 즉 초속 20만km로 진행한다. 공기의 굴절률은 1.0003이어서 공기 중의 광속은 c와 거의 비슷하다. 따라서 공기로부터 두꺼운 유리로 빛이 통과하면, 광속은 약 3분의 1만큼 느려진다. 그런데 왜 빛은 꺾이게 되는 걸까?

스케이트 선수가 두 발을 살짝 벌리고 스케이트를 나란히 한

서로 다른 매질의 경계에서 일어나는 굴절현상. 연필이 왜 휘어진 것처럼 보이는지 설명해준다. 연필 아래쪽에서 반사된 빛은 물을 지나가면서 한 쪽으로 굴절되는 것이다.

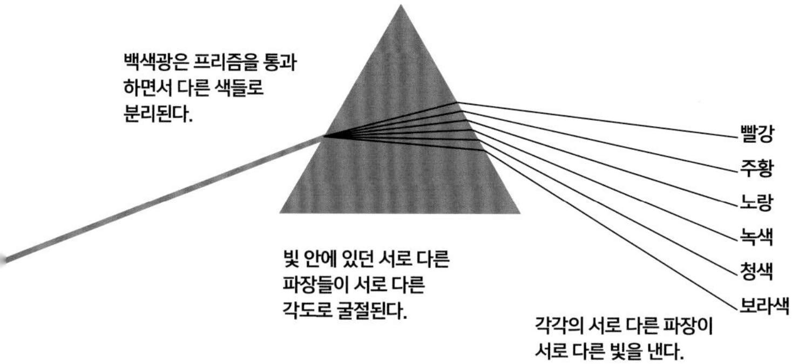
백색광은 프리즘을 통과
하면서 다른 색들로
분리된다.
빨강
주황
노랑
녹색
청색
보라색
빛 안에 있던 서로 다른
파장들이 서로 다른
각도로 굴절된다.
각각의 서로 다른 파장이
서로 다른 빛을 낸다.

채 달린다고 해보자. 매끈한 빙판에서는 빠르게 달리다가 거친 빙판을 만나면 속도가 느려질 것이다. 그가 두 빙판의 경계선에 닿았을 때 (경계선에 직각으로, 즉 법선 방향으로) 곧장 나아간다면 속도만 느려질 뿐 코스가 흔들리지 않은 채 계속 갈 수 있을 것이다. 그러나 두 개의 스케이트를 비스듬하게 한 채 경계선을 지나간다면, 한 쪽 스케이트(왼쪽이라고 하자)가 다른 쪽 스케이트보다 아주 미세하게나마 좀 더 빨리 경계선을 지날 것이다. 즉 아주 짧은 순간 동안이지만 왼쪽 스케이트는 오른쪽보다 속도가 느려진다. 그러면 오른쪽 스케이트가 순간적으로 그 자리에서 돌면서 코스로부터 살짝 벗어나게 된다. 굴절된 것이다.

마찬가지로 광선도 두 스케이트 사이의 간격처럼 아주 작긴 하지만 폭을 가지고 있기 때문에, 유리의 경계면에 비스듬하게 도달할 때 빛의 한 쪽이 다른 쪽보다 먼저 유리에 닿으면서 속도가 느려져 굴절이 일어나는 것이다.

매질에 따른 빛의 속도

빛의 속도는 통과하는 매질에 따라 영향을 받는다. 매질의 밀도가 높을수록 광속이 느려진다.

예컨대 매우 밀도가 높은 매질인 다이아몬드를 통과하는 빛은 진공에서의 광속보다 2.417배 느리다(초속 30만km/2.417=12만4000km. 즉 다이아몬드를 지나는 빛의 속도는 초속 12만4000km-역주). 흔히 c로 표시하는 '빛의 속도'는 진공에서의 광속이다. c의 속도로 진행하는 빛은 엄청난 거리를 지나갈 수 있다.

거리	시간
1피트(30.48cm)	1.0 ns
1m	3.3 ns
1km	3.3 μs
1마일(1.6km)	5.4 μs
정지(위성)궤도에서 지구까지	119 ms
지구 적도의 길이	134 ms
달에서 지구까지	1.3 s
태양에서 지구까지(1AU)	8.3 min
1파섹	3.26년
프록시마 켄타우리에서 지구까지	4.2년
알파 켄타우리에서 지구까지	4.37년
우리 은하의 폭 가로지르기	100,000년
안드로메다 은하에서 지구까지	250만년

(★) 큰개자리 왜소은하

17

빛이 보스-아인슈타인 응축(물질을 절대 영도(-273.15℃) 근처에서 냉각하면 입자들이 독자성을 잃고 단일한 양자처럼 되는 것. 고체, 액체, 기체, 플라즈마에 이어 물질의 제5상태로 불린다-역주)된 루비듐을 통과할 때의 **속도**는 초속 17m, 시속 약 60km다.

meters per second ~**60km/h**

도플러 효과와 사이렌 소리

우리로부터 멀어지고 있는 먼 은하는 우리를 빠르게 지나치는 구급차와 비슷하다.
구급차의 사이렌 소리가 점점 낮은 음으로 도플러 효과를 내는 것처럼,
은하에서 오는 빛은 파장이 점점 길어지면서 적색편이를 일으킨다.

호주 출신의 수학자이자 물리학자인 크리스티안 도플러(1803~1853년)의 이름을 딴 도플러 효과는 음원(파원)의 '상대적인 운동'에 따라 일어나는 현상이다. 소리와 빛은 둘 모두 파의 형태를 띠기 때문에 도플러 편이를 일으킨다. 개구리 두 마리가 연못 양편에 앉아서, 벌레 한 마리가 연못 중앙에서 다리를 씰룩이며 아주 작은 물결을 일으키는 모습을 지켜보고 있다고 하자. 벌레가 만드는 물결은 1초에 4개의 비율로 일정하다. 즉 진동수(주파수)가 4라는 뜻이다. 벌레가 제자리에 가만히 있으면 두 개구리는 각자 4의 진동수로 물결이 자기 쪽으로 다가오는 것을 볼 것이다.

그런데 벌레가 개구리A쪽으로 움직이면서 개구리B와 멀어지고, 여전히 진동수 4의 비율로 물결을 계속 일으키면, 벌레는 자신이 만든 물결을 앞지르게 된다. 따라서 벌레 앞에 있던 물결들이 '쌓이게(pile up)'되면서 물결 사이의 간격이 줄어들게 된다. 즉 물결의 진동수는 늘어나고 파장은 줄어들게 되는 것이다. 개구리A 입장에서는 진동수가 4보다 더 커진 물결이 다가오는 걸 보고, 개구리B는 더 작은 진동수의 물결을 보게 된다. 마찬가지로 구급차가 당신 쪽으로 다가오면 사이렌의 음파

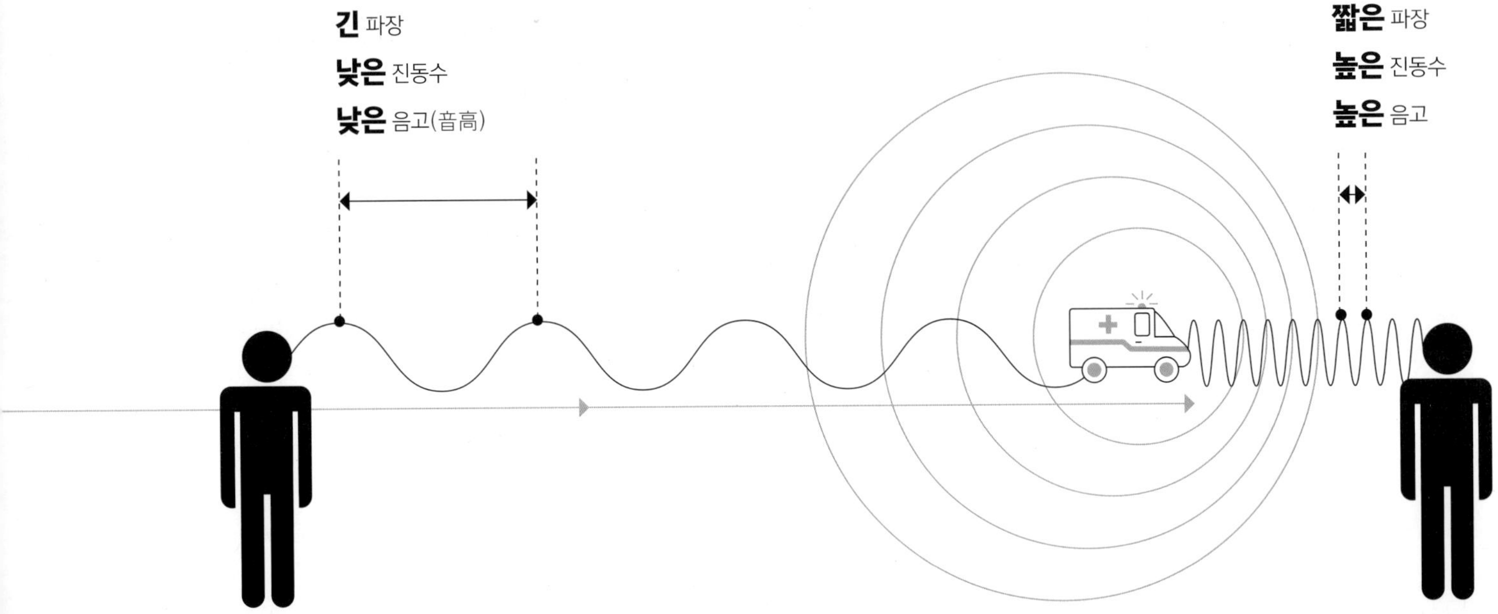

는 벌레의 물결처럼 점점 쌓이게 된다.

그 결과 당신은 실제의 사이렌 진동수보다 더 높은 진동수를 가진 소리를 듣는다. 진동수가 높아지면 음고(소리의 높이)도 높아지기 때문에 구급차가 정지해 있을 때보다 더 높은 사이렌 소리를 듣게 되는 것이다. 반대로 구급차가 당신에게서 멀어지면 사이렌의 진동수는 낮아지고 소리도 저음이 된다. 어떤 은하가 지구로부터 멀어질 때 은하가 방출하는 빛도 도플러 효과를 내기 때문에, 빛의 진동수는 작아지고 파장은 길어진다. 적색광은 청색광보다 파장이 더 길기 때문에, 이런 은하에서 오는 빛은 스펙트럼의 빨간 쪽을 향해 움직이다. 이를 적색편이라고 부른다. 반면 은하가 지구 쪽으로 다가오면 은하가 내는 빛은 진동수가 더 높고 파장은 더 짧아지기 때문에 청색편이를 일으키게 된다. 천문학자들은 적색편이와 청색편이를 이용해 먼 거리에 있는 천체들의 속도를 구한다. 실제로 지구로부터 멀리 있는 천체일수록 더 많은 적색편이를 일으킨다는 사실, 즉 더 빨리 멀어지고 있다는 사실이 입증되었다. 이것은 우주 전체가 팽창하고 있다는 것을 보여주는 놀라운 증거로서, 백뱅이론을 지지하는 중요한 근거로 작용하고 있다.

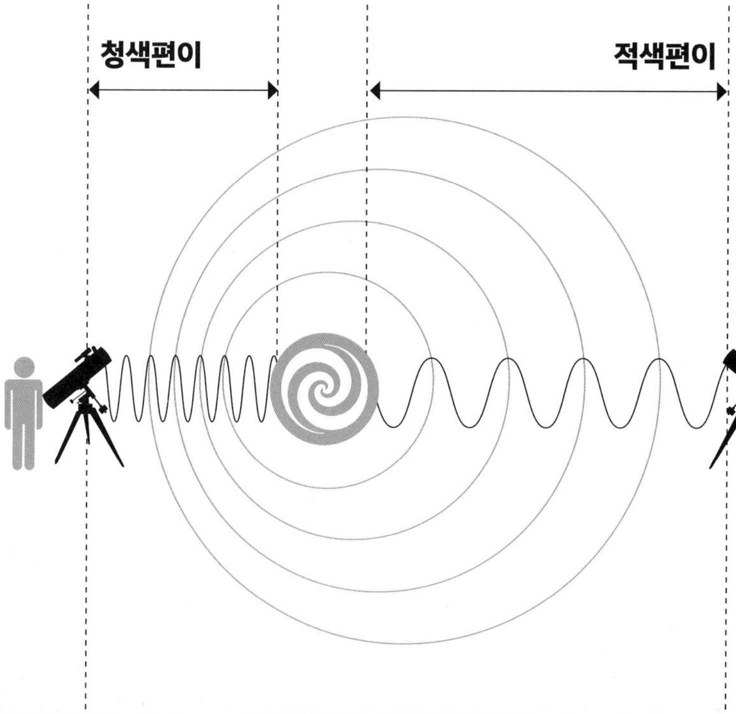

청색편이
적색편이

우리를 향해 접근하는 몇 안 되는 은하들(따라서 이들이 내는 빛은 청색편이를 일으킨다) 중 하나가 **안드로메다 은하**다.

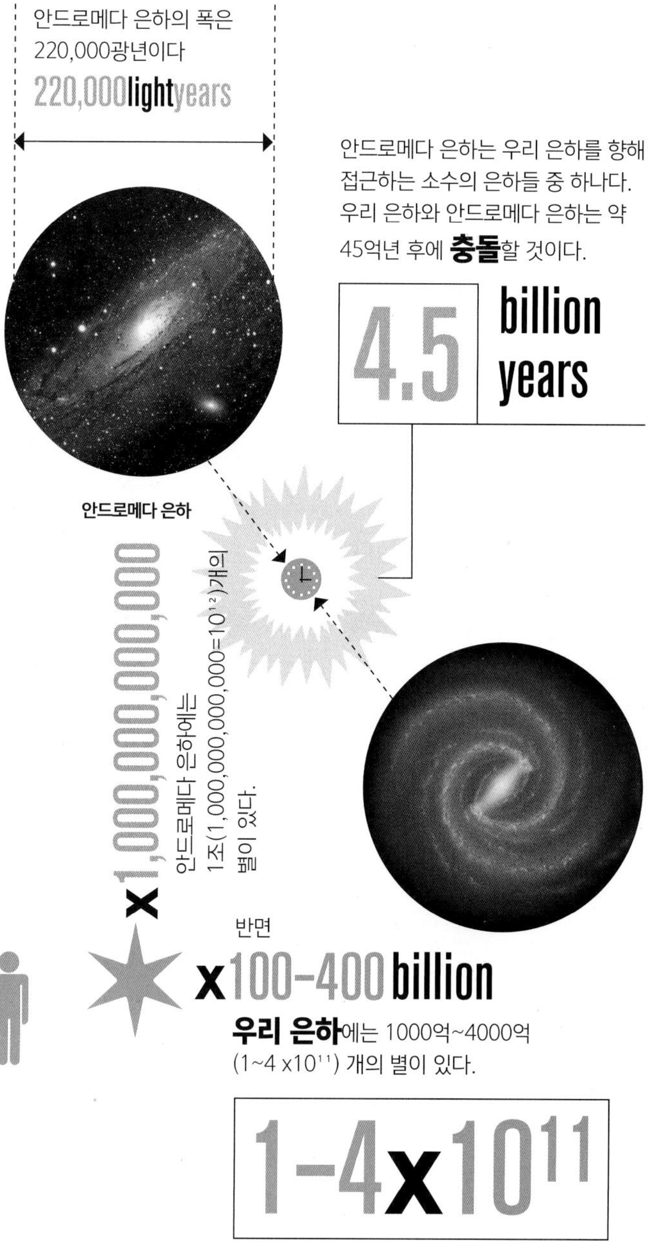

안드로메다 은하의 폭은
220,000광년이다
220,000lightyears
안드로메다 은하는 우리 은하를 향해
접근하는 소수의 은하들 중 하나다.
우리 은하와 안드로메다 은하는 약
45억년 후에 충돌할 것이다.
4.5 billion years
안드로메다 은하
x1,000,000,000,000
안드로메다 은하에는
1조(1,000,000,000,000=10¹²)개의
별이 있다.
우리 은하
반면
x100–400 billion
우리 은하에는 1000억~4000억
(1~4 x10¹¹) 개의 별이 있다.
1–4x10¹¹

Section 02

▶ 화학은 아주 미세한 현상들을 다룬다.
예컨대 원자와 분자들이 결합하는 현상은
우리가 직접적으로 관찰할 수 없다.
따라서 비유는 화학을 이해하는 데 매우 중요한 수단이다.
이 섹션에서는 비유를 통해 원자이론, DNA,
강한 산성의 특성 등을 살펴본다.

화학

핀 위에서 춤추기

▶ 원자는 무지무지하게 작기 때문에 핀 머리에 약 5조 개의 원자들을 모을 수 있다.

중세 시대 성직자나 철학자들은 천사들이 바늘 끝에서 춤을 춘다면 그 수가 얼마나 될까, 같은 별 가치도 없는 질문으로 논쟁을 벌였다는 비웃음을 사왔다. 하지만 실제로 그런 질문을 던진 건 아니다. 다만 성 토마스 아퀴나스가 다음과 같은 논지를 펼친 건 사실이다. "천사들은 과연 구체적인 형상을 띠고 있을까? 만약 천사들이 형상을 갖지 않는다면 무한히 많은 천사들이 바늘 끝(tip of a needle)에서 춤을 출 수 있을 것이다." 세월이 흐르면서 '바늘 끝'은 '핀 머리(head of a pin)'라는 말로 대체되었고, 이 말은 지극히 작은 크기를 가리키는 말로 굳어졌다.

원자보다 작은 물질은 거의 없다. 평균적으로 원자 하나의 크기는 0.32나노미터(nm), 즉 0.00000032mm, $3.2x10^{-10}$m(나노미터에서 '나노'는 '난장이'를 뜻하는 그리스어 'nanos'에서 온 말이다. 1nm는 10^{-9}m)다. 원자의 지름을 결정하는 것은 원자핵 주위를 돌고 있는 전자다.

원자 가운데 가장 크기가 작은 것은 수소다. 수소 원자는 단 하나의 전자를 가지며, 지름은 0.24nm다. 하지만 원자들은 크기에서 차이가 별로 나지 않는다. 원자가 무거울수록 전자를 많이 갖지만, 동시에 핵 안에 양성자도 많기 때문이다. 음전기를 가진 입자(전자)와 양전기를 가진 입자(양전자) 사이에 서로 끌어당기는 힘(인력)이 커서 전자들이 핵으로부터 멀리까지 나아가지 못하는 것이다. 플루토늄 원자는 수소 원자보다 200배 이상 무겁지만, 지름의 크기는 수소 원자보다 겨우 3배밖에 크지 않다.

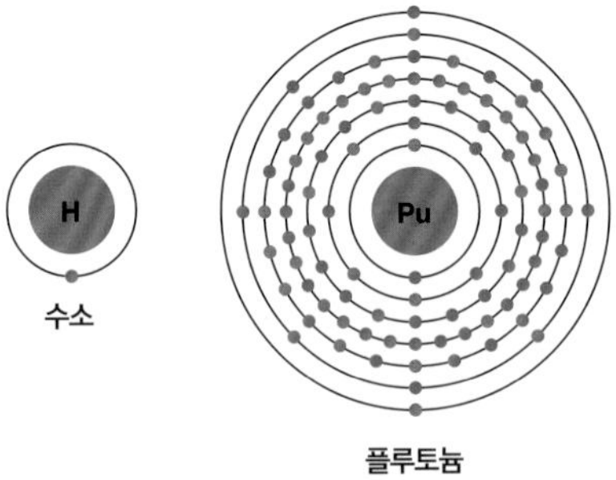

수소 원자는 전자가 하나이고 플루토늄은 94개의 전자가 있다. 하지만 플루토늄 원자핵에도 역시 94개의 양성자가 있기 때문에 전자들이 양성자들이 당기는 힘에 이끌리게 된다. 그래서 플루토늄 원자의 지름은 수소 원자보다 3배 정도밖에 크지 않다.

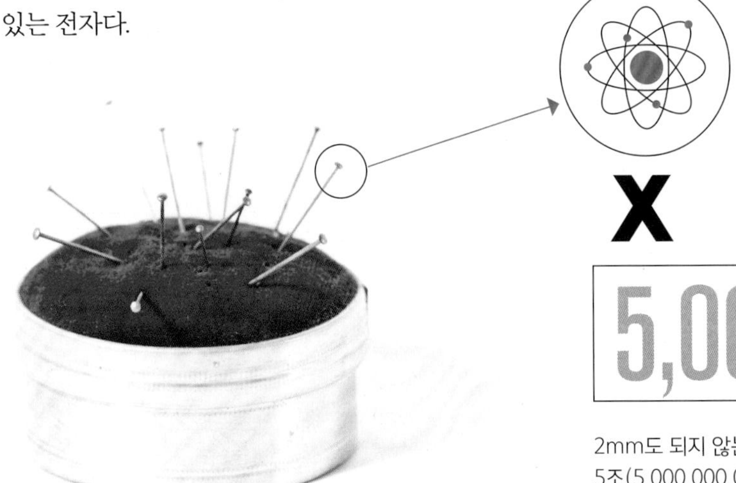

X (5 trillion)

5,000,000,000,000

2mm도 되지 않는 핀 끝에 모을 수 있는 원자의 수는 5조(5,000,000,000,000)개나 된다.

원자의 크기

원자	반지름
수소	0.12 NM
산소	0.14 NM
질소	0.15 NM
탄소	0.16 NM
황	0.185 NM
인	0.19 NM

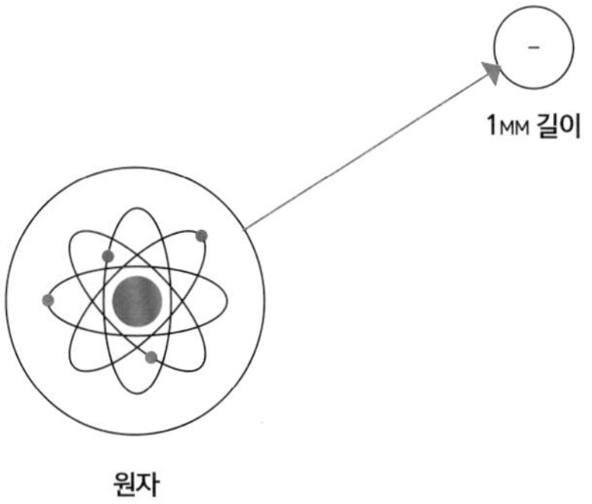

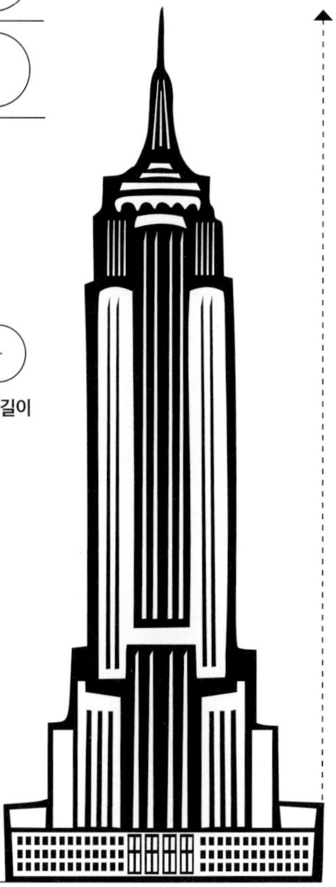

1mm 길이의 선과 원자 하나의 크기를 비교하는 것은, 엠파이어 스테이트 빌딩과 종이 한 장 두께를 비교하는 것과 같다.

원자의 세계는 인간의 이해 범위를 넘어서는 극히 미세한 세계다. 우리가 눈으로 인지할 수 있는 가장 작은 물질도 수조 개의 원자들로 이루어져 있다.

모래 한 알	2,200,000,000,000,000,000	원자 개수 220만 조
인간의 적혈구 세포 하나	10,000,000,000,000	원자 개수 10조
핀 머리	5,000,000,000,000	원자 개수 5조
마침표(구두점)	5,000,000,000,000	원자 개수 5조

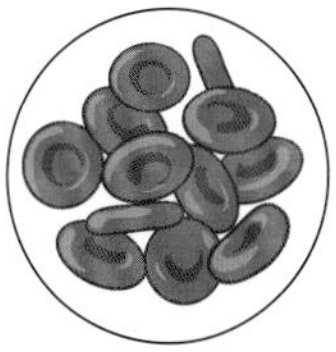

2.2million trillion 원자가 220만 조 개 모여 있다는 것은 엄청나게 많은 숫자이지만, 가로 세로 9칸으로 이뤄진 스도쿠를 올바로 채울 수 있는 경우의 수에 비하면 훨씬 적다. 스도쿠를 올바로 채우는 경우의 수는 7섹스틸리언($7x10^{21}$)으로 이보다 3000배 이상 많다.

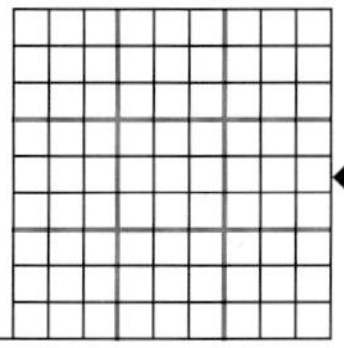

사람의 **머리카락** 수는
머리카락의 색에 따라 다르다고 한다.

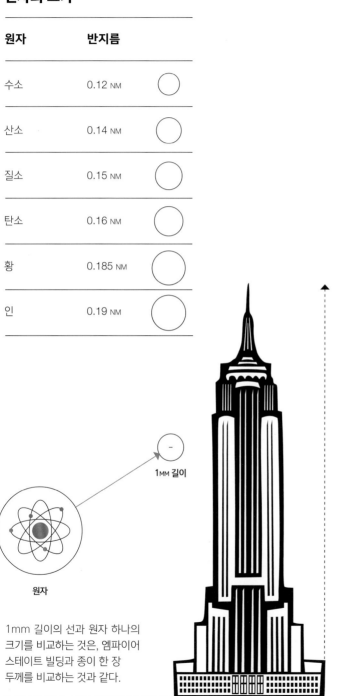

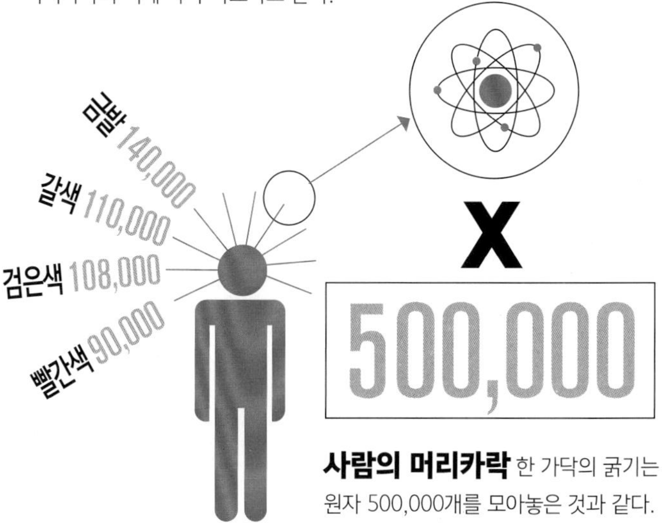

사람의 머리카락 한 가닥의 굵기는 원자 500,000개를 모아놓은 것과 같다.

사과 크기가 지구만 하다면

▶ 사과 하나가 지구만 하게 커지는 비율로
수소 원자가 커진다면,
수소 원자 하나는 사과 하나 크기만큼 된다.

원자는 워낙 작기 때문에 시각적으로 표현할 수가 없다. 우리 마음의 눈이 원자 크기로 내려갈 수 없다면, 대신 상상으로 원자를 커다랗게 팽창시켜 볼 수 있을 것이다. 예를 들어 축구공에 바람을 불어넣어 지구 크기만 하게 키운다고 상상해보자. 이와 같은 비율로 원자를 키운다면 원자 하나는 완두콩만 하게 된다. 물론 가장 크기가 작은 수소 원자와 다른 원자들 사이에는 차이가 있는데, 수소 원자가 완두콩 크기라면 플루토늄 원자는 골프공만 해진다.

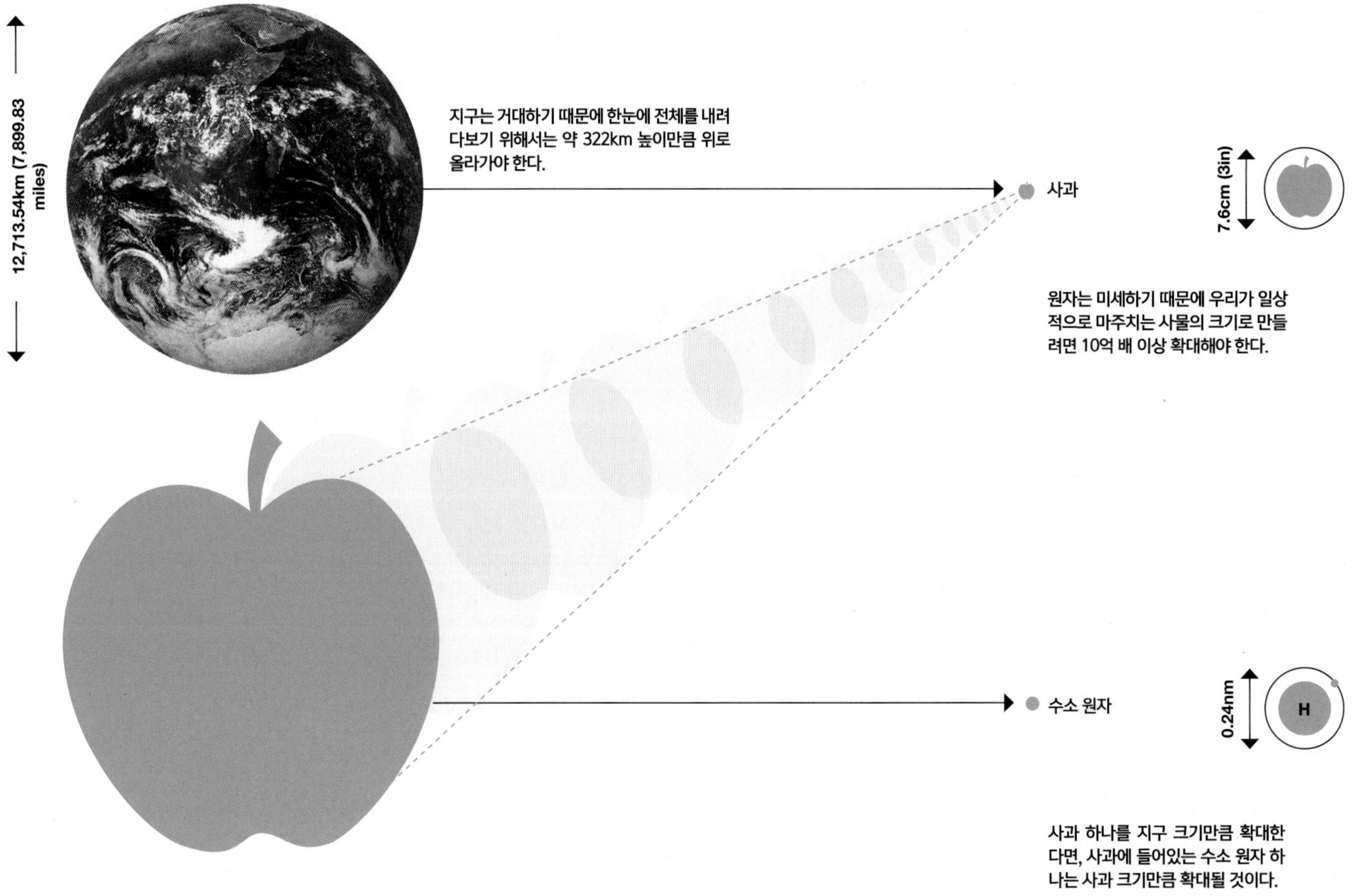

12,713.54km (7,899.83 miles)
지구는 거대하기 때문에 한눈에 전체를 내려다보기 위해서는 약 322km 높이만큼 위로 올라가야 한다.
사과
7.6cm (3in)
원자는 미세하기 때문에 우리가 일상적으로 마주치는 사물의 크기로 만들려면 10억 배 이상 확대해야 한다.
수소 원자
0.24nm
H
사과 하나를 지구 크기만큼 확대한다면, 사과에 들어있는 수소 원자 하나는 사과 크기만큼 확대될 것이다.

원자 하나를 **축구공**으로 만들어 놀고 싶다면, 원자를 **15억** 배로 팽창시켜야 한다.

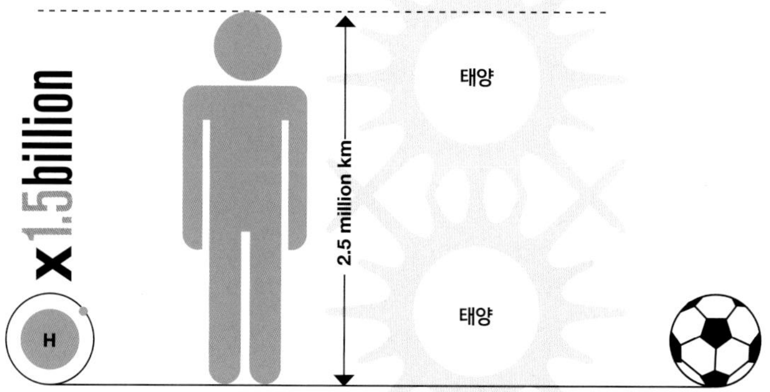

원자를 축구공 크기로 만드는 비율로 당신도 팽창하게 되면, 당신의 키는 250만km가 될 것이다. 이는 태양 두 개를 나란히 붙여 놓은 길이와 비슷하다. 또한 당신의 몸무게는 중국과 인도 인구를 전부 합친 몸무게보다 더 많이 나갈 것이다.

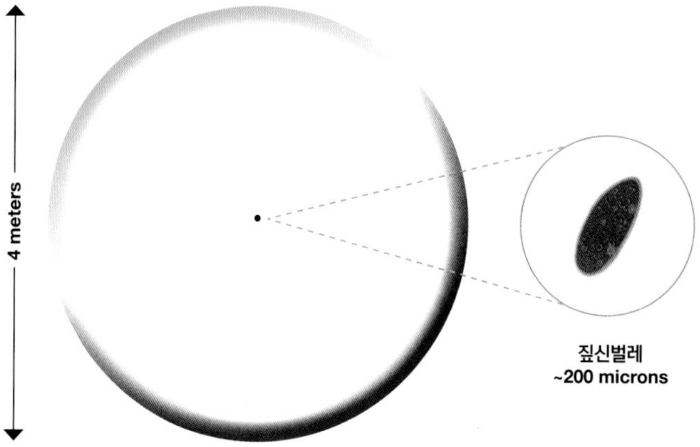

짚신벌레(paramecium)는 크기가 매우 작은 단세포 생물이다. 물방울 안에서 헤엄치며 살아가는데 짚신벌레를 우리가 육안으로 볼 수 있으려면 6mm 크기의 물방울 하나를 약 4m 크기로 팽창시켜야 한다. 그런데 짚신벌레 안에 있는 원자 하나를 육안으로 보기 위해서는 물방울을 6km 크기로 팽창시켜야 한다. 이 경우 짚신벌레의 몸은 200m가량으로 늘어난다. 미식축구 경기장 두 개를 이어놓은 것과 비슷한 길이다.

원자 하나를 **농구공** 크기로 팽창시키면, 동전 하나는 지구 크기만 해질 것이다.

셰익스피어와 칭기즈칸 원자들이 내 몸 안에

▶ 원자는 파괴되지 않는다. 원자들은 오랜 시간에 걸쳐 지속되며 이곳저곳을 떠돈다는 뜻이다. 따라서 당신 몸을 이루는 원자들 중 10억 개는 과거 윌리엄 셰익스피어의 몸을 이루었던 원자들일 수 있고 또 다른 10억 개의 원자들은 칭기즈칸의 몸에서 온 것일 수도 있다.

셰익스피어는 죽었다. 하지만 아무리 강력한 후추 분쇄기를 동원하더라도 셰익스피어의 몸을 이루었던 원자들을 파괴하지는 못한다.

'원자'라는 말은 '나눌 수 없다' '자를 수 없다' '파괴할 수 없다'는 뜻의 고대 그리스어 atomos에서 나온 말이다. 원자는 물질을 이루는 가장 작은 입자로 여겨져 왔다. 즉 어떤 물질을 계속 절반씩 잘라나가면 결국은 더 이상 자를 수 없는 상태에 이르게 되는데 이 최종적인 입자를 원자라고 보았던 것이다.

18세기 들어 화학자들은 원자에 대한 근대적인 개념을 형성하기 시작했다. 하지만 이들도 고대인들과 마찬가지로 원자는 더 이상 나눌 수 없다고 믿었다. 이런 믿음은 더 이상 지속되지 못했다. 1897년에 물리학자인 J.J. 톰슨이 원자보다 더 작은 입자인 전자를 발견한 것이다. 이후 전자뿐 아니라 원자보다 더 작은 소립자들이 약 300가지나 더 발견되었다. 물리학자들은 소립자들이 이토록 많이 늘어나자 이들을 '입자동물원(particle zoo)'이라고 부르게 되었다.

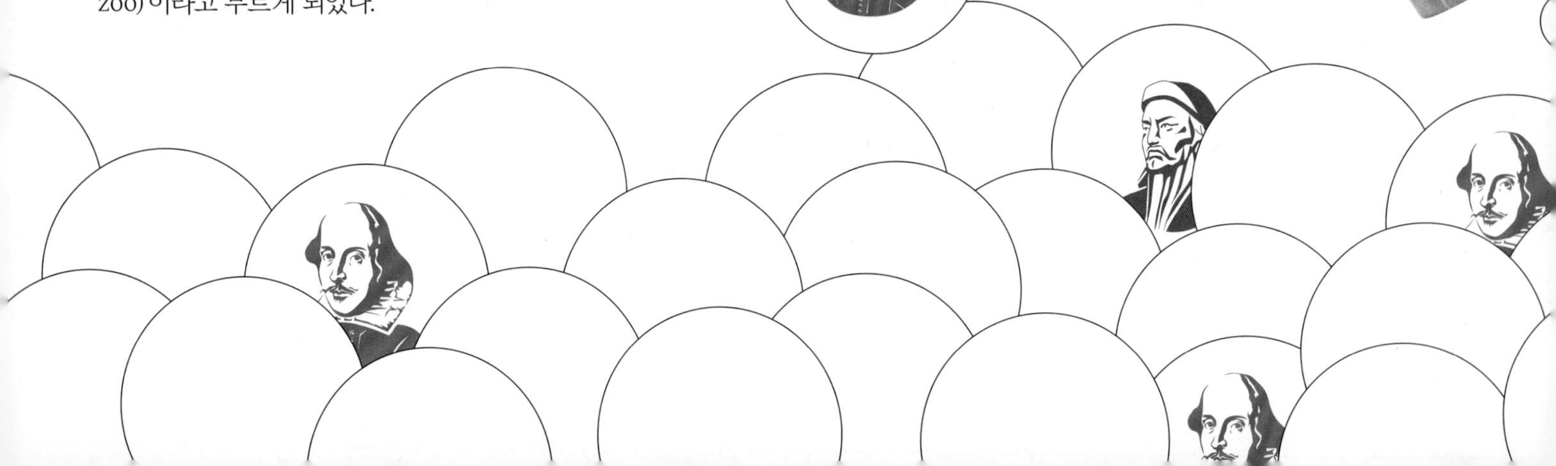

우리 몸이 **200개의 원자**들로
이뤄져 있다고 가정할 때 :

- 수소(H) 원자가 126개
- 산소(O) 원자가 51개
- 탄소(C) 원자가 19개
- 질소(N) 원자가 3개
- 마지막 하나의 원자는 다른 원소들이 나눠 가지고 있는 꼴이다.

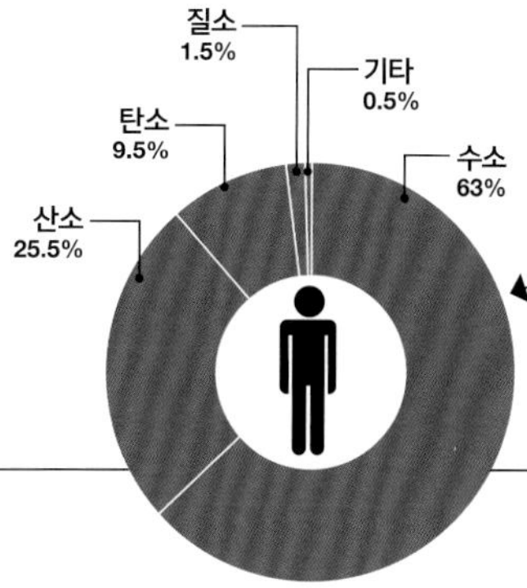

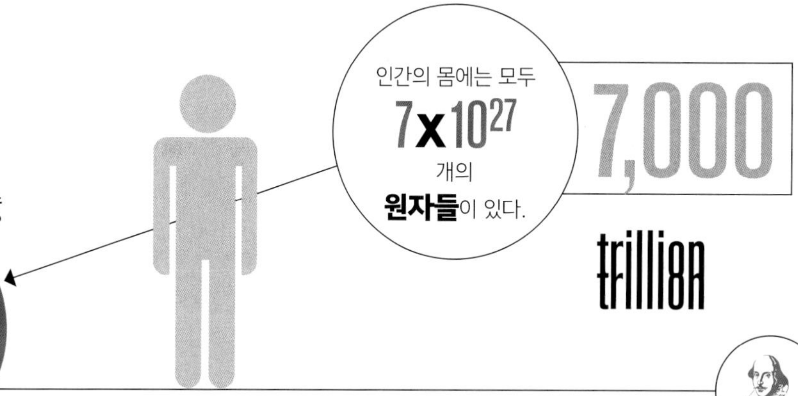

셰익스피어의 몸을 이루었던 원자가 당신 몸에 들어와 있을 확률은 약 0.00000000000000001%이다.

~0.00000000000000001%

과학자들은 원자가 더 작은 입자로 나눠질 수 있다는 걸 알아냈지만, 실제로 원자를 잘게 쪼개는 것은 엄청나게 어려운 일이라는 것도 알게 되었다. 대부분의 비방사성(nonradioactive) 원소들의 경우, 원자에서 전자 몇 개를 떼어내는 것은 상대적으로 쉽지만 그 이상으로 원자를 쪼개기 위해서는 어마어마한 에너지가 필요하다. 수소와 헬륨보다 무거운 모든 원소들은 죽어가는 별들에서 만들어진 이후 하나 이상의 별들을 통과하면서 살아남은 것들이다. 지구상의 원자들 대부분은-우리의 몸을 이루는 원자들을 포함해-수십 억 년 전에 만들어졌다. 따라서 통계적으로 볼 때, 당신의 몸을 이루고 있는 원자들 중 일부가 20세기 이전에 살았던 인물-당신이 좋아하는 역사적인 인물-의 몸을 구성했던 원자일 가능성은 충분히 있다.

인간의 몸에 있는 원자 수는
우주에 있는 별의 수보다
10,000배 더 많다.

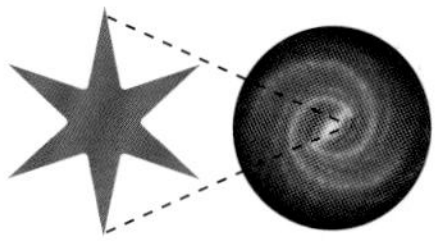

자연에서 **가장 희귀한** 원소는 **아스타틴**(원자번호 85)이다.
지구에 존재하는 아스타틴은 1g 미만이다.

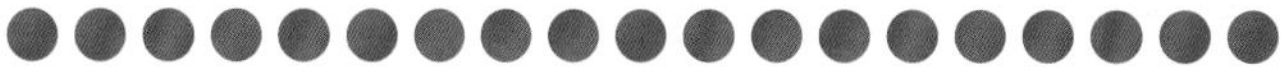

원자보다 더 오래 지속할 수 있는 입자는 원자핵에서 발견되는 소립자인 양성자다. 이론적으로 양성자는 양전자, 중성미자와 같은 입자들로 나눠질 수 있지만, 실제로는 거의 일어날 수 없는 일이다. 양성자의 반감기는 10^{31}년인데, 이는 우주의 나이보다 10^{21}배나 더 긴 시간이기 때문이다.

원자의 불멸성 덕분에 우리 몸안에는 징기스칸의 원자가 아주 조금 있을지 모른다.

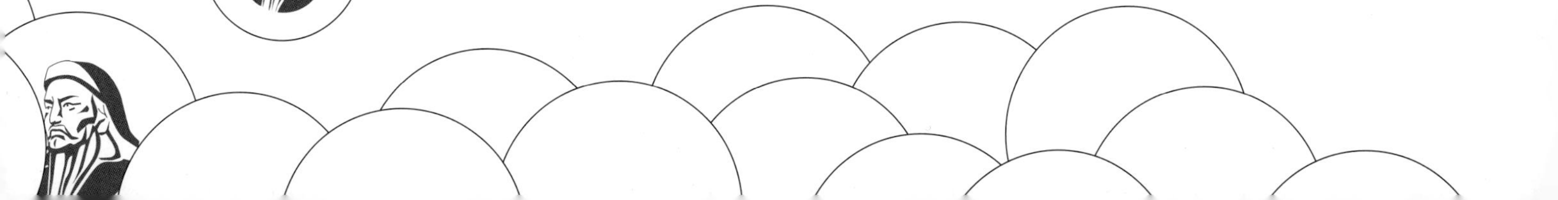

두루마리 화장지로 환산한 세계

미국의 하천들은 평균적으로 100만 리터의 물에 1밀리리터의 콜레스테롤 비율로 오염돼 있다. 이 농도는 지구를 두 바퀴 반 도는 길이(지구 둘레는 약 4만km, 두 바퀴 반은 10만km-역주)의 두루마리 화장지 한 롤이 있다고 할 때 화장지 한 조각(약 10cm)에 해당하는 것이다.

두루마리 화장지 한 조각의 길이가 10cm라고 할 때, 화장지 조각 10억 개가 모이면 10만km가 된다. 이는 보통의 두루마리 화장지 3,787,879 롤을 펼쳐놓은 것과 같다.

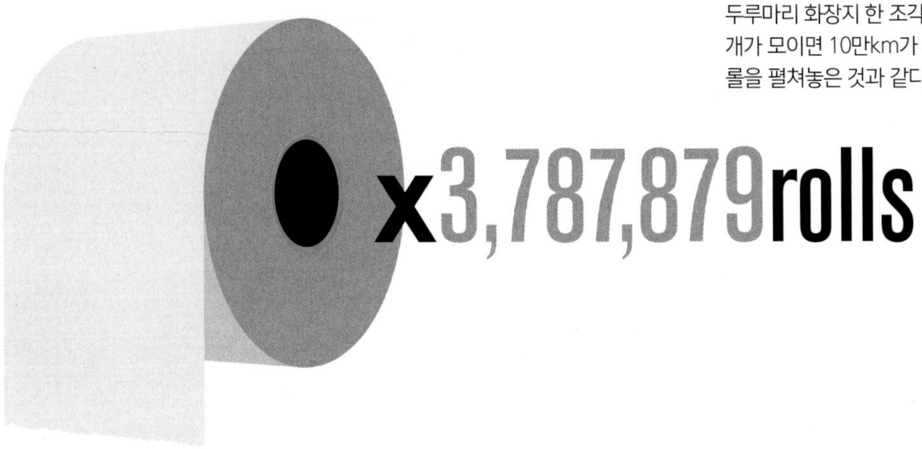

화학에서 수질이나 대기 오염도를 나타낼 때, 유해물질의 농도는 대개 10억분의 1 단위로 표시한다. 이런 미세한 단위는 실험실이나 의학, 산업현장 등에서도 널리 쓰인다.
분자 수준이나 밀리리터로 표시되는 이런 극미량을 시각적으로 보여주는 건 쉽지 않다. 따라서 더 익숙한 척도나 사물로 재구성하면 작은 단위를 이해하는 데 도움이 된다.

올림픽 경기용 수영장 하나에 들어가는 물의 양은 약 250만 리터다.

이 수영장을 6mm³짜리 물방울을 하나씩 떨어뜨려 채우려면, 총 400,000,000,000의 물방울이 필요하다.

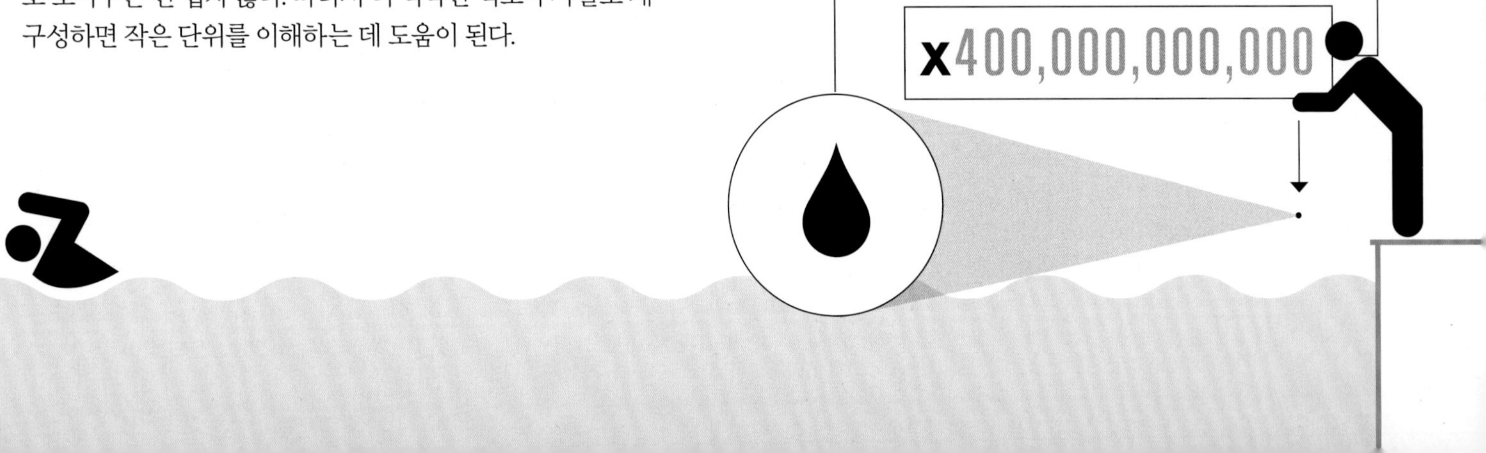

대기 중에 포함된 이산화탄소의 농도(1000~2004년)

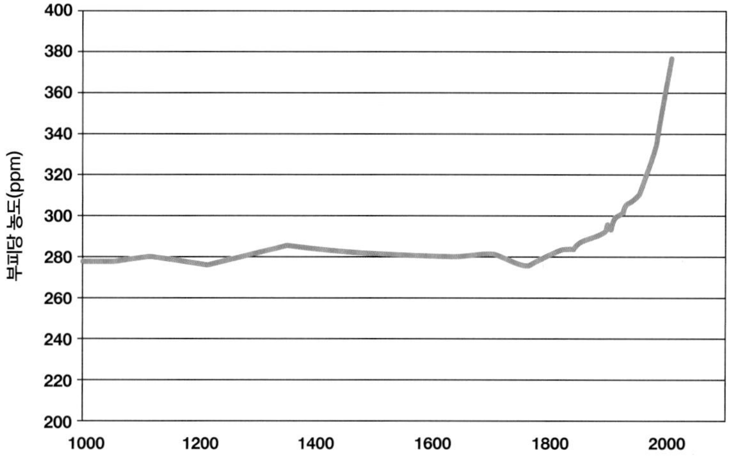

대기 중의 이산화탄소 농도는 산업혁명 이후 급격하게 증가해왔다. 하지만 이산화탄소가 대기에서 차지하는 비율은 매우 미미해서 산업혁명 이전에는 290ppm-이는 2년의 기간 중 5시간이 차지하는 비율과 비슷하다(1ppm은 1mg/리터)-이었고, 산업혁명 이후에는 386ppm까지 늘어났다.

바닷물고기는 최소한 **4ppm**의 수중 산소농도(용존산소량)가 필요하다. 이는 물고기가 평생 동안 네 번에 걸쳐 입 안 가득 산소를 채우는 것과 같은 양이다.

동종요법의약품(homeopathic medicine 질병과 유사한 증상을 유발시켜 치료하는 방법-역주)의 유효성분은 대개 1조분의 1 농도보다도 훨씬 작게 희석된다. 1조분의 1은 광속으로 두 달간 여행할 때 겨우 1마일에 해당하는 양과 같다.

동종요법의약품의 유효성분의 농도가 1,000조분의 1일 때, 약품 한 방울에 들어있는 유효성분의 양은 전 세계 인구 전체의 머리카락 중에서 한 가닥에 해당한다.

드라이클리닝 용매인 퍼클로로에틸렌(PCE)은 **독성**이 매우 강해서 10억분의 5ppb(1ppb=1/1000ppm) 정도의 아주 낮은 농도로만 사용하도록 법으로 규제된다. 이것은 113,500리터의 휘발유가 가득 담긴 유조열차에서 휘발유 다섯 방울에 해당하는 양이다.

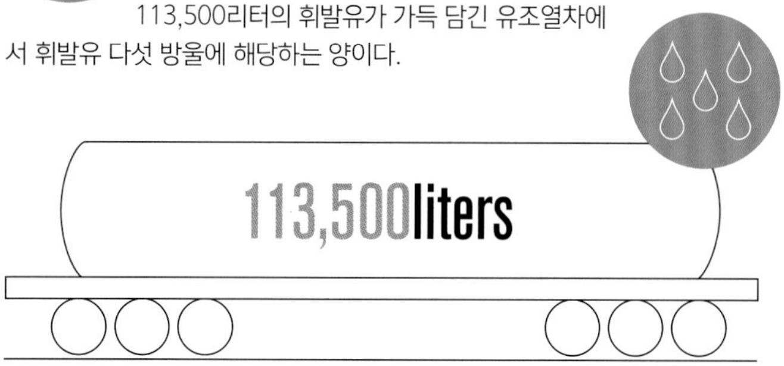

우리가 보통 먹는 **약**은 물에 녹여 복용하는데, 물의 오염도는 일반적으로 매우 낮다. 어떤 약을 1ppb의 농도로 물에 녹이면,

3.8 liters/
1 gallon/
16 glasses

한 알의 약에 든 성분량을 모두 소비하려 할 경우 **매일** 물 3.8리터/1갤런/16잔을 몇 년간에 걸쳐 마셔야 한다. 아래 세 가지 약으로 살펴보자.

리탈린 혹은 발륨(신경안정제) 한 알	**3.5년**	
베나드릴(항히스타민제) 한 캡슐	**14.5년**	
어린이용 타이레놀 한 알	**58년**	

미국의 하천에는 호르몬에 작용하는 화학물질이 33가지 존재하는데, 이들의 평균 절충농도(combined level)는 57ppb다. 이 농도는 높이 14m, 지름 5m인 사일로(저장고)를 가득 채운 옥수수 중에서 알갱이 57개에 해당하는 양이다.

호주 대륙을 쌀알로 채우기

▶ 소금 분자 하나가 쌀 한 톨 크기와 같다고 간주하면, 식탁용 소금 4분의 1컵만으로도 호주 대륙 전체를 깊이 1km까지 채울 수 있다.

앞에서 살펴보았듯이 원자는 매우 작기 때문에 원자들로 이루어진 분자도 그다지 크지 않다. 따라서 어떤 물질을 이루는 원자와 분자들 하나하나의 개수와 무게를 재는 것은 불가능하다. 현실적으로도 별 쓸모가 없다. 하지만 X라는 원소의 원자들 몇 개가 Y라는 원소의 원자들 몇 개와 결합해 XY라는 화합물을 만드는지를 확인하는 것은 가능하며, 화학에서 매우 중요한 작업이기도 하다. 예를 들어 실험을 통해 탄소 원자 하나 당 산소 원자 두 개가 결합한다는 사실을 확인한다면, 거기서 나오는 화합물은 CO_2 화학식을 갖는다고 결론 내릴 수 있다.

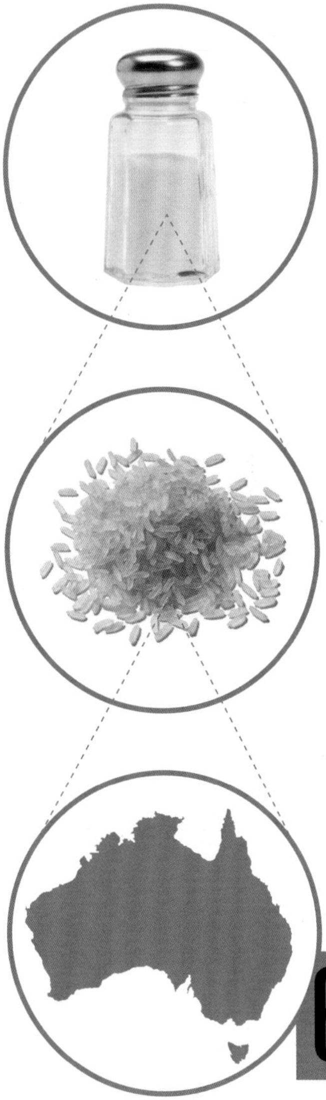

아보가드로 수 (6.0221367x10²³ 쌀알)

6.0221367 x10^{23} grainsofrice

문제는 어느 정도의 양을 가지고 실험을 해야 입자들의 수를 제대로 셀 수 있는지 알 수 없다는 것이다. 이 문제를 해결한 것이 '아보가드로 수(Avogadro's Number)'다. 아보가드로 수는 어떤 원자의 원자량을 그램(g)으로 표시했을 때 그 안에 들어있는 원자의 개수를 가리킨다. 예를 들어 탄소의 원자량은 약 12이다. 따라서 탄소 12그램에는 아보가드로 수만큼의 탄소 원자가 들어있다는 말이다. 이는 다른 원소에도 적용할 수 있다. 예컨대 물의 분자량(물을 이루는 원자들, 즉 수소와 산소의 원자량을 합친 것)은 18이다. 따라서 물 18g에는 아보가드로 수만큼의 물 분자들이 존재한다. 이 물 분자의 개수를 물 1몰(mole)이라고 부른다.

6.0221367 x10^{23}

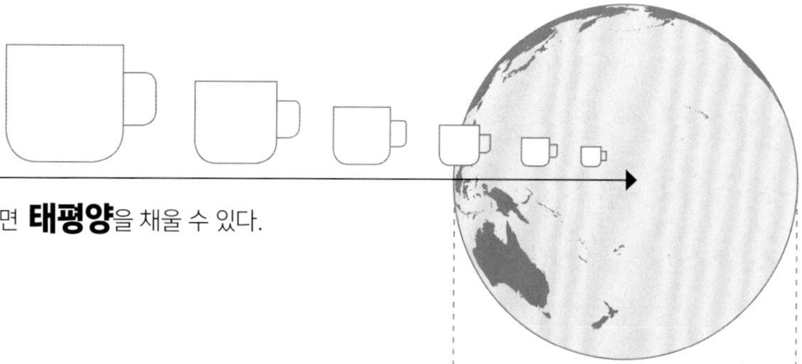

아보가드로 수는 엄청나게 크다–6.0221367x10^{23} 컵의 수만큼 물을 담으면 **태평양**을 채울 수 있다.

실험실의 저울은 물질의 무게를 **0.0001g**까지 정확하게 측정할 수 있다.
0.0001g 안에 들어있는 원자의 개수는 약 10^{19}개나 된다

10^{19} atoms

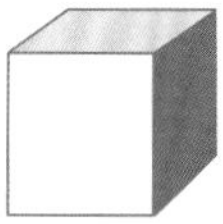

1cm³–설탕 한 조각 크기–의 공기에 들어있는 분자의 개수는 4500만조이다.

45milliontrillionmolecules

공기분자 1몰–즉 아보가드로 수–을 만들기 위해서는
각설탕 한 조각 크기만 한 공기가 2만2399개 더 필요하다.

물 분자 하나가 오렌지 하나 크기라면, 물 1몰에 들어있는 분자들로 **지구** 크기만큼의 속이 꽉 찬 구체를 만들 수 있다.

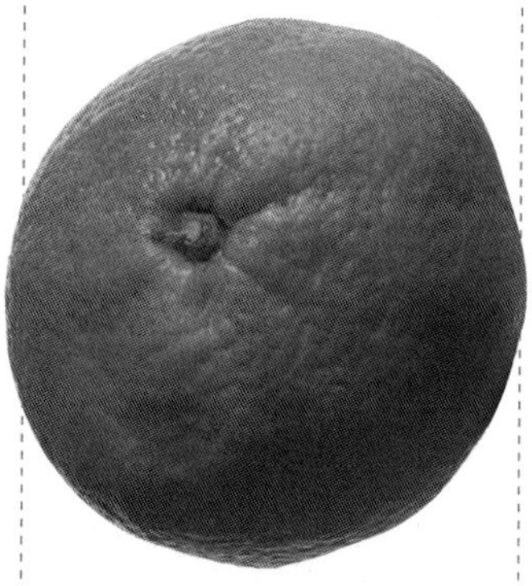

음료수 캔이 아보가드로 수만큼 있다면, 지구 **표면** 전체를 덮을 수 있다.

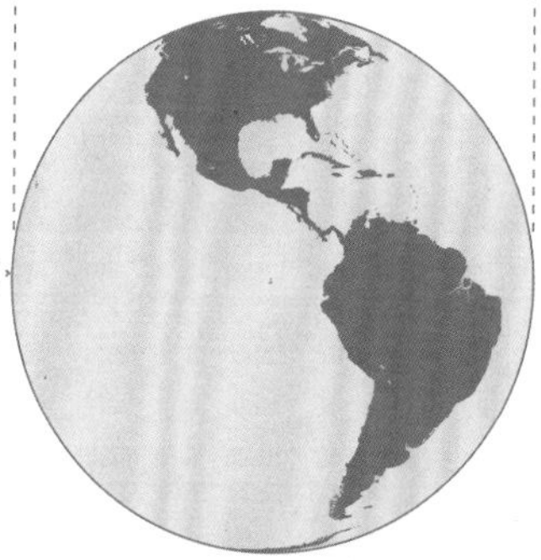

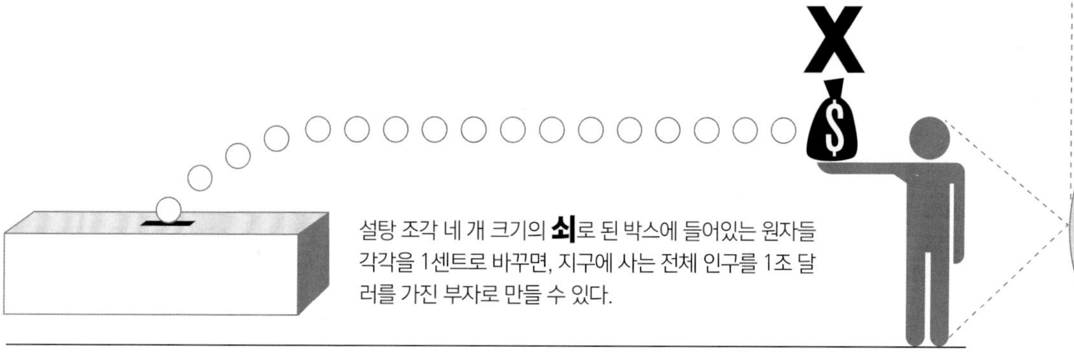

설탕 조각 네 개 크기의 **쇠**로 된 박스에 들어있는 원자들 각각을 1센트로 바꾸면, 지구에 사는 전체 인구를 1조 달러를 가진 부자로 만들 수 있다.

원자들의 범퍼 카 놀이

▶ 물 위에 떠있는 먼지 입자 하나는 멋대로 움직이는 것처럼 보일 것이다. '브라운 운동'이라 불리는 이런 무작위적인 움직임은, 수백만 개의 아주 작은 범퍼 카들이 모든 방향에서 거대한 공을 공격해대는 것과 비슷하다.

하늘에 높이 떠있는-지상의 범퍼 카가 보이지 않을 정도로 높이 떠있는- 열기구에서 거대한 공을 내려다보면, 공이 특정한 경로를 따르지 않은 채 끊임없이 미세하게 움직이고 있는 걸 보게 될 것이다. 식물학자인 로버트 브라운(1773-1858)이 1827년 물 위에 떠있는 꽃가루를 현미경으로 보았을 때의 장면과 비슷하다. 꽃가루들은 몸을 흔들면서 끊임없이 움직이고 있었다.

먼지 입자의 어떤 한 면을 다른 면보다 더 많은 물 분자들이 때리면 먼지 입자는 더 많이 때리는 면의 반대 방향으로 움직이게 된다. 이런 과정이 끊임없이 일어나면서 먼지 입자는 이리저리 떠다니게 된다. 먼지 입자의 브라운 운동을 오랫동안 관찰해보면, 아래 그림처럼 3차원의 입체적인 자취를 얻게 된다. 이것이 진정한 무작위적인 운동이다.

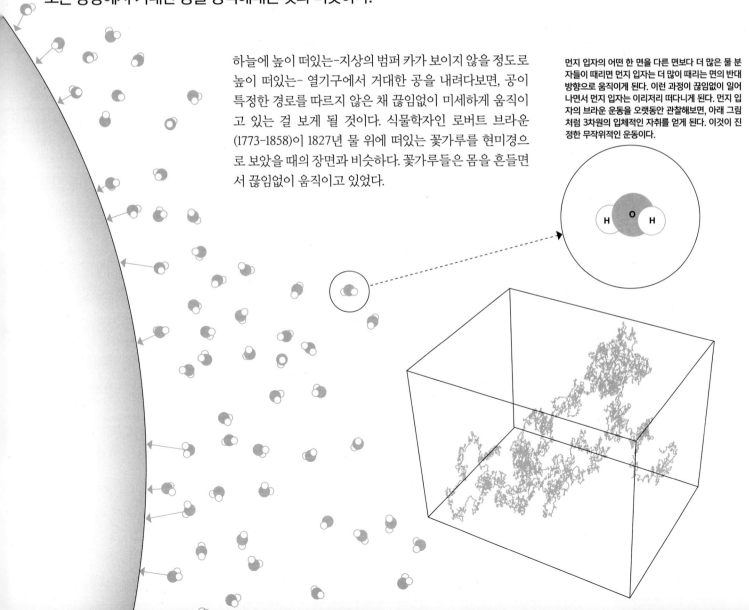

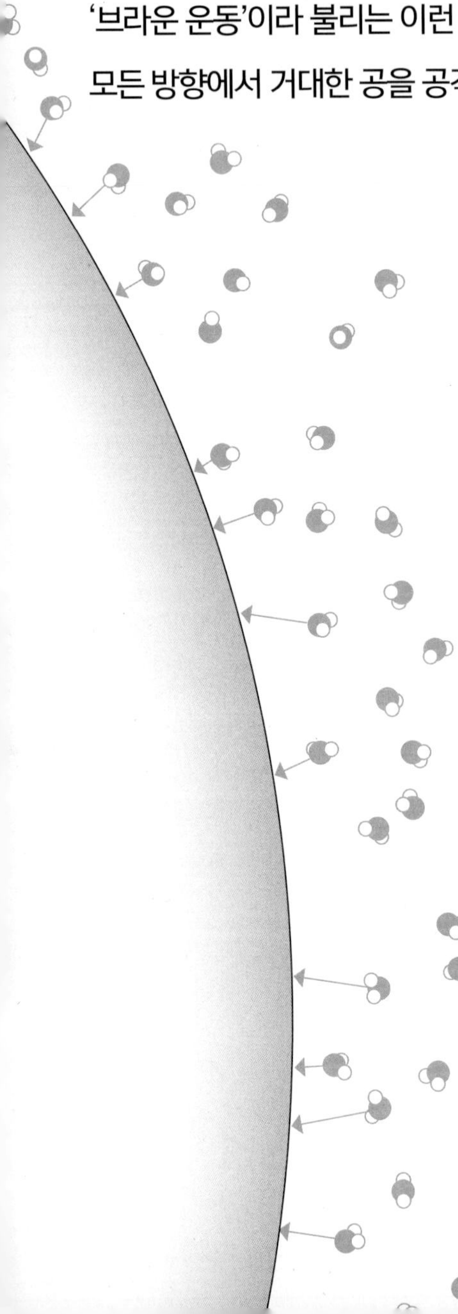

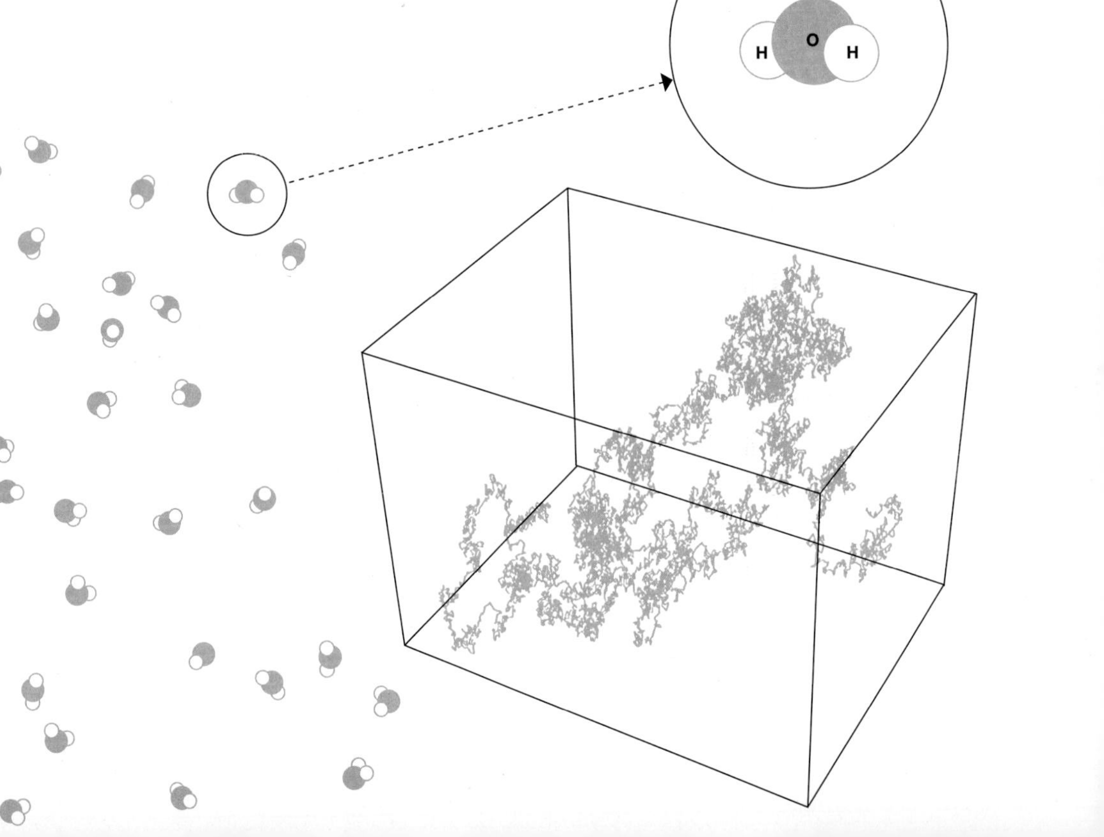

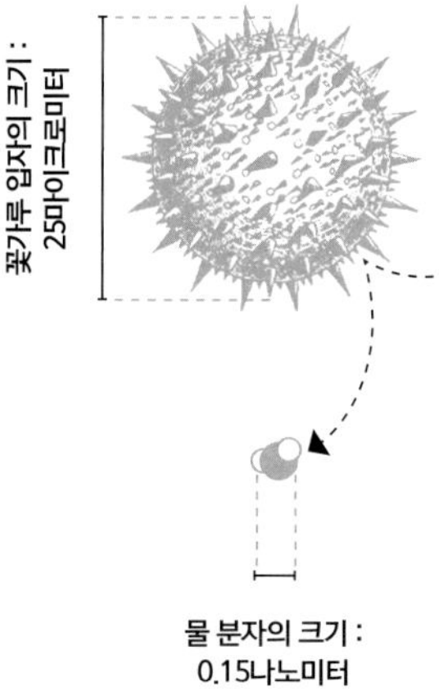

물 분자들은 **꽃가루** 입자들에 부딪쳐 튕겨 나오는데, 부딪치는 횟수는 1초당 10^{20}회에 이른다.

10^{20} times per second

꽃가루 입자 하나는 약 25마이크로미터(1마이크로미터=10^{-6}m)인 반면, 물 분자는 0.15nm다. 물 분자가 꽃가루 입자보다 **167,000배나 작다.**

650

상온에서 물 분자가 움직이는 **평균 속도**는 초당 650미터이다.

meters per second

아무런 방해를 받지 않는다면, 물 분자는 자기 자리에서 초당 4조에 이르는 횟수만큼 진동한다. 하지만 실제로는 주변 물 분자들과의 충돌 때문에 적어도 초당 1000억 차례나 운동의 방향을 바꾸게 된다.

꽃가루 입자의 브라운 운동은, 팬들로 가득 찬 축구 경기장에서 지름이 **10m**인 큰 풍선을 관중들이 서로 손으로 칠 때 풍선이 이리저리 무작위로 움직이는 것과 비슷한 현상이다.

브라운 운동의 수학적 모델은 다른 시스템에도 응용될 수 있다. 예를 들면 주식시장을 들 수 있다. 한 주식의 가격은 수백 만 명의 투자자들이 사고파는 데 따라서 **브라운 운동**을 하는 꽃가루 입자처럼 등락을 거듭한다.

브라운은 물결이 치지 않게 한 뒤 생기가 없는 꽃가루와 돌가루를 가지고도 실험을 반복해 보았다. 꽃가루와 돌가루 입자는 충분히 작아서 둘 다 같은 운동을 보여주었다. 이 현상은 훗날 브라운 운동이라 불렸다.

당시에는 브라운 운동을 일으키는 원인을 알 수 없었다. 50년 뒤 움직이는 물 분자들에 의한 것일 수 있다는 주장이 제기되었다. 20세기 초까지만 해도 원자이론은 아직 입증되지 않은 가설에 지나지 않았다. 많은 이들은 원자나 분자 같은 것이 실제로 존재하는지 의문을 품고 있었다. 이 와중에 1906년 아인슈타인이 브라운 운동은 원자처럼 매우 작은 입자들의 충돌 때문에 생긴 현상이라고 주장하는 논문을 발표했고, 이후 실험을 통해 입증되었다. 실제로 브라운 운동은 원자 크기와 아보가드로 수를 알아내는 데도 이용되었다.

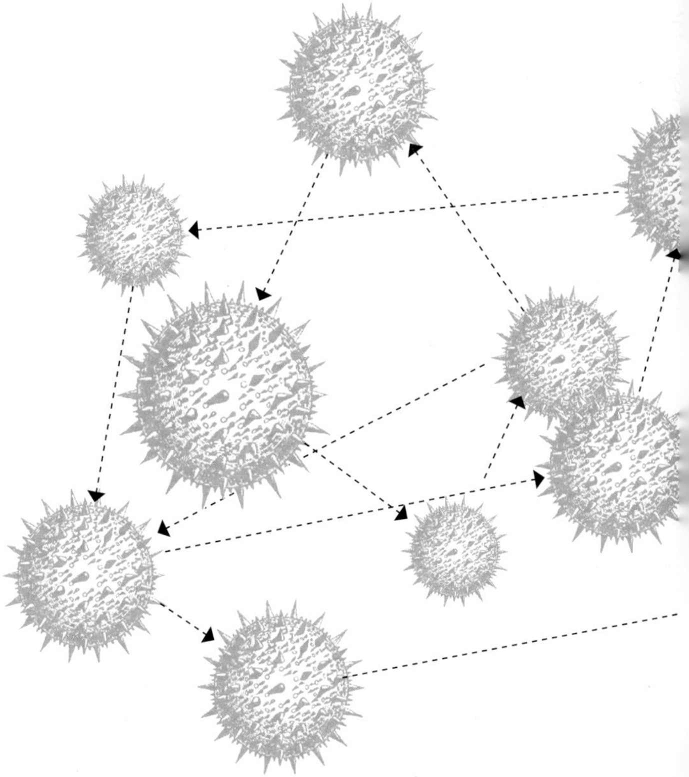

멀리서 보고, 가까이서 보면

▶ 멀리서 보면 모래 해변은 고체처럼 보이지만,
가까이서 보면 작은 모래 알갱이로 돼 있는 걸 알 수 있다.
마찬가지로 고체를 매우 크게 확대해보면,
띄엄띄엄 떨어져 있는 작은 입자들로 이뤄져 있는 걸 알 수 있다.

$1cm^2$ 면적의 모래를 클로즈업해 보면 그 안에 약 **2,500** 개의 모래 알갱이가 있는 것을 알게 된다.

고체로 된 물질을 보고 있으면, 매우 작은 입자들로 이뤄져 있다고 생각하기가 쉽지 않다. 인간의 눈-거시적인 관점-에는 고체의 표면은 그저 매끄럽고 연속적인 것처럼 보인다. 고체가 띄엄띄엄 흩어져 있는 매우 작은 입자들로 돼 있다고 믿는 건 직관과도 어긋난다. 하지만 모래 해변을 생각해보라. 모래 해변은 멀리서 보면 표면이 매끄럽고 연속적인 듯이 보이지만, 가까이 다가가면 작은 알갱이들로 돼 있다는 걸 알 수 있다. 특히 젖은 모래는 알갱이들이 서로 뭉쳐져 있어 고체에 가깝고, 마른 모래는 알갱이들이 자유롭게 움직여 액체와 닮았다. 신문에 실린 사진도 그렇다. 멀리 떨어져서 보면 사진의 형태가 연속적인 듯이 보이지만 가까이서 보면 작은 점들로 이뤄진 것을 알 수 있다.

모래는 매우 특이한 물질이다. 마른 모래는 **액체**처럼 행동하지만(왜냐하면 일정한 부피를 가지지만 다양한 형태를 갖기 때문이다-다시 말하면 모래를 흘러내리게 할 수 있다), 젖은 모래는 **고체**에 가까운 모습이다.

양동이에 담긴 모래와 양동이 모양의 고체 석영 덩어리의 차이는 무엇일까? 모래나 석영 모두 거의 동일한 양의 이산화규소로 이뤄져 있으나, 모래는 체로 걸러낼 수 있지만 석영은 그렇지 않다. 석영 내부의 이산화규소 분자들은 서로 밀접하게 결합돼 있기 때문이다.

1,000,000,000,000 x 1,000,000,000,000

지구상에 존재하는 **모래 알갱이**의 총수는 약 10^{24}개(조의 조)로 추정된다.

10^{24} (a trillion trillion)

모래는 이산화규소로 돼 있다. 이산화규소는 지각(地殼,earth crust)에서 가장 풍부하게 존재하는 화합물로서, 무게로 따질 때 지표면 전체의 42.86%를 차지한다.

42.86%

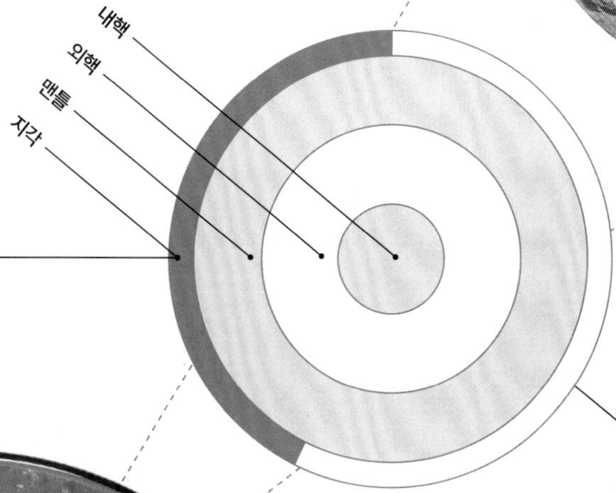

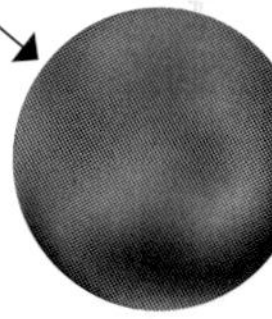

이만큼의 모래 알갱이면 **명왕성** 크기만 한 행성을 하나 만들 수 있다.

지각에 존재하는 모든 **이산화규소**를 모래로 변화시킨다면, 모래의 총 무게는 $1,187 \times 10^{22}$kg이 될 것이다.

1.187×10^{22} kg

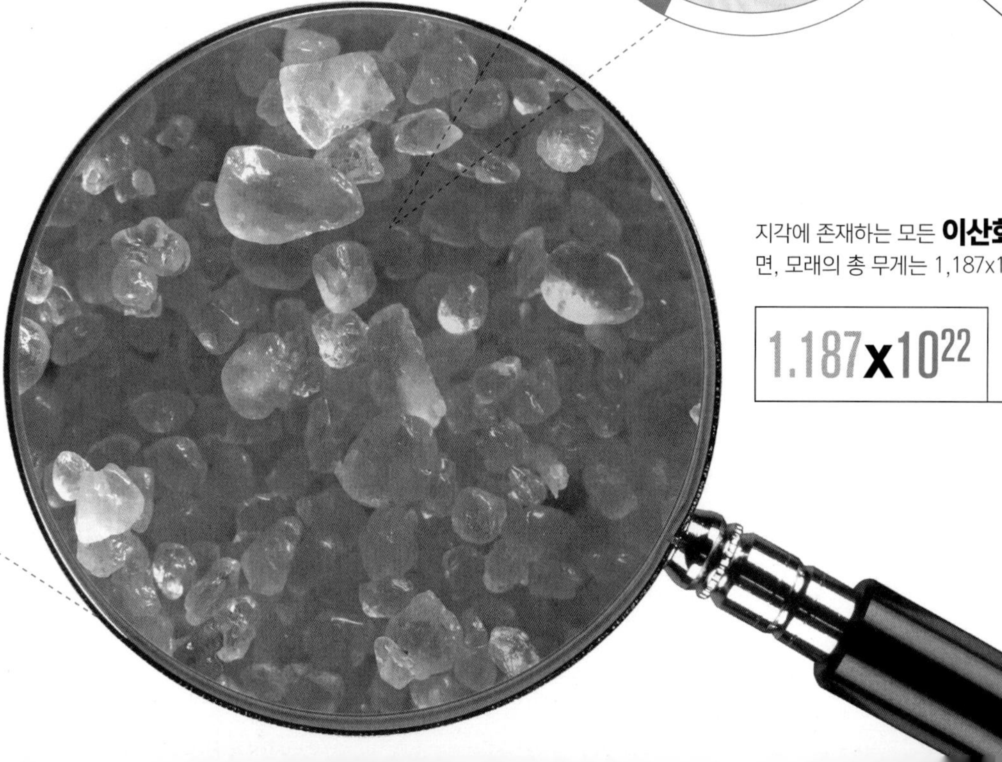

모두 다 함께 춤을!

▶ **고체가 액체로 바뀌고 다시 기체로 바뀌는 모양은 마치 나이트클럽에서 플로어를 가득 메운 사람들이 처음에는 심드렁하게 있다가 차츰 흥이 오르면서 신나게 몸을 움직이고, 마침내 공중으로 껑충껑충 뛰어오르는 모습과 비슷하다.**

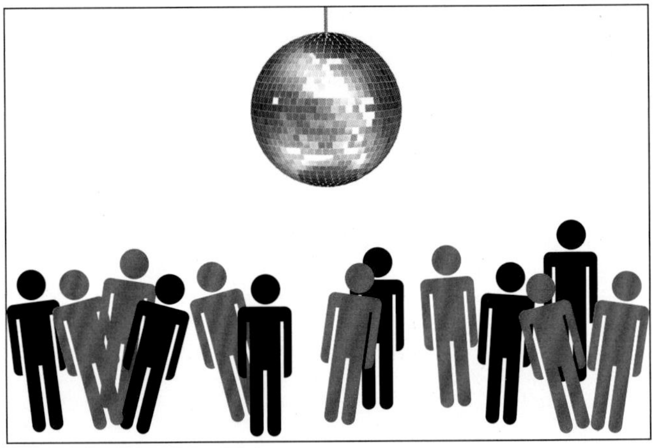

물질의 운동이론에 따르면 원자와 분자는 절대 영도(-273.15℃)에 가까운 냉각상태에 있을 때조차 어느 정도의 운동을 하는 것으로 알려져 있다. 물질의 세 가지 존재 형태-고체, 액체, 기체-를 결정하는 것은 운동의 정도다. 고체를 이루는 원자들(그리고 분자들)은 댄스 플로어를 메운 사람들이 서로 다닥다닥 붙어서 음악이 나와도 별로 신나지 않은 것처럼 발만 까딱까딱하는 것과 비슷하다.

하지만 온도가 올라가면 고체는 녹아서 액체가 되는데, 이는 마치 자신들이 좋아하는 음악이 나와서 흥이 올라 파트너를 바꿔가면서 신나게 몸을 흔드는 모습과 비슷하다. 온도가 더 올라가면 액체는 기체로 되는데, 이제 스피커에서 나오는 음악 소리는 더 커지고 사람들도 황홀한 기분에 젖어 플로어를 휘젓고 다니고 공중으로 껑충껑충 뛰어오르는 상태와 유사하다. 이들은 플로어에서 내려와 나이트클럽 전체를 접수한 듯이 자유롭게 움직이는데 몸을 회전하다 가끔 부딪치는 경우를 제외하면 서로 접촉하는 경우도 거의 없다.

켈빈 온도에서의 0도(0K)-**절대 영도**라 한다-는 물질이 더 이상 에너지를 갖지 않는 상태를 가리킨다. 어떤 물질도 절대 영도 상태에는 이르지 않는다. 여태까지 측정된 가장 낮은 온도는 헬싱키기술대학(Helsinki University of Technology)의 '저온연구소(Low Temperature Laboratory)'에서 잰 것으로 100피코켈빈, 즉 0.0000000001K로 100억분의 1 켈빈이다.

61

절대 영도에 가까워지면 빛의 속도도 시속 61km로 줄어든다.

kilometersperhour (38mph)

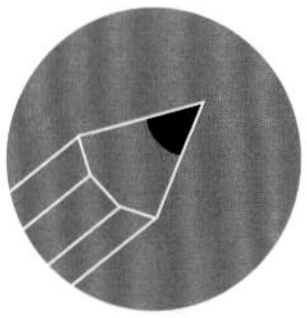

흑연은 탄소로 이뤄져 있는데 녹는점이 3,500°C이다.

3,500°C

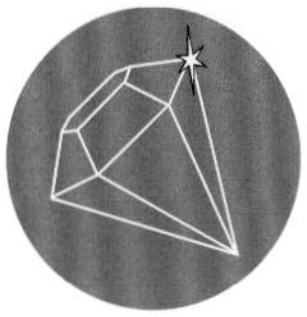

다이아몬드 역시 탄소로 이뤄져 있는데 끓는점이 4,027°C이다.

4,027°C

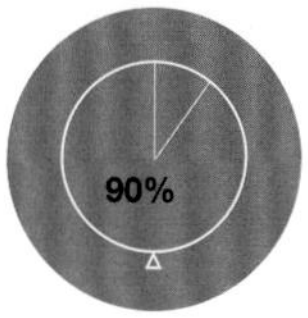

기체 상태에서는 분자나 원자들이 자신의 지름 길이보다 평균 10배 더 긴 거리로 서로서로 떨어져 있다. 예컨대 풍선의 90%는 빈 공간이고 나머지 10%를 기체 분자나 원자들이 채운다. 우리가 풍선을 누르면, 풍선은 우리 손의 압력에 저항하는데 이 힘은 풍선 안의 기체 입자들이 엄청나게 빠른 속도로 움직이는 데서 나온다.

상온에서 원자가 움직이는 평균속도는 초속 500m이다

~500m/s (~1,100mph)

200 마이크로 켈빈(1마이크로 켈빈은 100만분의 1 켈빈-역주)에서 원자의 운동속도는 초속 20cm이다.

20cm/s (~0.45mph)

명왕성:

표면의 평균 온도

40K (-233°C / -388°F)

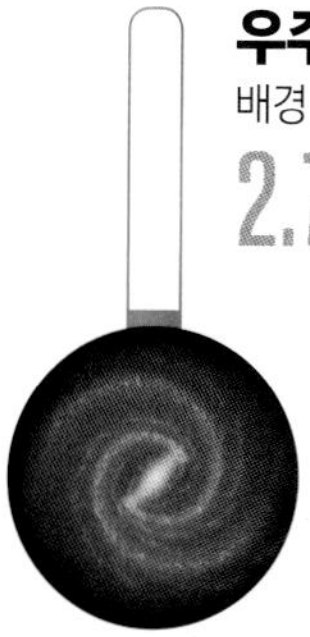

우주:

배경 복사의 평균 온도 2.72778K

2.72778K (-270.4222°C / -454°F)

헬륨:

끓는점 4.222K

4.222K (-268.9278°C / -452°F)

우주 공간:

가장 추운 곳(부메랑 성운)

1K (-272.15°C / -457°F)

소년, 소녀를 만나다

화학반응에서 평형상태는, 고등학교 무도회에서 춤을 추기 위해 무대로 나오는 학생들의 수와 춤을 춘 다음 자기 자리로 돌아가는 학생들의 수가 같은 상태에 있는 것과 비슷하다.

고등학교 무도회는 저녁 무렵, 학생들이 강당에 입장한 다음 댄스 플로어 주위로 빙 둘러서 있는 상태에서 시작된다. 용감한 남학생 한 명이 여학생에게 손을 내밀며 춤을 청하면 다른 남학생들도 여학생들과 춤을 추기 시작한다. 하지만 아직도 빙 둘러서 있는 학생들이 춤을 추는 커플의 수보다 더 많다. 이윽고 처음부터 춤을 췄던 커플들이 지루함을 느끼고 서로 헤어져 자기 자리로 돌아갈 무렵이면, 빙 둘러서서 지켜보고 있던 남학생들이 짝을 찾아 무대로 나간다. 결국 플로어는 춤추는 커플로 가득 차게 되고, 짝이 없는 커플은 거의 없게 된다. 한편 춤을 추는 커플들이 많이 늘어난다는 것은 춤을 추다 자기 자리로 돌아가는 커플의 수도 늘어간다는 뜻이다. 이런 식으로 시간이 지나면 춤을 추려고 플로어로 나오는 학생들의 수와 플로어를 떠나는 학생들의 수가 같게 된다. 바로 이런 상태를 '동적 평형(dynamic equilibrium)'이라고 부른다.

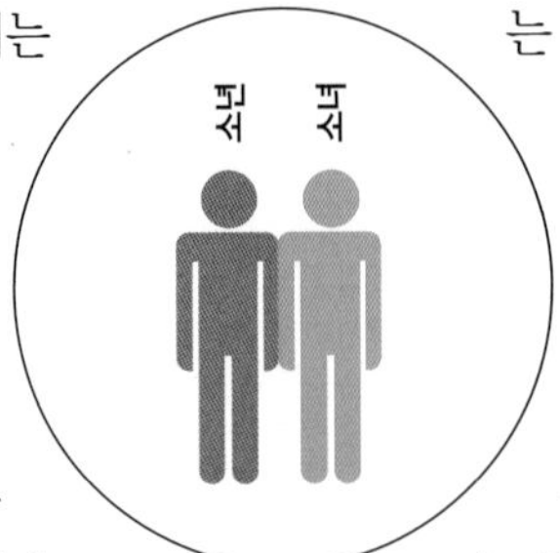

이런 상황은 화학에서 가역반응이 평형상태에 도달할 때 일어나는 현상을 잘 설명해준다. 가역반응이란 물질 A와 물질 B가 반응해 화합물 AB를 만들지만, 화합물 AB가 분리돼 물질 A와 물질 B로도 나눠진다는 뜻이다. 많은 양의 물질 A와 물질 B가 있고 화합물 AB는 별로 없다고 하자. 춤을 추는 커플보다 아직 춤을 추지 않는 학생들이 더 많은 것과 같다. 하지만 곧 커플을 찾아 플로어로 나오는 학생들이 더 늘게 될 것이다. 결국 춤추는 커플과 자기 자리로 돌아가는 학생의 수가 같아지듯이 화합물 AB가 A와 B로 분리되는 비율과 A와 B가 AB로 결합하는 비율이 같게 돼 평형에 이른다.

평형상태를 깨뜨려 더 많은 커플이 플로어에서 춤을 추도록 하기 위해서는 어떻게 해야 할까. 학생들의 수를 늘리거나 강당의 크기를 줄여 파트너를 더 쉽게 찾도록 하는 것이다. 이는 화학에서 농도를 높이는 것과 같다. 빠른 음악을 트는 것도 기분을 돋워 파트너를 찾기 쉽게 해준다. 이는 화학에서 온도를 높이는 것과 같다.

춤을 추기 위해서 자리에서 일어나는 학생들과, 춤을 추다 제자리로 돌아가는 학생들의 비율이 똑같을 때, 무도회는 평형상태에 이르게 된다.

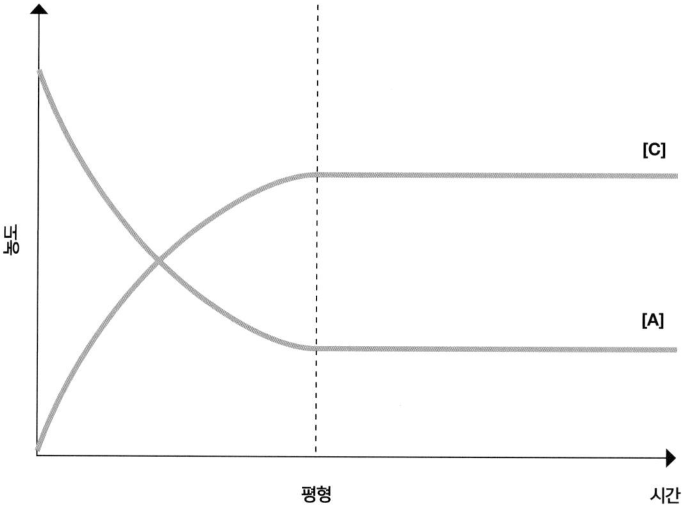

A는 용액에 녹아있는 물질의 농도이고, C는 반응 결과 생긴 화합물의 농도라고 할 때, 이 그래프는 A⇄C라는 가역반응의 평형상태와 함께 농도 변화 과정을 보여준다.

아래 그래프는 정반응의 비율이 감소하고 역반응의 비율은 증가하면서 마침내 두 반응의 비율이 같아지는 과정을 보여준다. 두 반응의 비율이 같아질 때 이 반응계는 동적 평형이 된다.

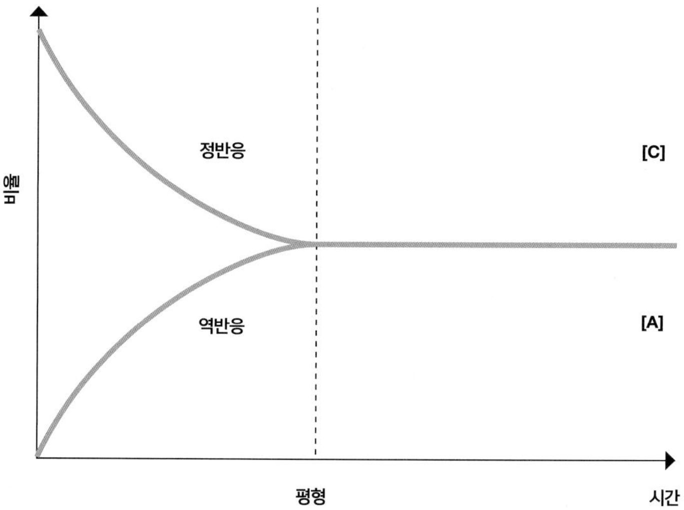

평형반응들 가운데 산업현장에서 중요하게 다뤄지는 것은 **암모니아**가 만들어지는 반응이다. 암모니아는 비료공장에서 많이 사용되는데, 2007년 전 세계에서 생산된 암모니아는 1억3100만 톤에 달했다.

131 **million tonnes**

2013년의 전 세계 암모니아 생산량은 약 2억1800만 톤으로 추정된다.

218 **million tonnes**

이것은 미국에서 매년 배출되는 **쓰레기**와 거의 같은 양이다.

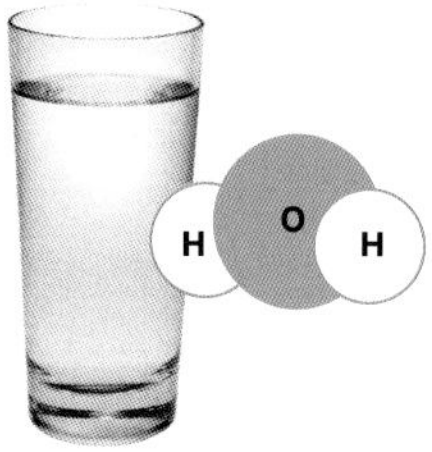

액체 상태의 물이 평형에 달하면, 물 분자들은 끊임없이 다른 물 분자들과 반응해 수소 결합(H-bond)을 형성하는가 하면, 결합을 깨고 다시 결합하는 과정을 반복한다. 기체 상태의 물 분자들은 1초에 **수십억** 번 파트너들을 바꾼다.

놀랍게도, 기체상태의 물 분자들 가운데 15%가량만 서로 **접촉**을 유지한다.

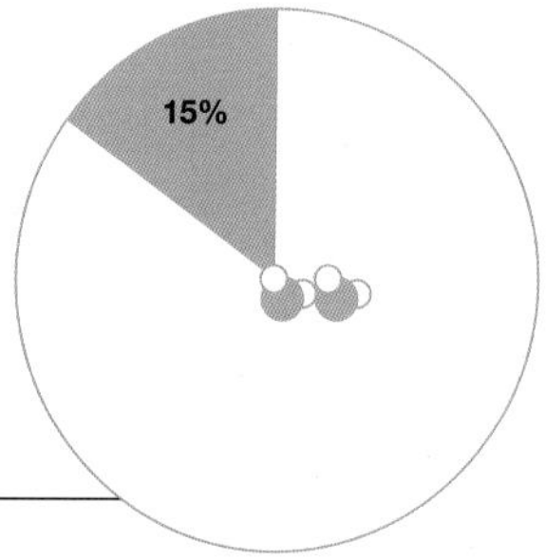

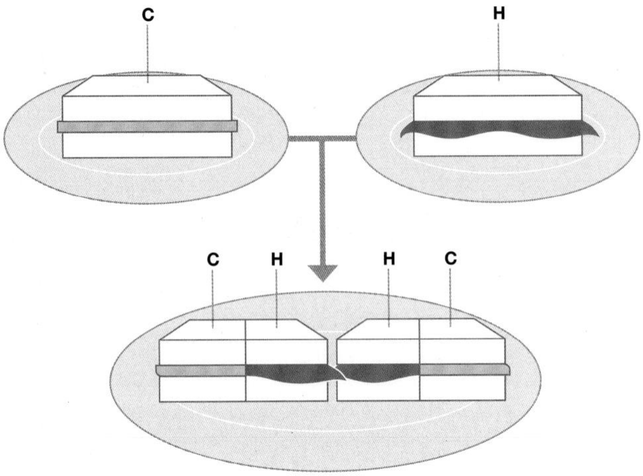

공유결합

공유결합은 두 원자가 상대편의 전자(valence electron, 원자껍질의 가장 바깥쪽에 있는 전자-역주)를 함께 가질 때 형성된다. 이는 두 사람이 상대의 샌드위치를 함께 나눠먹는 것과 같다.

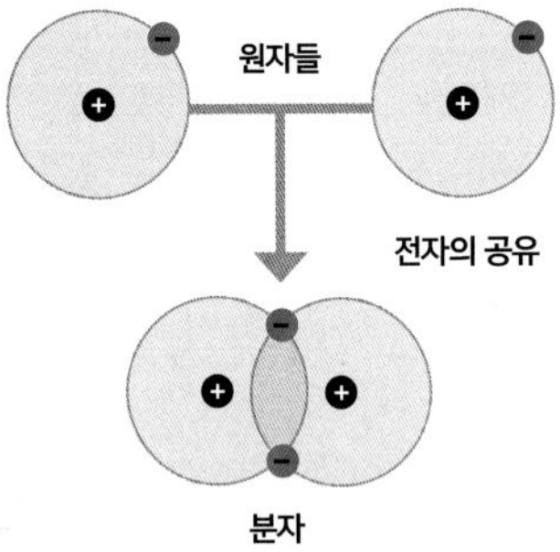

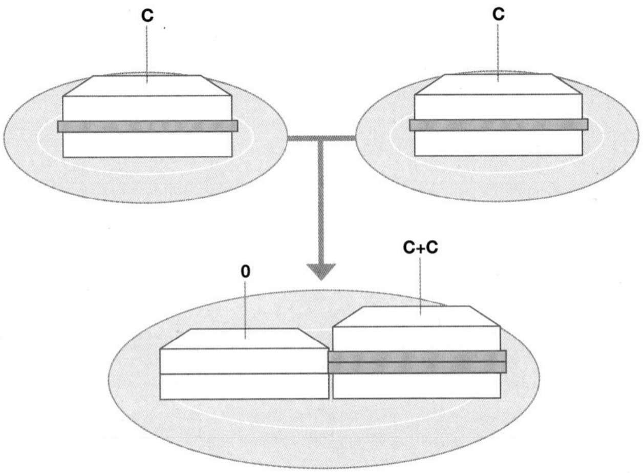

이온결합

이온결합에서는 공유하는 것은 전혀 없다. 한 원자가 다른 원자의 전자를 취할 뿐이다. 이때 전자를 제공하는 원자는 양의 전기를 띠는 이온이 되고 전자를 받아들이는 원자는 음의 전기를 띠는 이온이 된다.

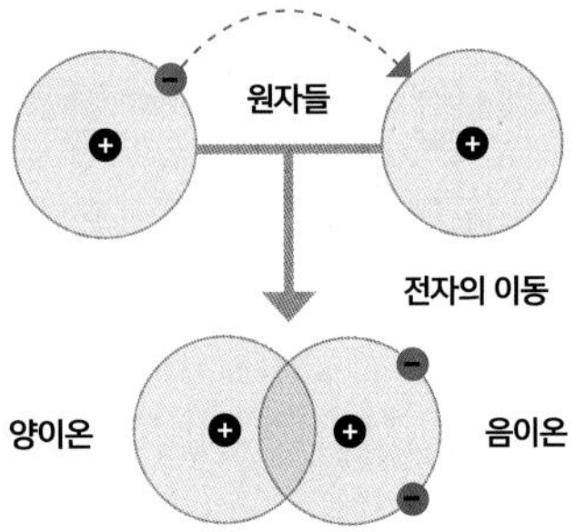

샌드위치 나눠먹기와 화학결합

▶ 화학결합의 여러 형태는 두 사람이 샌드위치를 나눠먹는 여러 가지 방법과 비슷하다. 예컨대 공유결합은 각자가 자기 샌드위치 절반씩을 잘라 서로 바꿔먹는 것과 같다.

원자들 사이의 화학결합은 원자가 갖는 전자들의 상호관계에 의해 이루어진다. 이온결합에서는 한 원자가 전자 하나를 제공하면 다른 원자가 그 전자를 받아들인다. 공유결합은 두 원자가 전자들을 '공유' 하는데 여기서 '공유'의 의미는 샌드위치에 비유하면 이해하기 쉽다. 당신이 나에게 치즈 샌드위치 반쪽을 주고 나는 당신에게 햄 샌드위치 반쪽을 준다면, 우리 둘은 원래 각자 가지고 있던 샌드위치를 절반씩 가진 채로 다른 샌드위치 반쪽을 갖게 된다. 공유결합을 하고 있는 원자의 상태도 이와 같다.

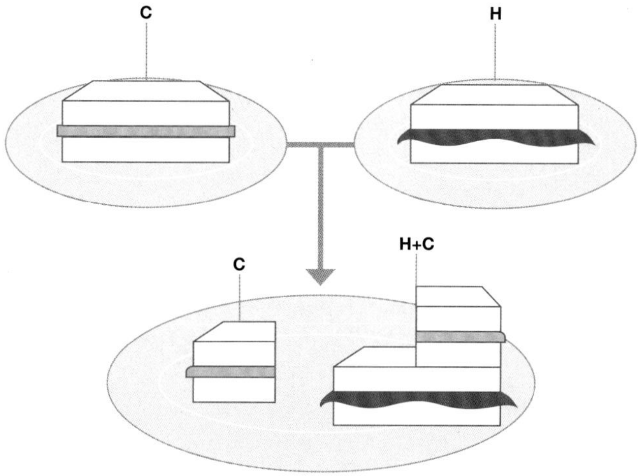

극성공유결합

두 원자가 전자를 공유하기 때문에 공유결합이긴 하지만, 전자의 궤도가 공평하게 분배되지 않아서 한 쪽 원자가 전자의 '더 많은' 부분을 차지하게 돼 약하게 음전기를 띠게 된다.

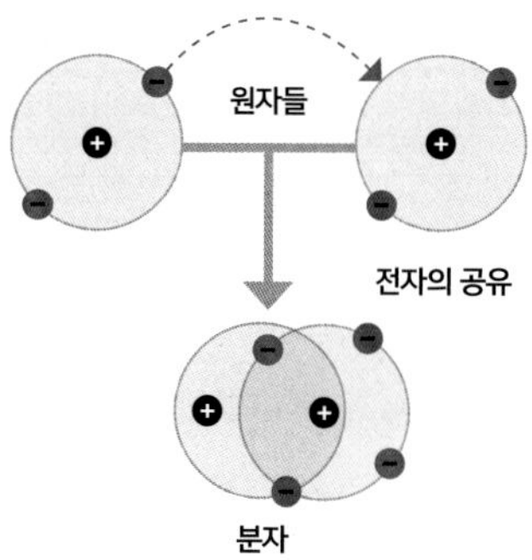

다른 형태의 화학결합도 샌드위치로 설명할 수 있다. 샌드위치를 공평하게 나누지 않는 경우, 즉 나는 당신에게 절반의 샌드위치를 주었는데, 당신은 나에게 4분의 1만 준다면 극성공유결합이 된다. 만약 내가 당신에게서 샌드위치를 모두 빼앗고 내 샌드위치는 한쪽도 당신에게 주지 않는다면, 배위결합(dipolar bond)이 된다. 이때 나는 두 개의 전자를 모두 받아들이는 원자와 같다고 할 수 있다.

소금(염화나트륨, NaCl)은 이온결합으로 만들어진다. 지구 대양에 존재하는 소금을 모두 합치면 지구 표면에서 166m 깊이까지 덮을 수 있는 양이다.

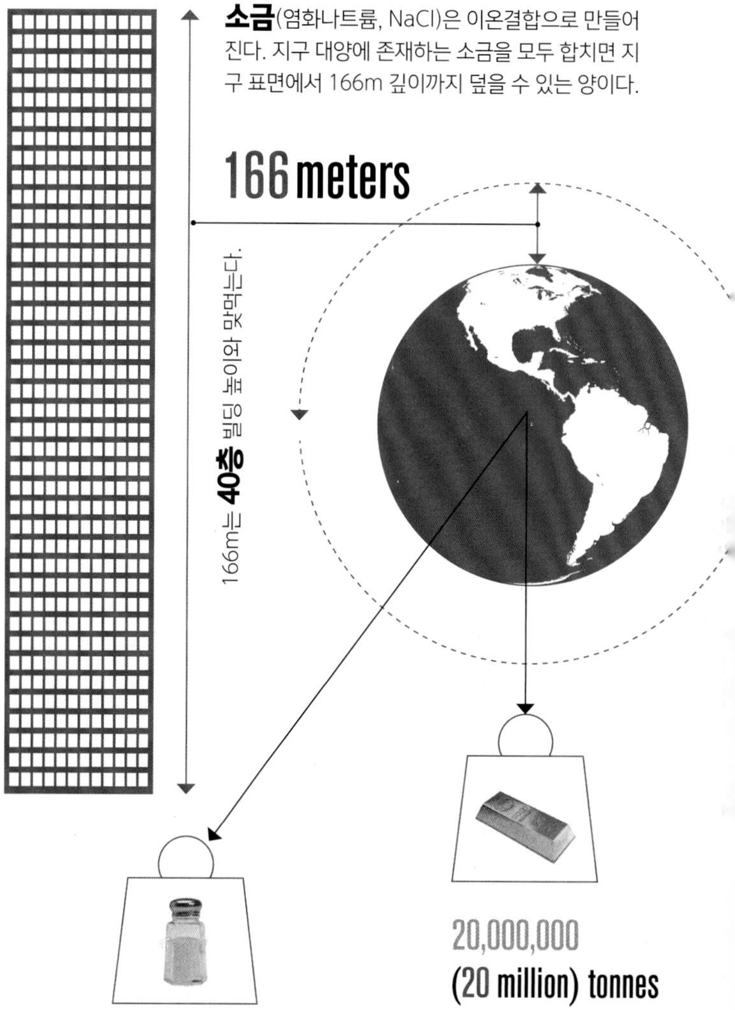

지구의 대양에는 5만조(50,000,000,000,000,000) 톤에 이르는 소금이 존재한다.

50,000,000,000,000,000
(50 quadrillion) tonnes

바다에는 많은 양의 금도 존재하는데, 총 2000만(20,000,000) 톤에 이를 것으로 추정된다.

화학자들은 물질의 결합방식을 여러 가지로 바꿈으로써 다양한 합성물질을 만들어낼 수 있는데, 많게는 한 번에 **40,000**개까지도 가능하다. 이런 합성과정을 조합화학(combinational chemistry)이라고 부른다.

40,000

모든 것은 서로 묶여 있다

▶ 표면장력으로 인해 둥근 모양을 이루면서 떨어지는 물방울은, 옆 사람들과 서로 묶여 있는 사람들의 무리와 같다.

널찍한 들판에 사람들이 무리 지어 있고, 각자가 서로 로프로 연결돼 있다고 해 보자.
사람들이 가만히 있지 않고 자신들을 앞, 뒤, 좌우로 묶고 있는 로프를 당긴다면 자신들이 네 방향에서 거의 같은 힘으로 당겨지고 있다고 느낄 것이다.
하지만 무리의 맨 바깥에 있는 사람은 다르다. 좌우, 뒤쪽에만 묶여 있고 자기 앞쪽에는 로프가 없기 때문에 안쪽으로 힘을 더 강하게 받는다. 그 결과 무리 전체는 원의 모양을 하게 된다. 이때 무리를 이루는 사람들은 표면장력을 경험한다.

액체상태의 물 분자들(아래 그림에서 원으로 표시된 것)은 짧은 순간마다 교대하면서 서로서로 수소결합을 이룬다. 이 결합의 약하고 강한 정도는 지구상의 생명체에 매우 중요하다.
물 분자들의 수소결합이 강하면 물이 얼고, 더 느슨해지면 증발해 수증기가 된다.

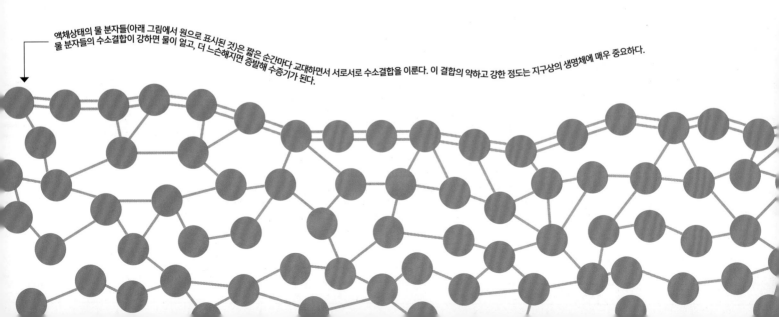

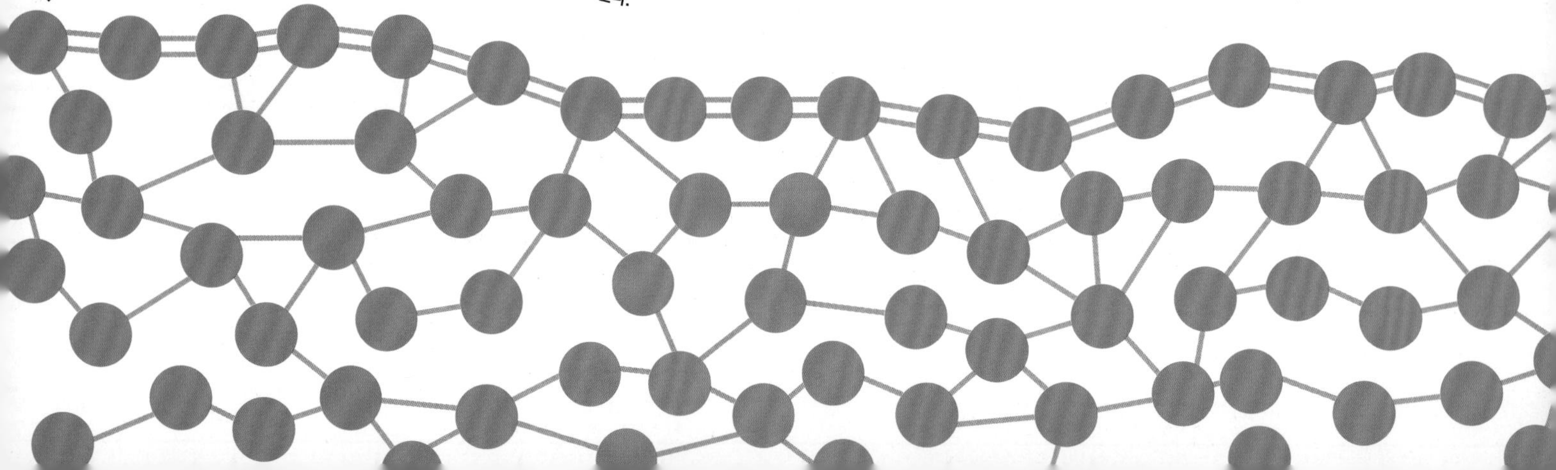

물 분자들이 무리를 이루고 있을 때도 같은 현상이 일어난다. 물 분자들은 서로서로 수소 결합을 형성한다. 이 결합 때문에 표면장력을 비롯해 물이 가진 고유한 특성이 생기게 된다. 무리의 가장 바깥에 있는 사람들과 마찬가지로, 물의 표면에 있는 분자들은 안쪽으로 끌리게 돼 다른 대다수의 물 분자들로부터 이탈하기가 어렵다. 이 때문에 물은 항상 표면적을 최소화하면서 구의 형태를 취할 수 있게 되는 것이다.

평균적으로 얼음 조각(ice cube) 하나에 들어있는 분자 수는 **6×10^{22}**개다. 이는 빅뱅 이후 매 주마다 물 분자들을 다른 형태로 배열했다손 치더라도 아직도 가능한 방법을 다 쓰지 못했을 정도로 엄청나게 큰 수다. 물론 앞으로 만들어지는 얼음 조각들도 이전과는 다른 배열 형태를 갖게 될 것이다.

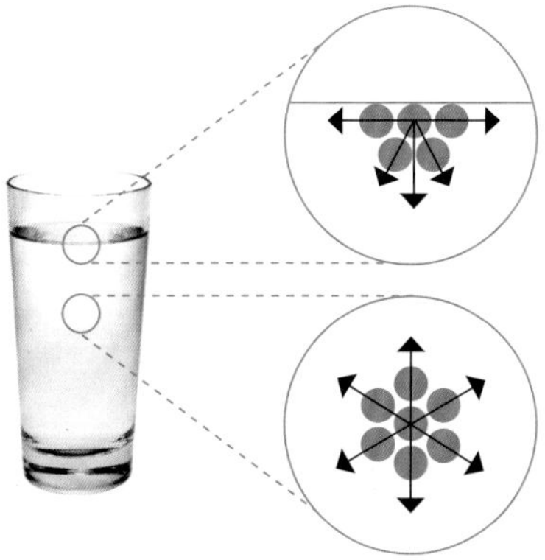

표면 아래에서는 물 분자들이 모든 방향에서 서로 같은 힘으로 끌어당긴다. 하지만 표면에서는 옆쪽과 아래쪽으로만 서로 끌어당기며 이것이 표면장력을 만들어낸다.

90°

어떤 액체가 표면을 적시기 위해서는(물방울이 표면에 떠있는 것과는 달리) 표면과 접촉하는 각도가 90°보다 커야 한다.

–90°C

수소결합이 존재하지 않는다면, 물은 –90°C에서 끓을 것이고, 지구상에 **액체상태의 물**도 존재하지 않을 것이다.

4°C

염분이 섞여 있지 않은 담수는 4°C에서 밀도가 가장 높다. 이 온도보다 더 가열하거나 더 냉각해도 담수는 팽창한다는 뜻이다. 지구에 존재하는 물질 가운데 고체상태일 때보다 액체일 때 밀도가 더 높은 경우는 물이 유일하다.

물이 얼 때는 분자들끼리 상대적으로 강한 4개의 수소결합을 이루기 때문에 액체상태일 때보다 분자들을 서로 더 멀리 밀어낸다. 얼음이 액체상태의 물보다 밀도가 낮은 것은 이 때문이다.

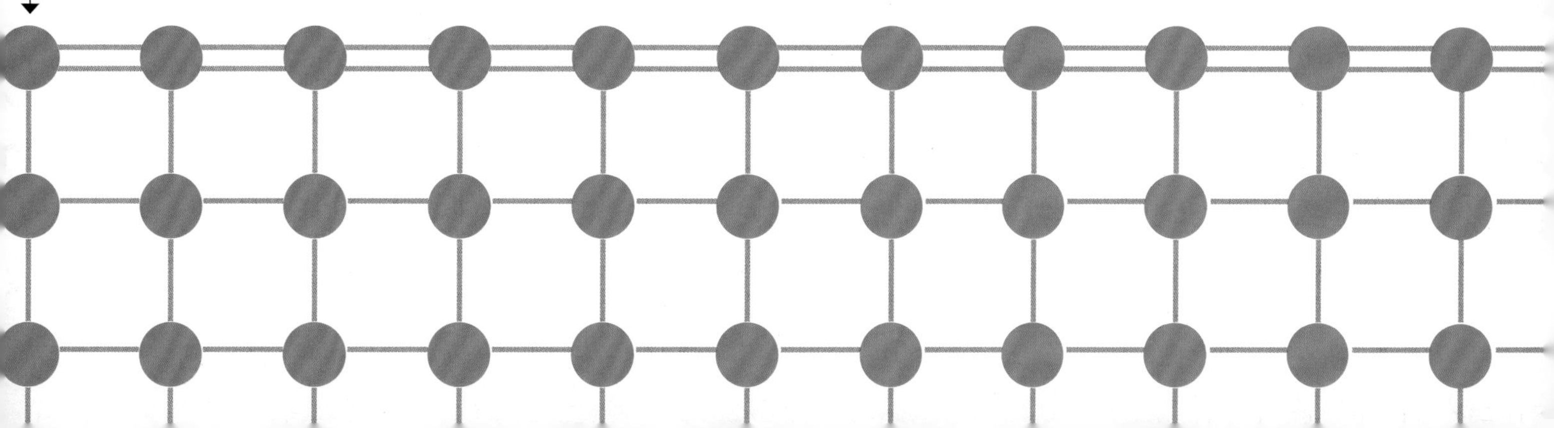

햄 샌드위치와 화학반응

▶ 화학반응은 샌드위치를 만드는 것과 비슷하다.
햄 샌드위치를 만들려면 적정한 양의 햄과 샌드위치 빵이 필요하듯이
이산화탄소를 만들려면 적정한 양의 산소와 탄소를 반응시켜야 한다.

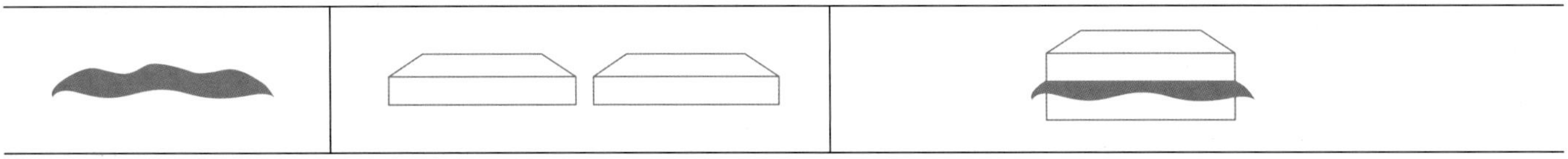

햄 슬라이스 1장	+	샌드위치 빵 2개	=	햄 샌드위치 1개
탄소 원자 1개	+	산소 원자 2개	=	이산화탄소 분자 1개

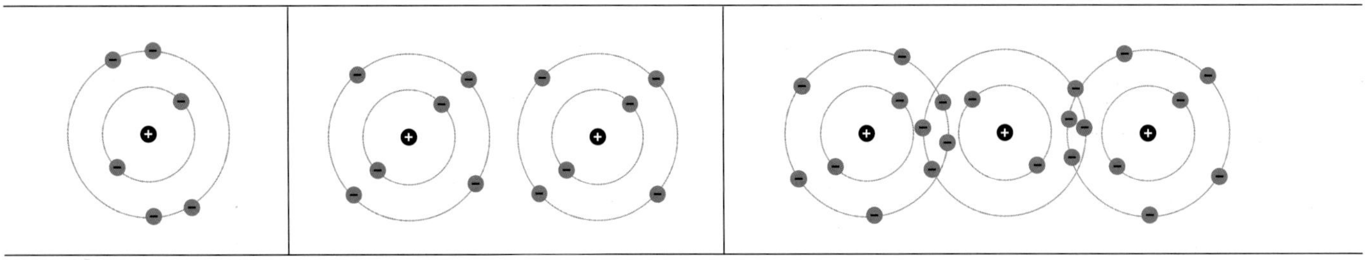

화학반응의 양적인 변화-반응하는 물질의 양과 생성된 화합물의 양적인 관계-를 다루는 화학의 한 분야를 화학양론(stoichiometry)이라고 한다.
화학양론의 한 예는 반응물질과 생성물질의 질량 비율로부터 생성된 화합물의 화학식을 알아내는 것이다. 화학양론은 화학방정식과 수학, 외우기 까다로운 화학물질들의 이름이 등장하기 때문에 골치 아프다고 여기기 쉽지만, 사실은 햄 샌드위치를 만드는 것처럼 수월하게 이해할 수 있는 분야다.
햄 샌드위치를 만들기 전에 우선 샌드위치 빵(B) 한 조각의 무게가 10g, 햄(H) 한 조각의 무게가 5g이라는 걸 알고 있다고 하자. 당신에게 햄 125g이 있고 햄을 전부 햄 샌드위치로 만드는 데 쓴다면 빵은 전부 몇 g이나 있어야 할까?
햄 샌드위치의 레시피(화학식)는 간단하다.
햄 하나에 샌드위치 빵 두 개, 즉 B_2H다. 따라서 햄 슬라이스의 개수에 2를 곱하면 필요한 빵의 개수를 알 수 있고, 그렇게 얻은 빵의 개수에 빵 하나의 무게를 곱하면 필요한 빵의 무게를 알 수 있다. 즉 {(125/5)x2)}x10=500g이 된다.
이것이 화학에는 어떻게 적용될까? 간단하다. 햄 대신 탄소, 빵

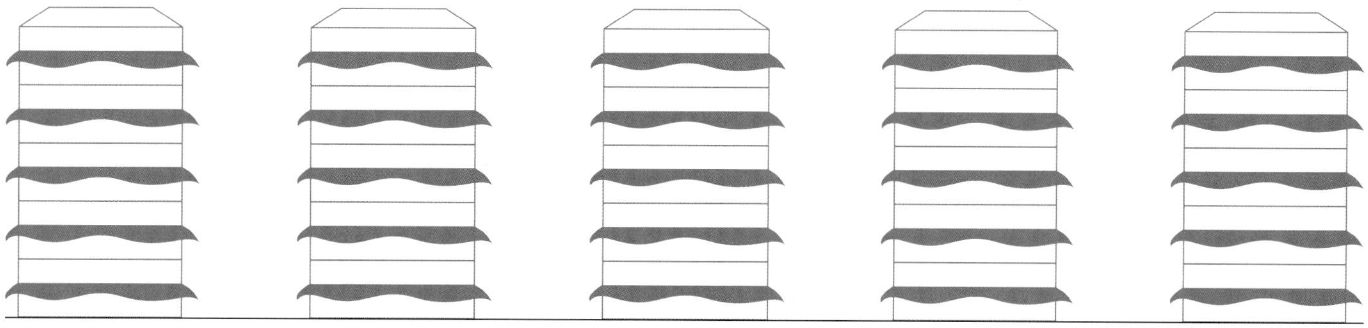

그림에서 햄 샌드위치가 모두 25개 있지만, 일일이 셀 필요 없이 무게만 재보면 된다. 햄 슬라이스와 빵의 무게, 햄 샌드위치가 어떻게 구성되는지만 알면, 햄 샌드위치의 개수를 계산할 수 있기 때문이다.

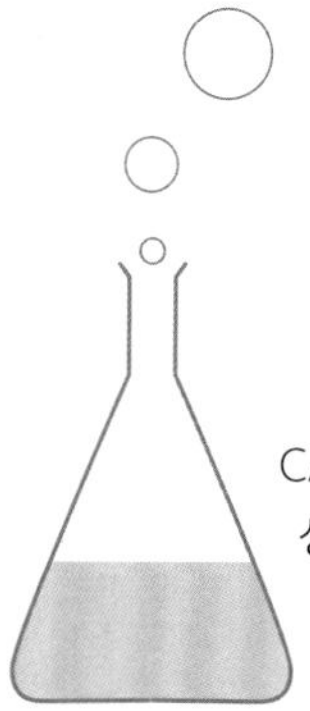

CAS(Chemical Abstracts Society)는 새롭게 발견되거나 합성된 모든 화학물질에 고유번호를 부여한다. 현재 CAS가 부여한 고유번호는 유기물과 무기물을 통틀어 **1억2300만** 개가 넘으며, 하루 평균 12,000개 이상 등록되고 있다.

12,000 each day

합성 가능한 화학물질의 수는 원소와 기존의 화합물들의 수, 새로운 화합물질이 형성되는 방법의 수에 따라 결정된다. 현재까지로는 **10^{18}** 개(지구에 있는 모래 알갱이의 수와 비슷하다)에서 **10^{200}** 개(우주에 존재하는 입자들보다 10^{100}배 더 많은 수다) 사이로 추정된다. 만약 후자의 추정이 정확하다면 이 우주에서는 모든 가능한 화학결합을 실질적으로 다 만들어낼 수 없다는 말이 된다.

17세기의 **헤니히 브란트**는 지하실에서 오줌을 부패시켜 **인**을 추출하는 데 성공했는데, 아주 적은 양의 인을 분리하기 위해서 그가 사용한 오줌의 양은 **60배럴**에 달했다.

대신 산소를 대입하면 된다. 똑같이 화학식을 활용하면 탄소 125g을 모두 연소하는 데 필요한 산소의 질량을 구할 수 있다. 즉 $C+O_2=CO_2$이고, (125/12<여기서 12는 탄소의 원자량이다>x2)x16<산소의 원자량>=333g의 산소가 필요하다는 걸 알 수 있다.

이 비유가 뜻하는 것은, 핵은 원자 전체 공간의 1000만분의 1정도만 차지하며, 결국 원자의 99.9%는 텅 빈 공간이라는 것이다. 흔히 원자는 '태양계' 모델이라고 불린다. 중앙에 (양성자와 중성자로 이뤄진) 핵이 있고 작은 공 모양의 전자가 (태양을 중심으로 돌고 있는 행성들처럼) 조금 떨어진 거리에 있는 궤도를 돌고 있는 모습이다.

1910년대에 어니스트 러더퍼드와 닐스 보어가 제안한 이 태양계 모델은 나름대로 장점이 있지만, 원자 내부의 상대적인 크기와 범위를 왜곡시키는 것도 사실이다.

실제의 원자 내부는 대부분이 텅 빈 공간이며, 아주 작은 핵과 핵보다 더 작은 전자가 있을 뿐이다. 원자 내부의 핵은 성당 안의 벌처럼 정말로 작다.

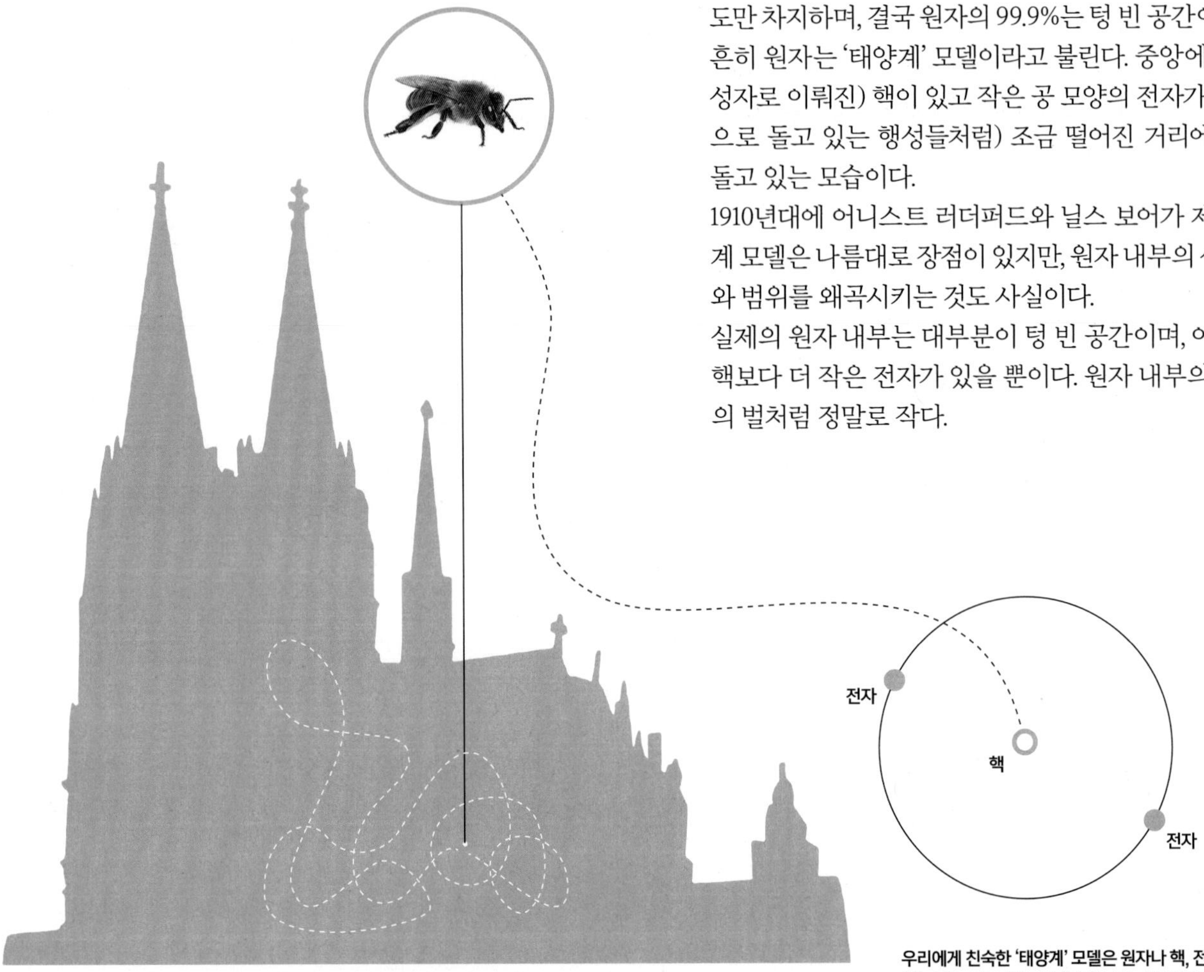

우리에게 친숙한 '태양계' 모델은 원자나 핵, 전자의 크기를 이해하는 데는 거의 도움이 되지 않는다. 실제의 핵은 원자 전체로 보면 성당 안의 벌 한 마리처럼 엄청나게 크기가 작다.

성당 안의 벌 한 마리

▶ 원자를 성당 크기만 하게 부풀리더라도,
원자핵은 성당 중심을 날아다니는 벌 한 마리보다 더 크지 않으며,
전자는 성당의 모서리를 따라 '회전'하고 있을 것이다.

원자를 스포츠 경기장만큼 크게 팽창시키더라도 전자는 우리 눈에 거의 보이지 않을 것이다. 실제로 전자는 아무런 차원을 갖지 않는 '점 입자(point-particle)'에 불과하다.
핵도 크기가 작긴 하지만 전자와 달리 차원은 갖는다. 핵은 양성자와 중성자로 이뤄져 있기 때문이다.
그러나 양성자와 중성자를 이루는 입자-쿼크-는 차원을 갖지 않는다. 이들은 전자와 마찬가지로 물리적인 차원이 없고, 단지 질량과 에너지만 갖는 점 입자다.

×16

이는 기자의 피라미드를 16개 합쳐놓은 무게와 거의 같다.

100,000,000 tonnes

평균적인 원자핵이 구슬 크기로 팽창한다고 **상상해보자.** 이 경우 핵의 무게는 100,000,000톤이 될 것이다.

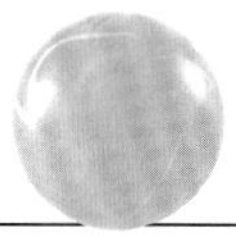

=

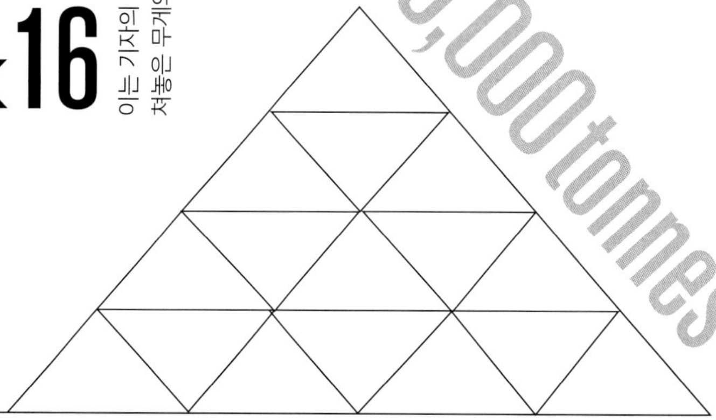

100,000,000 tonnes

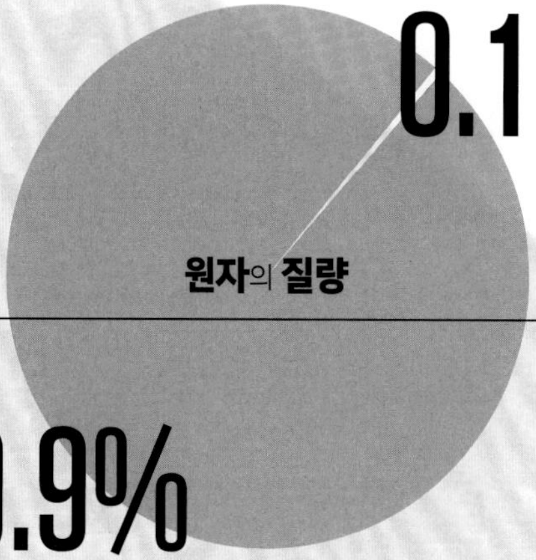

0.1%
전자

원자의 질량

핵
99.9%

핵은 크기는 작지만 무게는 많이 나간다-원자 질량의 99.9%는 핵에 모여 있으며, 0.1%는 전자의 질량이다.

양성자는 워낙 작아서 5000억 개가 모여야 **핀의 머리**를 채울 수 있다. 최근의 연구 결과 양성자의 지름은 1.6×10^{-15}m인 것으로 알려졌다.

500 billion

태양계와 양자 선풍기

'진하면서도 희미한' 형태를 보이는 선풍기 날개처럼 전자는 확률적으로 가능한 위치들에 '확률적으로 퍼져서' 존재한다.

원자는 선풍기가 만드는 착시현상과 비슷하다. 전자들은 원자핵 주변에서 자신의 잠재적인 위치들을 '구름'처럼 차지하고 있다.

1911년 물리학자 어니스트 러더퍼드(1871~1937년)는 원자에 관한 놀라운 이론을 발견했다. 이전까지는 원자는 내부가 꽉 차 있고, 정육면체 구조를 닮았거나 혹은 자두 푸딩처럼 음전하를 띤 입자들(전자)이 양전하를 띤 물질들의 '수프'에 점점이 박혀 있다고 여겨져 왔다.

하지만 러더퍼드는 얇은 금박지에 소립자를 쏘는 실험을 통해 대부분의 입자들은 그냥 통과하고 몇몇 입자만 -마치 질량이 밀집돼 있는 곳에 맞아서- 튕겨져 나오는 걸 확인했다. 러더퍼드는 원자 내부가 대부분 빈 공간이고 원자 질량의 대부분은-원자 전체에 비하면 크기가 매우 작은- 중간의 핵에 모여 있기 때문에 이런 결과가 나왔을 것이라고 추측했다.

한편 1913년 덴마크 물리학자 닐스 보어(1885~1962년)는 러더퍼드의 실험결과를 이용해 태양계를 닮은 원자 모델을 내놓았다. 가운데 핵을 중심으로 전자들이 전자기적 인력에 이끌려 핵 주위를 도는 모양이었다. 행성들이 중력에 이끌려 태양 주위를 도는 것과 비슷했다. 이 모델은 특히 전자들이 일정한 에너지(양자)를 얻거나 잃을 때마다 서로 떨어진 에너지 레벨 사이를 점프하는 현상을 설명하는 데 잘 들어맞았다.

하지만 이후에 등장한 양자역학은 전자의 위치를 분명하게 결정하는 것은 불가능하며 오직 확률로만 위치를 묘사할 수 있

'전자구름' 모델

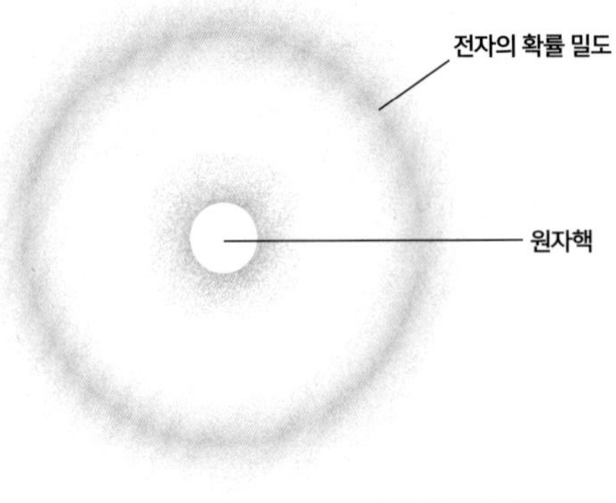

'태양계' 모델

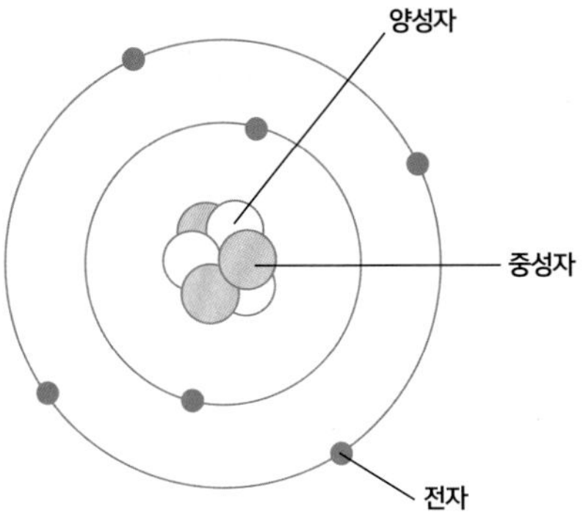

양성자와 중성자로 이뤄진 무거운 원자핵 주위를 전자가 돌고 있는 것으로 본 '태양계' 모델은, 오늘날의 원자모델이 형성되는 데 매우 중요한 역할을 했다.

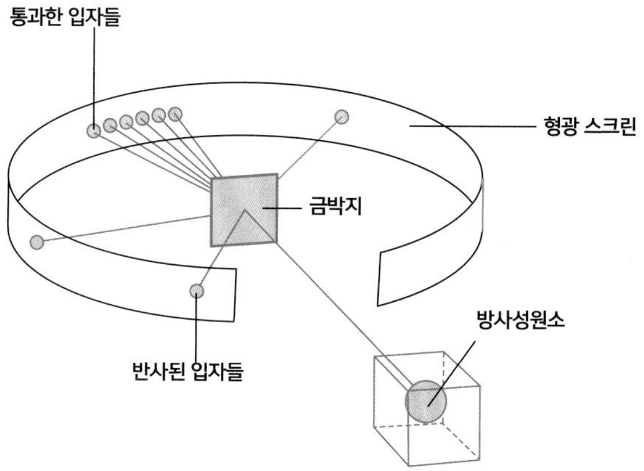

러더퍼드는 **금박지 실험**을 통해 자두 푸딩 모델–무거운 원자를 향해 발사된 입자들은 푸딩 속에 박히는 것처럼 될 거라고 예측한 모델–을 버릴 수 있었다. 실제로 금박지를 향해 쏜 입자들은 대부분이 통과하고 몇 개만 튕겨져 나왔던 것이다.

다는 걸 보여주었다. 그 결과 지금은 전자가 일정한 궤도를 도는 것이 아니라 확률적으로 존재할 수 있는 잠재적인 위치를 구름처럼 차지하고 있다는 것이 정설로 받아들여지고 있다. 어떤 의미에서 전자는 자신의 잠재적인 위치들에 동시에 존재한다고 할 수 있다. 전자는 잠재적인 위치에 구름처럼 퍼져 있으며 존재할 확률이 가장 높은 곳에 '더 많이' 존재한다.

이를 시각적으로 표현하면 전기선풍기가 돌아가는 모습과 비슷하다. 회전하는 선풍기 날개들은 분명한 모습이 보이는 것 같기도 하고 실체가 없는 것 같기도 한 것이다.

99.999999999999%

원자 내부의 99.999999999999%는 텅 빈 공간이다.

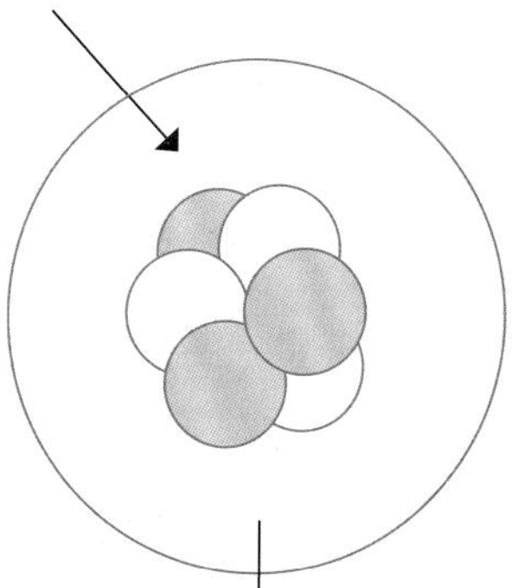

만약 원자핵을 구성하는 양성자와 중성자들의 크기가 각각 1cm라면, 전자와 쿼크의 크기는 머리카락 두께보다도 작을 것이며, 원자 전체의 지름은 축구 경기장 30개를 모아놓은 길이보다 더 클 것이다.

30x

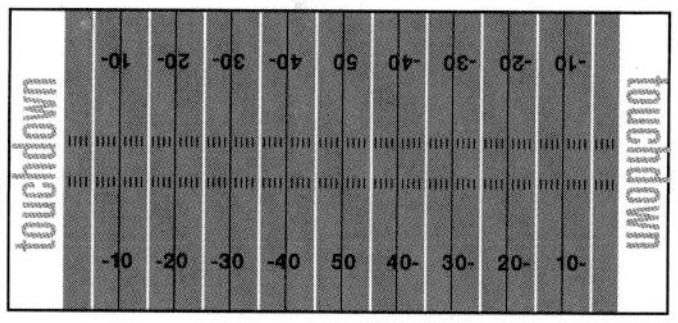

'자두 푸딩' 모델

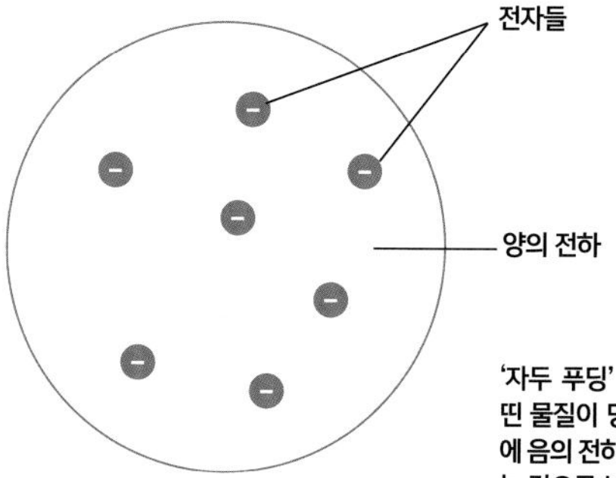

'자두 푸딩' 모델은 양의 전하를 띤 물질이 덩어리로 존재하는 곳에 음의 전하를 띤 전자가 박혀 있는 것으로 보았다.

원자핵의 지름과 원자 지름 사이의 **비율**은 1대 100,000이다.

1:100,000

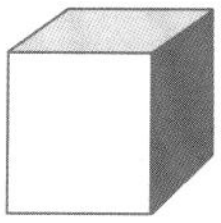

원자 내부의 빈 공간을 전부 없애면, **지구에 사는 인류 전체**가 설탕 한 조각의 부피 안에 다 들어갈 것이다.

눈부시게 밝고 믿을 수 없게 어두운

▶ 로그 척도는 서로 다른 밝기를 가진 광원들을 동등하게 만드는 필터와 같다. 이 필터를 통해 그렇지 않으면 빠뜨리고 지나갔을 광원들을 모두 나타낼 수 있는 것과 같다.

당신에게 10개의 서로 다른 빛이 비치고 있고, 각각의 빛이 어디서 오는지 정확히 알아내고 싶다고 하자. 그 중 하나의 빛이 유독 눈이 부실 정도로 밝아 다른 빛들의 광원은 제대로 알아볼 수가 없다면. 이럴 때 밝기가 다른 광원들을 같은 밝기의 서로 다른 색깔로 보여주는 특수한 필터가 있다면, 광원들을 모두 다 알아볼 수 있고 그들의 밝기도 밝혀낼 수 있을 것이다.

로그 척도는 수학적으로 이런 필터와 같은 역할을 한다. 크기가 몇 자리 수에 걸쳐 서로 다른 숫자들-(예컨대 산성도, 히드로늄 이온 H_3O^+의 농도)-을 선형적으로 하나의 그래프에 표시하려면 그 용지가 한 국가만큼 커야 하고, 특히 크기가 작은 숫자들은 그래프의 맨 아래에 몰려 있게 될 것이다. 하지만 각 숫자의 로그값을 취하면 서로 비교하기가 훨씬 수월해진다. 예를 들어 가정용 희석암모니아의 히드로늄 이온 농도(10^{-11})는 자동차 배터리액의 산성도(약 10^{-1})보다 10억 배나 더 낮다. 이를 보통의 그래프용지에 나타내는 것은 불가능하지만, 둘의 로그값(각각 -11과 -1)을 취해 그래프에 나타내는 것은 간단하다. 또한 로그 척도는 퍼센트 변화를 나타내는 데도 유용하다. 이를테면 50과 60, 10과 12(절대 차이가 전자는 10, 후자는 2이지만, 퍼센트로는 둘 다 20% 차이다-역주)는 로그 척도에서는 같은 간격으로 표시되기 때문에 훨씬 편리하다.

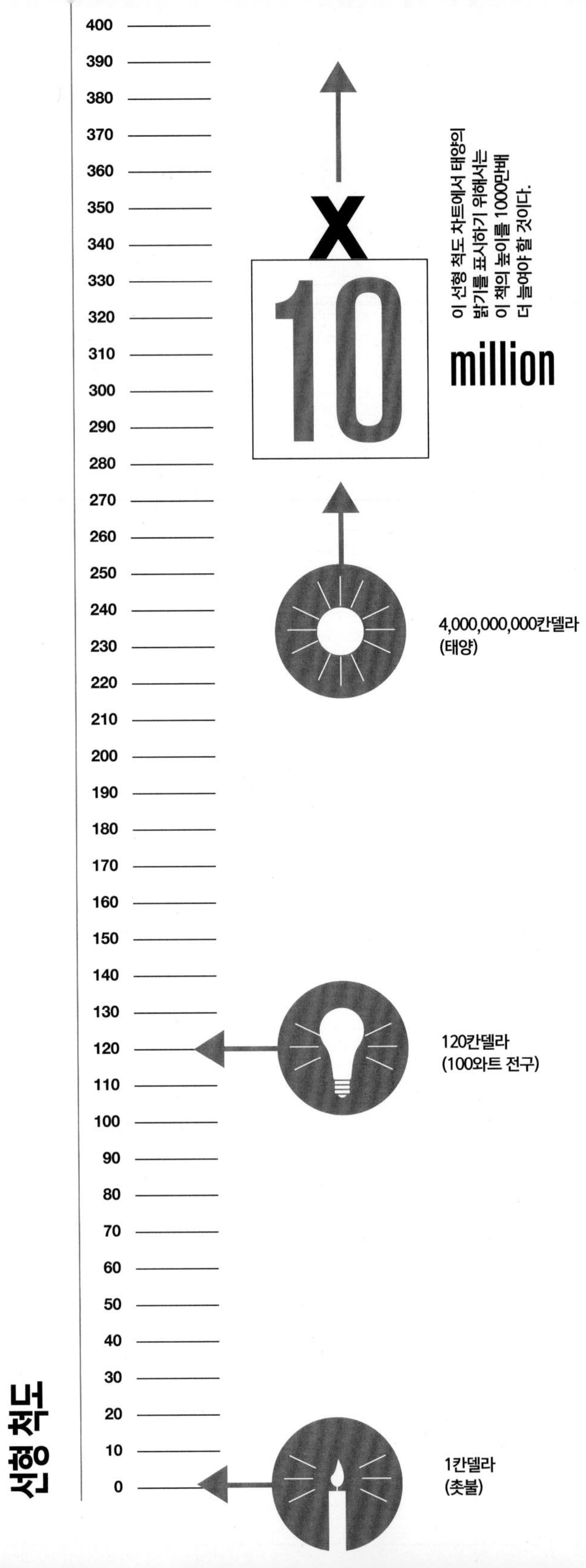

로그 척도 는 수량의 절대치를 그대로 유지하면서도 그들의 상대적인 관계를 보여주기 때문에, 그래프나 차트를 통해 보다 쉽게 정보를 해독하도록 도와준다.

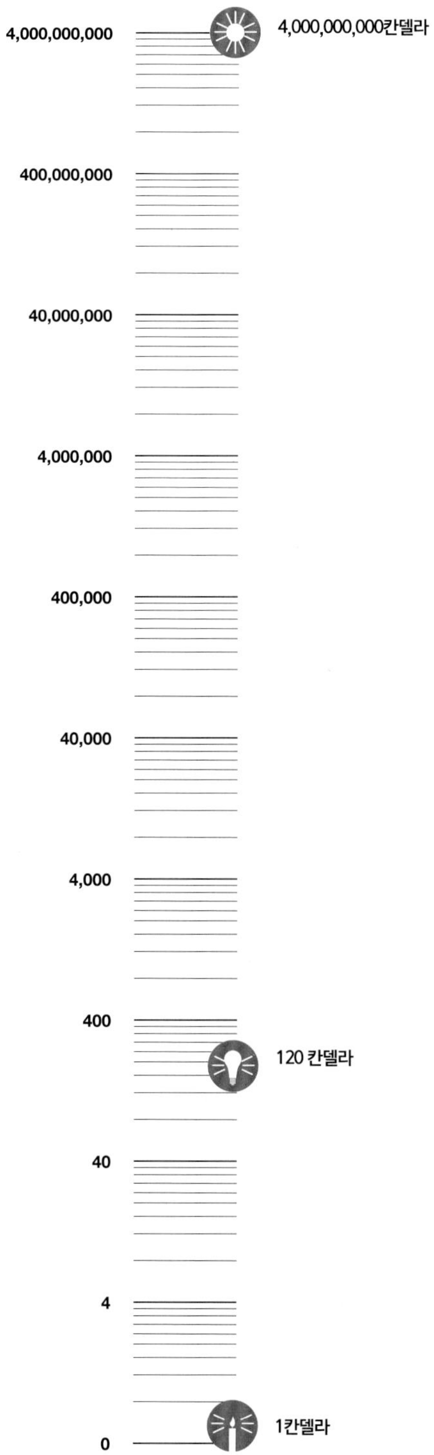

pH 척도도 로그 척도이다. 따라서 pH값이 7이하인 물질은 pH값이 1만큼 작아질수록 산성이 10배 더 강해진다. 예컨대 pH4는 pH5보다 10배 더 강한 산성이며 pH6보다는 100배 더 강한 산성이다.

로그 척도의 다른 예로는 지진의 크기를 측정하는 **리히터 척도**와 모멘트 규모 척도(moment magnitude scale), 소음의 정도를 측정하는 데시벨(dB)이 있다.

증류수 대비 수소이온의 농도	pH 값	pH값에 따른 용액의 예
1/10,000,000	14	배수관 청소액, 가성소다
1/1,000,000	13	표백제, 오븐 세척제
1/100,000	12	비눗물
1/10,000	11	가정용 희석암모니아
1/1,000	10	마그네시아유 (수산화나트륨,소화제 일종)
1/100	9	치약
1/10	8	달걀, 바닷물
0	7	정제수
10	6	우유
100	5	커피
1,000	4	토마토 주스
10,000	3	오렌지 주스
100,000	2	식초
1,000,000	1	염산
10,000,000	0	황산

높아지는 알칼리성

높아지는 산성

분자 지퍼

DNA와 RNA는 긴 사슬로 된 분자들의 쌍으로 이뤄져 있고, 재킷에 있는 지퍼처럼 열었다 닫았다 할 수 있다.

1953년 프랜시스 크릭과 제임스 왓슨이 DNA 구조를 밝혀냈을 때, 그들은 DNA의 기이하면서도 우아한 형태가 DNA가 수행하는 기능-유전정보를 저장하고 복제하는 기능-과 밀접한 관련이 있다는 걸 깨달았다. 두 사람은 X선 회절법을 통해 DNA가 긴 사슬 모양의 분자이며, 사다리 모양에 나선 형태로 꼬여 있다는 것을 발견했다. 사다리의 '가로대'는 염기라고 불리는 네 가지 화합물(A,G,C,T)이 쌍을 이루고 있었다. 특히 이 염기쌍들이 특정한 구성, 즉 A는 T, C는 G와 결합한다는 것을 알았을 때 마지막 퍼즐이 맞춰졌다는 걸 깨달았다.

이 염기쌍이 바로 DNA가 스스로를 복제하는 핵심 열쇠라는 것이 분명해지자 두 사람은 바로 펍으로 달려가 생명의 비밀을 풀었다고 선언하면서 자축했다. DNA가 지퍼가 열리듯이 서로 떨어지면 염기쌍은 지퍼의 이빨(tooth)처럼 작용한다. 지퍼가 열림에 따라 서로 맞물려 있던 '이빨'들이 갈라지고, 지퍼 양쪽에 '적나라하게' 노출된 이빨들은 새로운 복제가 일어날 수 있는 주형 역할을 하는 것이다. DNA와 화학적 사촌지간인 RNA도 지퍼처럼 작동하며, 이때 지퍼 슬라이더 역할을 하는 것이 헬리카제(helicase)라는 특별한 효소(나선분리효소)라는 사실도 이후에 알게 되었다.

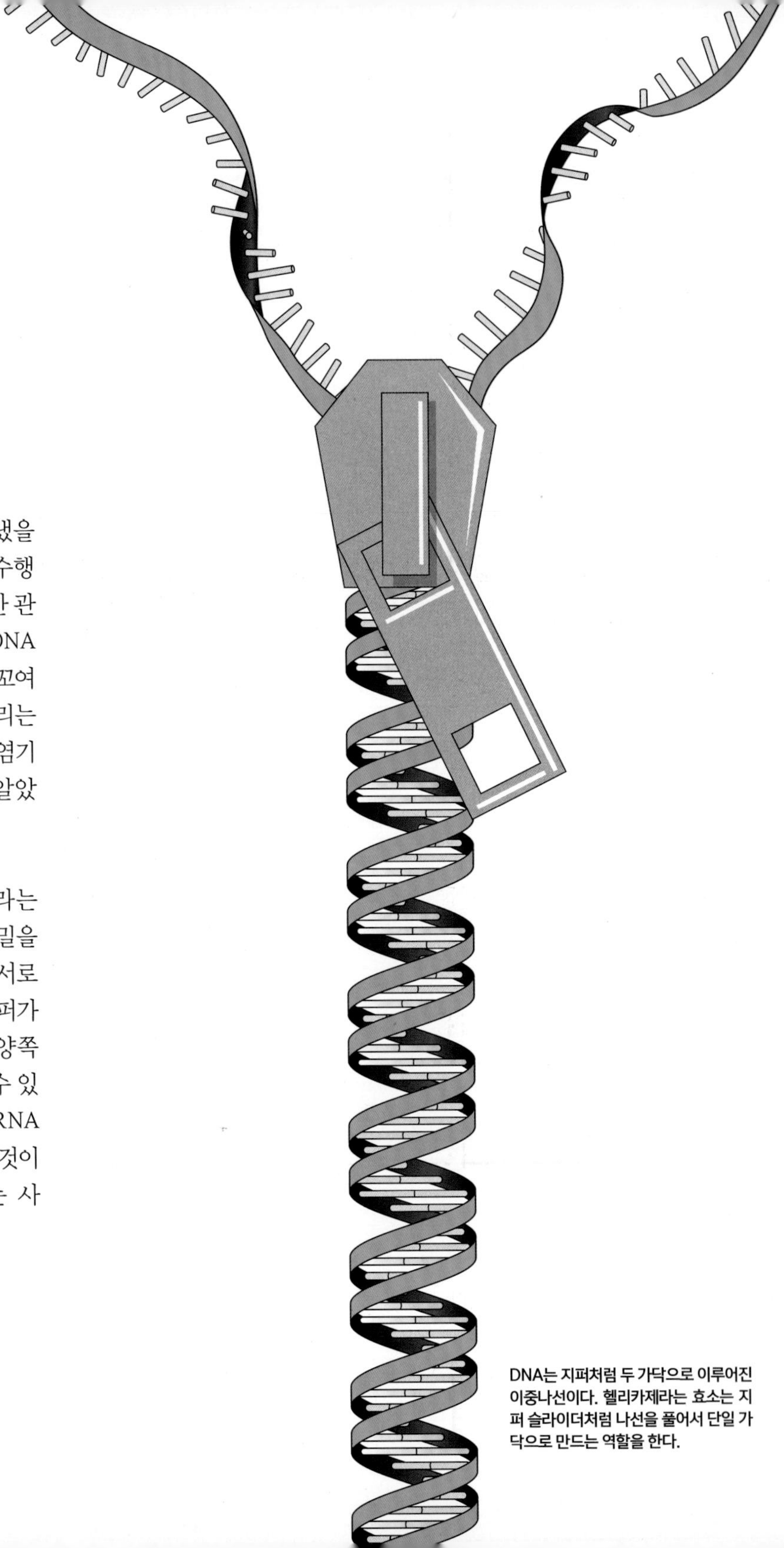

DNA는 지퍼처럼 두 가닥으로 이루어진 이중나선이다. 헬리카제라는 효소는 지퍼 슬라이더처럼 나선을 풀어서 단일 가닥으로 만드는 역할을 한다.

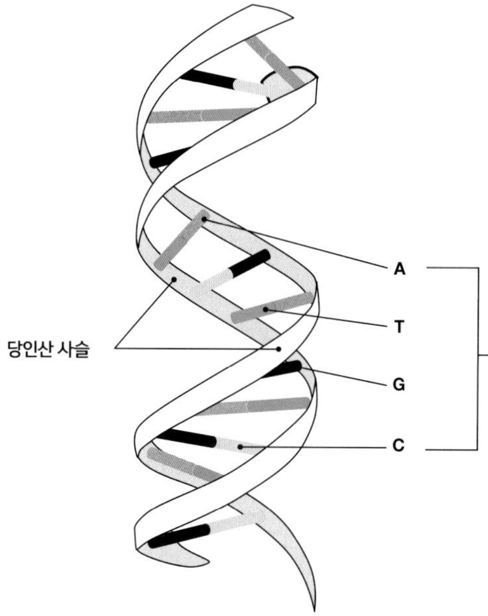

DNA
디옥시리보핵산

인간 게놈(유전체)에 있는 **30억** 개의 '문자들'을 1mm 간격으로 한 줄로 세우면 엠파이어스테이트 빌딩보다 7,000배나 높이 올라갈 것이다.

미국인들은 1년에 평균 **12**개의 지퍼를 구매한다.

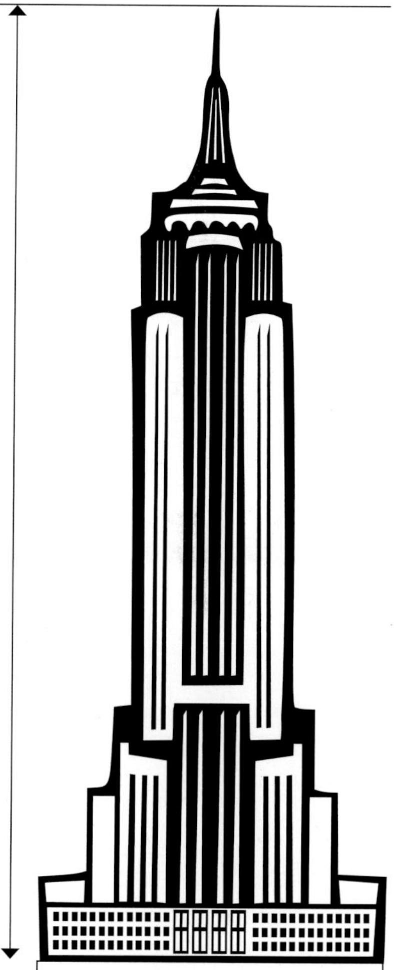

7,000

현대적인 지퍼는 1917년 **기드온 준트바흐**(Gideon Sundbach)에 의해 개발되었다. 오늘날 전 세계의 지퍼 대부분은 YKK(Yoshida Kogyo Kabushikikaisha)가 생산한다.

YKK는 52개국에 **206개의 공장**이 있으며, 지퍼의 재료인 놋쇠부터 지퍼 주변의 염직물에 이르기까지 모든 부속품을 생산한다. 조지아 주의 메이컨에 있는 공장 한 곳에서만 매일 **2,000km**(베를린에서 로마까지의 거리)에 달하는 지퍼가 만들어진다. 이 공장에서 매일 생산되는 지퍼는 700만 개이며(1년이면 20억 개가 넘는다!) 또한 427가지가 넘는 색상을 가진 **1,500가지 스타일**의 지퍼가 만들어진다.

7 million 지퍼 하루 생산량 (연간 20억개~)

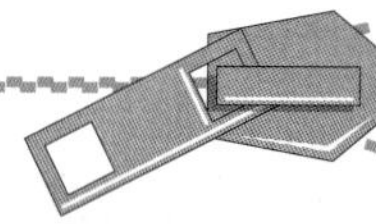

고분자와 초거대분자

▶ 물 분자가 10센트 동전 크기만 해진다면, 핵산분자의 두께는 10cm, 길이는 수백 km가 될 것이다.

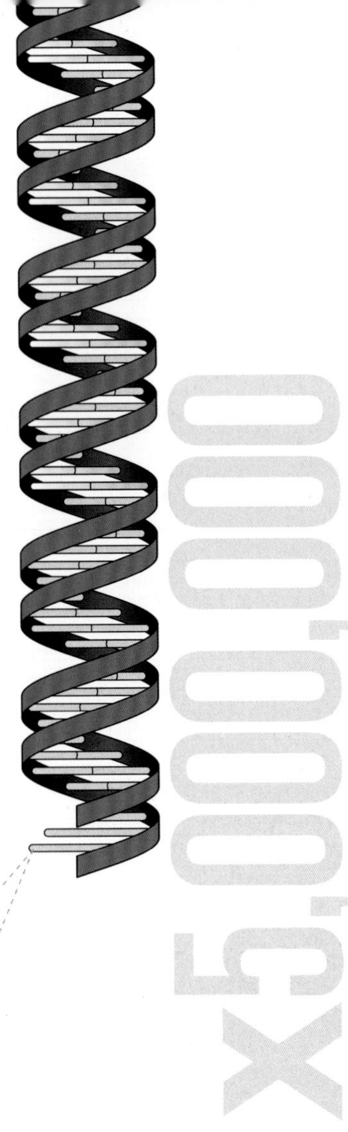

분자들의 크기는 엄청날 정도로 다양한데, 특히 유기화학(탄소화합물을 다루는 화학)의 세계에서는 더욱 그렇다.
탄소는 다른 탄소 원자들과 결합해 긴 사슬을 만들 수 있다-이론적으로는 무한히 긴 사슬이 가능하다. 이는 자연에서 만나는 분자들은 학교 실험실에서 만나는 분자들보다 어마어마하게 크다는 걸 의미한다.
예컨대 식탁용 소금(NaCl)은 분자량이 58.433g/mol인데 반해, 엽록소A($C_{55}H_{72}O_5N_4Mg$, 클로로필 A) 같은 복잡한 유기분자는 분자량이 893.51g/mol이나 된다.

길고 가늘고 둥근 바게트 빵처럼 생긴 핵산분자를 500만 배로 확대하면, 길이는 수백 km에 달하겠지만 폭은 10cm 이내로 좁을 것이다.

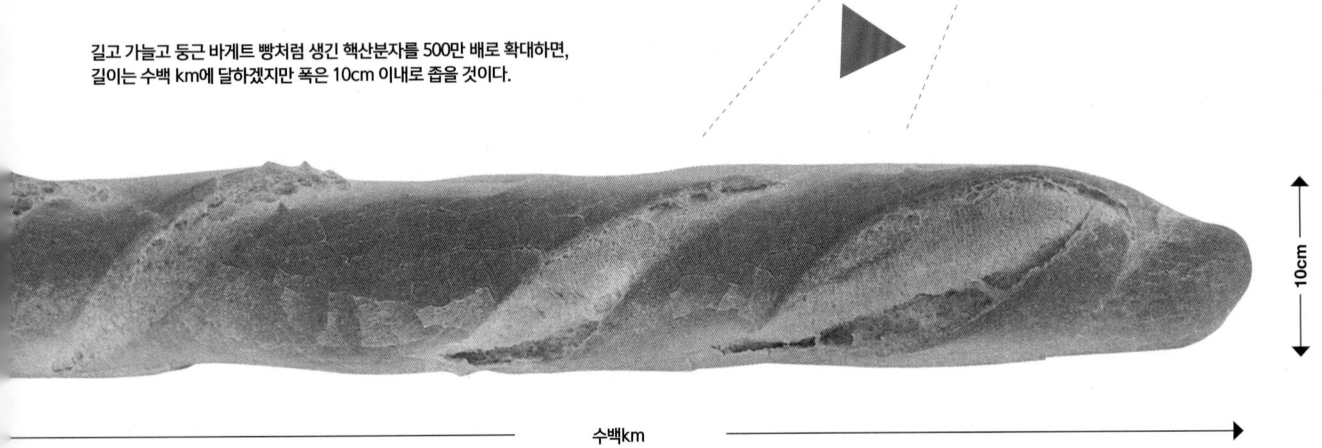

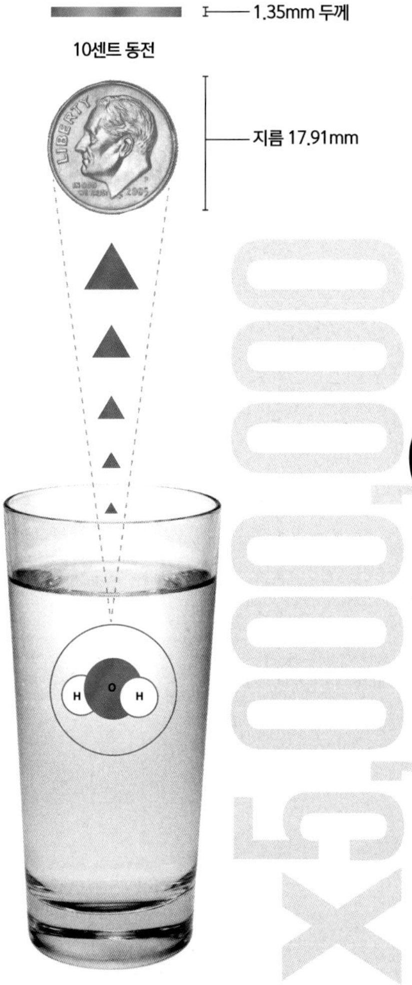

물은 원자 세 개로 이뤄진 단순한 분자여서,
분자세계에서는 피라미 같은 존재에 불과하다.
반면 고분자들은 분자세계에서는
거대기업과 같은 존재다.

분자량이 1만을 넘는 분자를 **고분자**라고 한다.
분자량이 100억이 넘는 고분자도 존재한다.

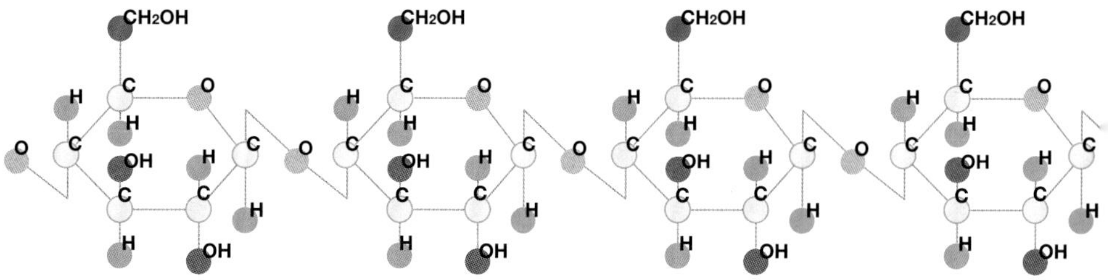

섬유소(Cellulose)는 지구상에서 가장 풍부하게 존재하는
유기화합물로서, 분자량이 최소 57만에 이른다.

DNA는 가장 큰 고분자들 중 하나다.
가장 흔한 박테리아인 대장균의 **DNA**는
약 300만 개의 염기쌍을 가지며,
분자량은 몰당 18억g이나 된다.

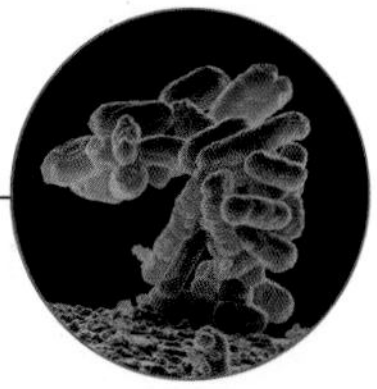

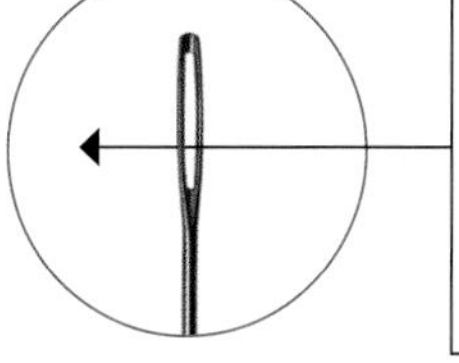

아무리 큰 분자라도 인간의 척도로 볼 때는 **미시적인** 존재에 불과하다. DNA 한 가닥은 분자량이 엄청나게 크지만 크기는 워낙 작기 때문에,

5 million

500만 가닥을 모아도
겨우 바늘구멍을 채울 수 있다.

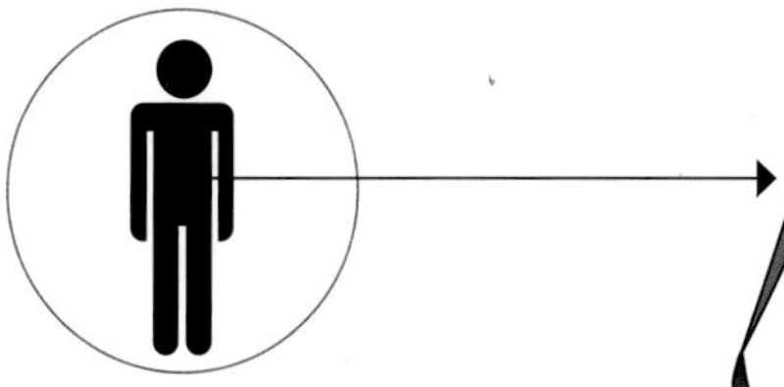

인체의 DNA를 모두 모아 한 줄로 늘어놓으면, **3000억km**가 될 것이다.
지구에서 달까지는 39만번, 태양까지는 1,000번을 왕복할 수 있는 거리다.

공과 스프링

분자는 공들이 스프링으로 연결된 모양과 같다. 공은 원자이고, 스프링은 화학결합이라고 할 수 있다.

크릭과 왓슨, 노벨상 수상자인 미국 화학자 라이너스 폴링 같은 이들은 DNA 같은 분자의 구조를 해명하기 위해 막대와 공을 이용한 모델을 사용했는데, 이후 이 모델은 스프링-공(SB) 모델로 발전했다. 여기서 스프링은 신축적이면서도 끊임없이 움직이는 원자들 사이의 결합을 나타낸다.

그런데 자연에 존재하는 분자들이 막대와 공으로 연결된 형태와 비슷하다는 생각은 적어도 19세기까지 거슬러 올라가며, 이 아이디어는 이후에 분자들 각각이 고유의 형태와 구조를 갖는다는 믿음에도 막대한 영향을 미쳤다.

그렇다면 SB모델은 과연 올바른 것일까? 보른-오펜하이머 근사(Born-Oppenheimer approximation, 분자를 양자역학적으로 계산하는 수학체계)와 같은 이론은 SB모델이 분자들의 실제 모습을 매우 잘 표현하고 있다고 주장한다. 주세페 델 레 교수도 "화학자들의 책상 위에 놓은 SB모델은 매우 신뢰할 만한 분자 모델(실제보다 약 1억 배 확대한 모델)"이라고 말했다.

고분자들을 모델링하는 것은 쉽지 않은 일이었다. 초기의 시도들 중 1958년 존 켄드루가 만든 미오글로빈(근육에서 산소와 결합하는 붉은색 단백질-역주) 모델이 있는데, 한 변의 길이가 2m인 정육면체에 2,500개에 달하는 청동 막대를 채워 넣은 모양이었다.

흑연

DNA 사슬을 SB모델로 만드는 것은 매우 힘든 작업이다.
겨우 염기 200개를 가진 DNA 한 구간을 모델링하는 데만도

6,000balls

약 6,000개의 공이 필요하며, 최소한 그만큼의 스프링도 필요하기 때문이다.

SB모델 같은 방법을 사용해 분자를 모델링하는 것은 여전히 첨단과학에 속한다. 현재까지 자연에서 발견된 가장 단단한 물질은 초경질-초고압의 **흑연**이다. 이 흑연이 얼마나 단단하냐면, 17만기압의 고압 상태에서 두 개의 다이아몬드로 압착하면 되레 다이아몬드를 으깨버린다. 이 흑연을 모델링 할 수 있다면 구조의 비밀이 드러날 것이고, 그러면 초경질의 물질을 대량생산할 수 있게 된다.

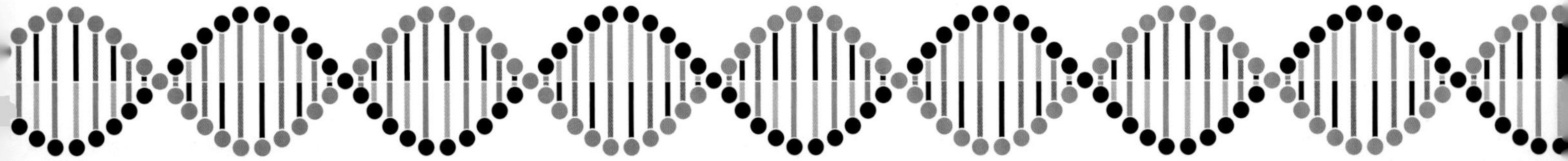

아래의 SB 모델 그림은 아무리 간단한 탄화수소 사슬 구조도 시각적으로 표현하려면 꽤 복잡할 수 있음을 보여준다. 화학자들은 실험에 들어가기 전에 분자의 결합방향과 길이에 대한 이론을 SB모델에 적용함으로써 분자들의 주요한 특성을 미리 알아둔다.

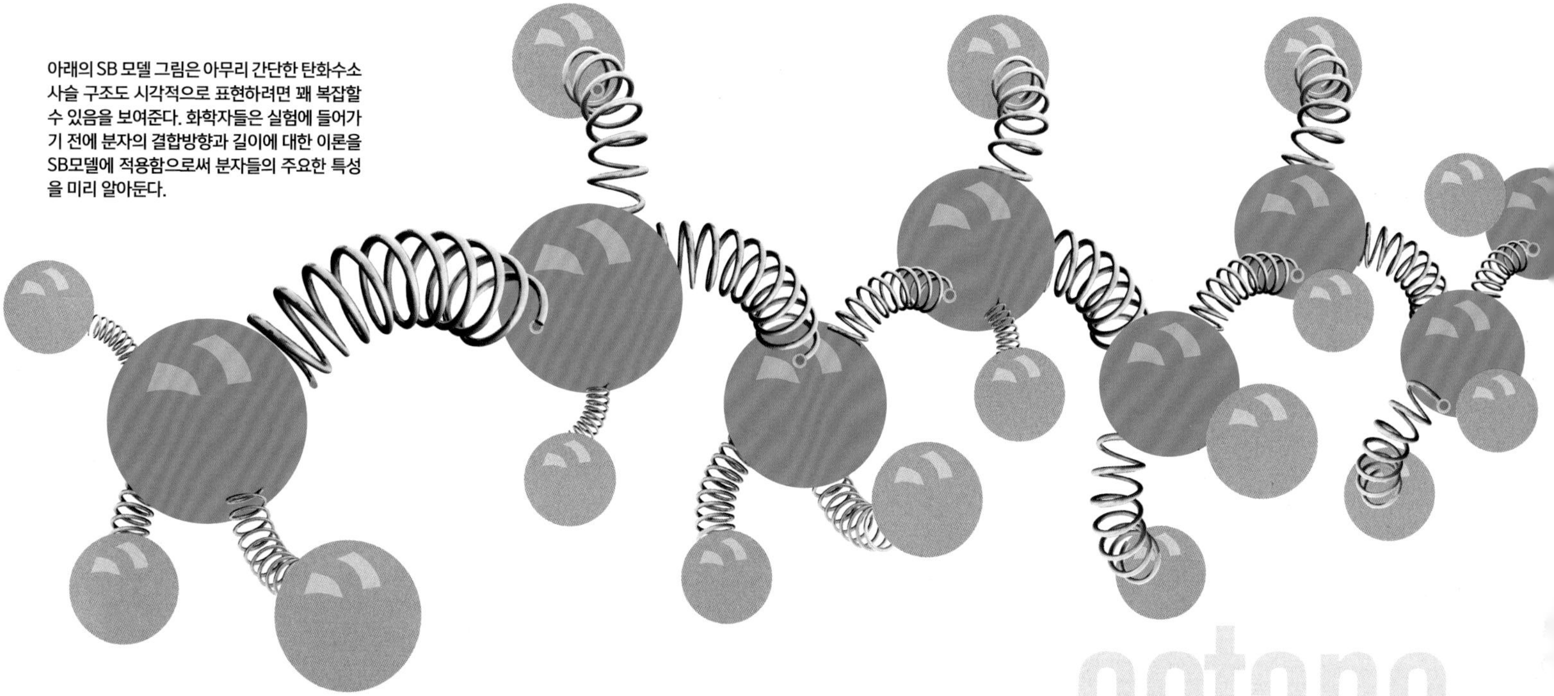

octane

옥탄 분자식 **C_8H_{18}** 몰 질량 **114.23g mol^{-1}** 외관 **무채색의 액체**

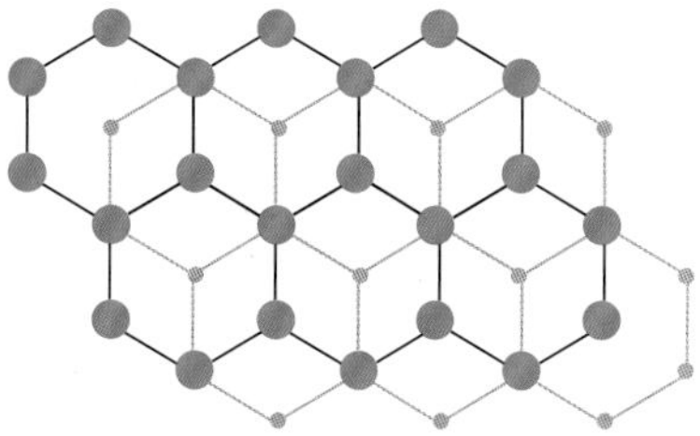

흑연 속 탄소 원자의 육각형 배열 모델

그래핀의 SB모델은 평면으로 된 탄소 분자들의 층이 육각형 모양으로 돼 있음을 보여주며, 이런 모양 덕분에 매우 특이한 특성을 갖는다. 그래핀은 투명하며 두께가 탄소 크기만 하지만 컵 위에 한 장만 펼쳐도 트럭의 무게(약 3,000kg)를 지탱할 수 있을 정도로 강도가 엄청나다.

노킹은 연소기관에서 연료와 공기의 혼합물이 너무 일찍 혹은 늦게 폭발함으로써 점화가 제대로 이뤄지지 않아 금속을 두드리는 듯한 특이한 소음을 내는 현상이다. 옥탄은 노킹을 방지하는 휘발유 성분으로서, 옥탄가(octane rating)가 높을수록 노킹이 덜 일어나 고급 휘발유로 분류된다. 옥탄의 최고 옥탄가는 100이지만, 에탄올은 129다.

129

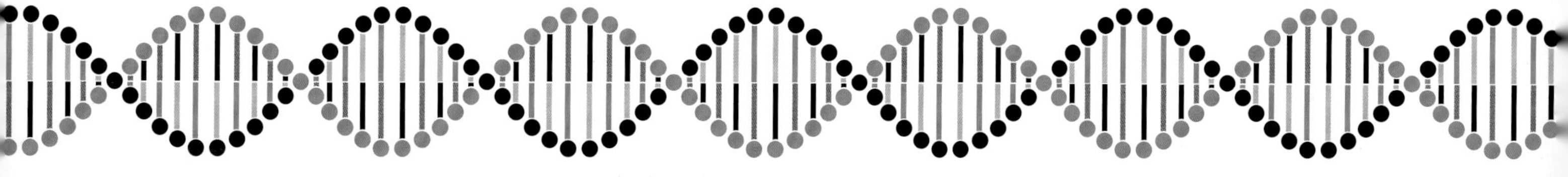

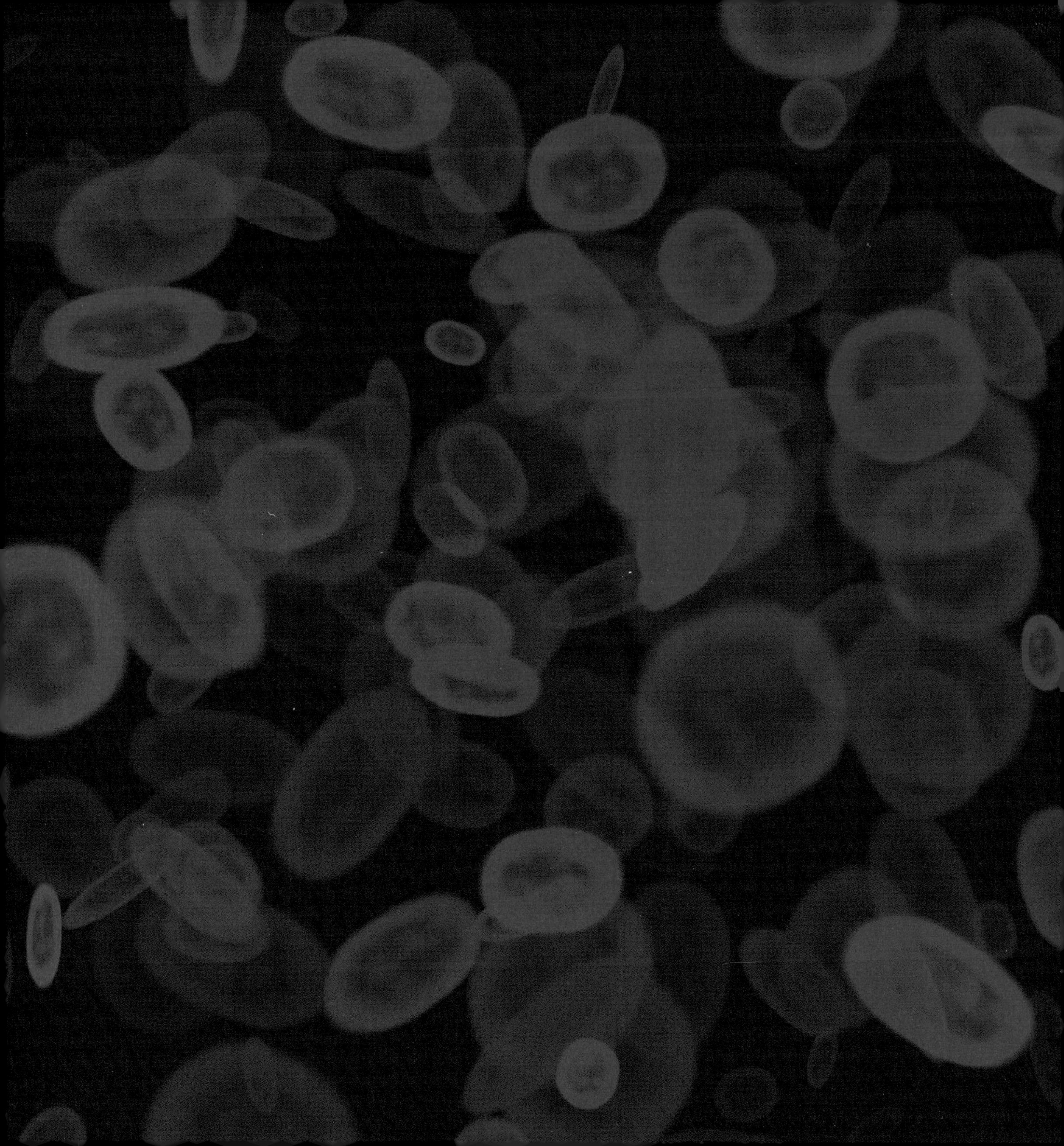

Section 03

▶ 지구에 존재하는 생명체들은 워낙 다종다양하기 때문에 그들을 온전히 이해하는 것은 대단히 흥미로우면서도 도전적인 일이다.
이번 섹션에서는 생물학에서 다루는 주요한 원리들을 소개하려고 한다.
살아있는 세포를 기계에 비유하거나, 동물이 달리는 속도를 자동차에 비유하는 것처럼, 이번 섹션에서도 비유를 통해 생물의 세계를 더 잘 이해하게 될 것이다.

생물학

지구의 역사를 하루로 환산하면

▶ 46억년에 이르는 지구 역사를 하루로 축약하면, 공룡은 밤 10시46분에 등장했고, 최초의 도시들은 자정보다 10분의 1초 전에 건설되었다고 할 수 있다.

인류 역사를 시각적으로 표현하는 것은 쉬운 일이 아니다. 더구나 지구 전체의 역사를 놓고 볼 때, 인류가 지나온 시간은 지질학적인 연대기와는 견주기가 거의 불가능할 정도로 짧다. 예컨대 대륙의 이동 같은 극히 서서히 진행된 사건조차도 지구 전체의 역사에 비춰보면 눈 깜짝할 사이에 지나간 일에 불과할 정도로 짧다.

이런 어려움을 피하는 한 가지 방법은 앞에서 소개했던 로그 척도를 이용하는 것이다. 다른 하나는 지구의 역사를 보다 친숙한 척도, 예를 들어 하루 24시간으로 축소하는 것이다.
이 '우주의 하루(cosmic day)'에서 한 시간은 1억8750만년, 1분은 312만5000년, 1초는 5만2000년과 맞먹는다.
지구가 자정에 형성되었다고 할 때, 지구에 최초로 생명이 출현한 것은 새벽 4시10분이 된다. 이후 9시간이 지난 오후 1시2분에 복합세포가 등장한다. 그 이전까지는 단세포로 된 (박테리아를 포함한) 원핵생물이 지구를 지배하고, 광합성을 하는 박테리아가 대기에 엄청난 양의 산소를 내뿜고 있었을 것이다.
또 동물이 최초로 등장한 것은 오후 6시47분이며, 약 2시간 뒤에 대빙하기가 찾아와 '눈덩이 지구(Snowball Earth)'가 된다. 밤 10시46분 무렵에는 공룡이 등장해 이후 58분간 지구를 지배했다.
인간 종이 진화를 시작한 것은 자정이 되기 3초전이었고, 2초 후에는 아프리카를 떠났으며 자정이 되기 10분의 1초 전에 최초의 도시들이 세워지기 시작했다.

만약 지구의 역사를 우리가 두 팔을 벌렸을 때의 길이로 축소한다면, 왼 손가락 끝에서부터 오른 손목까지의 거리가 선캄브리아기에 해당한다. 복합세포를 가진 생명체들이 출현한 이후의 기간은 오른 손바닥에 해당한다. 인류의 역사는 오른 손톱 끝자락에 불과해 손톱 다듬는 줄로 한 번 쓱 그으면 인류 역사가 금방 사라질 것이다.

초당 1년의 비율로 과거로 시간여행을 하면, 30분 정도 지나 예수의 시대에 도달하고, 3주간을 더 달리면 인류의 여명기를 만난다. 23년이 지나면 복합생명의 출현 시기에 도착하고, 지구가 형성되는 것을 보려면 145년을 달려야 한다.

우주의 전 역사를 **1년**으로 축소한다면,

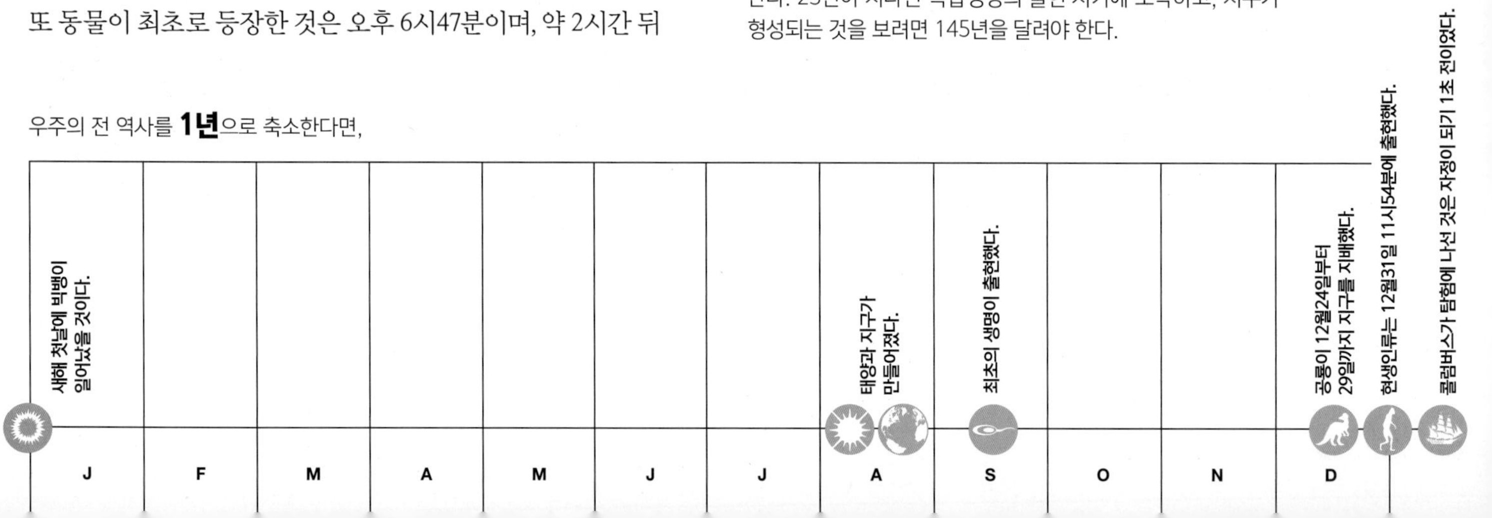

새해 첫날에 빅뱅이 일어났을 것이다.
태양과 지구가 만들어졌다.
최초의 생명이 출현했다.
공룡이 12월24일부터 29일까지 지구를 지배했다.
현생인류는 12월31일 11시54분에 출현했다.
콜럼버스가 탐험에 나선 것은 자정이 되기 1초 전이었다.
J
F
M
A
M
J
J
A
S
O
N
D

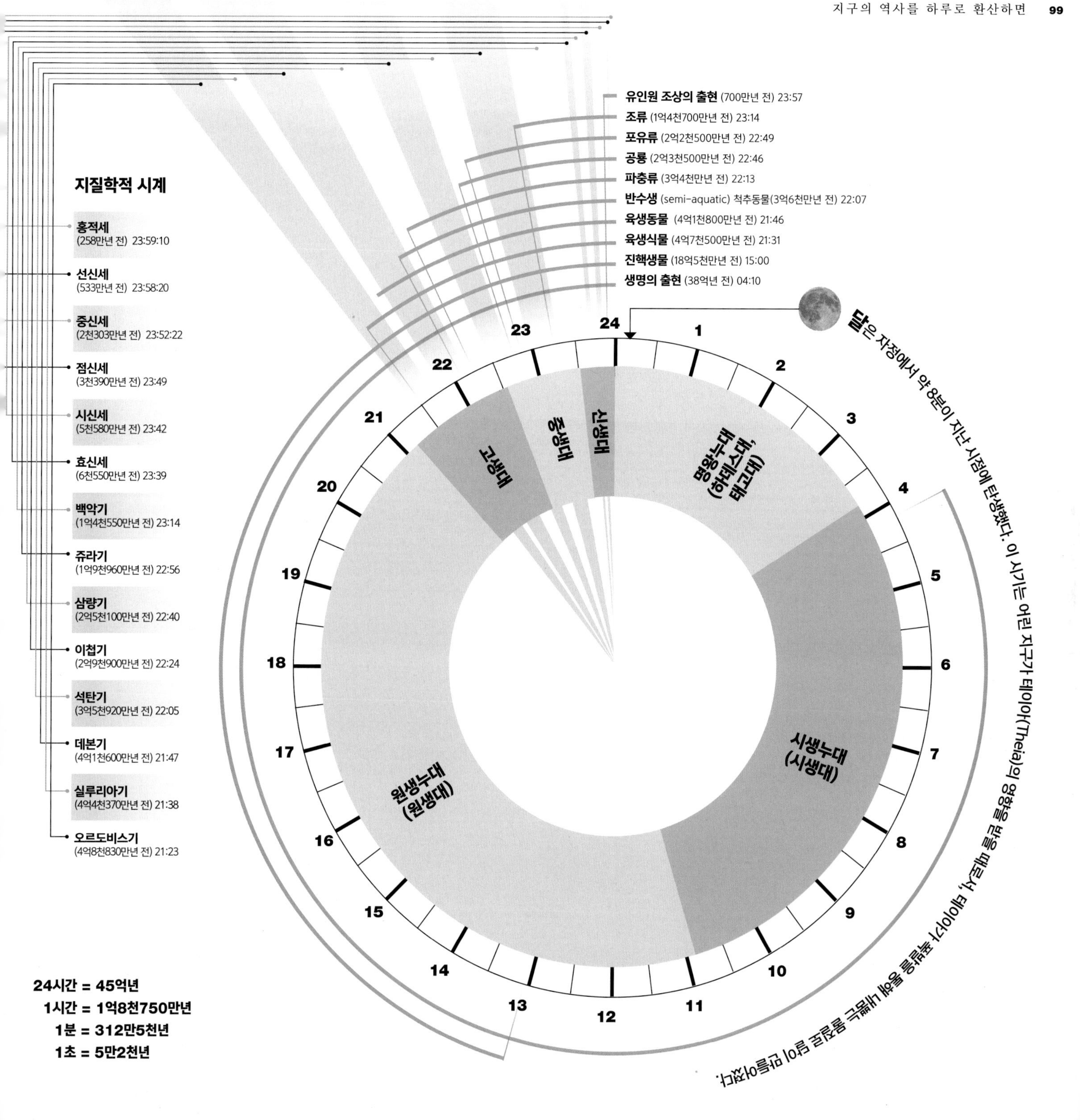

지질학적 시계
홍적세 (258만년 전) 23:59:10
선신세 (533만년 전) 23:58:20
중신세 (2천303만년 전) 23:52:22
점신세 (3천390만년 전) 23:49
시신세 (5천580만년 전) 23:42
효신세 (6천550만년 전) 23:39
백악기 (1억4천550만년 전) 23:14
쥬라기 (1억9천960만년 전) 22:56
삼량기 (2억5천100만년 전) 22:40
이첩기 (2억9천900만년 전) 22:24
석탄기 (3억5천920만년 전) 22:05
데본기 (4억1천600만년 전) 21:47
실루리아기 (4억4천370만년 전) 21:38
오르도비스기 (4억8천830만년 전) 21:23
유인원 조상의 출현 (700만년 전) 23:57
조류 (1억4천700만년 전) 23:14
포유류 (2억2천500만년 전) 22:49
공룡 (2억3천500만년 전) 22:46
파충류 (3억4천만년 전) 22:13
반수생 (semi-aquatic) 척추동물(3억6천만년 전) 22:07
육생동물 (4억1천800만년 전) 21:46
육생식물 (4억7천500만년 전) 21:31
진핵생물 (18억5천만년 전) 15:00
생명의 출현 (38억년 전) 04:10
24 1 2 3 4 5 6 7 8 9 10 11 12 13 14 15 16 17 18 19 20 21 22 23
신생대
중생대
고생대
명왕누대 (하데스대, 태고대)
시생누대 (시생대)
원생누대 (원생대)
달은 자정에서 약 8분이 지난 시점에 탄생했다. 이 시기는 어린 지구가 테이아(Theia)의 영향을 받을 때로서, 테이아가 충돌을 통해 내뿜는 물질로 달이 만들어졌다.
24시간 = 45억년
1시간 = 1억8천750만년
1분 = 312만5천년
1초 = 5만2천년

진화는 덤불인가 나무인가?

▶ 다윈은 생명의 진화 역사를 가지가 뻗어 나온 한 그루의 나무와 같다고 했지만, 사실은 한 그루의 나무가 아니라 덤불이라고 이해해야 더 정확하다.

다윈은 <종의 기원>에서 생명의 역사를 나무에 비유했다. "어떤 나무가 덤불이면 많은 잔가지들 가운데 두세 개만이 더 큰 가지로 자라나고, 덤불은 이후에도 계속해서 다른 큰 가지들이 생겨나도록 돕는다."

다윈은 설명을 할 때 단어 하나하나를 꼼꼼하게 챙길 정도로 매우 주의 깊은 사상가였지만, 빅토리아 시대였던 당시에는 그의 사상이 당대의 선입견 속에서 받아들여졌다. 다윈이 비유로 사용했던 '덤불'은 무시되고, 대신 한 그루 '나무'만 강조되었다. 즉 진화란 원시상태의 뿌리로부터 빛나는 왕관을 향해 자라나는 진보로 이해되었고, 그 가지들의 맨 위쪽 자리에 인간을 놓았다.

시간이 지나면서 그 나무는 다시 사다리에 가까운 것으로 받아들여졌고, 사다리의 각 단계에는 식물과 동물, 미생물만이 아니라 인간도 계층적인 질서 속에 들어가게 되었다. 특히 백인이 사다리의 가장 높은 층, 즉 진화의 정점을 차지하게 되었다. 비유가 잘못 사용되면 얼마나 사람들을 오도할 수 있는지를 보여주는 고전적인 사례라 할 수 있다. 진화란 하나의 덤불과 같다고 하는 것이 정확한 표현이다. 종들은 자신들의 생태적인 조건에 크든 작든 성공적으로 적응하며, 생태환경이 변하면 종들도 변하게 된다. 종 분화(speciation-개체군이 서로 구분되는 종들로 나눠지는 진화의 과정-역주)는 공통의 조상으로부터 이루어지지만, 덤불에서 차지하는 위치에 따라 더 가치가 있지도 더 높은 계층에 속하지도 않는다. 덤불의 바깥쪽에 더 가깝다는 것은 단지 그 종이 최근에 출현했다는 사실만 뜻할 뿐, 다른 의미는 없다.

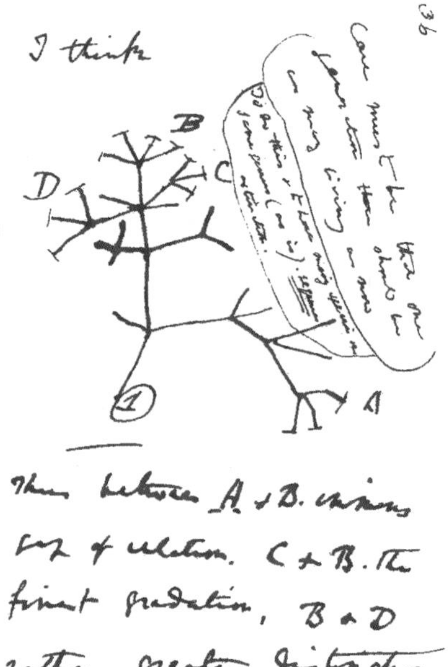

다윈의 노트에 그려진 스케치는 진화의 계통에 관한 그의 관점이 나무보다는 덤불에 가깝다는 것을 보여준다.

극단적인 환경에서 사는 생명: 덤불의 비유는 오래된 벽을 따라 자라는 관목을 상상하면 이해하기가 쉽다. 그런 관목은 웬만해서는 접근하기도 힘든 아주 가느다란 틈 사이로 파고들어 싹을 틔운다. 종들도 이처럼 극단적인 환경에서도 적응하며 진화한다. 이런 환경에서도 살아가는 미생물들은 진화의 힘을 보여주는 본보기이다.

곰벌레(Hypsibius dujardini)는 굼뜨게 움직이는 완보류(緩步類,tardigrade)에 속하는 미생물로, 웬만한 생명체는 도저히 견딜 수 없는 환경에서도 거뜬히 살아간다.

완보동물은 **복합극한생물**(polyextremophilic)로서, 산소가 극히 희박하거나 온도가 엄청나게 높은 **극한**상태에서도 꿋꿋이 살아가는 생명체를 말한다.

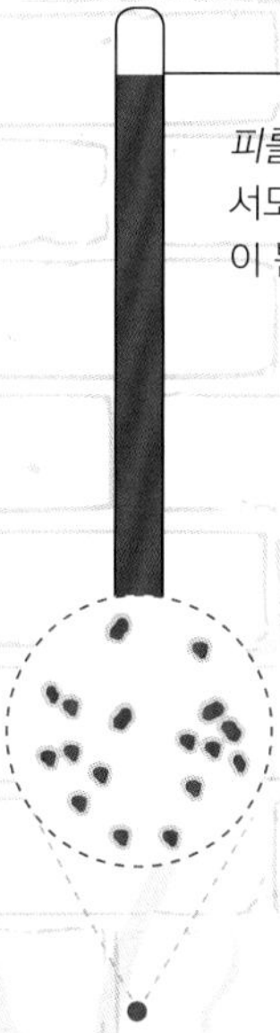

피롤로부스(pyrolobus)는 113℃(235℉)라는 **초고온**에서도 살아남는 미생물로, 심지어 121℃(250℉)의 뜨거운 물이 뿜어져 나오는 곳에서도 10시간이나 버틸 수 있다.

콜웰리아 사이크레리트래아(Colwellia psychrerythraea)라는 박테리아는 영하 196℃(액화 질소의 온도)라는 **극한의 추위** 속에서도 견뎌낼 수 있다.

할로아큘라 마리스모르투이(Haloarcula marismortui)라는 미생물은 보통 바다보다 **염도가** 8배 **높은** 사해(Dead Sea)에서도 살아갈 수 있다.

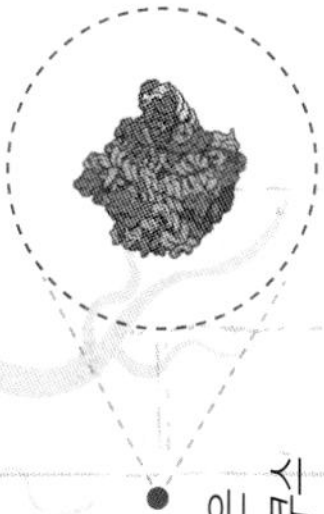

피크로필루스(Picrophilus)라는 미생물은 pH 0에 가까운 **강한 산성** 상태에서도 생존한다.

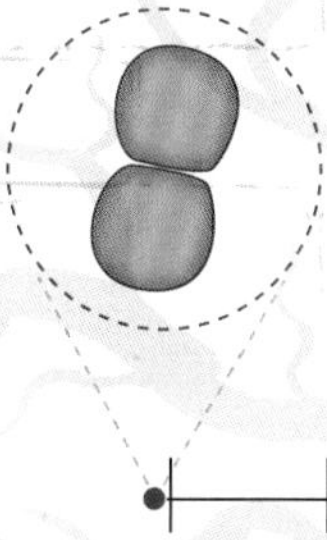

나트로노모나스(Natronomonas pharaonis)는 순수한 암모니아(pH 12)와 같은 **강한 염기(부식성이 강한)** 조건에서도 생존할 수 있다.

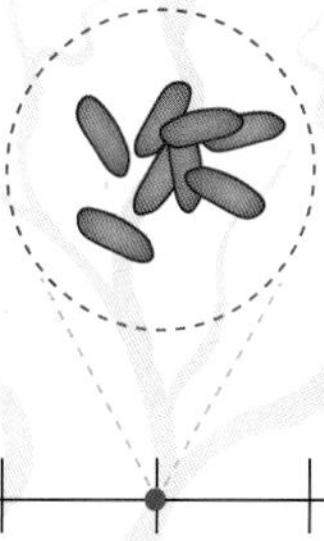

지오박터(Geobacter)라는 박테리아 속(屬)은 **우라늄을 먹을 수** 있다. 한편 *데이노코쿠스 라디오두란스*(Deinococcus radiodurans)는 인간에게 치명적인 방사선 양보다 2,000배나 강한 방사선을 쬐어도 버텨낼 수 있다.

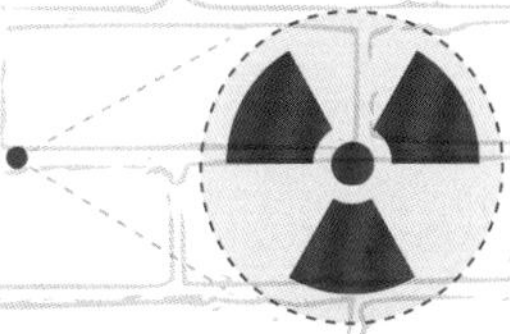

미생물은 수심 깊은 곳에서도 발견된다. 육지 표면으로부터 5km 이상의 깊이에 사는 미생물들도 있다.

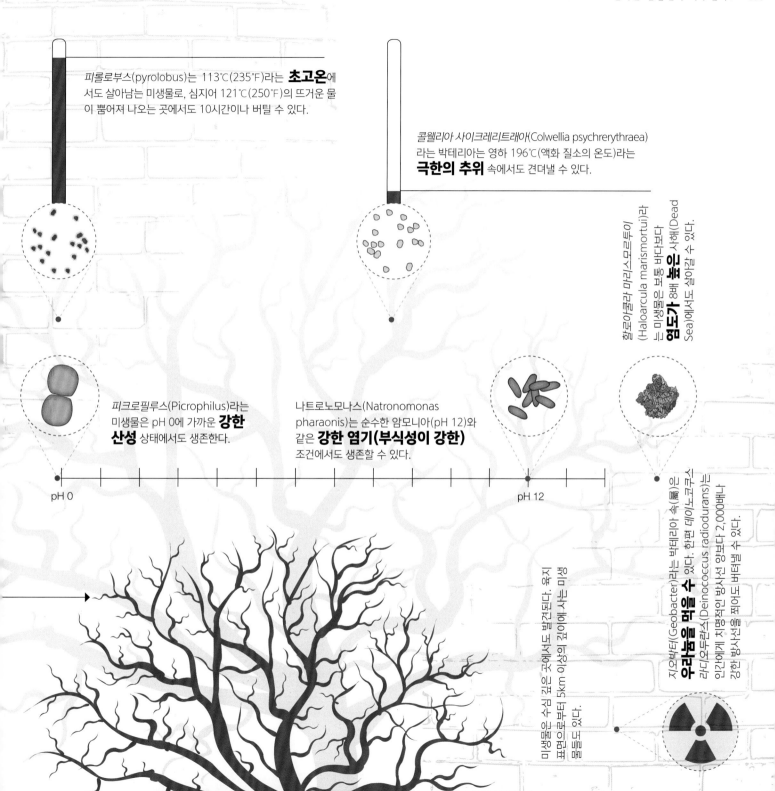

가장 작은 유기체와 가장 큰 유기체

세상에서 가장 작은 유기체를
축구공만 하게 부풀린다고 하자.
같은 비율로 세상에서 가장 큰 유기체를 팽창시키면
그 크기는 지구의 두 배 반만 해진다.

자연에 존재하는 생명체들의 크기 차이는 상상을 초월한다. 지금까지 알려진 가장 큰 생물은 청고래(blue whale)이고, 가장 작은것은캘리포니아광산에서추출된박테리아ARMAN(Archaeal Richmond Mine acidophilic nano-organism)이다. 둘 사이에는 여덟 자릿수(1억)의 차이가 난다. 우리가 일상에서 마주치는 물건과 천체 사이의 크기 차이에 맞먹는 것이다. 더욱 놀라운 것은 이토록 엄청난 크기 차이에도 불구하고 모든 생명체는 그들을 이루고 있는 분자적인 측면에서는 모두 동일하다는 점이다.

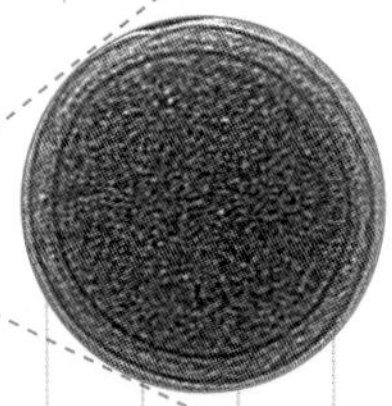

ARMAN 박테리아와
청고래의
크기 차이는
1억8000만 배나 된다.

청고래와 나란히 그려진 잠수부의 모습을 통해
우리는 지구상에서 가장 큰 동물이 인간보다
얼마나 큰지 한 눈에 알 수 있다.

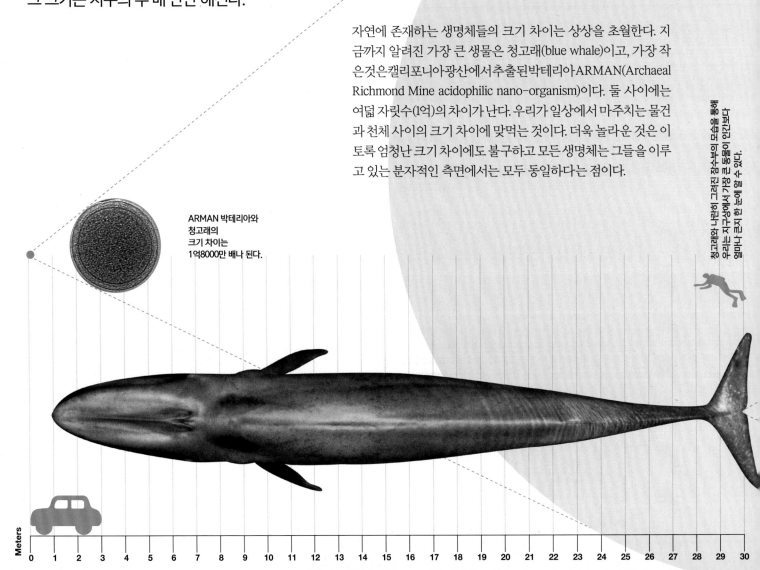

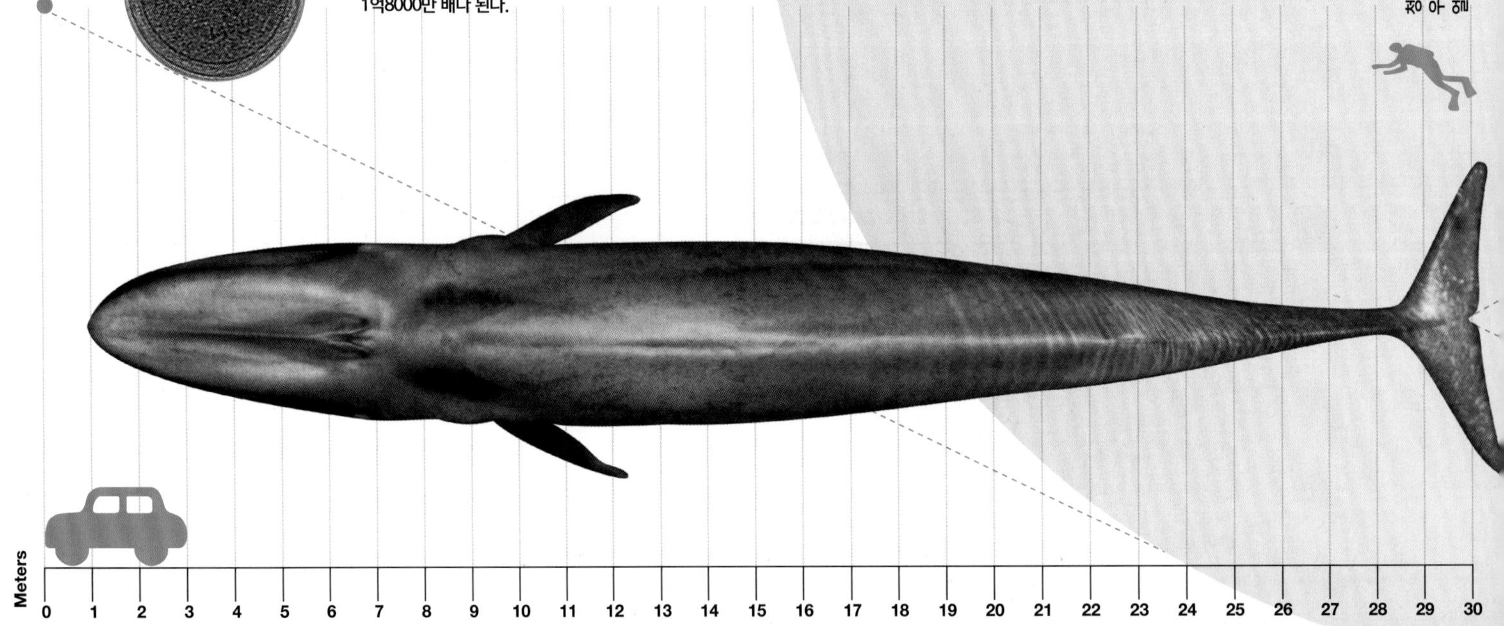

180

청고래는 길이가 30m이고
몸무게는 180톤 이상이다.
tonnes or more

청고래는 수명이 **100년**을 넘는다.

청고래는 **시속 32km**의 속도까지 헤엄칠 수 있다.

청고래 **혀**의 무게는 코끼리 몸무게와 맞먹고,
심장은 웬만한 자동차 하나 크기다.
혈관은 사람이 수영해도 될 정도로 넓고,
대장의 길이는 120m에 달한다.

청고래가 내는 소리는 **워낙 커**
1,600km 떨어진 곳에서도 들을 수 있다.
이 거리는 지구 둘레의 **1/25** 에 해당한다.

4

tonnes
청고래는 크릴새우를
하루에 4톤가량 먹이로 먹는다.

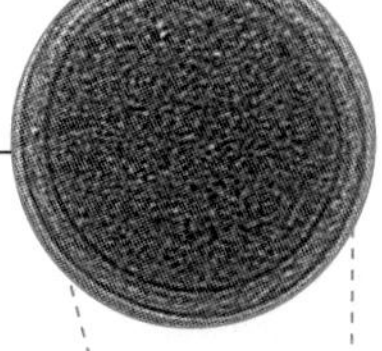

ARMAN

ARMAN박테리아의 몸길이는
200나노미터 (0.0002mm)로,
대장균 박테리아의 3분의 1 수준이고,
청고래의 몸길이보다는 1억5000만 배나 짧다.

청고래의 게놈(유전체)은 인간 게놈보다
3,000 배나 작다.

ARMAN박테리아보다 작은 것은 바이러스지만, 많은 과학자들은
바이러스를 살아있는 유기체로 간주하지 않는다.
가장 작은 바이러스의 길이는 약 **20나노미터**로,
청고래보다 150억 배나 짧다.

바이러스

센트럴파크보다 세 배나 넓은 균류

▶ 지구에서 가장 큰 집합적 유기체(collective organism)는 축구 경기장 1,665개를 모아놓은 것과 같은 크기이며, 뉴욕의 센트럴파크보다는 3배 더 크다.

하나의 유기체는 어떻게 구성되는가?

유전적으로 동일한 세포들이 공동의 생물학적 목표를 위해 서로 커뮤니케이션 하고 조절하는 것이 하나의 유기체라면, 균근 네트워크(mycorrhizal networks)-작고 가는 실 같은 '뿌리'들이 모여 포자체(버섯)를 만드는 식물-도 하나의 유기체로 보아야 할 것이다. 이렇게 정의할 경우, 지구상에서 가장 큰 유기체는 넓은 면적에 걸쳐 퍼져있는 균근 네트워크라고 할 수 있다. 한편 자기복제도 유전적으로 동일한 유기체가 재생산되는 과정인데, 이 경우 생명체의 연속성을 어떻게 봐야 하느냐는 문제가 제기된다. 예컨대 아메바가 유전적으로 동일한 세포 둘로 나눠질 때 그 둘은 모두 딸세포인가, 아니면 하나는 '부모', 다른 하나는 '자손'인가? 아메바가 유전적으로 동일성을 유지하면서 단지 새로운 개체로 분리되는 것이라면, 아메바처럼 자기복제로 재생산하는 유기체들은 실질적으로는 죽지 않고 영원히 사는 것이라고 말할 수 있다.

현재까지 알려진 가장 큰 균근 네트워크는
면적이 뉴욕의 센트럴파크보다 3배 이상 크다.
x3

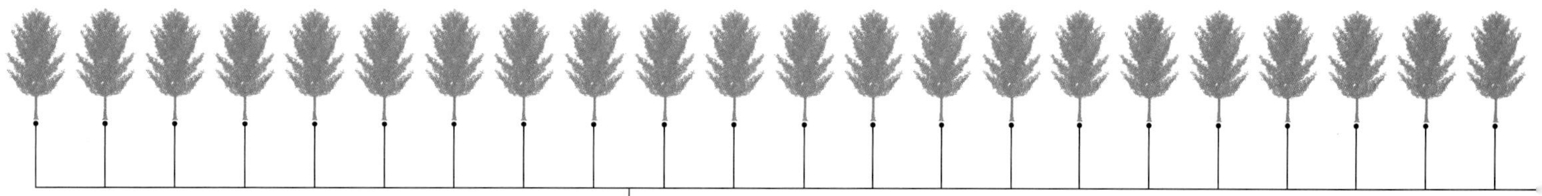

유타 주에는 **단 하나의 근계**(root system)를 가진, 유전적으로 동일한 사시나무 숲이 있다. 판도(Pando)라 불리는 이 군락은 무게가 6,000톤으로 지구에 존재하는 유기체 중 가장 무겁다. 타이타닉 호의 4분의 1, 청고래 무게의 33배다.

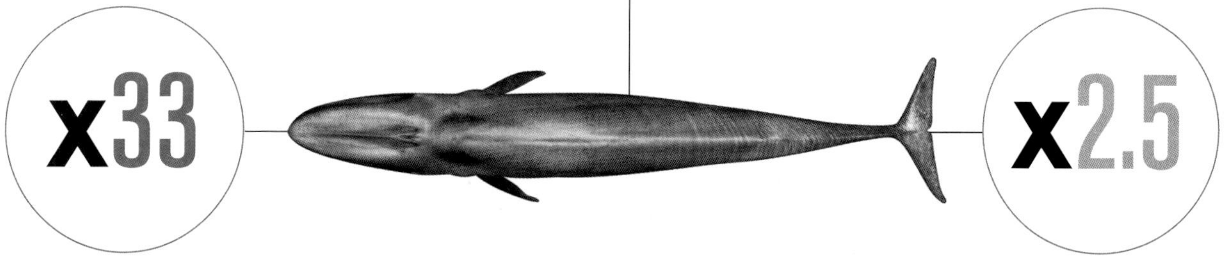

판도의 나이는 약 **80,000년**으로, 역시 지구에서 가장 오래된 유기체 중 하나다.

버섯농장 한 곳에서는 유전적으로 동일한 버섯을 연간 454톤 재배할 수 있다. 이는 매년 454톤에 달하는 유기체 하나를 키운다는 뜻으로, 청고래 2.5마리, 코끼리 80마리를 키우는 것과 맞먹는다.

현재까지 알려진 **가장 큰 집합유기체**는 꿀버섯(Armillaria solidipes)으로, 유전적으로 동일한 세포로 이뤄져 있으며, 오레곤 주 동부의 블루산맥(Blue Mountains)에 서식한다.

꿀버섯의 **균근 네트워크**가 차지하는 면적은 965헥타르로, 지상에서 가장 큰 사무용 빌딩인 펜타곤의 각층 바닥면적의 합보다 16배 더 넓다.

꿀버섯의 나이는 8,650년으로 지구에서 가장 오래된 유기체 중 하나다. **8,650yearsold**

적지만 치명적인

보툴리눔 독소로 채운 깡통 한 캔이면 지구 인구 전체를 죽일 수 있다.

독이란 적은 양으로도 생화학적 작용을 통해 부상이나 사망에 이르게 할 수 있는 물질을 말한다. 미국 법은 몸무게 1kg당 50mg 이하의 용량으로 사망을 부르는 물질을 독(독극물)으로 정의한다. 이에 따르면 몸무게 70kg인 성인 남성의 경우, 어떤 독성물질에 대해서도 치사량은 3.5g-티스푼 4분의 3 분량-미만이 된다.

많은 유기체들은 진화과정을 통해 맹독성을 지니게 되었다. 대부분은 다른 포식자들로부터 자신을 지키기 위해서지만, 공격의 형태-상대를 마비시키고, 죽이고, 먹이를 소화시키기 위해서-를 띠는 경우도 있다. 또 우연히 독성을 갖기도 하는데, 예를 들면 독이 있는 미생물을 너무 많이 먹은 나머지 독소가 위험한 수준까지 체내에 축적된 경우다.

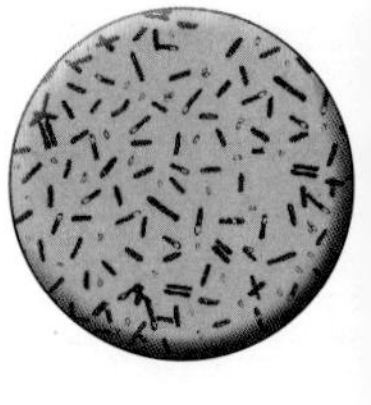

보툴리눔 독소는 어떻게 검사하느냐에 따라 강도가 다르다. 치명적인 독으로는 결과를 확정적으로 말할 수 있는 실험을 할 수 없기 때문이다.

지금까지 알려진 **가장 센 독**은 보툴리눔 독소(botulinum toxin)로, 클로스트리디움 보툴리눔이라는 균에서 만들어진다. 이 균은 7가지 독소를 만드는데 그 중 가장 강한 것은 신경기능을 완전히 마비시킨다.

치사량은 1kg당 mg으로 표시된다. 즉 피해자 몸무게 1kg당 몇 mg이 있어야 치명적인지를 나타낸다. 보툴리눔 독소는 1나노그램(0.000001mg/kg)으로, 몸무게 70kg인 사람을 죽이는 데 겨우 70ng이 필요하다는 뜻이다.

70ng

또한 이것은 보툴리눔 470g-우유 1파인트(약 0.5리터)의 무게-만 있으면 60억 명 이상을 죽일 수 있다는 뜻이다

독화살개구리(arrow frog)란 이름은 아메리카 원주민들이 이 개구리의 독을 화살촉에 발라 전쟁이나 사냥에 이용했던 데서 유래했다. 여기서 나오는 바트라코톡신(batrachotoxin)은 자연에 존재하는 가장 강력한 독 중 하나로, 200마이크로그램-눈송이 하나 무게의 7분의 1-미만으로도 치사량이 된다.

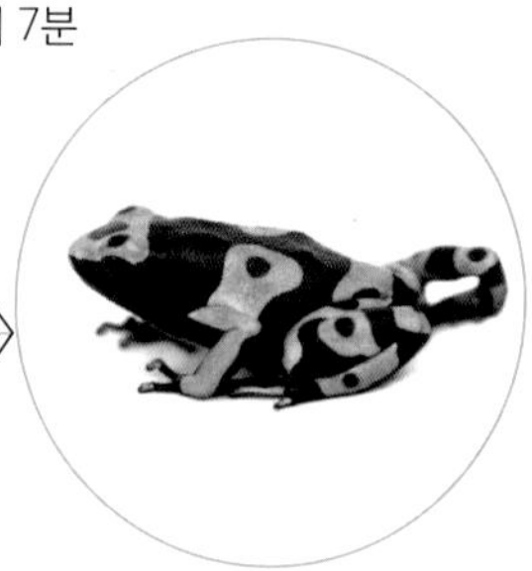

x3

보툴리늄 독소의 치사량은 0.1ng/kg일 정도로 매우 낮아서, 테이블스푼 세 숟갈 분량이면

인류 전체를 사망하게 할 수 있다.

지구에서 가장 강한 독을 가진 동물은 호주의 맹독해파리(또는 상자해파리box jellyfish)일 것이다. 이 해파리 한 마리에는 4분 만에 60명을 죽일 수 있을 정도의 독이 들어있다.

4 minutes

1 bite

가장 독성이 강한 뱀은 인랜드 타이판(inland taipan)-피어스 스네이크(fierce snake), 스몰 스케일드 스네이크(small-scaled snake)라고도 한다-으로 **한 번 물면 성인 100명을 죽일 수 있는 독**이 나온다. 생쥐는 25만 마리를 죽일 수 있다. 다행히 온순하고 겁이 많아 먼저 자극받지 않으면 공격하지 않는다.

인랜드 타이판의 독은 킹코브라보다 50배 이상 강하다.

뜨거운 통증, 매캐한 통증, 불쾌한 통증

▶ 저스틴 슈미트 박사는 땅벌(옐로우 재킷 말벌)에 쏘이는 것은 W. C.필즈(미국의 저명한 코미디 배우. 1880~1946년)가 불붙은 시가로 당신 혀를 지지는 것과 비슷한 느낌일 것이라고 했다. 즉 뜨겁고 매캐하고 불쾌한 통증이다.

곤충학자인 저스틴 슈미트 박사는 꿀벌, 말벌, 개미 등이 속한 막시목(目)의 전문가였다. 이 목에 속한 곤충들은 방어나 공격을 위해 침을 쏘는 특성이 있다. 그는 직접 곤충의 침에 쏘인 경험들을 토대로 상대적인 통증의 크기를 나타내는 척도를 만들고 각각에 대해 독창적인 비유를 들어 설명했다.

슈미트 척도는 어디까지나 주관적인 것이다. 한편 미국 화학자인 월터 스코빌은 고추의 매운 맛을 객관적으로 표시하는 척도를 만들려고 시도했다. 그는 고추의 매운 맛을 결정하는 화학물질인 캡사이신을 매우 묽게 희석시킨 다음 5명의 맛 감식가에게 맛보게 했다. 어느 정도 희석시켰을 때 감식가들이 매운 맛을 인식하느냐에 따라 매운 정도를 분류하는 방식이었다. 하지만 이것도 여전히 주관적일 수밖에 없었다. 결국 이후에 캡사이신의 농도를 결정하는 기계가 계발됨으로써 객관적인 척도를 얻게 되었고, 미국향신료무역협회가 이를 주관하게 되었다. 향신료협회의 척도에 15를 곱하면 얼추 스코빌의 척도가 되는 것으로 알려져 있다.

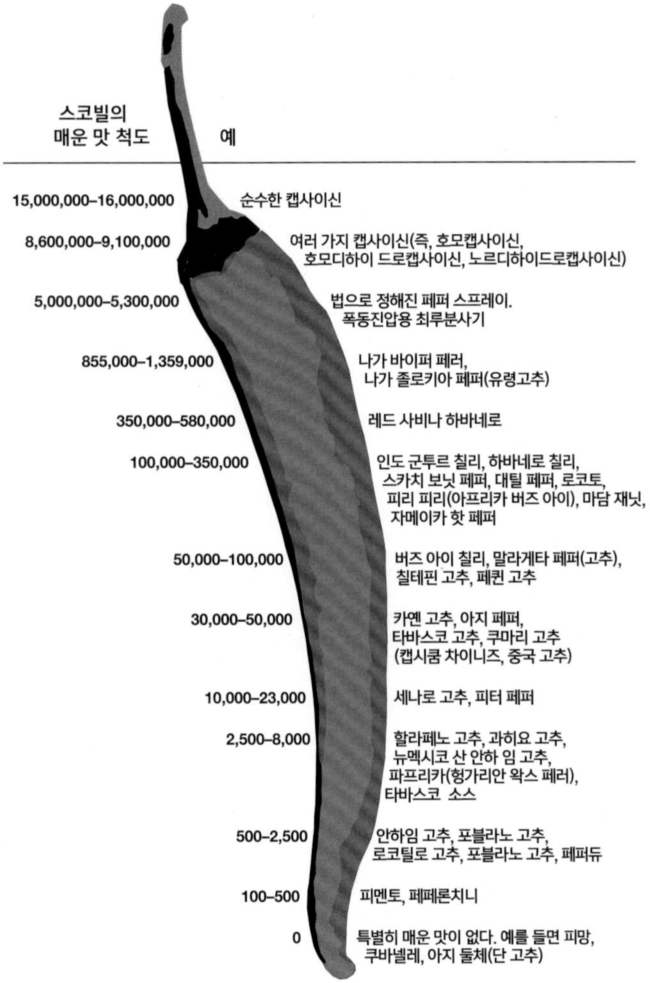

스코빌 척도는 고추 애호가들의 바이블과 같았지만, 미국향신료무역협회의 완전히 객관적인 척도가 등장하면서 밀려나게 되었다.

슈미트 침 고통 지수

1.0 꼬마꿀벌(Sweat bee):
순식간에 지나가고, 거의 감미롭기까지 하다.
작은 불꽃이 팔에 난 털 한 가닥을 태우는 느낌.

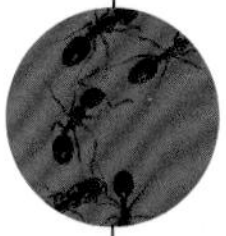

1.2 불개미(Fire ant):
날카롭고 갑작스러워 살짝 놀란다. 전등 스위치를 켜기 위해 털이 뻣뻣한 카펫 위를 걸어가는 느낌.

1.8 불혼 아카시아 개미(Bullhorn acacia ant):
찌르는 듯하고, 진짜 통증이 온다.
누군가가 뺨에 스테이플을 쏜 느낌.

2.0 북아메리카 말벌(Bald-faced hornet):
어처구니가 없을 정도로 아프고,
약간 으스러진다. 회전문에 손이 끼어 으깨진 느낌.

2.0 땅벌(Yellow jacket):
뜨겁고 매캐하고 불쾌하다. W.C. 필즈가
당신 혀를 불붙은 시가로 지지는 것을 상상해보라.

2.0 꿀벌(Honeybee):
막 불을 붙인 성냥개비가
살갗에 떨어져 타는 느낌.

3.0 붉은 수확기개미(Red harvester ant):
대담하고 가차 없다.
누군가가 내 발톱에 드릴을 뚫는 느낌.

3.0 종이말벌(Paper wasp):
통렬하고 타는 듯하고, 뒷맛이 쓰라리다.
종이에 베인 상처에 염산 한 비커 분량이 쏟아진 느낌.

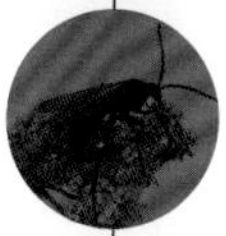

4.0 대모말벌(Pepsis wasp):
눈을 뜰 수 없을 정도로 지독하다. 욕조에서 머리를
말리다 헤어드라이어가 물에 빠져 감전당한 느낌.

4.0+ 총알개미(Bullet ant):
순수하고, 강렬하고, 눈부신 통증. 발뒤꿈치에
3인치짜리 못을 박고 불꽃이 이글거리는 숯불 위를 걷는 느낌.

600마이크로그램의 독이 있다.

꿀벌 한 마리에는 600마이크로그램의 독이 있다.

~600 micrograms

28mg의 액체 독을 얻으려면 4만7000마리의 꿀벌이 필요하다. 이것은 벌집 두 개에 모인 벌들보다 많은 수다.

벌의 독(봉독)은 40가지의 서로 다른 독소로 이뤄져 있다

40 different toxins

인간은 곤충보다 최소 100만 배 더 몸집이 큰데도 불구하고 곤충의 침에 쏘이는 걸 매우 **무서워한다.**

아프리카산 꿀벌은 **'살인 벌'**로 악명이 높다. 하지만 1990년 이후 미국에서 살인 벌에 쏘여 사망한 사람은 11명에 불과하다. 오히려 매년 개에 물려 죽는 사람의 수가 더 많다.

미국에서는 매년 **약 470만 명**이 개에게 물린다. 대부분은 심각하지 않아서 병원을 찾을 정도는 아니지만, 매일 평균 1,000명은 치료를 받기 위해 병원 응급실을 찾는다.

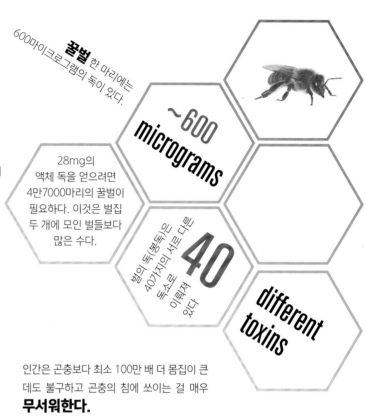

점보제트기를 낚아채는 거미

▶ 거미줄이 연필 두께만 하다면,
활주로를 달리는 점보제트기도 멈출 수 있다.

거미줄이 얼마나 강한 힘을 갖는지 보여주기 위해 연필 두께(약 6mm)만 한 거미줄 하나가 하늘을 날고 있는 보잉747 '점보제트기'를 멈출 수 있다는 이야기가 자주 인용된다. 그다지 믿을 만하지 않지만(아래 설명을 보라), 거미줄이 매우 특별하고 주목할 만한 물질임에는 틀림이 없다.
자연에 존재하는 물질이 진화과정을 통해, 인간의 기술이 만든 가장 뛰어난 물질보다도 더 뛰어날 수 있음을 보여주는 주요한 사례가 바로 거미줄이라 할 수 있다.

거미줄은 길고, 끈적끈적한 분자들이 얽혀 만들어진 섬유질이다. 개미는 목적에 따라 한 몸에서 서로 다른 형태의 거미줄을 만들어낼 수 있다. 가장 강한 거미줄은 '드래그라인'으로 자신을 보호하기 위한 것이다.
드래그라인은 수분 함량과 거미의 종류에 따라 특성이 다 다르지만, 대부분 인장강도(잡아당기는 힘에 견디는 정도)가 매우 높아 철은 물론이고, 인공섬유 중 가장 강한 것 중 하나인 케블라에 비견될 정도다.

만약 거미가 두께 6.4mm, 길이 30km에 달하는 거미줄을 잣을 수 있다면, 점보제트기를 낚아챌 수 있을 것이다. 하지만 이 정도 거미줄을 만들어내려면 거미의 몸길이가 128m는 되어야 한다.

거미 중 황금무당거미(golden orb spider)의 실크가 **가장 두껍고**(0.01mm), 거미집도 가장 크다(지름이 약 2m).

일반적으로 집단생활을 하는 거미들이 **가장 큰** 거미집을 짓는다. 예를 들어 호주에 서식하는 한 거미가 짓는 집은 폭이 1.2m, 길이가 3.7m에 달한다.

1.2m wide and 3.7m long

'캡처실크'는 거미줄에 잡힌 곤충들이
날지 못하도록 한 다음 그 자리에서 죽게 만든다.

1,338 MPa

캡처실크의 인장강도는 1,338메가파스칼
(MPa-1Mpa는 1cm²당
10kg을 견디는 강도)로,

연강(mild steel)의 인장강도
400MPa보다 3배 이상 강하다.

3xstronger

에드 뉘베니(Ed Nieuwenhuys)와 레오 데 쿠만(Leo de Cooman)의 계산에 따르면, 드래그라인 실크의 두께가 연필만 하고, **길이가 30km**에 이른다면 착륙을 위해 활주로를 달리는 점포제트기를 멈출 수 있다.

이만한 길이의 거미줄을 뽑아내려면 1020억 마리의 무당거미가 필요하다.

x102 billion
gardenspiders

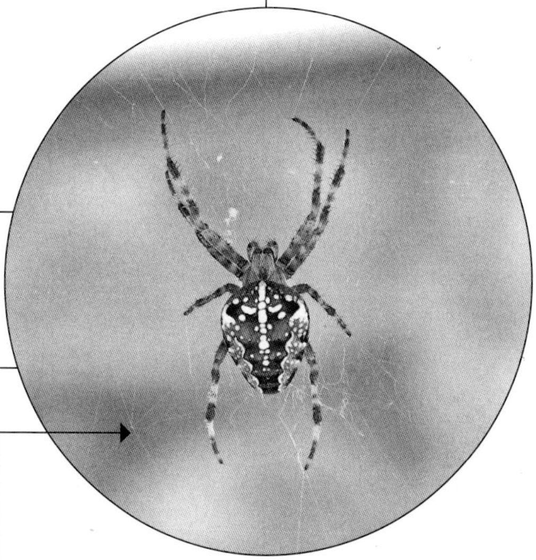

유럽정원거미(Araneus diadematus)의 **드래그라인**은
0.5g을 견딜 수 있는 반면 같은 두께의 강연선(steel strand)은
0.25g에도 끊어져버린다.

드래그라인이 자체 무게를 견디지 못하고
끊어지려면 길이가 80km는 되어야 한다.

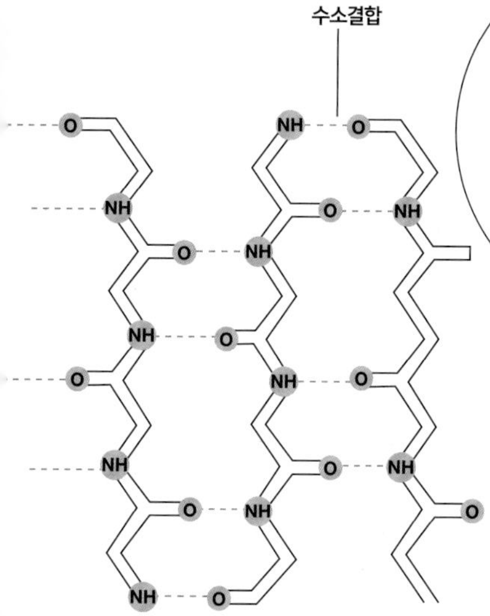

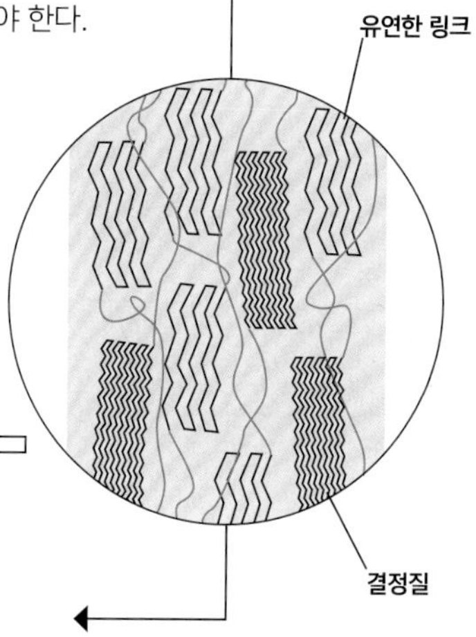

구조적으로 거미줄은 강도가 높도록 돼 있다. 단단한 결정질들을 연결하는 유연한 '링크'는 인장강도를 높이는 역할을 한다. 분자적인 차원에서는 수소결합도 인장강도에 기여한다.

무당거미 거미줄 하나의 지름은 평균
0.003mm다.

(옷감으로 사용되는) 누에고추가 잣는 실크는 이보다 10배 더 두꺼운
0.03mm지만, 강도는 절반에도 미치지 못한다.

거미들은 거미줄을 '낙하산 줄'처럼 이용해, 연처럼 줄에
달라붙은 채 바람을 타고 멀리까지 날아간다. 그래서 해수면
에서 4,500m 높이의 공중이나, 가장 가까운 육지에서
1,500km 떨어진 바다 한가운데서 발견되기도 한다.

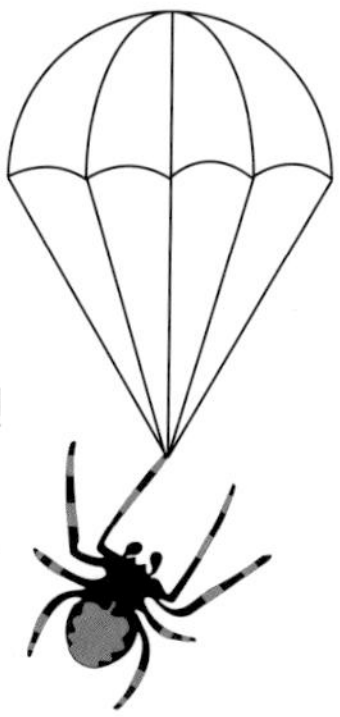

세포는 하나의 도시다

▶ 세포는 도시를 닮았다. 발전소(미토콘드리아)와 공장(리보솜)이 있고,
쓰레기처리 트럭(액포)이 있으며,
도시를 둘러싼 성곽(세포막)도 갖고 있다.

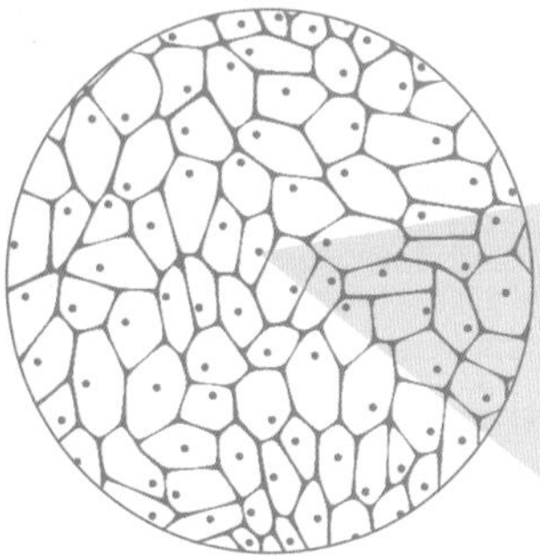

살아있는 생체조직은 세포로 이뤄진다. 세포란 생물학적 활동이 일어나는 작은 칸이다. 각 세포는 유기체의 게놈을 완전하게 복제하고 있으며, 생존에 필요한 설비가 가득 차 있어 각각에 맞는 기능을 수행한다.

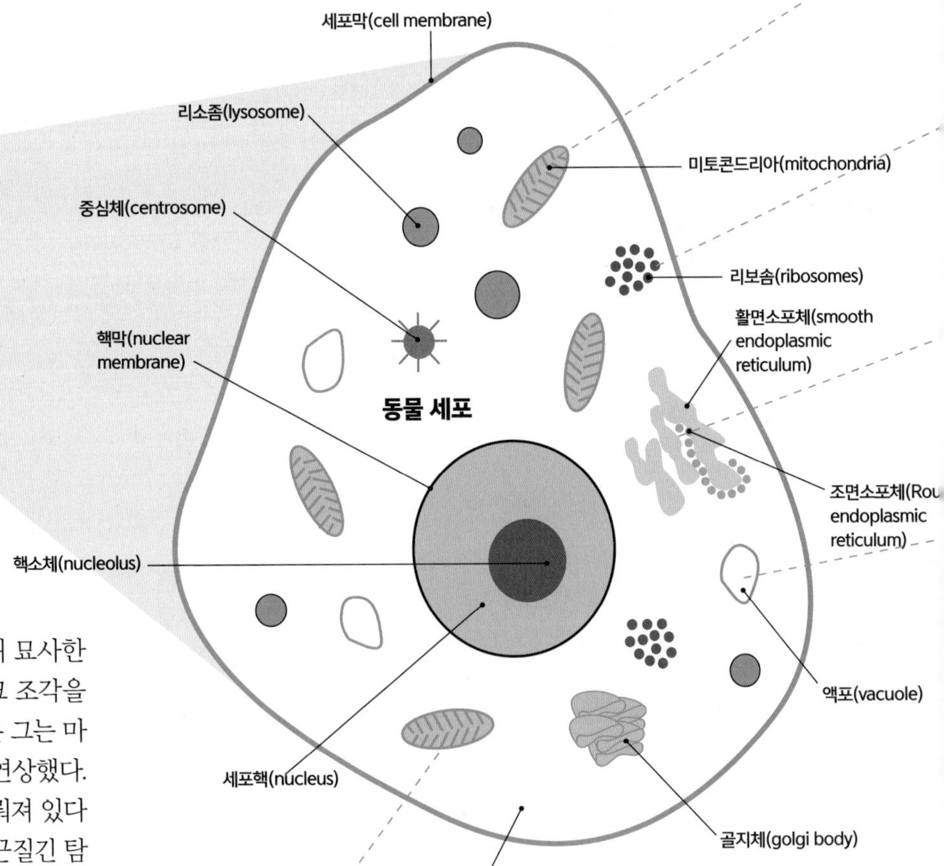

17세기의 위대한 과학자 로버트 훅은 세포에 대해 묘사한 최초의 인물이다. 그는 투박한 현미경으로 코르크 조각을 관찰했다. 작고, 텅 빈 칸들이 줄지어 있는 것을 본 그는 마치 수도원에서 거주하는 수도사들의 방(cell)을 연상했다. 이후 그와 후계자들은 모든 생명체는 세포로 이뤄져 있다는 걸 알게 되었다. 하지만 이후 400년간에 걸친 끈질긴 탐구 끝에 이제 세포는 훅이 보았던 텅 빈 공간이 아니라는 사실을 알게 되었다. 사실 세포는 서로 다른 물질과 구조들이 놀라울 정도로 정교하고 복잡하게 모여 있으며, 매우 다양한 일들이 쉬지 않고 숨 가쁘게 진행되는 곳이다. 마치 하나의 도시처럼 말이다.

미토콘드리아 **10억** 개가 모여야 모래알 하나를 채울 수 있다.

발전소
미토콘드리아는 세포가
활동할 수 있는
화학적 에너지를 제공한다.

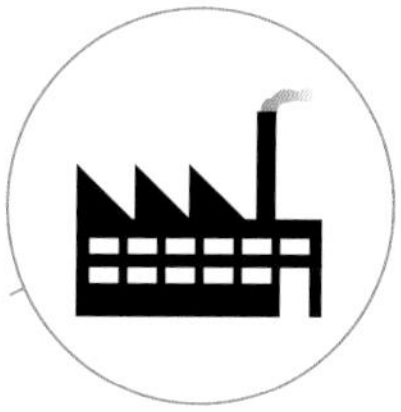

공장
리보솜은 아미노산을
단백질로 바꾼다.
단백질은 생명의 빌딩블록이다.

수송시스템
소포체는 다양한 기능을 가진
구성요소들이 그물모양을 하고 있으
며, 세포 주변의 합성단백질을
나르는 역할을 한다.

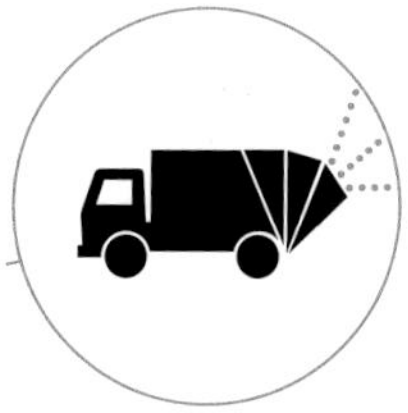

폐기물 처리시스템
액포는 세포의 불필요한 물질을
밖으로 내보내거나 처리한다.

도시가 발전소, 공장, 도로, 하수도, 우체국, 중앙정부 등을 갖고 있는 것처럼, 하나의 세포에는 미토콘드리아(에너지를 생산하는 곳), 리보솜(단백질을 만드는 곳), 소포체(단백질을 나르는 수송채널), 액포(세포의 노폐물을 내보내는 막으로 둘러싸인 작은 주머니), 신호전달물질과 하나의 핵(세포의 활동과 결과물을 통제하는 유전물질이 있는 곳) 등이 있다.
세포는 한 도시에서 일어나는 활동 및 제도들과 매우 유사하지만, 이런 비유에는 한계가 있다는 점도 잊지 말아야 한다. 도시는 성장하지만 세포와 달리 스스로 복제를 할 수는 없다. 반면 세포는 도시 거주자들과는 닮은 점이 하나도 없다.

140 trillion

인체에는 140조 개의 세포가 있다.
처음에는 하나였던 세포가 둘로 나눠지고,
이런 분열 과정이 **47회**에 걸쳐 계속됨으로써
이 숫자에 이르게 된다.

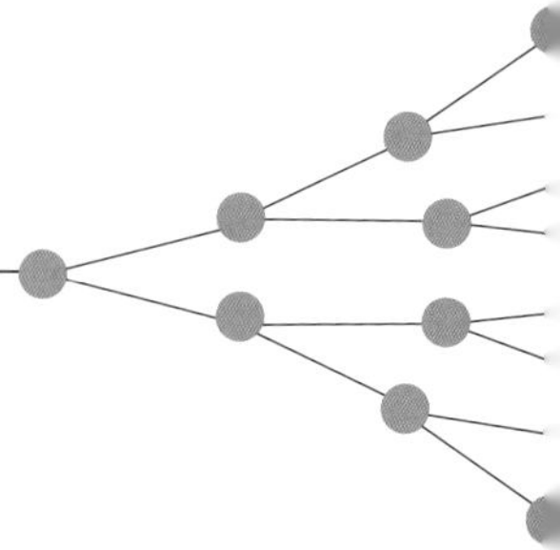

매우 기본적인 단세포-예를 들면 효모-를 **만들기** 위해서는 보잉777보다 더 많은 부품(요소)이 필요하다. 세포는 5미크론(1000분의 1mm)의 좁은 공간(이것은 보잉777보다 1250만배 작다)에 이 요소들이 모두 들어간다.

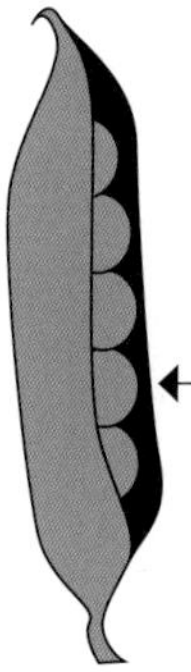

원자를 완두콩 크기만큼 확대한다면 세포는 폭이 0.8km에 이르게 된다.

~0.8 km wide

인체에는 종류가 다른 2만가지의 단백질이 들어있다. 이 중 약 2,000가지의 단백질은 분자 수가 5만이 넘는다. 따라서 세포에는 최소한

100 million

1억 개 이상의 단백질 분자가 들어있다.

자연계는 슈퍼마켓 같다

▶ 자연계는 슈퍼마켓과 비슷하게 조직화돼 있다.
상품들이 품목별로 복도 선반에 분류, 배치돼 있는 것처럼
유기체들은 종, 속, 과, 목 등으로 분류돼 있다.

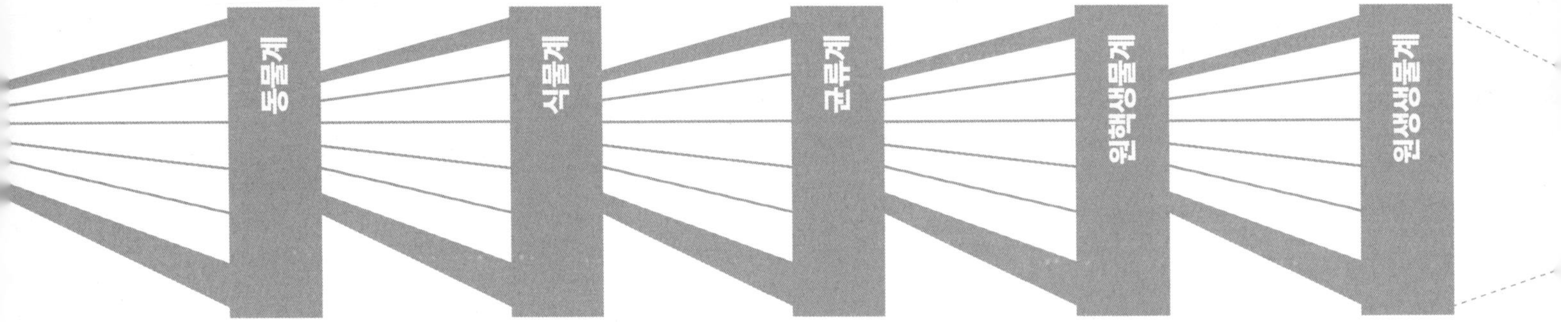

분류학은 꽤 번잡하다. 인간은 호모 사피엔스(Homo sapiens) 종(種), 호모사피엔스 속(屬), 사람(Hominidae)과(科), 영장(Primate) 목(目), 포유류(Mammalia)강(綱), 척색(삭)동물(Chordata)문(門), 동물(Animalia)계(界)에 속한다.
이런 분류방식은 슈퍼마켓에서 상품들을 계층적으로 진열하는 것과 비슷하다.

슈퍼마켓 매장은 상품을 일단 여러 개의 큰 종류(department)-예를 들면 신선식품, 냉동제품, 가정용품 식으로-로 나눈 다음, 다시 더 작은 종류로 분류한다(신선식품이 과일, 채소, 유제품, 육류, 어류 식으로 나눠지듯이). 같은 종류에 속한 제품들은 통로를 따라서 같은 선반에 놓이고, 이 중에서도 다시 브랜드에 따라 각각 다른 위치에 놓이게 된다.
생물의 분류체계와 비교하면 브랜드는 종, 같은 제품은 속, 선반은 과, 통로는 목, 상품 종류는 강과 같다고 할 수 있다.

전통적인 분류학에서는 가장 높은 곳에 위치한 것은 계이고, 여기에는 동물계, 식물계, 균류계, 원핵생물계, 원생생물계 등 다섯 계가 있었다. 하지만 분류학과 유전학의 급격한 발달로 전통적인 분류법에 큰 수정이 이뤄졌다. 예를 들어, 원핵생물계는 다른 네 계가 속한 진핵생물역(domain)과는 완전히 다른 원핵생물역으로 분류되어야 한다는 사실을 알게 되었다.

미생물은 지구 전체 생물량(biomass-종 전체를 합친 양)의
80% 이상을 차지한다.

정확하게 말하는 것은 불가능하지만, 여태까지 지구에 생존한 종의 **총** 수는 300억~4조 사이로 추정된다.

30billion-4,000billion

매년 1만5000종이 새로운 종으로 등재되고 있다. <월 스트리트 저널>에 따르면 전 세계에는 약 1만 명의 분류학자들이 활동하고 있으며, 한 종당 2,030달러의 비용이 지출되고 있다.

$2,030perspecies

1 · 2 · 3 · 4 · 5

- 생물
  - 역: 원핵생물
    - 계: 원핵생물계
  - 역: 진핵생물
    - 계:원생생물계
    - 계: 식물계
    - 계: 균류계
    - 계: 동물계
      - 문: 척추문
        - 어류
        - 양서류
        - 파충류
        - 조류
        - 포유동물
      - 문: 무척추문
        - 연체동물
        - 절지동물
        - 극피동물
        - 해면동물
        - 자포동물
        - 편형동물
        - 회충
        - 환형동물

전통적인 분류체계에 따르면,
동물계는 다섯 개의 척추동물 강과,
다수의 무척추동물 강으로 나뉜다.

1	생명체		
2	역	진핵생물역	진핵생물역
3	계	동물계	식물계
4	문	척삭동물문	속씨식물문
5	강	포유류강	외떡잎식물강
6	목	식육목	아스파라거스목
7	과	개과	용설란과
8	속	개속	용설란속
9	종	회색 늑대	용설란

여태까지 존재가 확인된 종의 수는?

1.4-1.8million

140만~180만종이다(하지만 이들 중 99%는 겨우 이름만 알고 있는 정도다).

현재 존재하고 있는 종의 수를 모두 합하면?
300만~2억까지, 추정치의 폭이 매우 넓다.

3 million to 200 million

이 종들 가운데 다수는 **박테리아**다.
박테리아는 1000만 종류 이상의 종이 존재하는 걸로 추정된다.

여태까지 지구에 존재했던 종들의 **99.9%**는 지금은 다 멸종했다. 한 종의 평균 존속기간은 400만 년이다.

이들 박테리아들 중 이름이 부여된 것은 약 **8,300**종에 불과하다. 하지만 1960년대에는 이 숫자가 겨우 500종으로, 우리 입안에 서식하는 박테리아 전체 숫자보다도 적었다.

생명의 역사 전체를 통틀어 볼 때, 4년마다 한 종 꼴로 멸종되었다.
하지만 인간의 문명에 의해 멸종에 이른 종은
4년마다 약 12만종에 이른다.

3/23

생명체를 분류하는 23가지의 주요한 분류단계 중 겨우 3개(3/23)만 우리 육안으로 볼 수 있다.

생명체를 취락펴락하는 효소

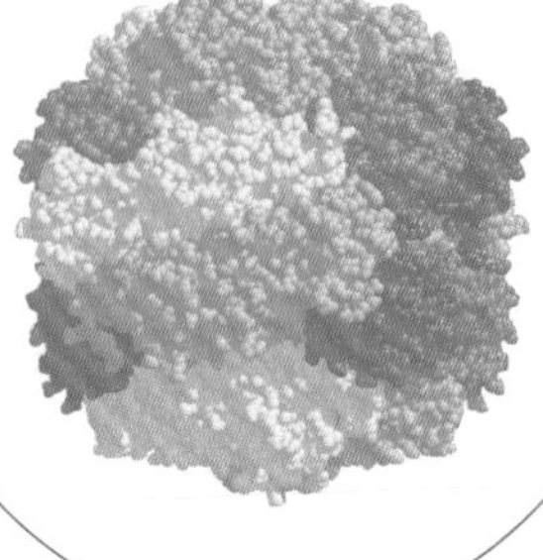

효소는 자물쇠에 딱 맞는 열쇠가 자물쇠를 열고 닫듯이, 반응물질에 작용한다.

효소는 생물학적인 촉매제로, 자신은 아무런 변화를 겪지 않으면서 다른 분자들을 결합시키거나 분리시키는 역할을 한다. 생명체들은 효소에 의지한다-예컨대 인체의 대사활동은 전적으로 효소의 활동에 달려 있다. 효소가 이런 마술적인 힘을 발휘하게 된 것은 독특한 형태 덕분이다.

매우 길고 복합적인 단백질 분자들이 접히고 꼬여서 포켓(주머니) 형태를 하고 있는 효소는, 기질(基質, substate)-효소에 의해 촉매작용을 받는 물질-에 정확히 들어맞도록 돼 있다. 이 포켓, 즉 촉매작용이 행해지는 활성부위는 열쇠의 길쭉한 홈 부분과 비슷하다. 열쇠의 홈이 자물쇠통에 맞아떨어지도록 파인 것처럼 효소의 활성부위도 기질의 윤곽선과 모양에 정확히 들어맞는다.

열쇠를 돌리면 텀블러가 움직이면서 자물쇠가 열리는 것처럼 효소의 활성부위는 기질의 목표부위에 화학적 변화를 일으켜 다른 기질의 분자들과 결합하거나 분리되도록 한다.
또 자물쇠를 열고나면 열쇠가 그대로 빠져나와서 다른 자물쇠를 여는 데도 사용할 수 있듯이 효소도 촉매작용 이후에 아무런 변화를 겪지 않고 다른 기질에 똑같은 작용을 계속할 수 있게 된다.

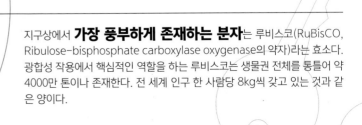

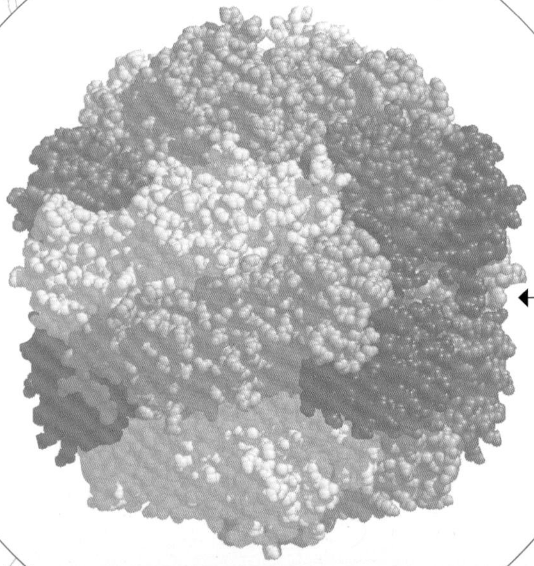

지구상에서 **가장 풍부하게 존재하는 분자**는 루비스코(RuBisCO, Ribulose-bisphosphate carboxylase oxygenase의 약자)라는 효소다. 광합성 작용에서 핵심적인 역할을 하는 루비스코는 생물권 전체를 통틀어 약 4000만 톤이나 존재한다. 전 세계 인구 한 사람당 8kg씩 갖고 있는 것과 같은 양이다.

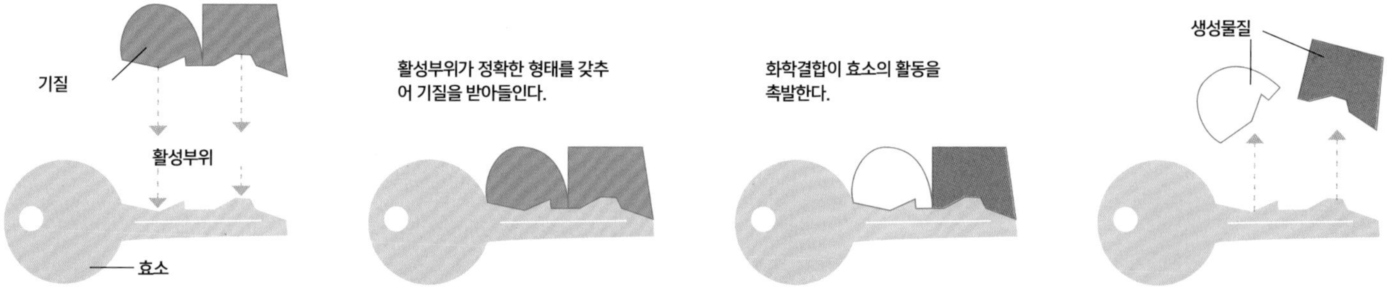

기질
활성부위
효소
활성부위가 정확한 형태를 갖추어 기질을 받아들인다.
화학결합이 효소의 활동을 촉발한다.
생성물질

기질이 효소의 활성부위 쪽으로 움직인다.

기질이 활성부위에 거의 들어맞는다.

효소가 기질을 분리시켜 구성성분으로 떼어낸다.

분리된 생성물질이 배출된다.

효소는 세포들이 기능하는 데 필요한 기본 물질이다.
효소는 초당 1,000가지의 일을 할 수 있다.

1,000 tasks per second

70x

효소는 **염도가 높으면** 기능에 방해를 받는다. 바닷물은 인체가 대사할 수 있는 소금양보다 염도가 70배나 높다.

효소는 **엄청난 위력**을 가진 생물학적 촉매제다.
예컨대 아무리 추운 날씨에도 토양 세균들이 질소를 암모니아로 고정할 수 있는 것은 효소 덕분이다.
만약 효소 없이 인공적으로 똑같은 화학반응을 일으키려면 반응물질들을 500℃, 300기압 상태에 두어야 한다.

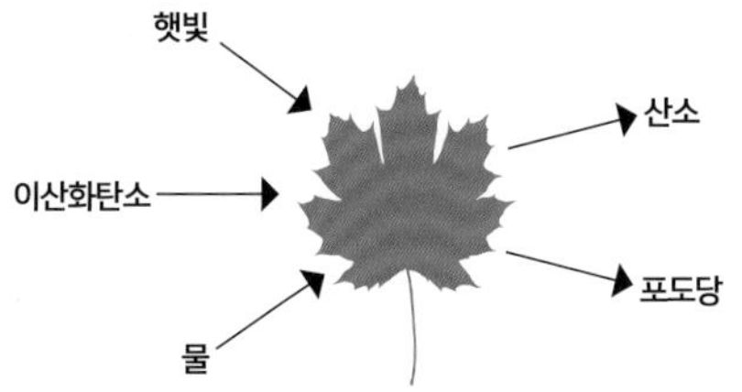

광합성은 빛에너지를 이용해 이산화탄소와 물을 포도당으로 바꾸며, 대신 산소를 배출한다.

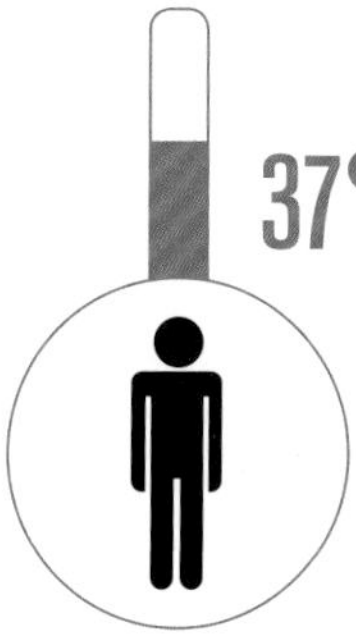

37°C

인체의 효소들은 체온이 37℃일 때 가장 적절히 작용한다. 그러나 지구 생명체들 중 80% 이상은 체온이 5℃ 이하여서, 많은 유기체들은 효소들이 저온에서도 활발히 작용할 수 있도록 진화해왔다.

해양 미생물들이 **광합성**을 통해 1년간 배출하는 산소량은 1억5000만 톤에 달한다.

150 million tonnes of oxygen

생명의 청사진

▶ 유기체의 DNA는 기계의 청사진, 음식의 레시피, 컴퓨터 프로그램의 코드와 같다.

DNA는 지구에 존재하는 거의 모든 유기체가 이용하는 유전물질이다. 하지만 유기체가 DNA로 이루어져 있는 것은 아니다-유기체는 단백질, 지방, 탄수화물로 이뤄지며, 이들은 다시 다른 단백질에 의해 결합되고 통제된다.
다시 말하면, 유기체에서 실질적으로 모든 '일'을 도맡아 하는 것은 단백질이다. 그렇다면 부모에게서 자손으로 전달되는 유전물질(게놈)과 유기체를 실질적으로 구성하는 단백질을 연결하는 것은 무엇인가? 왜 그런지는 모르지만, 단백질이 만들어지도록 지시를 내리며 단백질의 활동을 제어하는 것이 DNA다.

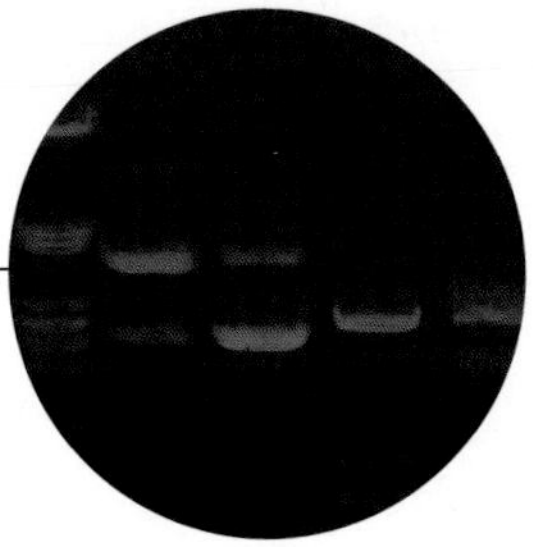

게놈은 짧은 DNA 덩어리로 나눌 수 있으며, 그것을 겔 전기영동(거대분자를 크기 및 전하에 따라 분리하는 방법-역주)으로 분리하면 독특한 패턴이 얻어지는데, 바로 DNA(유전자) 지문이다. 게놈은 개인마다 고유하기 때문에 DNA 지문도 사람마다 다 다르다.

DNA는 핵염기라 불리는 분자들의 긴 사슬로 돼 있고, 핵염기는 다시 아데닌(A), 시토신(C), 구아닌(G), 티민(T)이라는 네 개의 염기로 돼 있다. DNA가 처음 발견됐을 때는, 이 네 염기로는 복잡한 유기체의 정보들을 판독하고 지시, 통제하기에 충분치 않다고 보았다. 마치 셰익스피어 작품을 A, C, G, T라는 단 네 개 문자로 써보려는 것과 다를 바 없다고 여겼다. 하지만 실제로는 얼마든지 가능한데, 네 문자들을 사용해 새로운 코드를 만들어내기 때문이다. 이런 사실을 깨닫게 된 생물학자들이 그 코드들을 판독하는 것은 시간문제였다.
단백질은 20가지의 아미노산으로 이뤄져 있기 때문에, 최소한 20개의 메시지를 읽어낼 수 있는 코드, 즉 코돈(codon-특정 아미노산을 결정하는 3개의 염기서열-역주)이 필요하다. 각 문자마다 네 개의 선택(A,C,G,T)이 가능하기 때문에, 두 개의 뉴클레오티드(DNA 사슬의 기본 구성 단위) 배열은 단지 (4x4=)16개의 코돈만을 만들 수 있다. 그러나 세 개의 뉴클레오티드 배열은 (4x4x4=)64개의 서로 다른 코돈을 만들 수 있고, 이는 20가지 아미노산 전부를 명시하고도 남는 양이다.

게놈은 바코드-정보 데이터가 연속적으로 배열돼 있는 것-로 비유할 수도 있다. 하지만 바코드는 바코드가 박힌 소유자 자체와 동일시되는 반면 게놈은 바코드 소유자를 만드는 데 필요한 지시사항들을 완벽하게 갖고 있다.

단세포인 **아메바**의 DNA에는
약 4억 개의 유전정보가 담겨 있다

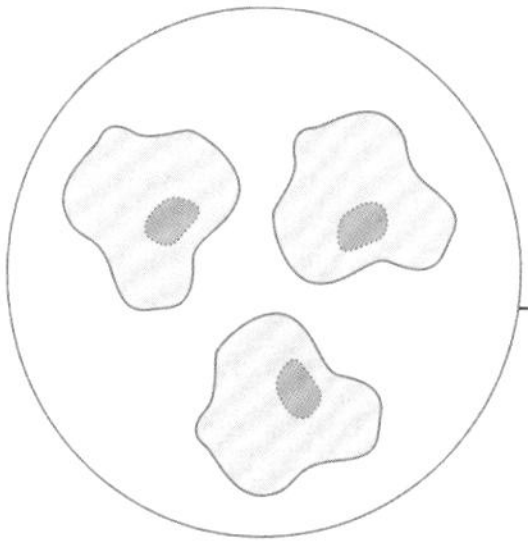

400million

이것은 500페이지 분량의 책 80권을
만들 수 있는 정보량이다.

8.4

인간의 세포 안에 있는 DNA는 화학물질 등으로부터
빈번하게 공격을 받아 손상을 입는다. 그 빈도는
8.4초에 한 번, 하루에 약 10,000번에 이른다.

seconds or 10,000 times a day

우리 몸에 있는 (적혈구를 제외한) 모든 세포는 32억 개의
문자열을 가진 DNA 하나를 가지고 있다. 이 DNA를 풀면
전체 길이가 약 2m에 달한다.

2 meters DNA

DNA는 세포가 분열하는 과정에서 복제된다.
인간의 세포분열은 평균 하루에 한번 꼴로 일어난다.
박테리아의 경우는 영양분이 적절히 공급되면 하루에
280조에 걸쳐 세포분열을 한다.

280trillion

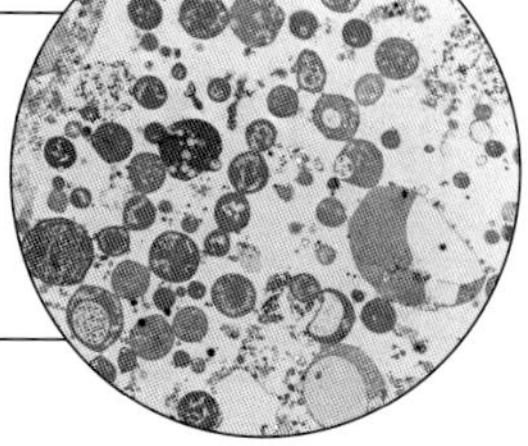

1mm의 DNA에는 **300만 개** 이상의 문자를 가진
염기쌍이 존재한다.

인간 게놈이 지니고 있는 모든 문자들을

60	**1분에 60단어를 치는 속도로**
8	**매일 8시간씩 계속해도**
50	**50년이 걸린다.**

하나하나 전부 다 타이핑하려면,

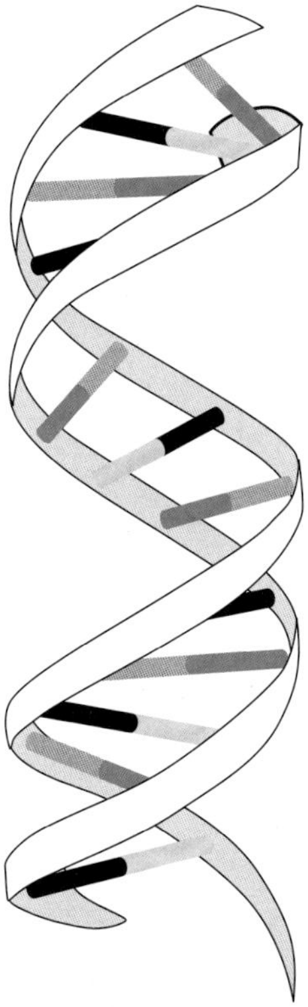

염기들(유전체의 문자들)은 DNA 가닥에서 0.33nm의
거리로 서로 떨어져 있다-이것은 수소 원자 크기의
3배에 불과하다.

가스괴저균(clostridium perfringen) 같은 박테리아는 **9분**에 한 번꼴로
번식을 할 수 있다. 이런 비율이라면, 이론적으로 박테리아 한 마리는
이틀 동안에 우주에 존재하는 양성자 수보다 더 많은 자손을 낳을 수 있다.

게놈을 따라가는 여행

우리 몸에 있는 게놈의 전체 길이를 뉴욕과 시카고 사이의 거리로 친다면,
1마일마다 300만 개의 문자(염기)가 있고,
전체 거리의 3분의 1은 같은 메시지가 반복해서 나타나게 된다.

영국의 유전학자 스티브 존스는 게놈의 특성을 설명하기 위해 한 가지 비유를 들었다. 그는 게놈의 다수가-대부분은 아니지만- 아무 정보가 없는 '정크' DNA를 가지고 있기 때문에 진짜 유전자는 소수이며 그들 사이의 거리도 매우 멀다는 점을 강조하려고 했다. 그는 인체의 전체 게놈을 약 1,600km에 달하는 길이라고 상상한다면, 게놈은 랜즈엔드에서 존 오그로츠(영국의 남서쪽과 북동쪽 끝에 있는 마을-역주)까지, 혹은 뉴욕에서 시카고까지 뻗어 있을 것이고, 1인치마다 50개, 1마일마다 300만개의 염기들(즉 문자들)이 있게 된다고 설명했다.

영국에서 이 길을 따라 여행을 하면 23개의 카운티를 지나게 되는데, 이는 인간 게놈에 있는 23개의 염색체와 일치한다. 하지만 이 여정의 대부분은 볼거리가 거의 없고, 별다른 사건이 일어나지 않을 것이고, 길 주변은 단조롭고 지루하기만 할 것이다. 이것은 게놈 전체 중 3분의 1에서 같은 문자열만 반복되는 것과 같다. 가끔은 사람들이 목적을 갖고 열심히 일하는 활기찬 소도시를 지날 텐데 이는 하나의 유전자로 볼 수 있다. 대도시들은 여러 유전자들이 모여 있는 것과 같다. 이렇듯 활동적인 도시들(열심히 일하는 유전자들)과 나란히 버려지다시피 한 폐허가 있는데 이는 진화적인 과거의 유물, 즉 더 이상 유용한 기능을 하지 않는 '화석' 유전자다.

뉴욕에서 시카고까지 가는 여행길에는 흥미로운 랜드마크도 많고, 활기 넘치는 소도시와 대도시도 많다. 그러나 지루한 풍경과 따분한 쇼핑몰이 계속 이어지기도 한다. 마찬가지로 인간게놈에는 정크 DNA가 길게 이어진, 중간 중간 흥미롭고 활동적인 영역(유전자)이 존재한다.

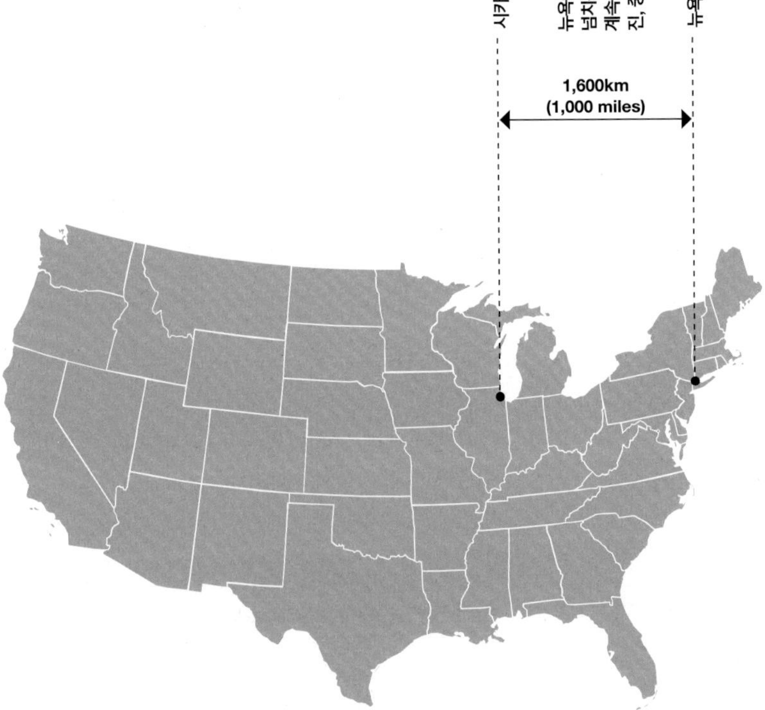

인간게놈프로젝트는 염기쌍들의 순서를 판독하기 위해 자동화된 기기를 이용했으며, 1만분의 1의 정확도로 판독되었다. 이는 1만개의 문자들(염기쌍)에 대해 단 하나의 문자를 잘못 읽는 정도의 정확도다.

인간과 잔디의 유전자 중 서로 일치하는 유전자는
총 35,000~40,000개다.

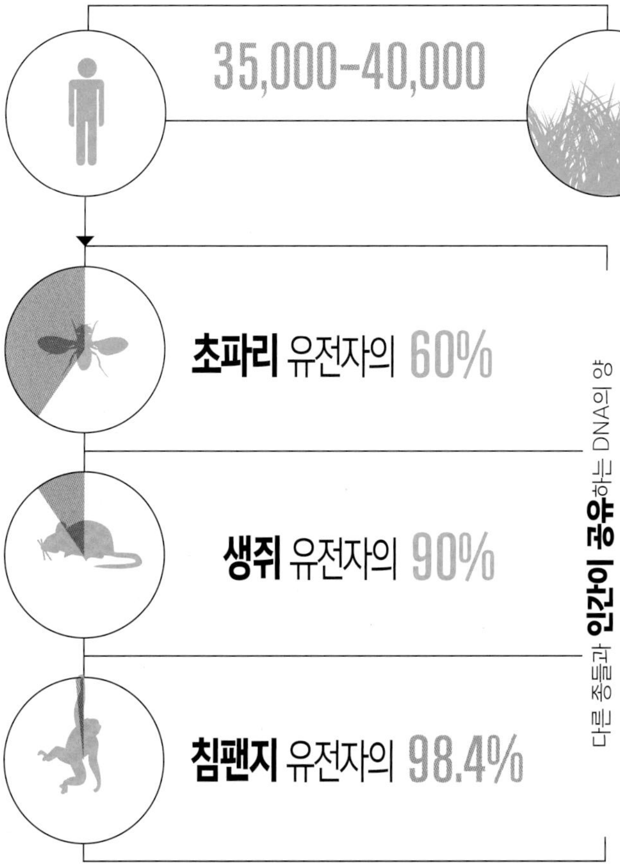

당신의 DNA는 다른 모든 사람의 유전자와 **99.99%** 일치한다. 인간은 다른 사람과 1000개 중 1개의 뉴클레오티드 염기가 서로 다르다. 하지만 침팬지의 경우, 55마리의 침팬지 무리 사이에서 나타나는 유전적 차이는 전 세계 사람들 사이에서 나타나는 유전적 차이보다 훨씬 크다.

당신의 DNA는 **얼마나 많은 조상**으로부터 물려받았을까?
8세대(19세기 중반 무렵)까지 올라가면 모두 250명, 16세기 중반까지 가면 1만6384명, 20세대까지 거슬러 올라가면 100만 명, 30세대까지 올라가면 10억 명이 넘는 조상을 갖는다.

세포를 자세히 들여다보면 먼저 핵이 나오고, 핵은 염색체로 가득 차 있으며, 염색체에는 단백질과 빽빽하게 단발로 돼 있는 DNA가 있으며, 코일처럼 감겨있는 DNA를 풀면 이중나선으로 된 DNA 가닥이 나오고, 이 가닥을 풀면 염기쌍들이 사다리 모양을 한 채 연속적으로 이어져 있다.

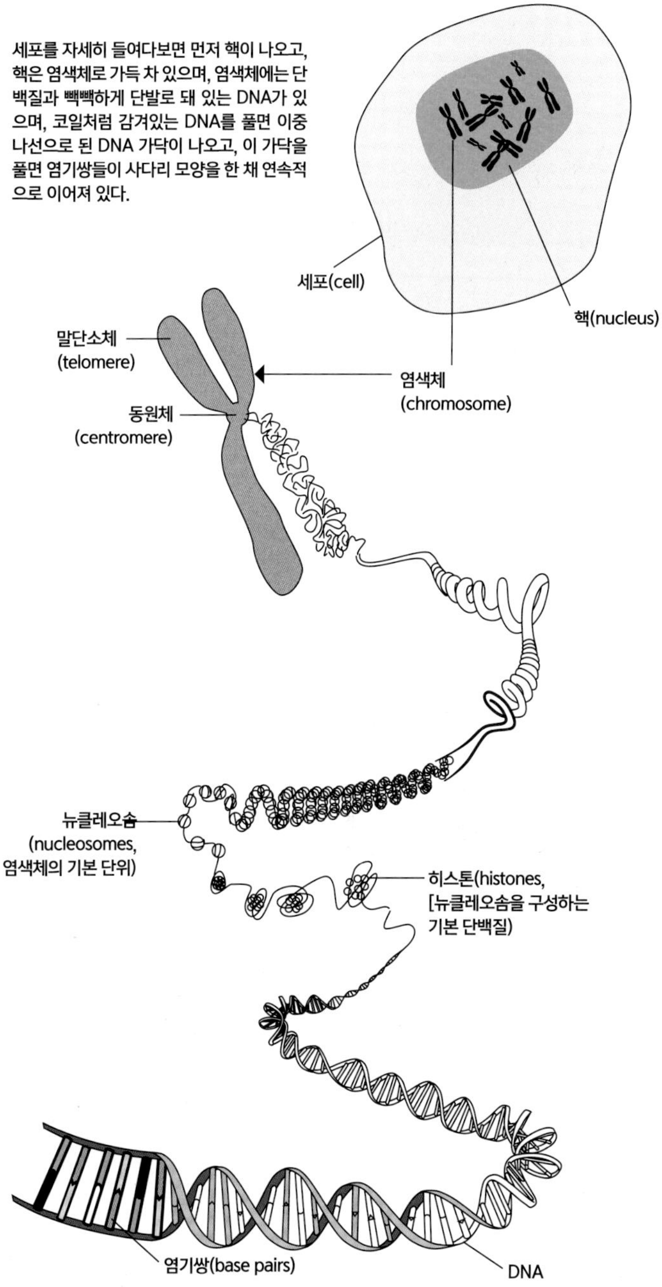

가장 단순한 박테리아도 유전자가 1000개가 넘는 데 반해,
HIV(인간면역결핍 바이러스)는 유전자가 10개도 되지 않는다.

내려오는 에스컬레이터에서 거꾸로 올라가기

항상성–유기체가 생체 내부의 조건을 일정한 한도 안에서 유지하는 것–은 내려오는 에스컬레이터에서 거꾸로 올라가는 것과 비슷하다.

다른 유기체들과 마찬가지로 인체도 내부 환경을 일정하게 유지할 필요가 있다. 체내의 대사과정은 온도, 압력, 염도, 물의 양, 산소 농도, pH 등이 일정한 범위 안에 있을 때 가장 적절하게 기능한다. 예를 들어, 체온이 35℃ 밑으로 떨어지면 생리기능이 제대로 작동하지 못해 결국 죽음에 이른다.
하지만 우리를 둘러싼 외부 환경은 끊임없이 변하기 때문에 내성의 한계를 벗어나는 경우가 많다. 다른 유기체들도 마찬가지다. 유기체들은 항상성(정상 상태)이라는 과정을 통해 이런 상황을 통제한다. 바깥 환경이 변할 때 체내 환경이 유지될 수 있도록 내성의 한계 안에서 반응하는 것이다. 이는 내려오는 에스컬레이터를 걸어서 올라가는 사람의 상황과 비슷하다.

에스컬레이터가 내려오는 것은 몸에서 열이 빠져나가는 것과 같다. 따라서 에스컬레이터가 바닥에 닿는 것은 저체

바깥 기온에 대한 인체의 항상성 반응은 자발적인 것(예컨대 추위를 느끼면 옷을 더 껴입는 것)과 비자발적인 것(덥거나 추울 때 땀을 흘리거나 몸을 떠는 것) 모두의 특성을 갖는다. 기온 변화에 대한 비자발적 반응은 시상하부–뇌 중앙에 있는 것으로 자동온도조절장치와 같은 일을 한다–에 의해 이루어진다.

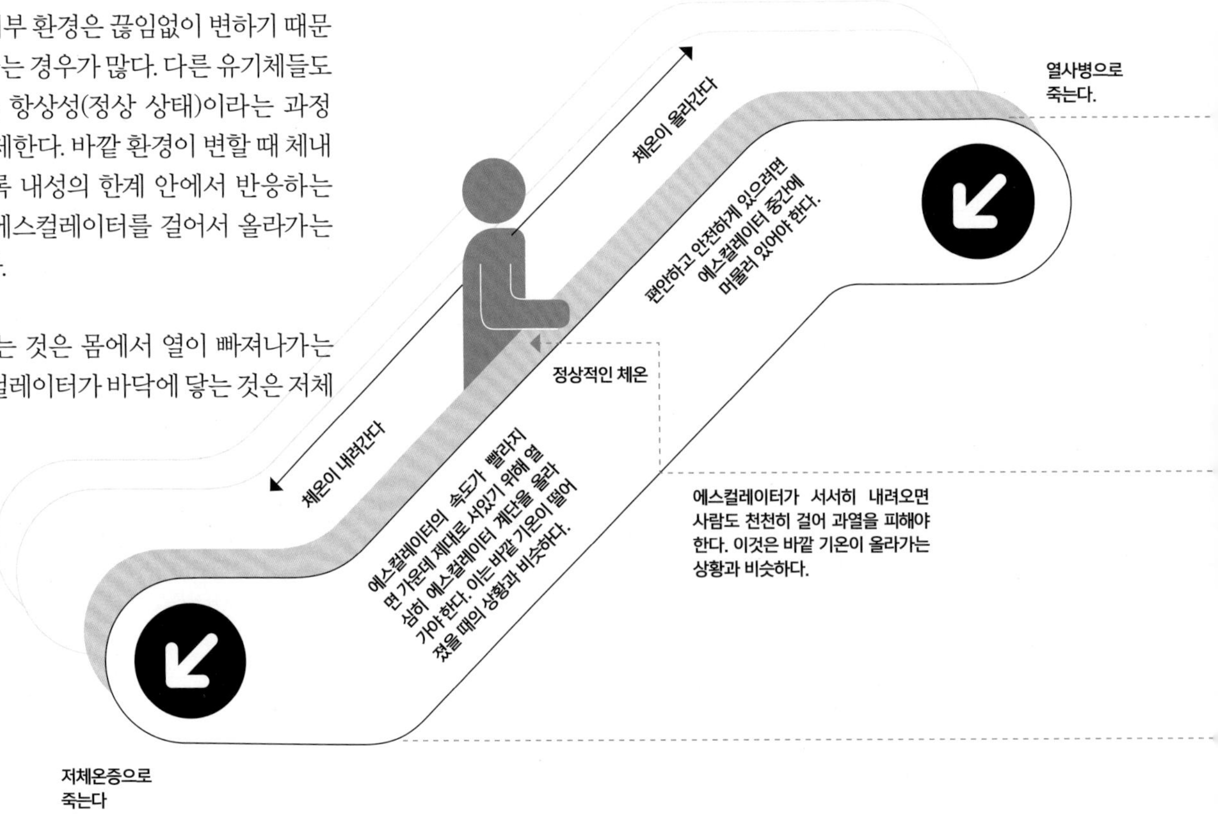
열사병으로 죽는다.
체온이 올라간다
편안하고 안전하게 있으려면 에스컬레이터 중간에 머물러 있어야 한다.
정상적인 체온
체온이 내려간다
에스컬레이터의 속도가 빨라지면 가운데 제대로 서있기 위해 열심히 에스컬레이터 계단을 올라가야한다. 이는 바깥 기온이 떨어졌을 때의 상황과 비슷하다.
에스컬레이터가 서서히 내려오면 사람도 천천히 걸어 과열을 피해야 한다. 이것은 바깥 기온이 올라가는 상황과 비슷하다.
저체온증으로 죽는다

온증으로 죽는 것을 뜻한다. 반면 에스컬레이터가 올라가는 것은 몸에서 열을 내는 것과 같다. 따라서 꼭대기에 도달하는 것은 열사병으로 죽는 것을 의미한다. 안전하게 살아가기 위해서는 에스컬레이터 중간에 머물러 있어야 한다. 만약 엘리베이터가 속도를 높여서 내려가면(바깥이 추워지는 것과 같다), 에스컬레이터 중간에 머물기 위해 사람은 더 빨리 움직여야 한다(즉 열을 더 많이 내기 위해 대사활동을 증가시켜야 한다–더 빨리 걷는 것은 추울 때 몸을 떠는 것과 같다). 반대로 에스컬레이터가 속도를 늦추면(바깥이 더워지면) 열을 식히기 위해 사람도 더 천천히 걸어야 한다(땀을 흘리거나 숨을 헐떡이는 것과 같다). 이처럼 항상성은 정적인 상태가 아니라 늘 역동적인 상태에 있다.

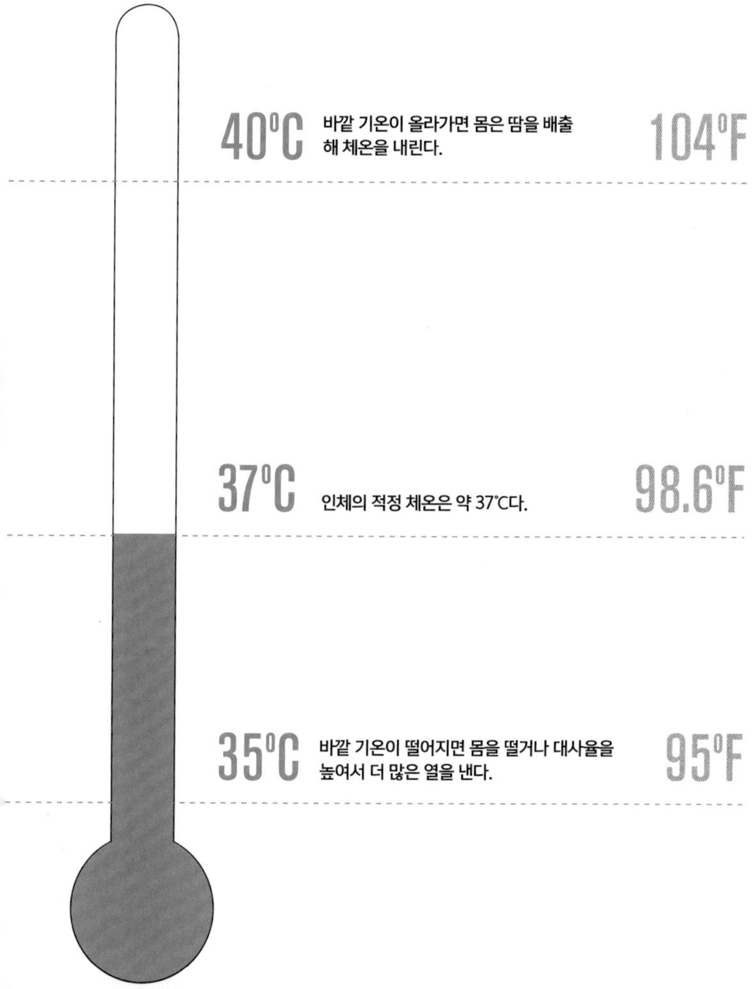

40°C
바깥 기온이 올라가면 몸은 땀을 배출해 체온을 내린다.
104°F
37°C
인체의 적정 체온은 약 37°C다.
98.6°F
35°C
바깥 기온이 떨어지면 몸을 떨거나 대사율을 높여서 더 많은 열을 낸다.
95°F

상대습도는 **습구**온도로 측정한다. 섭씨 35℃(화씨 95℉) 이상일 때 견디기가 매우 힘들다. 땀을 통해 열을 내리는 능력이 한계에 도달하기 때문이다.

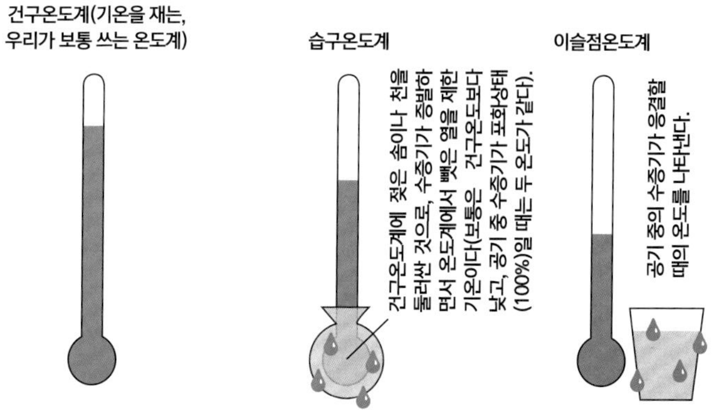

건구온도계(기온을 재는, 우리가 보통 쓰는 온도계)
습구온도계
건구온도계에 젖은 솜이나 천을 둘러싼 것으로, 수증기가 증발하면서 온도계에서 뺏은 열을 제한 기온이다(보통은 건구온도보다 낮고, 공기 중 수증기가 포화상태(100%)일 때는 두 온도가 같다).
이슬점온도계
공기 중의 수증기가 응결할 때의 온도를 나타낸다.

습구온도가 35℃가 넘으면 그늘에서 벌거벗은 채 선풍기 앞에 서있어도 **열압박(heat stress) 때문에 죽게** 된다.

현재 지구상에서 습구온도가 **지속적으로 인간의 한계를 넘어서는 곳**은 멕시코의 나이카 동굴이다(평균 건구온도 58℃, 습도 80%로 알려져 있다). 동굴에 있을 때 인체 중 가장 온도가 낮은 부위는 폐의 표면이다.

나이카 동굴을 제외하면 지구상에서 습구온도가 30℃ 이상인 곳은 아직 아무데도 없다. 그러나 **지구온난화**가 계속되면 사정이 바뀔 수 있다. 현재까지 나온 최악의 예상이 들어맞는다면 열대 온도는 11℃ 상승하고, 1년 중 최소한 몇 차례는 많은 지역에서 습구온도가 35℃보다 높을 것이다. 이런 지역에서는 사람이 살 수가 없다.

인간은 체온이 35℃(95℉) 아래로 내려가면 오래 버틸 수가 없다. 그런데 현재 인간이 거주하는 지역의 80% 이상은 바깥기온이 **섭씨 5°C(화씨 41°F) 이하**까지 내려간다.

요각류는 치타보다 빠르고, 고래보다 더 무겁다

▶ 아주 작고, 새우처럼 생긴 요각류가 인간만 하게 커진다면, 지구상 어떤 생명체보다 근육이 강해져 1초 안에 시속 1만1500km까지 가속할 수 있다.

치타는 육상동물 중 가장 빠른 것으로 유명하지만, 몸 크기에 비하면 상대적으로 느린 편이다. 따라서 초속을 몸 길이로 나눠 표시하면(blps, bodylengths per second) 매우 다른 결과가 나온다. blps를 적용하면 척추동물이 차지하고 있던 왕관을 절지동물에게 넘겨야 된다. 절지동물 가운데 가장 빠른 것은 요각류다. 바다를 떠다니는, 새우처럼 생긴 작은 생물인 요각류는 포식자를 만나면 엄청나게 빠른 속도로 몸을 피한다. 요각류는 가장 빠를 뿐만 아니라 (몸 크기 대비) 가장 강하며, 지구에서 가장 풍부하게 존재하는 다세포 동물일 것이다.

여러분은 **치타**가 **집고양이**(최고속도 시속 48km)보다 훨씬 빠르다고 여기겠지만, blps로 따져보면 집고양이가 더 빠르다. 치타는 25blps이고 집고양이는 29blps이다.

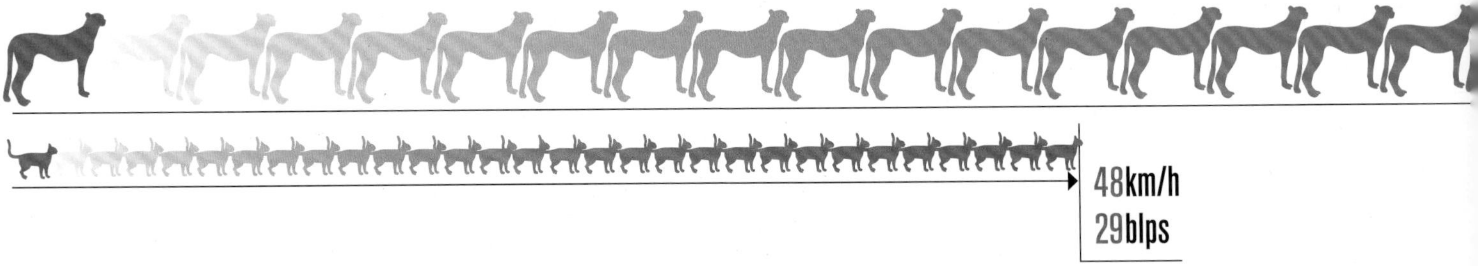

less than 1 — 가장 느린 동물은 아마도 **세발가락 나무늘보**(최고속도 시속 0.24km)와 정원달팽이(최고속도 시속 0.009km)일 것이다.

6.4 — **요각류**는 몇 밀리초(1000분의 1초)만에 시속 6.4km까지 가속할 수 있다. 요각류의 몸 크기가 1~2mm라는 점을 감안하면 최고속도는 1,778blps로 높아진다. 사람으로 치면 1초 사이에 시속 1만1520km-음속의 9배-로 가속할 수 있다는 말이다. 사람이 그런 가속도를 얻게 되면 몸이 찢어지게 될 것이다.

27.89 — 인간 중에서 **가장 빠른 단거리 선수**는 10초의 레이스 동안 시속 40km까지 도달할 수 있다. 최고속도는 초속 11m까지 낼 수 있지만 약 65m를 지나면서 속도가 떨어진다.

322 — 가장 빠른 척추동물은 송골매로, 시속 322km로 하강할 수 있다. 명차 페라리 F50 GT와 맞먹는 빠르기다.

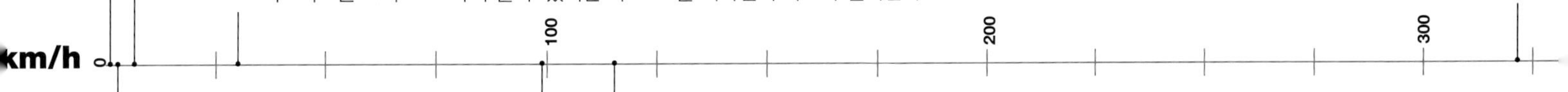

1.9 — **호랑이 딱정벌레**(tiger beetle, 길앞잡이)는 정원달팽이와 세발가락 나무늘보보다 훨씬 더 빨라서 시속 1.9km까지 달릴 수 있고, 무려 125blps다.

98 — **가지뿔영양**(pronghorn antelope)은 최고속도가 시속 98km이며, 치타와는 달리 오랜 시간 동안 이 속도를 유지할 수 있다.

113 — **치타**는 육상동물 가운데 절대 속도가 가장 빠르지만-시속 113km-아주 짧은 거리에서만 그렇다.

하지만 blps로 따지면 송골매는 200blps이기 때문에 제비에게 뒤진다. 또 벌새(Anna's hummingbird)는 385blps까지 하강할 수 있기 때문에 몸 크기 대비 속도로 따지면 척추동물 중에서 가장 빠르다.

벌새는 제트 엔진 재연소 장치를 가진 전투기(150blps)는 물론이고 지구에 재진입하는 우주왕복선(207blps)보다도 빠르다. 벌새가 하강을 시작할 때는 **9g**, 즉 중력의 9배에 해당하는 가속도를 경험한다. 조종사들이 의식을 잃지 않은 채 경험할 수 있는 최대 중력가속도는 7g이다.

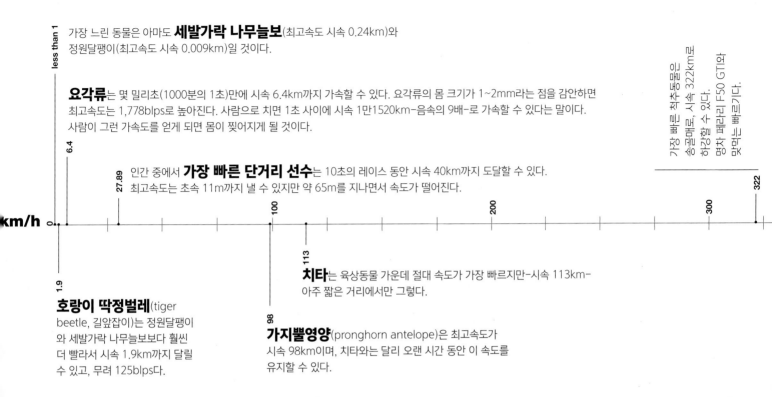

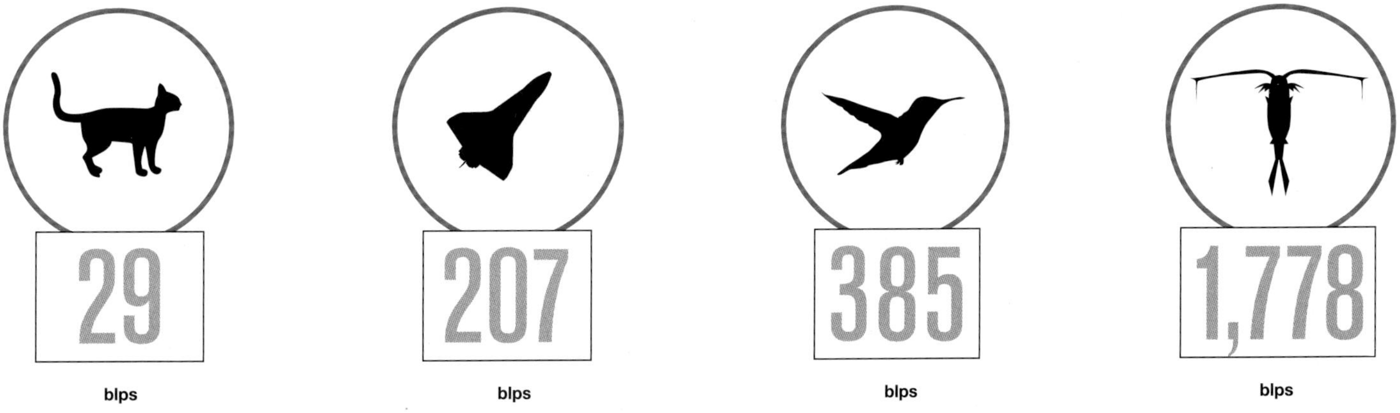

시계 제조공 논리의 오류

▶ 황량한 벌판을 걸어가다가 회중시계 하나를 발견했다고 하자.
이 시계는 기어와 톱니바퀴로 복잡하게 구성돼 있다.
어떻게 해서 이 시계가 거기에 있게 되었을까?
기어와 톱니바퀴들이 우연히 모여서 그 시계를 만든 것일까,
아니면 그것을 만든 시계 제조공이 따로 있는 것일까?

이런 벌판에서는 시계처럼 복잡한 장치를 발견할 수 없는가? 하지만 이런 황량한 곳에서도 진화론의 자연선택 과정을 통해 극히 복잡한 생명체가 만들어진다.

과학적인 원리를 설명할 때 비유는 큰 도움이 된다-과학적인 영감을 얻는 데 크게 기여하는 경우도 있다. 특히 과학을 교육할 때 매우 유용한 도구도 된다. 그러나 아무리 좋은 도구도 오용되고 남용될 수 있다. 그런 사례 중 하나가 바로 '벌판에서 발견된 시계'의 비유다. 이 비유는 윌리엄 페일리가 1802년 펴낸 <자연신학>에 처음 등장했다. 그는 벌판에서 발견된 시계는 전적인 우연의 산물이 아니라고 주장했다. 시계 제조공이 만들어야만 존재할 수 있다는 것이다. 이는 신의 존재를 증명하기 위한 신학적 주장의 한 버전이다. 생명과 우주에 어떤 설계의 형태(form of design)가 있다면 그것을 설계한 존재가 반드시 존재해야 한다는 주장이다. 현대의 지적설계(Intelligent Design, ID)운동은 창조론을 널리 퍼뜨리기 위해 이 주장을 채택했다.

시계 제조공의 비유는 그릇된 믿음과 논증의 오류에 기대고 있다. 비슷한 비유로 브리지 게임에서의 카드를 들 수 있다. 딜러가 52장의 카드를 각자에게 13장씩 나눠줄 때, 자기 손에 들어오는 13장의 카드가 특정한 조합이 될 확률은 6000억 분의 1이다. 따라서 13장 모두 자기가 원하는 조합으로 카드가 들어오리라고 기대하는 건 그 자체가 이치에 닿지 않는다.

ID운동에 따르면, 인간의 눈처럼 복잡한 생명현상은 벌판의 시계와 비슷하다는 것이다. 눈은 모든 구성요소들이 일사분란하게 조화를 이룬 '환원할 수 없을 정도로 복잡한' 인체기관으로서, 눈의 목적을 위해 완벽하게 디자인되었기 때문에 지적으로 뛰어난 설계자가 존재해야만 한다는 게 이들의 주장이다. 그러나 이는 디자인의 외관을 디자인의 증거로 착각하는 순진무구한 오류다. 진화생물학자들은 눈이 그동안의 진화과정에서 어떻게 여러 형태를 거쳐 현재의 눈이 되었는지 화석이란 증거들을 통해 입증하면서 이런 주장들이 갖는 허구성을 철저하게 논박했다.

진화생물학자들은 -몇몇 창조론자들이 주장하듯이- 인간의 눈이 순전히 우연의 결과물이라고 보지 않는다. 인체의 다른 모든 부분들처럼 눈은 오랜 동안의 진화과정의 산물이며, 따라서 현재 상태가 될 때까지 많은 중간 형태를 거쳤다고 본다.

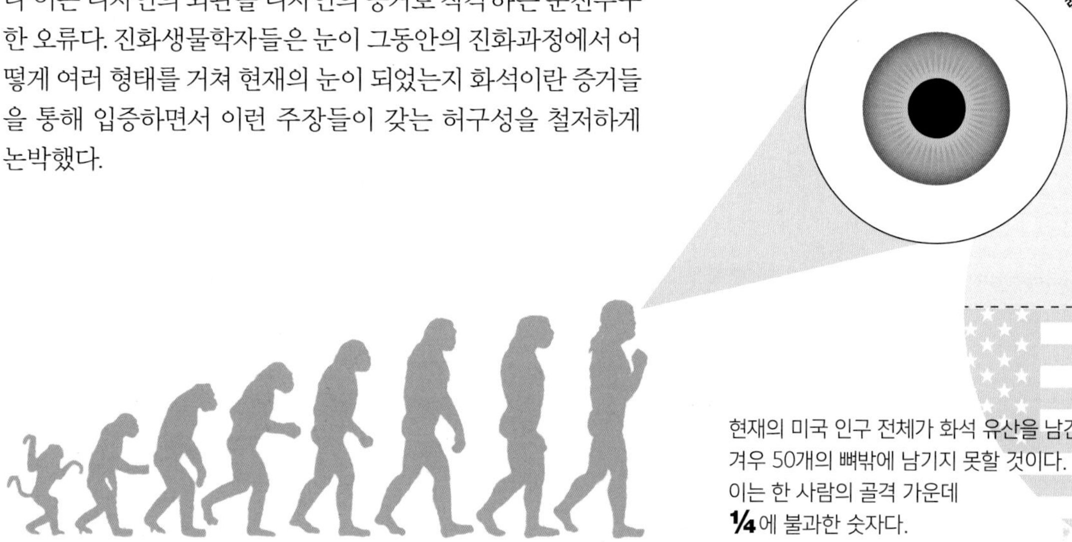

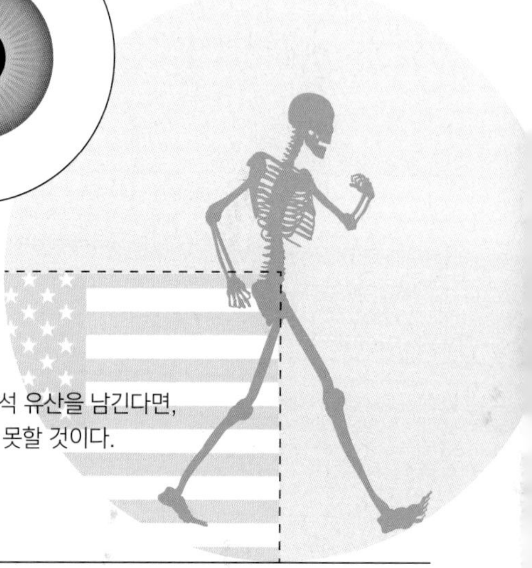

현재의 미국 인구 전체가 화석 유산을 남긴다면, 겨우 50개의 뼈밖에 남기지 못할 것이다. 이는 한 사람의 골격 가운데 ¼에 불과한 숫자다.

1

지적설계운동의 지지자들은 **화석 기록상**의 공백이야말로, 다윈의 진화론이 잘못됐다는 증거라고 지적한다. 사실 원시인류의 뼈가 10억 명당 한 명 꼴로 밖에 화석으로 발견되지 않는다는 건 매우 놀라운 일이다.

bone in 1,000,000,000

1

화석을 남긴 종의 비율은, 여태까지 생존한 300억 종 가운데 25만종 정도밖에 되지 않는다. 120,000종 중 1종만 화석을 남겼다는 얘기다.

species in 120,000

다른 예로는 생일의 역설이 있다. 엘리베이터에 여러 사람이 타고 있을 때 어떤 두 사람의 생일이 같다고 하자. 이를 무슨 운명의 장난, 혹은 운명적인 만남처럼 여길지도 모른다. 하지만 그럴 경우의 확률은 우리가 생각하는 것보다 꽤 높다. 어떤 두 사람의 생일이 같을 확률이 99%가 되게 하려면 57명만 모이면 된다. 심지어 23명만 모여 있을 때도 두 사람이 같은 생일일 확률은 50%나 된다(이 확률은 어떤 무리 속에서 '나'의 생일과 같은 생일인 사람이 있을 확률이 아니다. 전체 무리 속에서 반드시 '내'가 아니더라도 어떤 두 사람의 생일이 같을 확률이다. '나'와 같은 생일을 가진 사람이 있을 확률은 이보다 훨씬 떨어진다).

Section 04

▶ 미시적인 세계를 다루는 화학과 마찬가지로
초거시적인 세계를 다루는 천문학도 비유를 통해 많은 것을 이해할 수 있다.
독자들은 이 섹션에서 천체들이 우리로부터 얼마나 멀리 떨어져 있고,
우주의 나이는 얼마나 되며, 지구는 우주 전체를 놓고 볼 때
얼마나 왜소한 존재인지 깨닫게 될 것이다.

천문학

어둠 속의 왈츠

▶ 블랙홀과 그 주변을 돌고 있는 별은, 어둠 속에서 왈츠를 추는 두 명의 댄서 -한 명은 아주 밝은 색의 옷을 입고 다른 한 명은 새까만 의상을 입은 상태-와 같다.

검은 우주 공간에서 블랙홀은 보이지 않는 존재다. 그런데도 천문학자들은 어떻게 그 존재를 파악하는가? 블랙홀은 직접적으로는 관측할 수 없지만, 중력이 어마어마해서 가까이 있는 별들을 자기 궤도로 끌어당기게 된다. 그래서 아무것도 보이지 않는 존재 주변을 어떤 별이 돌고 있다면 천문학자들은 그 별이 돌고 있는 중심이 블랙홀이라고 추정하게 된다. 이는 어둠 속에서 왈츠를 추는 댄서 두 명이 있는데 그 중 한 명이 새까만 의상을 입고 있는 상황과 비슷하다. 우리는 검정 의상을 입지 않은 한 명의 댄서만 보지만, 검정 의상을 입은 댄서의 존재를 유추할 수 있는 것이다.

위의 왼쪽 그림에서는 파트너 댄서가 보이지만, 배경이 완전히 까맣게 되면 시야에서 사라진다. 마찬가지로 블랙홀은 검은 우주 공간에서는 직접적으로 관측되지 않는다.

블랙홀은 하나의 **별**이 수명을 다해 더 이상 핵융합이 일어나지 않고 다 타버리면 거기서 남은 물질이 자신의 중력에 의해 압축돼 특이점-부피는 없고 밀도는 무한인 상태-에 이르게 되면서 생긴다.

x30

하나의 별이 블랙홀이 되기 위해서는 애초 질량이 태양보다 **30배 이상** 무거워야 한다. 우리 은하계의 별들 중 블랙홀로 바뀔 수 있을 만큼 무거운 별은 1000개당 하나의 비율보다 적다.

지구와 가장 가까운 블랙홀 중 하나는 **백조자리 X-1(Cygnus X-1)**이다. 둘 사이의 거리가 21km 이내로 근접하면 지구는 이 블랙홀에 빨려 들어가게 된다. 다행히 이 블랙홀은 지구에서 6,000광년 떨어져 있다.

6,000 light years away

대부분의 블랙홀은 크기가 작다.
태양 질량보다 10배 큰 블랙홀의 반지름은 겨우 30km로 런던보다도 크지 않다.

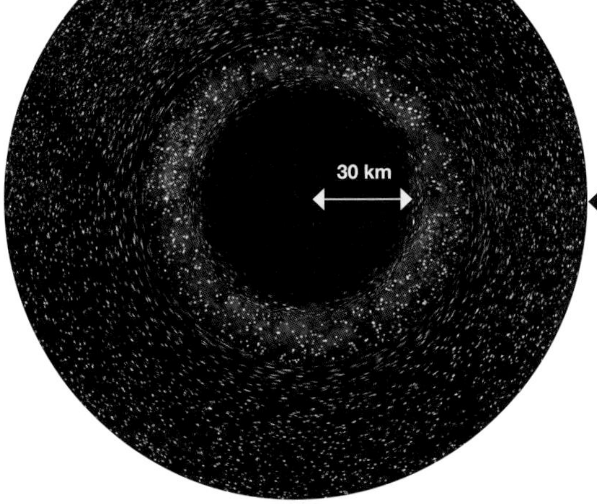

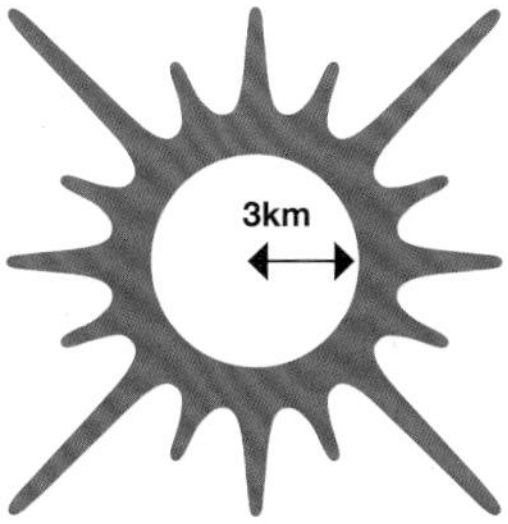

반지름이 70만km인 **태양**이 같은 질량을 유지한 채 블랙홀로 바뀐다면, 반지름은 3km로 크게 줄게 된다. 태양이 블랙홀이 되어도 지구 궤도는 영향을 받지 않는다. 다만 빛이 사라지므로 지구는 암흑세계가 될 것이다.

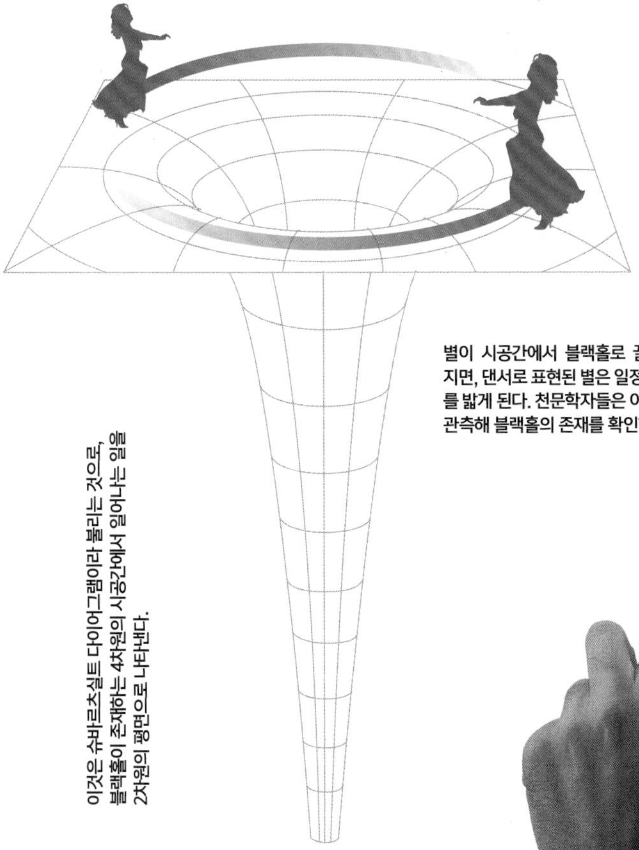

이것은 슈바르츠실트 다이어그램이라 불리는 것으로, 블랙홀이 존재하는 4차원의 시공간에서 일어나는 일을 2차원의 평면으로 나타냈다.

별이 시공간에서 블랙홀로 끌어당겨지면, 댄서로 표현된 별은 일정한 경로를 밟게 된다. 천문학자들은 이 경로를 관측해 블랙홀의 존재를 확인한다.

은하계들의 중심에 있는 블랙홀들은 어마어마하게 커져서 **우주의 괴물**이 된다. 우리 은하계의 중심에 있는 초거대 블랙홀은 태양보다 400만 배나 무겁고, 폭이 2400만km에 이른다. 다행히 이 블랙홀은 지구로부터 27,000광년 떨어져 있다.

27,000 light years away

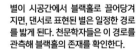

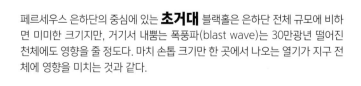

페르세우스 은하단의 중심에 있는 **초거대** 블랙홀은 은하단 전체 규모에 비하면 미미한 크기지만, 거기서 내뿜는 폭풍파(blast wave)는 30만광년 떨어진 천체에도 영향을 줄 정도다. 마치 손톱 크기만 한 곳에서 나오는 열기가 지구 전체에 영향을 미치는 것과 같다.

더 이상 무거울 수 없다

▶ 중성자별에서 각설탕 하나 크기의 무게는 지구에 사는 인류 전체의 몸무게를 모아 놓은 것보다 더 많이 나간다.

중성자별이나 퀘이사(quasar), 펄서(pulsar), 마그네타(magnetar), 백색왜성과 같은 천체들은 인간의 감각으로는 도저히 따라 잡을 수 없을 정도로 기이한 행태를 보인다.
별이 수명이 다할 무렵이 되면 더 이상 별 내부에서 핵융합이 일어나지 않기 때문에 자체 중력에 의해 붕괴하게 된다.
태양과 같은 별이 수명을 다하면 크기는 지구만큼 작아지는 대신 밀도는 엄청나게 높아지며 계속 뜨거운 상태를 유지하면서 향후 수십 억 년 동안 계속 빛을 내는데 이것이 백색왜성이다.
태양보다 무거운 별들은 중력도 더 강해 압축되는 정도도 어마어마하기 때문에 전자를 양자와 결합시켜 중성자를 만드는데 이렇게 생긴 천체가 중성자별이다. 이 중성자별이 빠르게 자전하면서 방출하는 복사파가 펄서이다.
퀘이사는 웬만한 별보다도 크지 않지만 하나의 은하가 방출하는 에너지보다 더 많은 복사파를 낸다. 천문학자들은 퀘이사가 아주 초기의 은하로서 그 중심에는 초거대 질량을 지닌 블랙홀을 가지고 있을 것으로 보고 있다.

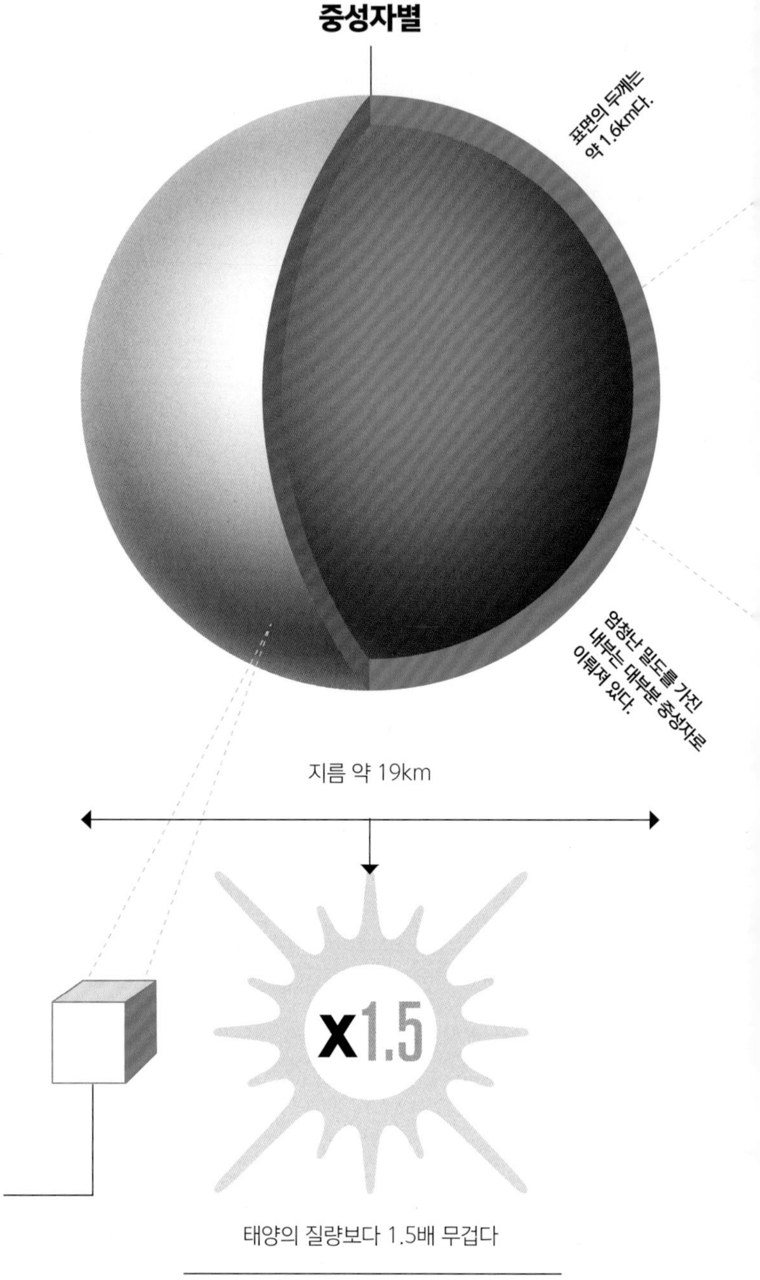
중성자별
표면의 두께는 약 1.6km다.
엄청난 밀도를 가진 내부는 대부분 중성자로 이뤄져 있다.
지름 약 19km
x1.5
태양의 질량보다 1.5배 무겁다

중성자별에서 각설탕보다도 작은(약 1cm³) 범위의 무게는 지구에 사는 모든 인간의 몸무게를 합친 것만큼이나 된다.

중성자별을 구성하는 물질은
원자 내부의 빈 공간을 모두 압축했을 때
얻을 수 있는 것과 같다.
한마디로, 중성자별은 거대한 원자핵이라고 할 수 있다.

퀘이사는 밝기에 비해 크기는 상대적으로 작다. 퀘이사는 우리 태양계보다도 작지만 보통 은하 100개에서 나오는 에너지만큼을 뿜어낸다.

100 보통 은하

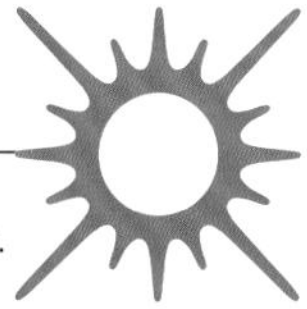

이것은 태양 에너지의 **100만 배의 1000만 배**나 되는 양이다.

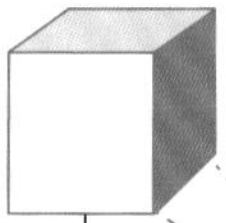

백색왜성에서 각설탕 크기만큼 떼어 내면
패밀리 카 한 대 무게와 비슷하다.

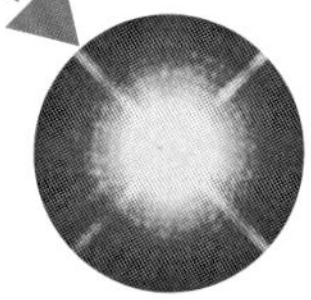

백색왜성 표면에서의 **중력**은
지구 표면에서보다 10만 배나 강하다.

지구 중력이 이 정도로 강력하다면, 현재의 대기권은 웬만한 고층빌딩보다 더 낮아지고, 엠파이어스테이트 빌딩은 대기권을 뚫고 우주로 삐죽 나오게 될 것이다.

태양이 중성자별의 밀도가 될 만큼
붕괴한다면 부피는
에베레스트 산 크기가 될 것이다.

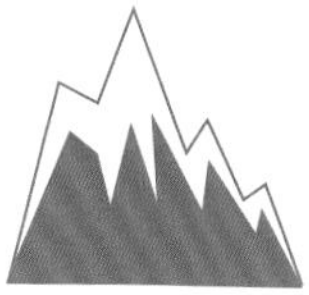

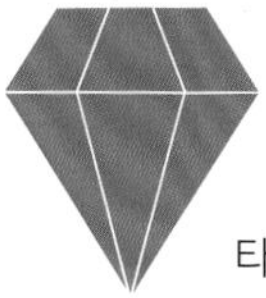

백색왜성의 바깥층 아래는 다이아몬드와 같은 **탄소결정체**로 이뤄져 있다. 2004년 센타우루스 별자리 근처에서 발견된 BPM37093A라는 백색왜성의 탄소결정체 무게는 태양 질량과 비슷한 2.268×10^{30}kg이다. 다이아몬드로 치면 10^{34}캐럿에 해당하는 양이다.

중력에 의한 시간지연 효과로 인해, 중성자별 표면에서는 지구에서보다 시간이 1.5배 더 느리게 흐른다.

x1.5 slower

백조자리에서 형성된 펄서 B1508+55는
지금도 우리 은하계에서 빠르게 자전하고 있는데,
자전속도가 초속 1,100km로 지구 궤도를 도는
우주왕복선보다 150배나 빠르다.
이 속도면 런던에서 뉴욕까지 5초 만에 갈 수 있다.

5 seconds

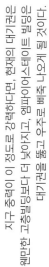

빛을 휘게 하는 것

▶ 멀리 있는 은하를 중간의 다른 은하를 거쳐 바라보게 되면, 와인 잔의 손잡이를 통해 촛불을 바라볼 때와 비슷한 모양을 얻게 된다.

빛은 중력에 의해 휘어지기 때문에, 질량이 무거운 물체는 그 뒤에서 비쳐오는 빛에 대해 렌즈 역할을 한다. 천문학자들은 먼 은하에서 오는 빛이 중간에 있는 은하에 의해 어느 정도 휘어지는지를 측정함으로써 중간에 있는 은하의 질량을 알 수 있다. 또한 두 은하가 어느 정도 가지런히 놓여있는지에 따라 먼 은하에서 온 빛이 서로 다른 모습으로 '굴절된' 이미지를 얻기도 한다. 만약 두 은하가 정확히 일직선을 이루면 먼 은하는 중간에 있는 은하를 둘러싼 아인슈타인 고리(Einstein ring) 모양처럼 보이게 된다.

일상에서 아인슈타인 고리를 확인하려면 와인 잔의 바닥면을 통해 불꽃을 보면 된다. 바닥면을 둥글게 움직이면 두 배 혹은 네 배로 확장된 이미지를 얻을 수 있다. 와인 잔의 손잡이로 직접 불꽃을 보면 고리의 이미지를 얻을 수 있다. 와인 잔의 바닥면과 마찬가지로 거대한 질량을 가진 은하는 더 멀리 있는 은하에서 오는 빛을 굴절시키는 것이다.

아래 그림은 먼 은하에서 오는 빛이, 렌즈 역할을 하는 무거운 은하의 중력에 의해 휘어져 우리 눈에 고리 모양으로 보이게 되는 과정을 나타낸다.

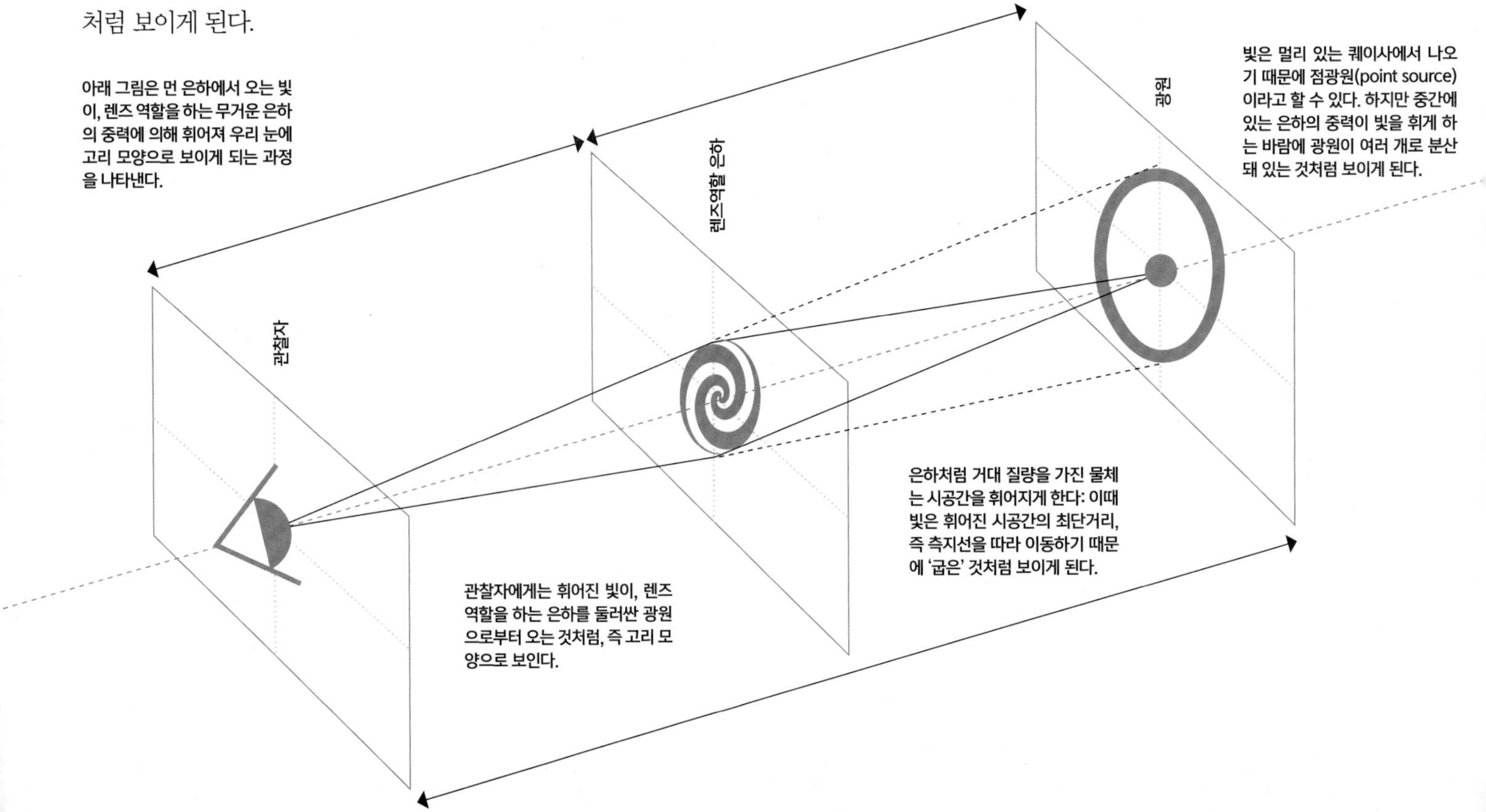

빛은 멀리 있는 퀘이사에서 나오기 때문에 점광원(point source)이라고 할 수 있다. 하지만 중간에 있는 은하의 중력이 빛을 휘게 하는 바람에 광원이 여러 개로 분산돼 있는 것처럼 보이게 된다.

은하처럼 거대 질량을 가진 물체는 시공간을 휘어지게 한다: 이때 빛은 휘어진 시공간의 최단거리, 즉 측지선을 따라 이동하기 때문에 '굽은' 것처럼 보이게 된다.

관찰자에게는 휘어진 빛이, 렌즈 역할을 하는 은하를 둘러싼 광원으로부터 오는 것처럼, 즉 고리 모양으로 보인다.

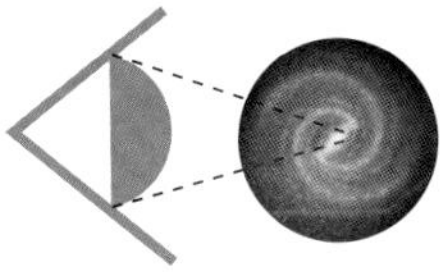

관찰 가능한 우주 안에는 약

2 trillion

2조 개의 **은하**가 있는 것으로 추정된다.

은하에는 크게 세 종류가 있는데,
우리 은하는 나선은하에 속한다.

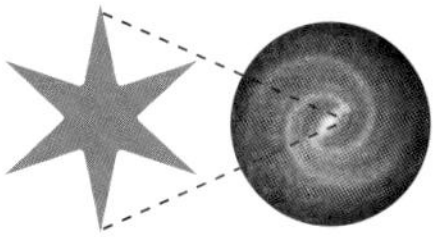

우리 은하계에는 2000억~4000억 개의 별들이 있다.

200-400 billion stars.

가장 큰 은하로 알려진 IC1101에는 **100조 개 이상**의 별들이 있다.

평균적인 크기의 은하 하나에는 10^{68}개의 원자가 있다.
이것은 1조x1조x1조x1조x1조개에 다시 1억을 곱한 만큼의 수이다.

100 million trillion trillion trillion trillion trillion

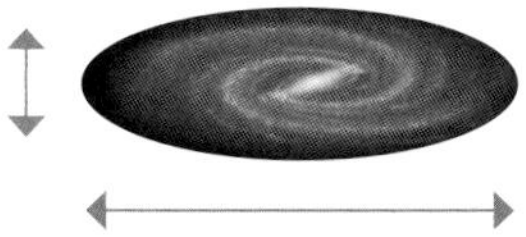

우리 은하계의 둘레는 25만~30만광년에 이른다.

우리 은하계의 폭은 약 12만광년이고, 불룩하게 나온 중심 부분의 폭은 1만2000광년이다.

은하 가운데 폭이 가장 긴 것은 200만광년에 달하는 것으로 알려져 있다.

우주에서는 끊임없이 오래된 별은 죽고 새로운 별이 태어난다. NASA에 따르면 우리 은하계에서는 (신생별에서 죽는 별을 빼면) 매년 7개의 별이 더 늘고 있다.

7 stars ★★★★★★★

우리 은하계는 **먼지**로 가득 차 있어서 천문학자들은 (전체 지름의 6%에 불과한) 6000광년의 깊이까지만 들여다 볼 수 있다.

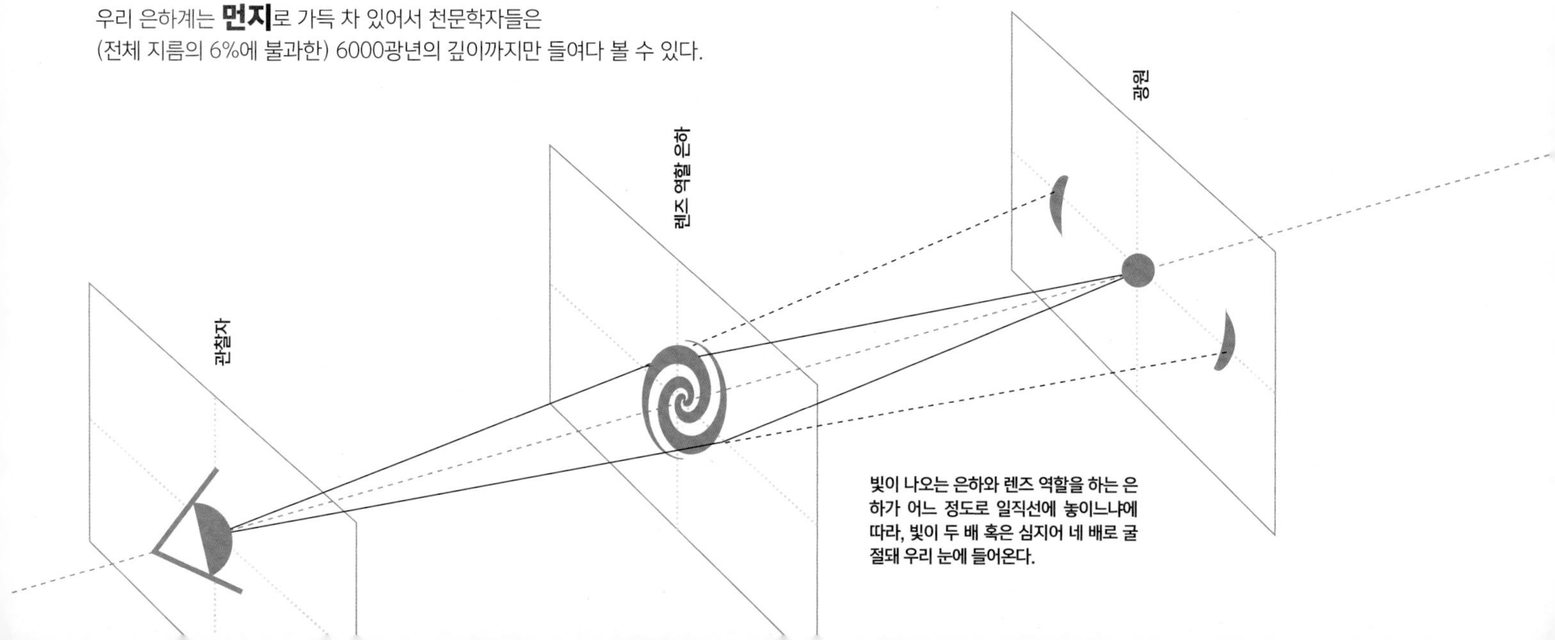

광원
렌즈 역할 은하
관찰자
빛이 나오는 은하와 렌즈 역할을 하는 은하가 어느 정도로 일직선에 놓이느냐에 따라, 빛이 두 배 혹은 심지어 네 배로 굴절돼 우리 눈에 들어온다.

은하의 소용돌이 속에서 벌어지는 일

▶ 나선은하는 우주의 거대한 소용돌이 혹은 우주의 허리케인과 같다. 지구의 허리케인과 나선은하는 형성 과정이 비슷한 것으로 여겨지고 있다.

허리케인의 위성사진(아래쪽) 중심부는 태풍의 눈 주위를 나선형으로 휘어 감고 있는 강우띠(rain band)라 불리는 구름의 고리를 확실히 보여준다. 위쪽의 나선은하 사진도 비슷한 모양을 보인다. 은하의 중심에 있는 빈 공간(대부분이 초거대 질량을 가진 블랙홀일 것이다)을 먼지와 가스, 별들이 둘러싸고 있고, 거기서부터 나선형 팔들이 나와 있다.

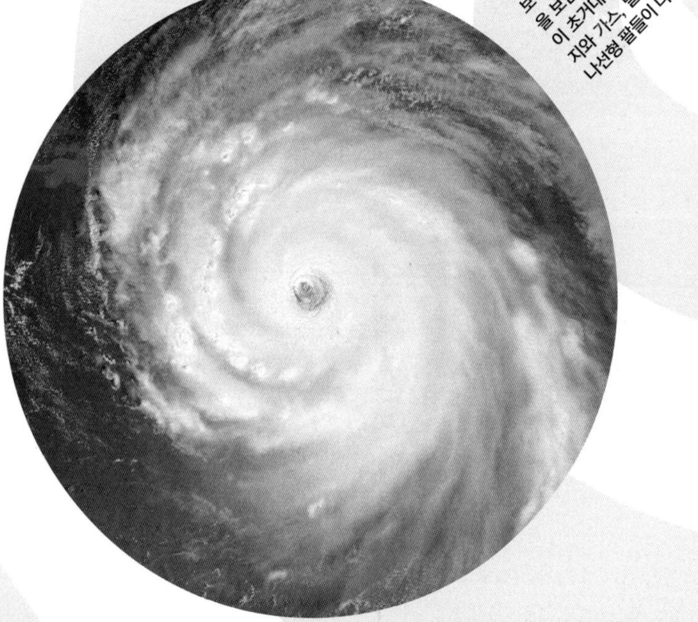

허리케인, 소용돌이, 나선은하는 모양이 거의 비슷하다. 아마도 각각이 형성되는 과정이 유사하기 때문일 것이다. 허리케인과 소용돌이는 각각 공기와 물속의 난류나 회오리 때문에 생긴다. 허리케인의 구름 사진을 보면 작은 회오리들이 많이 모여 있는 것을 알 수 있다. 천문학자들 중에는 우주 초기에 은하들이 만들어질 때도 비슷한 모양의 '난류'가 폭발적으로 일어났을 것으로 본다. 원시상태의 가스와 암흑물질이 가득한 거대한 덩어리 속에서 국부적으로 생긴 작은 회오리들이 점점 커져 갔을 것으로 추측하는 것이다. 물론 허리케인의 소용돌이나 우주의 소용돌이에 대해서는 아직도 풀지 못한 문제들이 많기 때문에 그 둘이 비슷하다고 단정하는 것은 무리다. 예컨대 허리케인이 나선형태를 띠는 부분적인 이유는 코리올리 효과(156~7쪽 참고) 때문이지만, 우주에서는 그런 효과를 내는 힘이 전혀 없다.

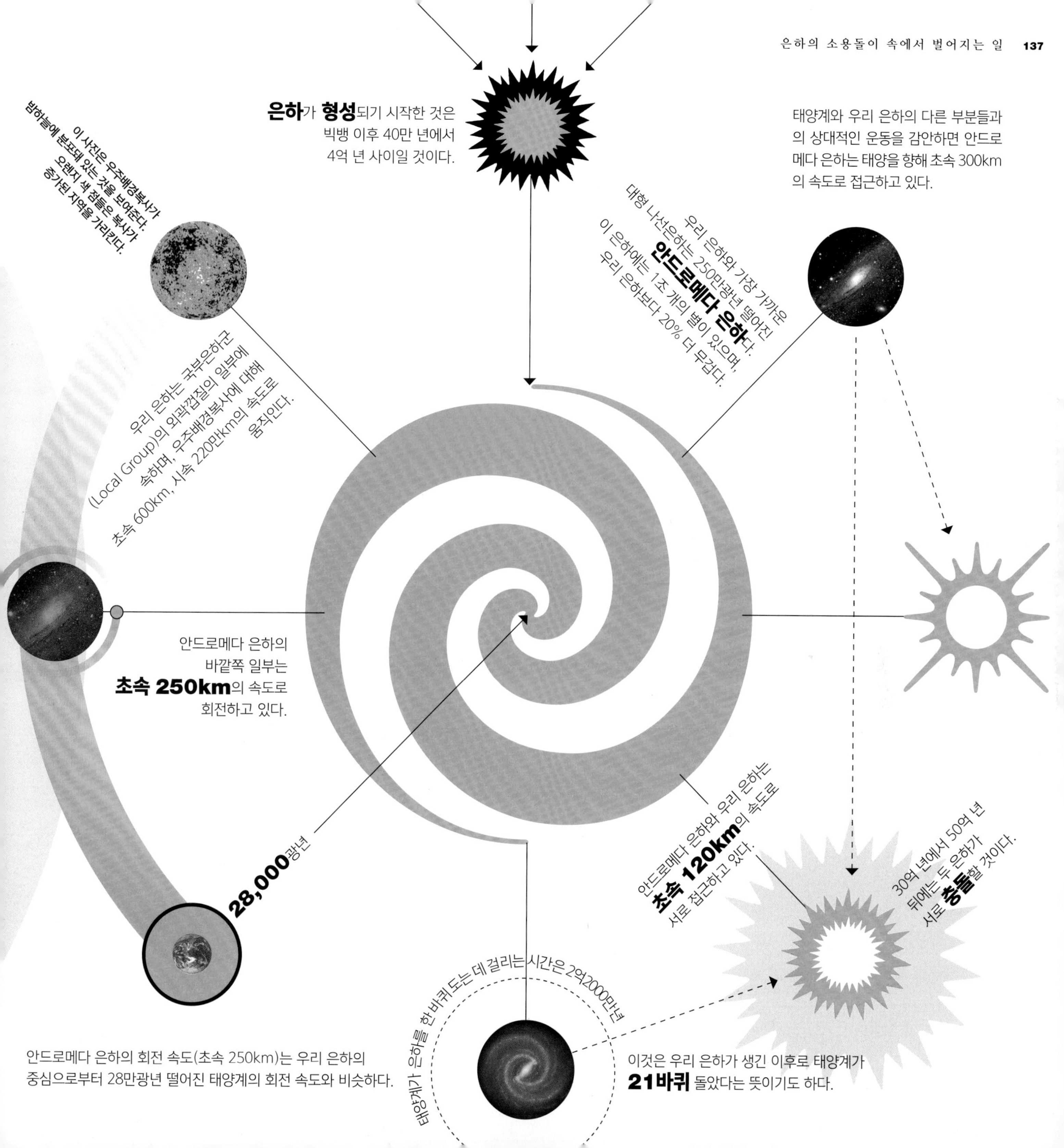

은하가 **형성**되기 시작한 것은 빅뱅 이후 40만 년에서 4억 년 사이일 것이다.
이 사진은 우주배경복사가 밤하늘에 분포돼 있는 것을 보여준다. 오렌지 색 점들은 복사가 증가된 지역을 가리킨다.
태양계와 우리 은하의 다른 부분들과의 상대적인 운동을 감안하면 안드로메다 은하는 태양을 향해 초속 300km의 속도로 접근하고 있다.
우리 은하와 가장 가까운 대형 나선은하는 250만광년 떨어진 **안드로메다 은하**다. 이 은하에는 1조 개의 별이 있으며, 우리 은하보다 20% 더 무겁다.
우리 은하는 국부은하군(Local Group)의 외곽껍질의 일부에 속하며, 우주배경복사에 대해 초속 600km, 시속 220만km의 속도로 움직인다.
안드로메다 은하의 바깥쪽 일부는 **초속 250km**의 속도로 회전하고 있다.
28,000광년
안드로메다 은하와 우리 은하는 **초속 120km**의 속도로 서로 접근하고 있다.
30억 년에서 50억 년 뒤에는 두 은하가 서로 **충돌**할 것이다.
태양계가 은하를 한 바퀴 도는 데 걸리는 시간은 2억2000만년
안드로메다 은하의 회전 속도(초속 250km)는 우리 은하의 중심으로부터 28만광년 떨어진 태양계의 회전 속도와 비슷하다.
이것은 우리 은하가 생긴 이후로 태양계가 **21바퀴** 돌았다는 뜻이기도 하다.

지구가 볼 베어링 크기로 작아진다면

▶ 지구가 볼 베어링 크기(폭이 2mm정도)가 될 정도로 태양계가 작아진다면, 태양의 폭은 20cm가 되고 지구로부터 23.5m 떨어져 있게 될 것이다.

우주의 크기는 우리의 상상력을 뛰어넘는다. 태양계만 해도 천체들 사이의 거리를 좀처럼 감 잡을 수 없다. 태양이 우리 머리 위에서 빛을 비추고 있을 때 태양이 1억5000만km나 떨어져 있다는 걸 느끼기는 힘들다. 우리와 친근한 달도 40만km나 떨어져 있다는 걸 까먹기 일쑤다. 이처럼 우주의 거리가 갖는 의미를 제대로 이해하려면 비유를 하는 수밖에 없다. 위에서 소개한 척도를 적용해 보면 목성의 지름은 2.5cm이고 지구와의 거리는 90m가 조금 넘는다. 태양계의 가장 바깥에 있는 행성인 해왕성은 지구로부터 675m 떨어져 있고 크기는 커피콩만 하다.

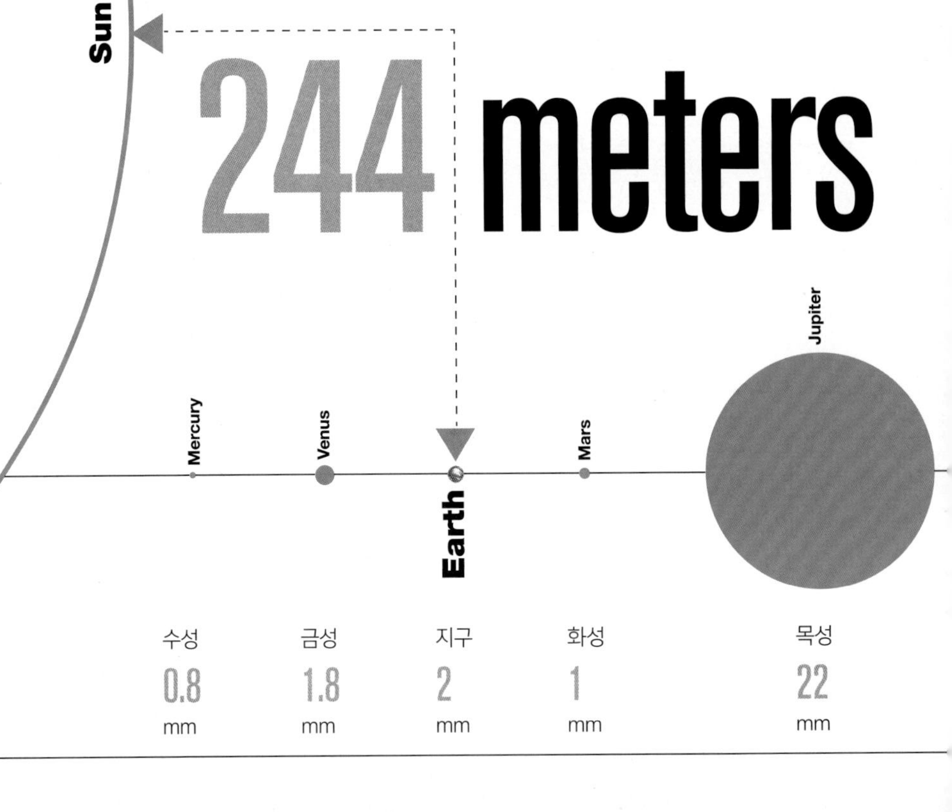

390,000 kilometers

지구와 달 사이의 평균 거리는 390,000km다.
지구가 농구공만 하다면 달은 야구공만 해지고,
둘 사이의 거리는 약 7.6m가 된다.

7.6 meters

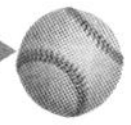

태양과 지구 사이의 거리는
8광분(lightminute)에 불과하지만,

8 lightminutes

태양에서 가장 가까운 항성인 **프록시마 켄타우리**와
지구 사이의 거리는 4.2광년이나 된다.

4.2lightyears

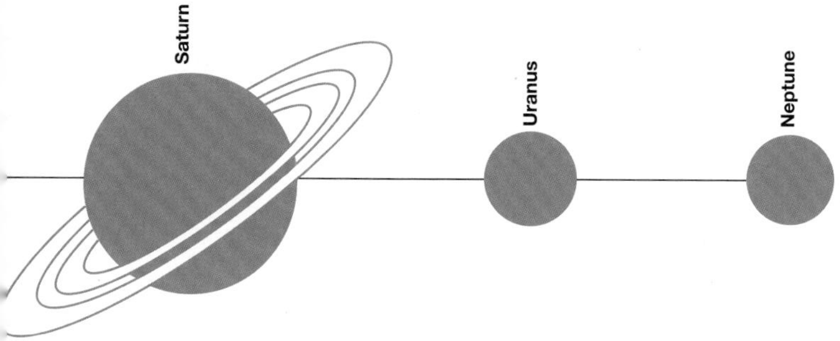

토성	천왕성	명왕성
18 mm	8 mm	7.8 mm

140,000,000,000

우리 은하는 관측 가능한 우주 안에 존재하는 1400억 개 은하 중 하나이다. 천체물리학자인 브루스 그레고리는 자신의 계산 결과, 은하를 **완두콩**이라고 할 때 대형 경기장 하나를 채우고도 남을 정도의 양이 우주에 존재한다면서, 은하의 수는 약 2조 개라고 주장했다.

2 trillion

인간이 만든 가장 빠른 물체(우주탐사선인 헬리오스 2)는 시속 25만 km이며, 이 속도로 가장 가까운 항성(프록시마 켄타우리)까지 가는 데 걸리는 시간은 **1만8천년**이 넘는다.

18 thousand years

13 billion

여태까지 우주에서 발견한 현상 가운데 지구에서 가장 멀리 떨어진 것은 **130억광년** 전에 폭발로 생긴 빛이다. 이는 그때 생긴 빛이 거의 우주의 나이만큼이나 오랜 시간 동안을 걸려 지구에 도착했다는 뜻이다. 이 정도 크기가 되면 아무리 비유를 동원해도 무용지물이어서, 제대로 감을 잡을 수가 없다.

우주의 **나이**는 약 138억년이다.

13.8billionyears

1초에 코끼리 100만 마리

▶ 태양은 초당 코끼리 100만 마리가 갖고 있는 에너지에 해당하는 물질을 태운다.

태양은 거대한 가스 덩어리다(수소가 약 70%, 나머지는 대부분 헬륨이다). 태양의 엄청난 중력 탓에 수소 원자들은 으스러지면서 서로 가까워진다. 결국 수소 원자의 핵들이 서로 융합해 헬륨 핵으로 바뀐다. 이 과정을 통해 수소 질량의 0.8%를 에너지로 바꾸는데, 이 에너지가 1억 5000만km 떨어져 있는 지구를 데우는 것이다.

헬륨

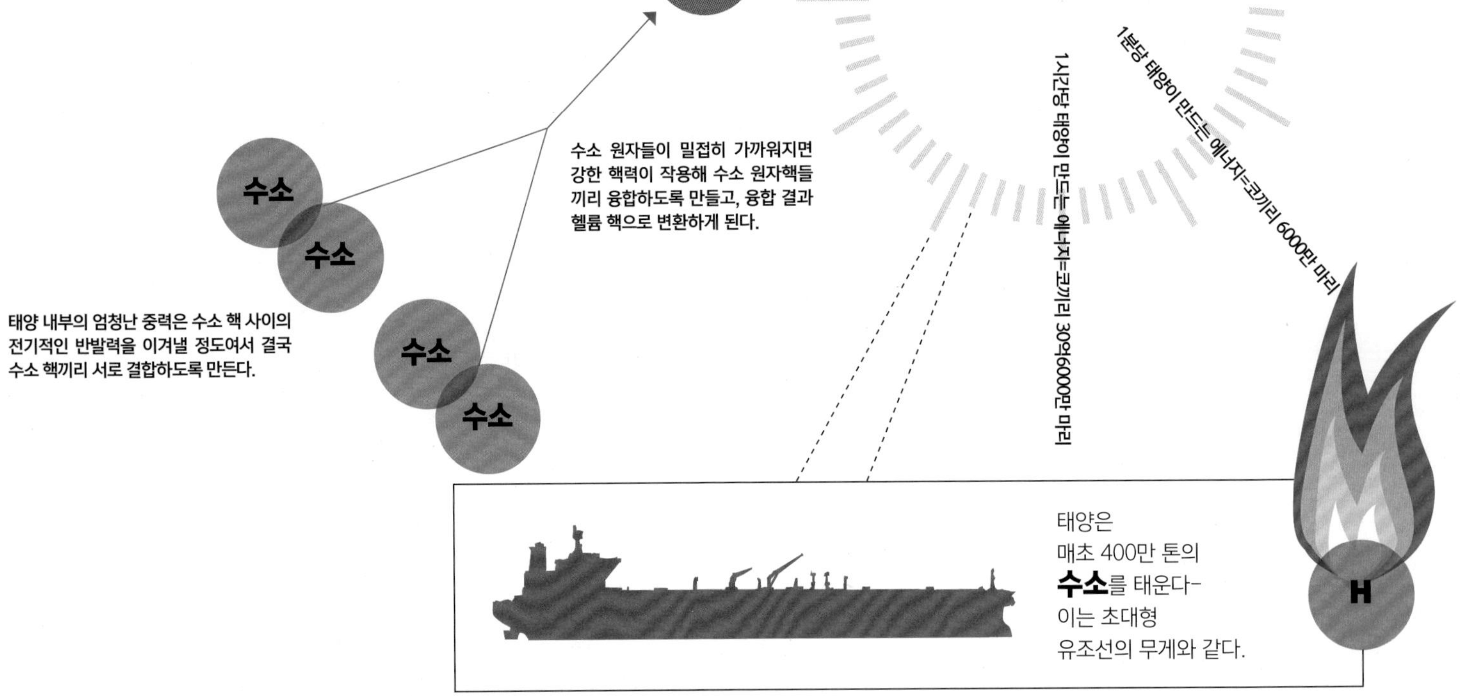
수소
수소
수소
수소
태양 내부의 엄청난 중력은 수소 핵 사이의 전기적인 반발력을 이겨낼 정도여서 결국 수소 핵끼리 서로 결합하도록 만든다.
수소 원자들이 밀접히 가까워지면 강한 핵력이 작용해 수소 원자핵들끼리 융합하도록 만들고, 융합 결과 헬륨 핵으로 변환하게 된다.
1시간당 태양이 만드는 에너지=코끼리 30억6000만 마리
1분당 태양이 만드는 에너지=코끼리 6000만 마리
태양은 매초 400만 톤의 수소를 태운다-이는 초대형 유조선의 무게와 같다.
H

x333,000

태양의 무게는
$2x10^{27}$톤으로,
지구보다 333,000배나 무겁다

태양의 질량은 너무나 거대해서 매초 엄청난 양의 에너지를 만들지만
전체 질량에 미치는 영향은 미미하다.
매초 전체 질량의 10^{18}분의 1만큼만 소실된다.

태양이 생긴 이래 전체 질량의 **0.1%**만 태웠을 뿐이다.

태양이 1kg의 수소를 태우면 1kg보다 조금 적은 헬륨으로 전환되는데, 이때 생기는 에너지는 석탄 1kg을 태웠을 때보다 100만 배나 많다.

태양이 수소 1kg을 태우면 1메가톤급의
수소폭탄에 해당하는 에너지가 나온다.

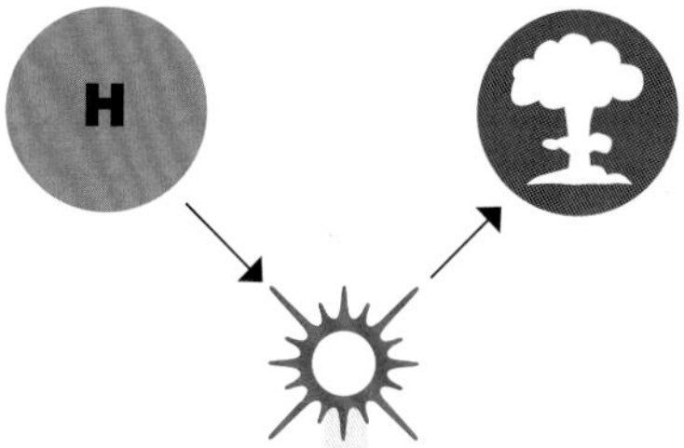

질량 분포에 따른 태양의 구성 성분은 다음과 같다.

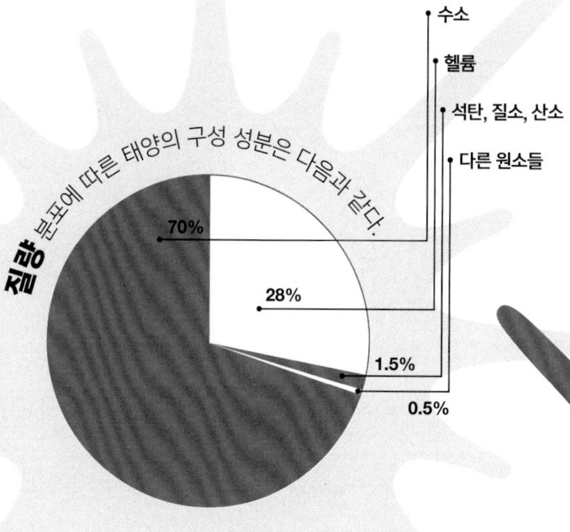

태양은 강력한 **자기장**을 갖고 있어 가끔은 거대한 플라즈마(초고온에서 음전하를 가진 전자와 양전하를 가진 이온으로 분리된 기체 상태) 구름을 내뿜기도 한다. 예컨대 2010년 10월28일 태양에서 일어난 폭발로 플라즈마 회오리가 35만km 높이까지 치솟았다.

태양폭발(solar flare)은 자기장의 갑작스러운 증가로 발생하며 1000억 톤가량의 고에너지 입자들이 방출된다. TNT 수십억 메가톤에 해당하는 **에너지가 방출**되는 것과 같다.

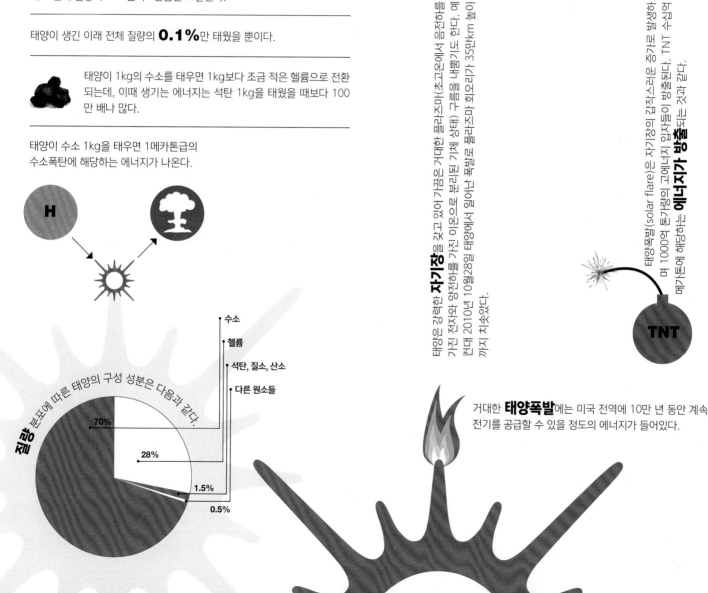

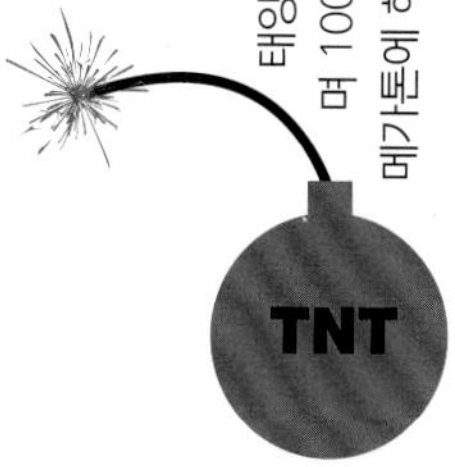

거대한 **태양폭발**에는 미국 전역에 10만 년 동안 계속 전기를 공급할 수 있을 정도의 에너지가 들어있다.

광속으로 여행하기

빛의 속도(초속 약 30만km)는 워낙 빠르기 때문에 –현재까지 가장 빠른 속도를 낼 수 있는 기술로 거론되는– 수백 개의 핵폭탄으로 추진되는 우주선조차도 광속의 5% 정도밖에 속도를 내지 못한다.

진공 상태에서의 빛은 우주에서 가장 빠른 속도를 갖는다. 여태까지 인간이 이룬 가장 빠른 속도조차도 빛에 비하면 미미한 수준이다.
현재의 기술수준으로는 우주여행이 몽상에 불과하다는 뜻이기도 하다.
인간의 우주기술이 얻은 최고 속도는 헬리오스 2호가 보여준 시속 25만km 이상이었다.
태양에 근접한 다음 태양의 중력을 이용해 가속을 받는 방식을 사용한 결과였다.

아직 가능성으로만 논의되고 있는 핵 펄스 추진(nuclear pulse propulsion)은 우주선 속도를 광속의 5%까지 끌어올릴 수 있을 것으로 예상된다.
핵 펄스 추진은 우주선 밑에 핵폭탄을 설치해 1초에 한 번꼴로 터뜨려 이를 제어하는 방식이다.

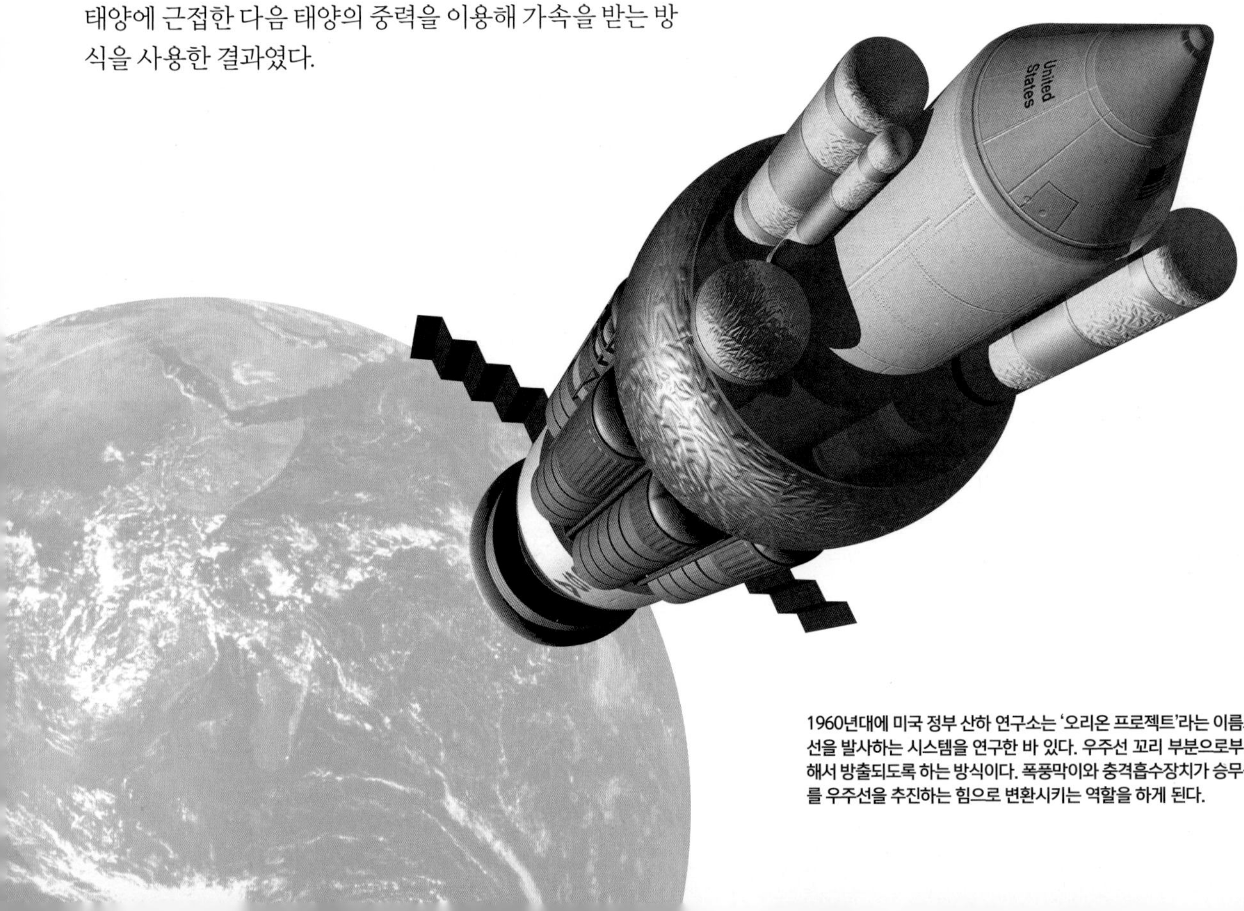

1960년대에 미국 정부 산하 연구소는 '오리온 프로젝트'라는 이름으로 핵분열을 이용해 우주선을 발사하는 시스템을 연구한 바 있다. 우주선 꼬리 부분으로부터 핵 충격파(펄스)가 연속해서 방출되도록 하는 방식이다. 폭풍막이와 충격흡수장치가 승무원을 보호하는 한편 충격파를 우주선을 추진하는 힘으로 변환시키는 역할을 하게 된다.

메두사 추진 시스템의 작동 순서

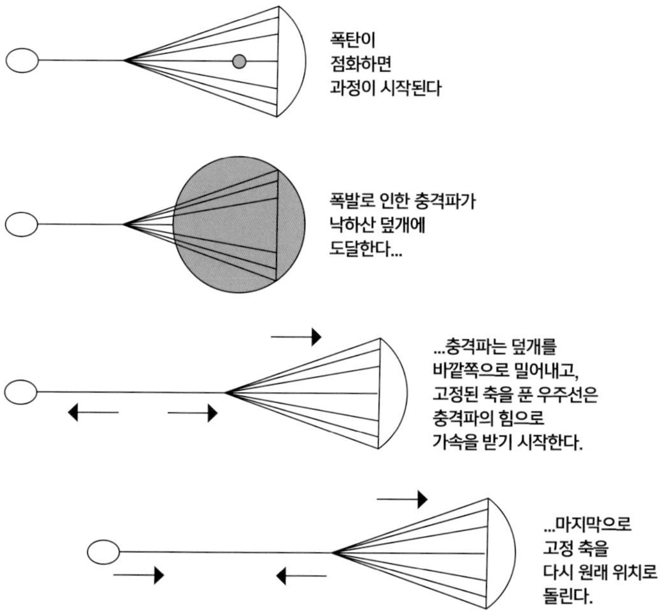
폭탄이
점화하면
과정이 시작된다
폭발로 인한 충격파가
낙하산 덮개에
도달한다...
...충격파는 덮개를
바깥쪽으로 밀어내고,
고정된 축을 푼 우주선은
충격파의 힘으로
가속을 받기 시작한다.
...마지막으로
고정 축을
다시 원래 위치로
돌린다.

빛의 진행 속도는 시속으로 10억7900만km다. 태양과 지구 사이의 거리를 8분여 만에 돌파할 수 있는 속도다. 하루 24시간 동안 빛이 달리는 거리는 태양과 지구 사이의 거리보다 173배나 길다.

480 seconds

헬리오스 2호가 자신의 최고속도로 계속 달린다면 프록시마 켄타우리까지 1만9000년이 걸릴 것이다 이는 600세대에 해당하는 시간이다.

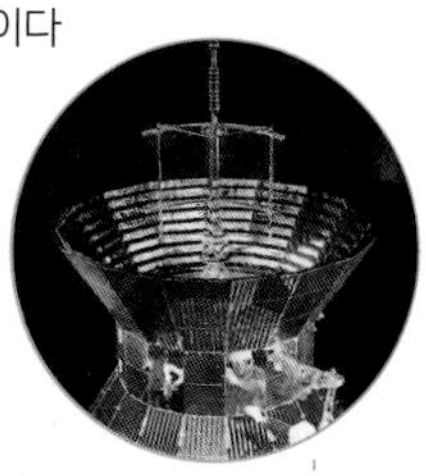

4.22 years

85 years

태양계와 가장 가까운 항성인 프록시마 켄타우리까지 지구에서 여행하는 데 걸리는 시간은 **4.22**광년이다.

19,000 years

핵 펄스(전자파)를 이용하면 우주선이 프록시마 켄타우리까지 가는 데 85년이 걸릴 것이다. 물론 근처에 다다랐을 때 감속해야 하는 상황은 따로 고려해야 한다.

프록시마 켄타우리

아인슈타인의 유명한 방정식 $E=mc^2$은 질량 m이 완전히 에너지 E로 변환했을 때의 관계를 나타낸다. 광속 c가 굉장히 큰 수이기 때문에 이 방정식의 결과인 E도 엄청나게 큰 수가 된다. 예컨대 물질 1kg에 담긴 이론적인 에너지 양은 지구 전체 인구를 우주로 밀어 올릴 수 있을 정도로 크다.

평균적인 성인 한 명을 전부 에너지로 변환하면
거대한 수소폭탄 30개에 해당하는 폭발력을 만들어낼 수 있다

하지만 실제로 질량을 100% 모두 에너지로 변환하는 것은 거의 **불가능**하다. 심지어 우주에서 질량-에너지 변환효율이 가장 높은 블랙홀에서조차도 질량의 43%정도만 에너지로 바뀐다.

중력새총현상(gravitational slingshot, 중력이 큰 행성의 궤도를 지날 때 그 행성의 중력에 이끌려 들어가다 바깥으로 다시 튕겨 나오면서 속력을 얻는 방식-역주)을 이용한 보이저 1호는 지금도 기능하고 있는 우주탐사선 중 **인간이 만든 가장 빠른 물체**다. 현재 시속 약 62만km의 속도로 여행 중이다.

보이저 1호가 프록시마 켄타우리까지 가는 데는 73,000년(2,500세대)이 걸릴 것이다.

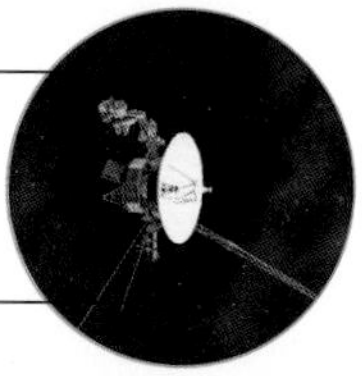

73,000 years

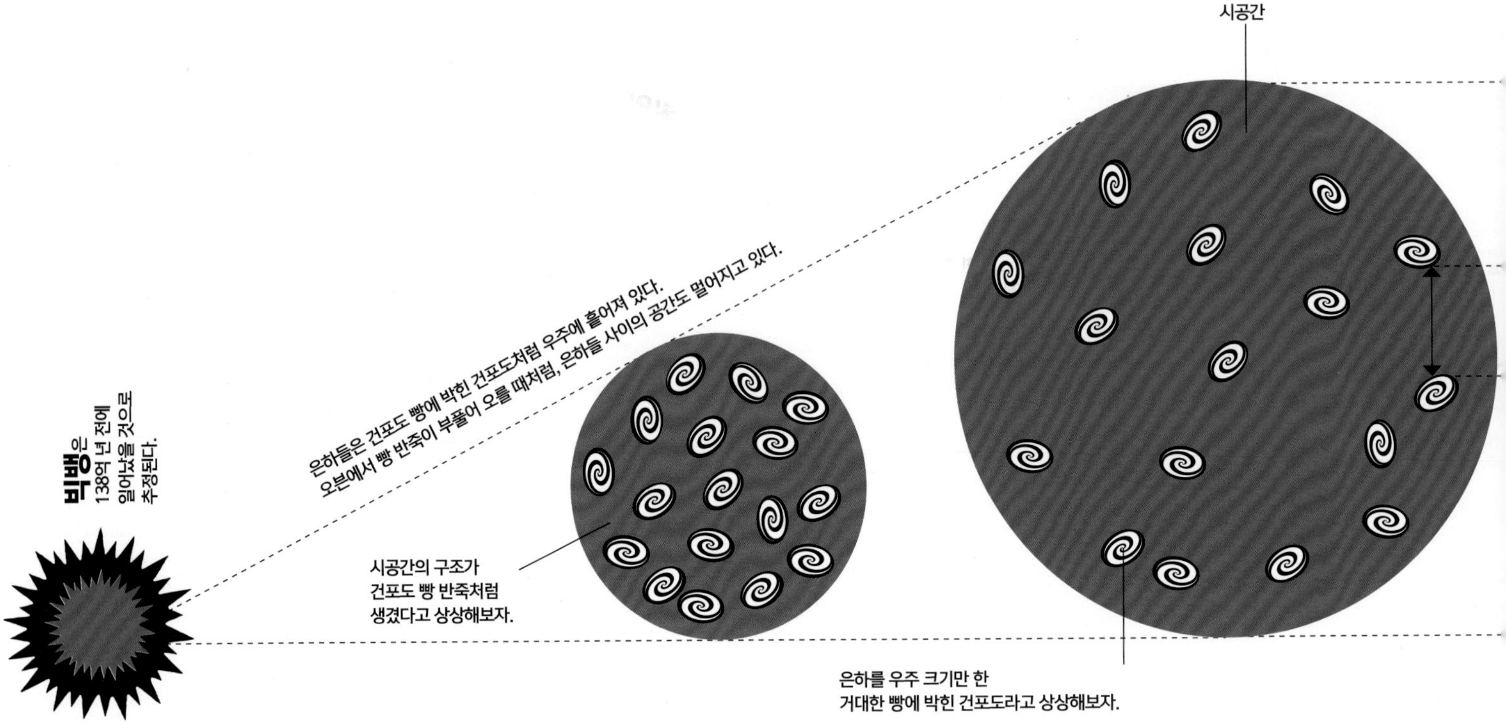

시공간
은하들은 건포도 빵에 박힌 건포도처럼 우주에 흩어져 있다.
오븐에서 빵 반죽이 부풀어 오를 때처럼, 은하들 사이의 공간도 멀어지고 있다.
빅뱅은 138억 년 전에 일어났을 것으로 추정된다.
시공간의 구조가 건포도 빵 반죽처럼 생겼다고 상상해보자.
은하를 우주 크기만 한 거대한 빵에 박힌 건포도라고 상상해보자.

건포도 빵을 닮은 우주

▶ 팽창하는 우주 안의 은하들은 오븐에서 부풀어 오르는 빵에 든 건포도와 같다. 건포도들은 서로 떨어져 있는 거리에 비례하는 속도로 서로서로 멀어지고 있는 것처럼 보인다.

1929년 미국 천문학자 에드윈 허블은 자신이 관측한 모든 은하들이 지구로부터 멀어지고 있으며, 은하들끼리도 서로 간의 거리에 비례해 서로 멀어지고 있다는 사실을 발견했다.
이는 폭발이 일어난 뒤의 파편들처럼 어떤 중심점으로부터 멀어지고 있는 것과는 다른 모습이었다.
우주에는 중심이 없으며, 따라서 우주의 모습은 어디에서 보든 모두 똑같다는 말이다. 이것은 우주 자체가 팽창하고 있다는 의미다.

건포도 빵을 비유로 들어보자. 건포도는 은하이고, 빵은 시공간이다. 빵의 크기가 아주 거대하다면, 각각의 건포도 관점에서는 시공간은 표면도 없고 끝도 없다.
이제 건포도 빵을 오븐에 넣어 부풀린다고 해보자.
빵이 부풀어 오를수록 건포도들은 서로서로 멀어지고, 두 건포도 사이의 거리가 멀수록 멀어지는 속도도 커지게 된다
그것은 어떤 건포도에 대해서도 모두 동일하게 적용된다.

5%

지난 **10억 년** 동안 은하단들 사이의 공간은 약 5% 팽창되었다.

현재까지의 연구 결과로는 **우주의 폭**이 930억광년일 것으로 추측되고 있다. 반면 우주의 나이는 겨우 138억 년이다.

93 billion light years

현재 우리가 우주에서 감지할 수 있는 물질과 에너지는 과학자들이 우주에 존재해야만 한다고 여기는 물질과 에너지 총량의 5%에 불과하다.

5%

암흑물질은 우주 전체의

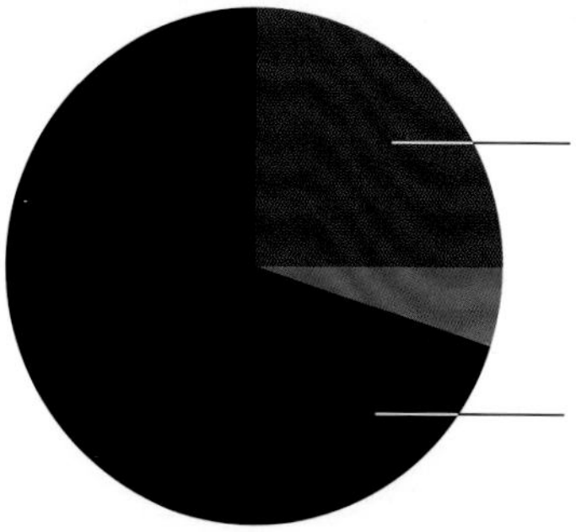

27%

를 차지하고 있다.

68%

우주의 68%는
암흑 에너지다.

우리 우주의 모양에 관한 세 가지 가능성

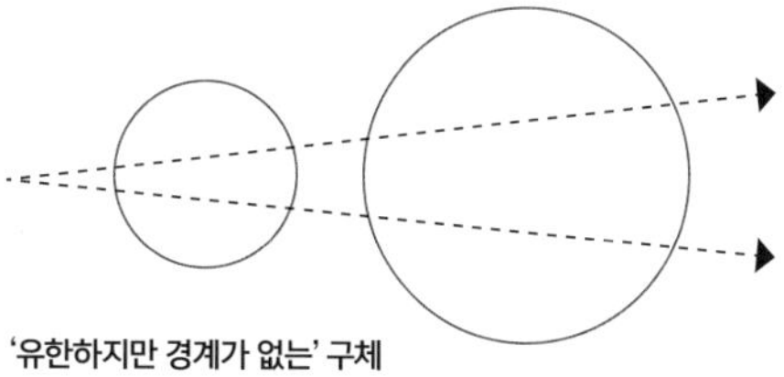

'유한하지만 경계가 없는' 구체

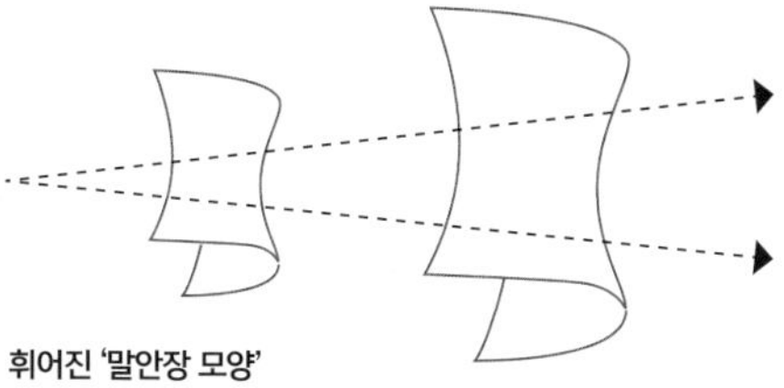

휘어진 '말안장 모양'

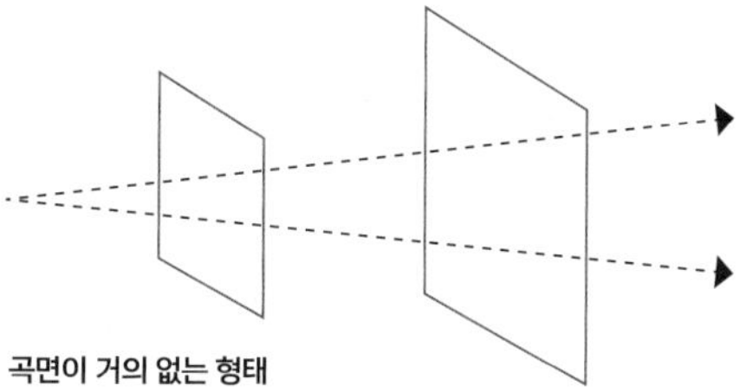

곡면이 거의 없는 형태

우주에는 아직 밝히지 못한 힘이 존재한다. 우주에는 중력이 작용하기 때문에 우주가 팽창하는 속도를 어느 정도 늦출 수 있어야 한다. 하지만 실제로는 우주는 가속적으로 팽창하고 있다. 이는 중력을 상쇄할 만큼의 어떤 힘이 작용한다는 뜻이다. 과학자들은 아직 밝혀지지 않은 이 힘을 암흑에너지라고 부른다. 또한 과학자들은 은하들에는 아직 밝히지 못한 질량이 더 있어야 한다고 생각하며 이 질량을 암흑물질이라고 부른다.

우주가 요요에 빠진다면

▶ 우주가 빅 크런치(대수축, Big Crunch)-빅뱅과는 정반대 현상-로 종말을 맞게 된다면, 그것은 또 다른 빅뱅이 될 수 있기 때문에 우주는 팽창과 수축을 영원히 반복할 것이다.

우주의 밀도가 일정한 값 이상이면, 이 밀도에 따른 중력이 작용해 빅뱅 이후 계속되고 있는 우주의 팽창을 어느 시점에는 멈추게 하면서 점점 수축해 결국은 빅 크런치에 이르게 될 것이다. 이런 우주는 기하학적으로 구형(닫힌 면)을 띠기 때문에 '닫힌 우주'라고 부른다.

반면 우주의 밀도가 일정한 값 이하이면, 우주는 영원히 팽창을 계속할 것이다. 이는 기하학적으로 말안장과 같은 휘어진 면을 갖기 때문에 '열린 우주'라고 부른다.

한편 우주가 특정한 값의 밀도 즉 임계밀도(critical density)를 갖는다면, 중력과 팽창력이 맞서는 상태가 되고 시간이 무한히 지나면서 팽창이 서서히 멈추게 될 것이다. 이것을 '평평한 우주'라고 부른다.

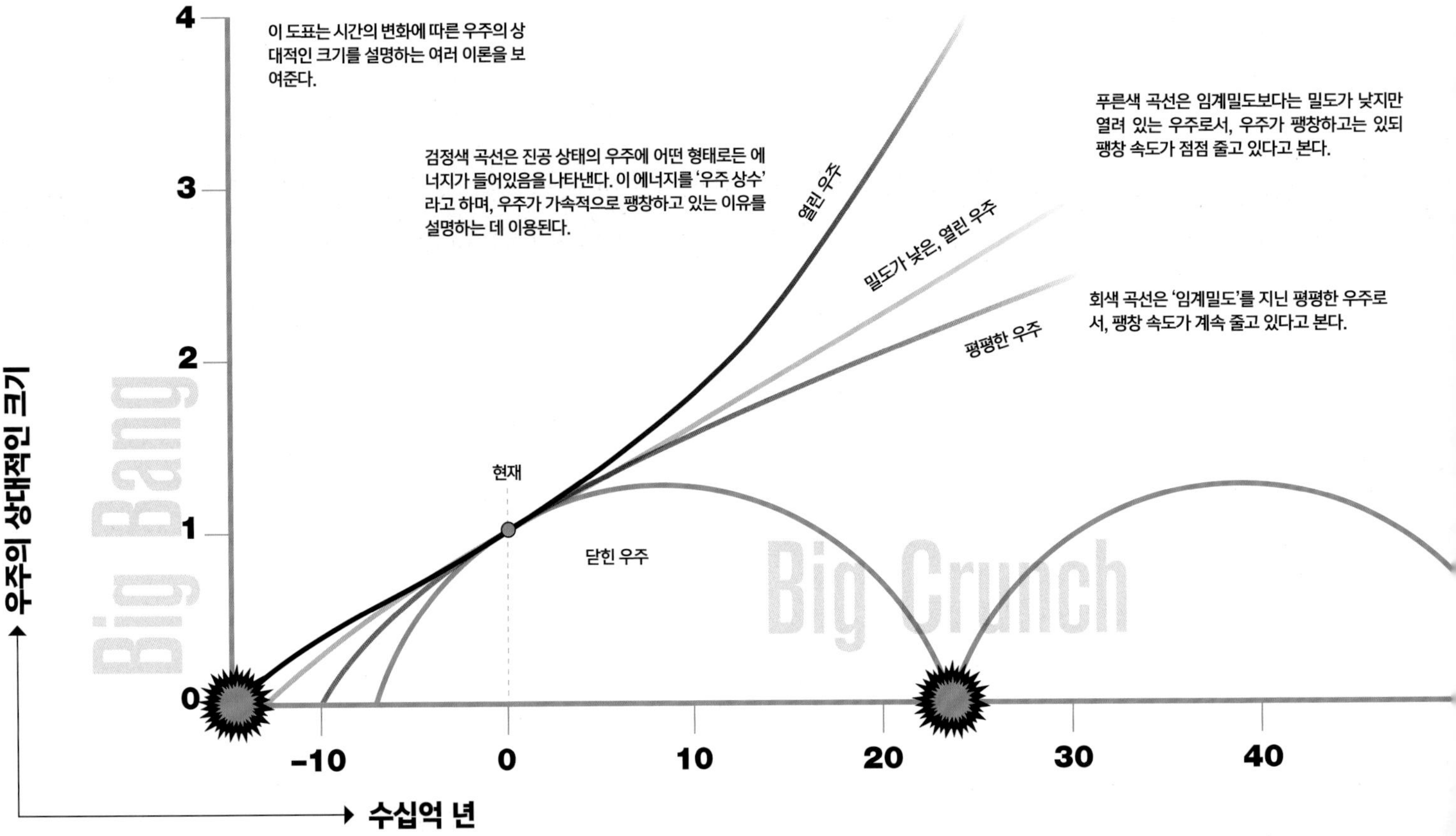
이 도표는 시간의 변화에 따른 우주의 상대적인 크기를 설명하는 여러 이론을 보여준다.
검정색 곡선은 진공 상태의 우주에 어떤 형태로든 에너지가 들어있음을 나타낸다. 이 에너지를 '우주 상수'라고 하며, 우주가 가속적으로 팽창하고 있는 이유를 설명하는 데 이용된다.
푸른색 곡선은 임계밀도보다는 밀도가 낮지만 열려 있는 우주로서, 우주가 팽창하고는 있되 팽창 속도가 점점 줄고 있다고 본다.
회색 곡선은 '임계밀도'를 지닌 평평한 우주로서, 팽창 속도가 계속 줄고 있다고 본다.
열린 우주
밀도가 낮은, 열린 우주
평평한 우주
현재
닫힌 우주
Big Bang
Big Crunch
4
3
2
1
0
-10
0
10
20
30
40
우주의 상대적인 크기
수십억 년

지구에서 우주선을 발사한다고 하자. 우주선의 초기 속도가 지구 중력을 벗어날 정도로 빠르지 않으면 발사 이후 큰 포물선을 그리면서 땅으로 곤두박질칠 것이다. 이것은 닫힌 우주와 비슷하다.
반면 지구 중력을 이겨낼 정도의 속도라면 열린 우주처럼 발사 이후 영원히 계속해서 나아갈 것이다. 우주선의 초기 속도와 중력이 똑같다면 무한한 시간이 지나고 난 뒤 우주선은 정지하게 될 것이다.

열린 우주와 닫힌 우주를 나누는 **임계밀도**는 10^{-26}g/cm^{3}이다.
우리 몸의 밀도는 약 1g/cm^{3}다.
하지만 우주에는 이보다 훨씬 밀도가 낮은 곳이 많기 때문에
우주의 평균밀도는 임계밀도에 가깝다.

NASA의 **WMAP**(윌킨슨 마이크로파 비등방성 탐색위성)는
우주배경복사를 측정해 우주의 밀도를 계산한다.
이 결과에 따르면 우리 우주는 0.4%의 오차범위 안에서
평평한 우주에 속한다.

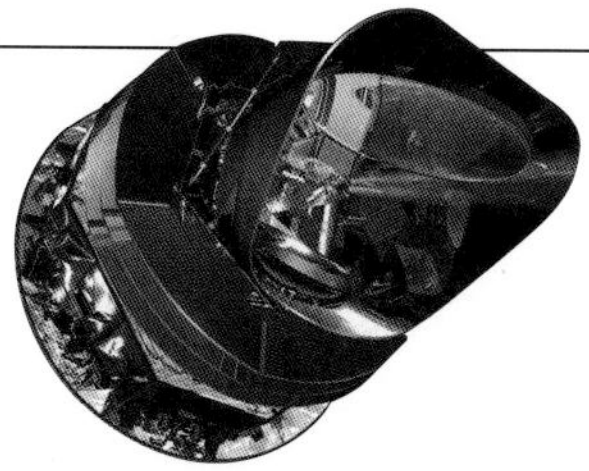

플랑크 관측위성은 우주배경복사를 측정하기 위해 유럽우주국이 2009년에 발사한 것으로 4년 동안 작동했다.

우주배경복사는 빅뱅의 흔적으로서, 한 곳을 제외하면 우주에서 가장 온도가 낮다. 우주배경복사는 우주에 평균 2.72778K(-270℃, -454℉)의 온도를 제공한다.

우주에서 **가장 추운 곳**은
1K(-272.15℃, -457.87℉)인 부메랑 성운이다.

99% 우주배경복사는
우주에 존재하는 복사파의
99%를 차지한다.

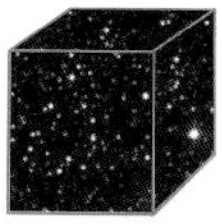

우주에서 각설탕 하나 크기의 공간을 택하면, 거기에는 우주배경복사에 속한 300개의 광자(photon)가 들어있을 것이다.
300 photons of CMB radiation.

1% 채널이 고정되지 않은 TV수신기에서 생기는 잡음 가운데 1%는 우주배경복사에 의한 것이다.

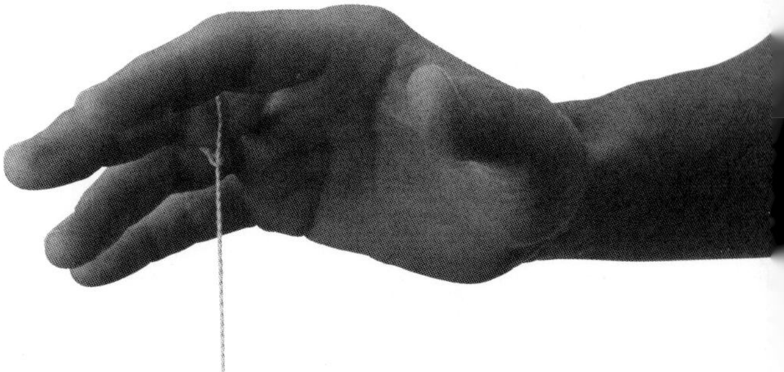

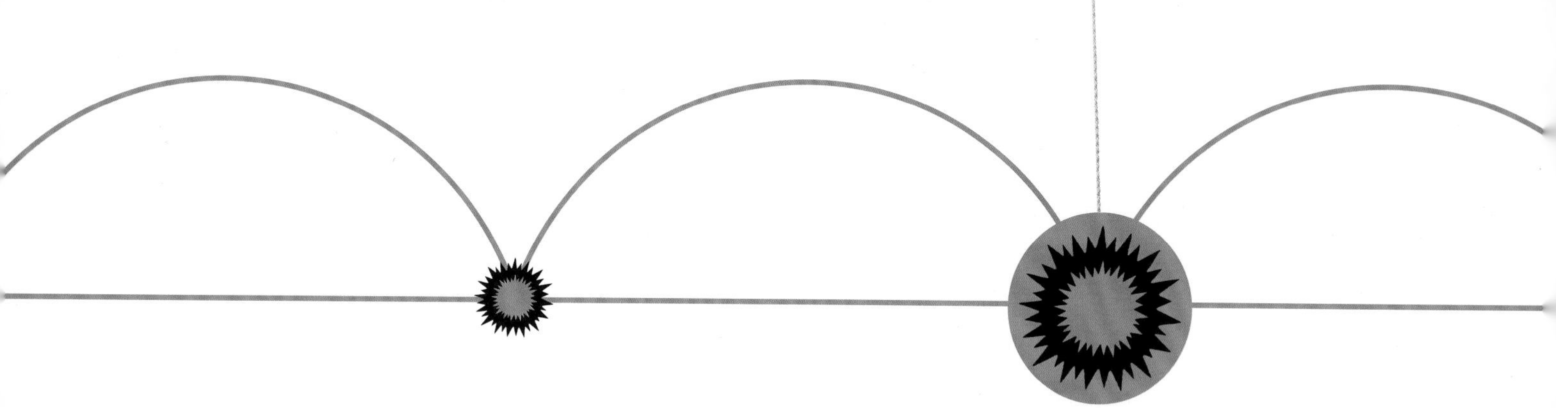

달에서 반딧불이 찾기

▶ 생긴 지가 가장 오래되고 가장 멀리 있는 은하들은 몹시 희미하기 때문에 망원경으로 이들을 발견하는 것은 달에 있는 반딧불이를 찾는 것만큼이나 어려운 일이다.

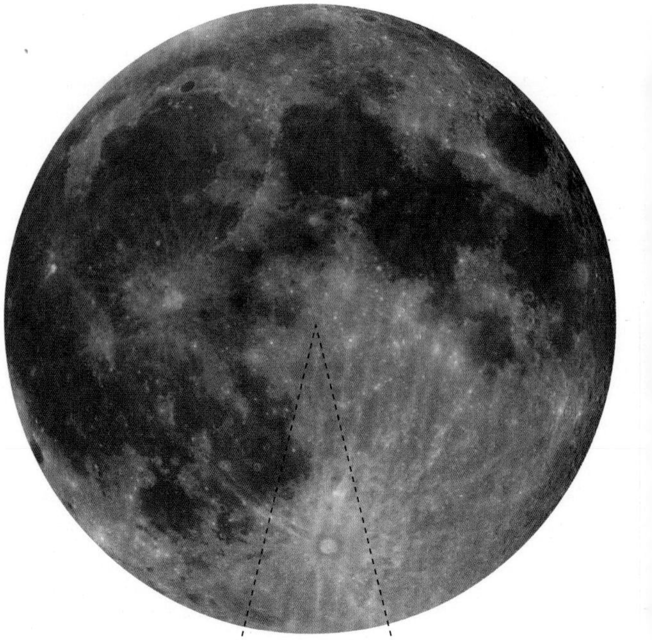

2004년 허블우주망원경은 울트라 딥 필드(UDF)라 불리는 사진을 찍는 데 성공했다. 이 사진은 지구에서 가장 멀리 있는–따라서 가장 나이 많은– 1만 개의 은하들 모습을 보여준다. 우주 초기에 형성된 천체들은 너무나 멀리 떨어져 있기 때문에 거기서 나오는 빛도 굉장히 흐릿하며, 따라서 그것들을 찾는 것은 엄청나게 힘들다.

실제로 달에 반딧불이가 있다면 오래 살아있지 못할 것이다. 밤은 영하 233°C로 엄청 춥고, 낮은 123°C로 엄청 덥기 때문에 얼거나 타버릴 것이다.

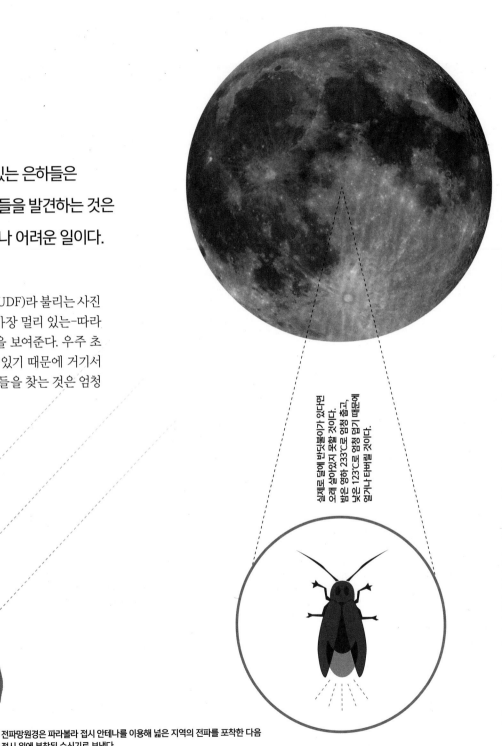

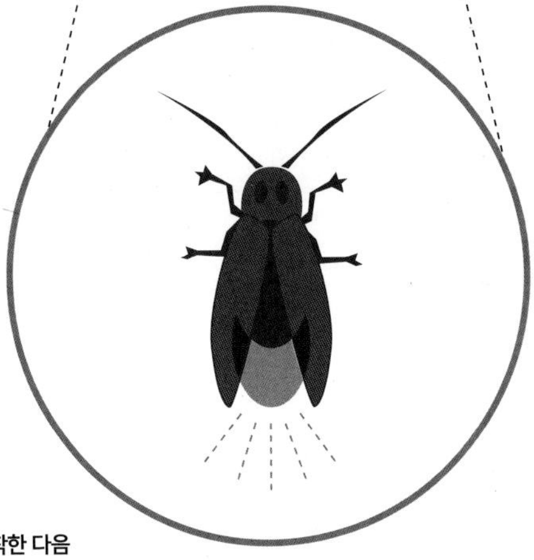

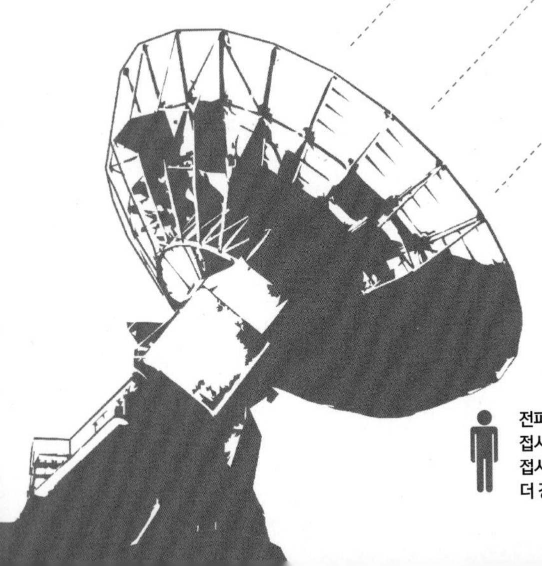

전파망원경은 파라볼라 접시 안테나를 이용해 넓은 지역의 전파를 포착한 다음 접시 위에 부착된 수신기로 보낸다.
접시가 클수록 더 많은 전파를 잡아낼 수 있어 더 강력한 전파망원경이 된다.

하늘 전체는 UDF 사진에서 찍힌 영역보다 1270만 배나 더 넓다.

x12.7million

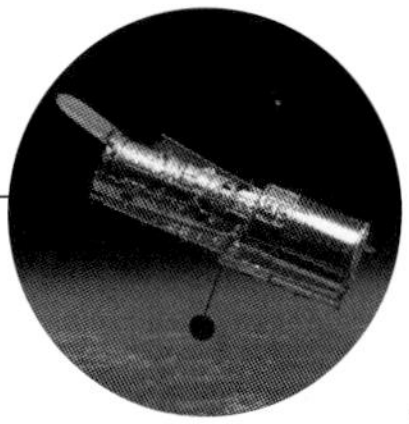

대개의 경우, 허블망원경은 사진 한 장을 찍기 위해 1분당 10^{12}개의 **광자**를 포획한다. 하지만 UDF 사진을 찍을 때는 1분당 광자 하나만을 모았을 뿐이다.

이 정도의 광자 포획 수준으로 밤하늘 전체를 관측하기 위해서는 허블망원경으로 100만 년 동안 잠시도 쉬지 않고 계속 관찰해야 한다.

전파망원경은 전자기 스펙트럼의 극히 낮은 에너지 영역에서 나오는 복사파도 감지할 수 있다.

VLBA 전파망원경은 달에서 야구 배트 길이만큼의 움직임만 있어도 포착해낼 수 있다.

UDF는 지구에 가까운 '근거리 장(near-field 전파 변화가 심한 전기장-역주)' 중에서 밝은 별들이 상대적으로 낮은 밀도로 모여있는 작은 영역이다.

허블망원경은 0.085아크초의 **해상도**(분해능)를 갖는다.

0.085

이것은 2km 떨어진 거리에서 25센트 동전에 새겨진 글자를 읽어낼 수 있을 정도의 대단히 높은 해상도이다.

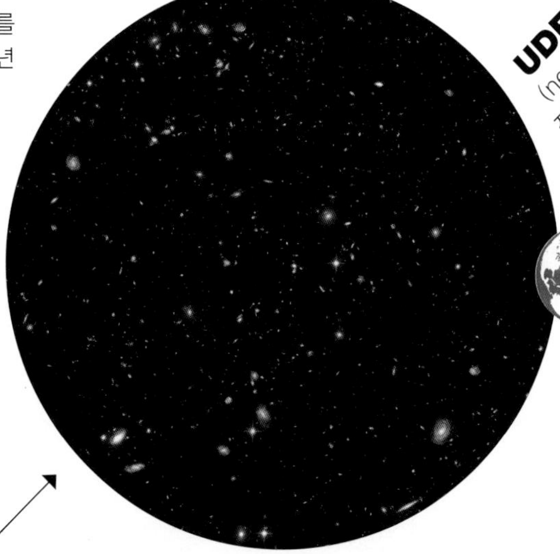

Ultra Deep Field

x10,000 galaxies

UDF 사진에는 10,000개의 은하가 들어있다.

6,000

지구에서 육안으로 볼 수 있는 밤하늘의 별은 약 6,000개이지만, 한 사람이 한 곳에서 볼 수 있는 것은 약 3,000개이다.

3,000

쌍안경으로 볼 수 있는 별은 약 50,000개이다.

50,000

성능이 좋은 16인치 망원경으로는 은하를 100,000개까지 볼 수 있다.

100,000

허블망원경은 **30등급**의 별도 알아낼 수 있다.

육안으로 지각할 수 있는 **가장 희미한 빛**은 6등급 별에서 오는 빛이다.

물병처럼 폭발하는 초신성

초신성 에타 카리나이(Eta Carinae)는 거대한 크기 때문에 불안정해서, 가스와 먼지로 이뤄진 외곽 껍질을 주기적으로 우주공간으로 분출시켜 사진에서 보는 것과 같은 성운을 만든다.

초신성으로 변하는 별은 가스로 된 외곽 껍질이 폭발하는데, 이는 물병을 탁자에 내리쳤을 때 물이 솟아나오는 것과 닮았다.

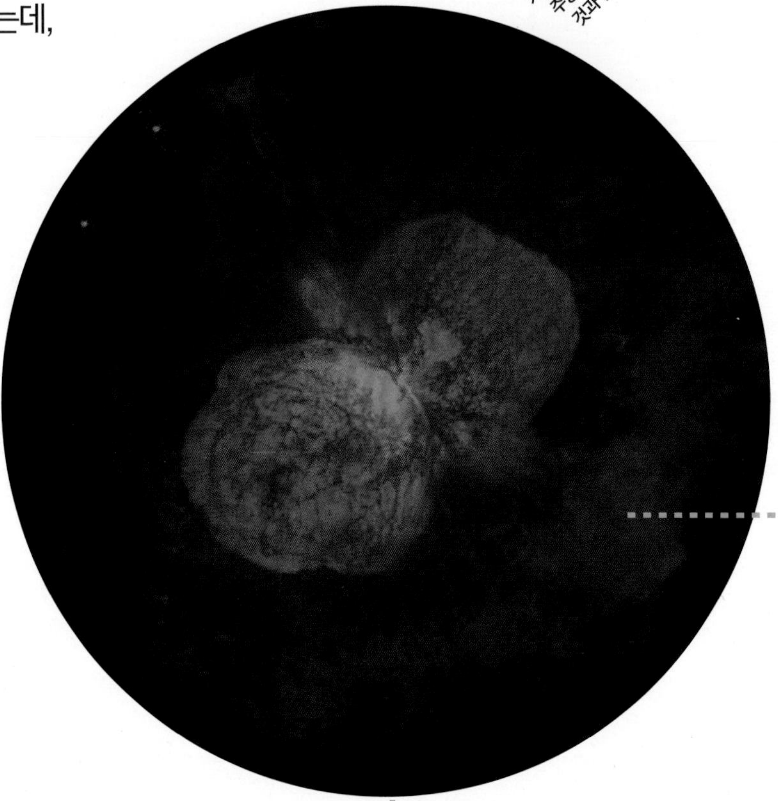

태양보다 질량이 8배 이상 큰 별들은 초신성이 되면서 일생을 마친다. 별이 핵융합 반응으로 인해 연료를 모두 소진하면, 바깥쪽으로 향하는 압력이 더 이상 존재하지 않기 때문에 스스로 붕괴하게 된다. 붕괴 이후에 남는 거대한 물질 덩어리는 자체의 중력에 의해 내파하게 된다. 내파 과정에서 나오는 격렬한 충격파 때문에 물질 덩어리들은 중성자들로 바뀌고 엄청난 밀도를 갖게 된다. 이 충격파가 초고밀도의 물질을 다시 밀어내며 거대한 힘으로 분출하면 외곽 껍질의 가스층이 폭발하게 되고 무거운 원소들이 우주 공간에 흩어져 성운을 만들게 된다. 이 폭발 장면은 마치 뚜껑이 열린 물병을 탁자에 쾅 내리쳤을 때 일어나는 현상과 비슷하다. 탁자와 부딪쳐 갑자기 속도가 느려진 물은 충격파를 만들고, 충격파는 물병을 타고 내려갔다가 다시 위로 솟구치면서 물을 밖으로 몰아내는 것이다.

x 10^{27}

초신성이 **발산하는 에너지**는 수소폭탄 10^{27}개를 한꺼번에 터뜨리는 것과 같다.

단 몇 달 동안 초신성이 내는 빛은 은하계 하나가 내는 빛보다 더 밝으며, 1000억 개의 별들이 내는 것과 맞먹는다.

100 billion stars

x100,000trillion

NASA는 2005년에 시속 3만2000km의 속도로 움직이는 두 개의 중성자별이 서로 충돌한 것을 관측했다. 이 충돌로 태양 100,000조 개에서 나오는 빛과 맞먹는 양의 빛이 분출되었다.

초신성이 되면 애초의 별보다 지름 크기가 100,000분의 1로 줄어든다. 우리 태양은 너무 작아서 초신성이 될 수 없다. 만약 태양이 초신성이 될 수 있다면, 붕괴 이후에 15km 폭을 가진 중성자별이 될 것이다.

1/100,000

100 x heavier

400 x wider

4,000,000 x brighter

여태까지 관측된 가장 무거운 별은 타란툴라(독거미) 성운에 있는 **R136a1**로, 태양보다 315배가 무겁고, 폭은 29배 크며, 약 900만 배나 밝다.

x1

보통의 은하계에서는 **50년에 하나** 꼴로 초신성이 생긴다.

1987년에 발견된 SN1987a는 육안으로도 볼 수 있을 정도로 가장 밝은 초신성이었다. 그러나 폭발을 일으킨 중심별 주위의 고리 3개가 어떻게 형성되었는지는 아직까지 수수께끼로 남아있다.

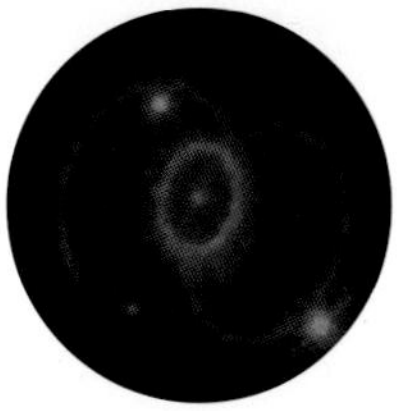

초신성으로 생긴 충격파는

시속 3500만km의 속도로

35 million km/h

분출된다.

지금까지 관측된 우주에서 가장 큰 별은 UY스쿠티(UY Scuti)로 태양계로부터 950광년 떨어진 방패자리에 있는 적색 초거성이다. 크기는 태양의 1708배로 추정된다. 만약 태양이 이 정도 크기라면 목성 궤도까지 팽창될 것이다. 빛이 이 별의 한쪽 끝에서 다른 쪽 끝까지 가는 데는 2시간 이상 걸린다.

Section 05

▶ 우리는 지구에서 태어나 살다가 생을 마치지만, 이 행성에 대해 아직도 모르는 것이 너무나 많다. 이 섹션에서는 지진이나 화산, 허리케인, 쓰나미 같은 자연의 엄청난 파괴력 등을 다루고, 지구의 구성 성분과 지질학적 형성 과정에 대해 설명할 것이다. 또한 환경과 기후에 대해서도 알아보려고 한다.

지구과학

너무도 막강한 바람

▶ 거대한 허리케인 하나가 하루 동안 일으키는 에너지는 영국이나 프랑스 전역에 1년간 공급할 수 있는 전력의 양과 맞먹는다.

열대성 저기압(열대성 폭풍)은 공기가 열대 해양으로부터 습기와 열을 흡수하면서 발생한다. 습하고 따뜻한 공기가 상승하면 공기 중에 있던 수증기가 물방울로 응결하는데, 이때 숨은 열(잠열)이라 불리는 에너지가 방출된다. 이 에너지 중 일부가 역학에너지로 바뀐 것이 바람이다. 이 바람은 대양을 지나면서 더 많은 열과 수증기를 흡수하게 된다. 이것이 다시 상승하면 숨은열이 역학에너지로 바뀌면서 더 큰 바람이 되고, 이런 과정이 반복되면서 거대한 에너지의 파괴적인 힘을 지닌 허리케인이 되는 것이다.

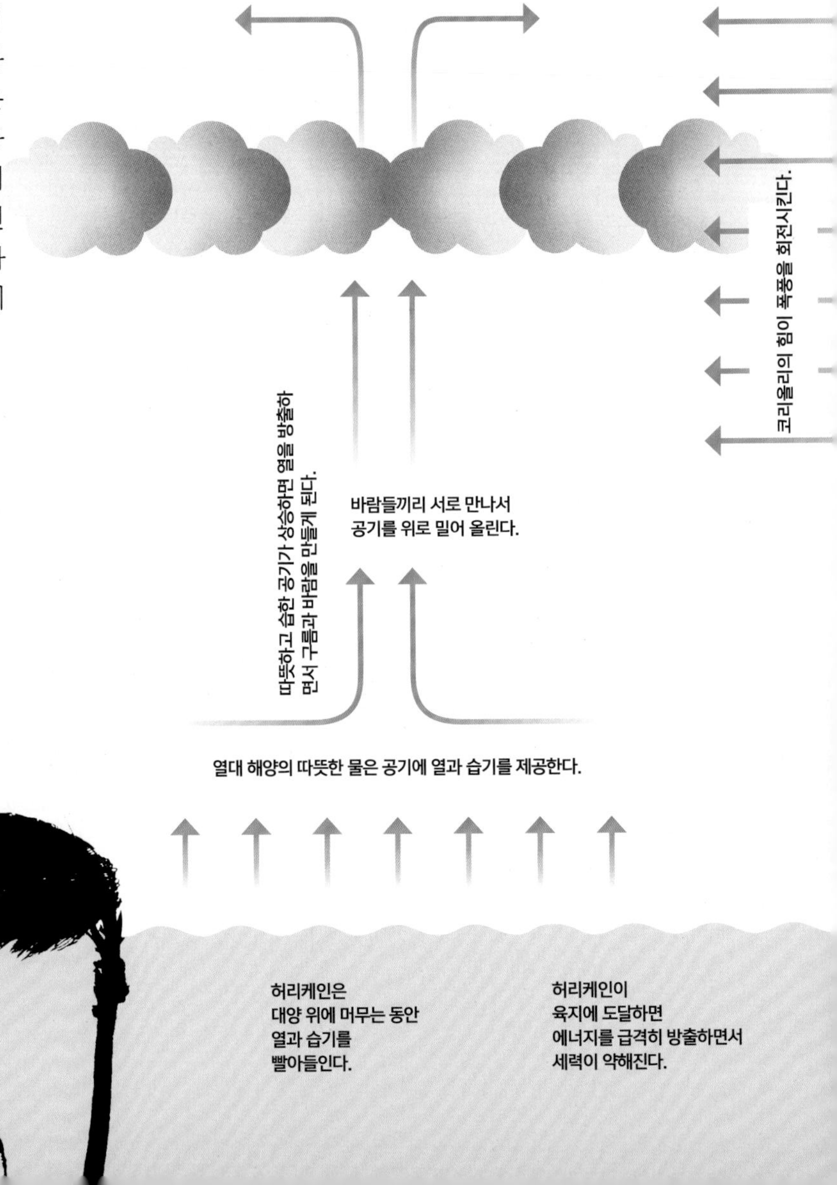

코리올리의 힘이 폭풍을 회전시킨다.
따뜻하고 습한 공기가 상승하면 열을 방출하면서 구름과 바람을 만들게 된다.
바람들끼리 서로 만나서 공기를 위로 밀어 올린다.
열대 해양의 따뜻한 물은 공기에 열과 습기를 제공한다.
허리케인은 대양 위에 머무는 동안 열과 습기를 빨아들인다.
허리케인이 육지에 도달하면 에너지를 급격히 방출하면서 세력이 약해진다.

x400

거대한 허리케인이 하루에 **만들어내는 에너지**는 200메가톤 급 수소폭탄 400개와 맞먹는다.

TNT 8,000 megatonnes

이는 TNT 8,000메가톤 즉 80억 톤 규모다.
전 세계 핵무기를 모두 합친 파괴력은 7,000메가톤이다.

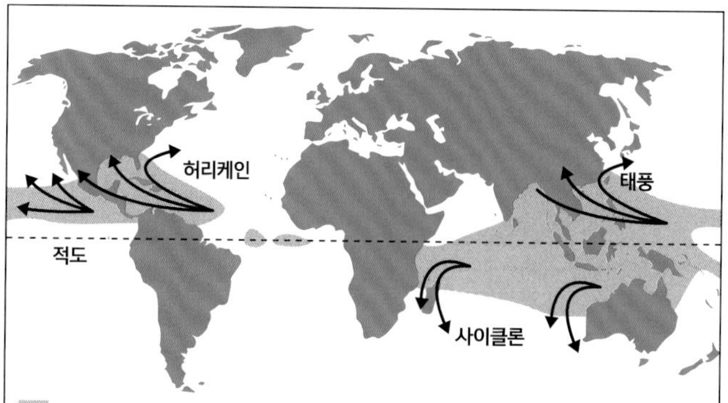

열대성 폭풍이 발생되는 지역들.

열대성 폭풍은 발생 지역에 따라 다른 이름이 붙는다. 대서양과 아메리카 대륙 근처에서 발생하는 것은 허리케인, 극동 지역에서 발생하면 태풍, 인도양과 호주는 사이클론이라 불린다.

허리케인 하나가 하루 동안 만드는 **에너지**는 미국 전역에 6개월간 전력을 공급할 수 있는 양이며, 영국이나 프랑스 같은 나라라면 1년간 공급할 수 있다.

4 days

보통의 뇌우(번개와 천둥을 동반하는 폭풍우-역주) 하나가 만드는 에너지는 미국 전역에 4일간 전력을 공급할 수 있는 양이다.

지구에는 하루에 약 4만개의 뇌우가 발생한다. 이는 매순간 지구에서 **1,800**개의 뇌우가 진행되고 있다는 뜻이다.

100

매 초마다 지구에는 100개의 번개가 치고 있다.

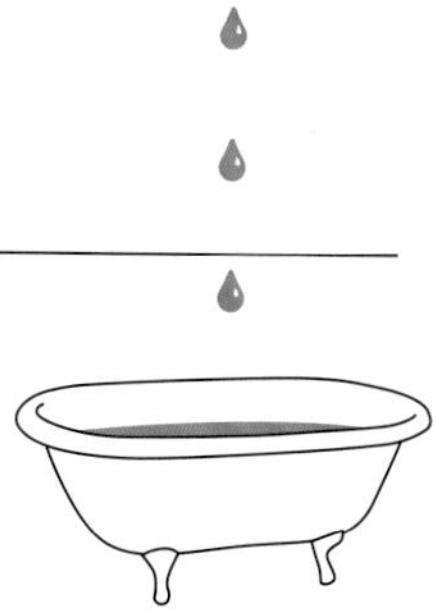

구름은 밀도가 너무나 희박해서, 적운(수직으로 발달한 구름-역주)을 다 모아도 작은 욕조 하나를 겨우 채울 수 있을 정도이다.

안개 속을 100m 걸으면, 8ml 즉 겨우 물 한 모금 정도만 얻게 된다.

회전목마에서 공 던지기

코리올리 효과는 회전목마 한가운데 서서, 말을 타고 돌고 있는 사람을 향해 공을 던지는 것과 같다.

코리올리 효과란 한 위도에서 다른 위도로 이동할 때 직선 코스에서 벗어나게 만드는 현상을 말한다.

공기덩어리(기단)가 북쪽이나 남쪽으로부터 적도를 향해 움직일 때, 기단은 서쪽으로 기울어지게 된다. 이 때문에 열대성 저기압이 북반구에서는 시계 반대 방향으로, 남반구에서는 시계 방향으로 돌게 된다.

이러한 코리올리 효과는 지구 모양이 구체에 가깝고 자전하기 때문에 생긴다. 즉 적도에 있는 한 점은 더 높은 위도의 점들보다 더 빠르게 움직인다는 뜻이다. 이것은 회전목마 테두리에 있는 사람이 중앙에 있는 사람보다 더 빨리 움직이는 것과 같다.

회전목마 한가운데 선 사람이 가장자리의 말을 탄 사람에게 공을 던지면, 공은 직진하는 것처럼 보일 것이다.

하지만 말에 탄 사람에게는 공이 자신에게서 멀어져 곡선을 이루는 것처럼 보이게 된다. 왜냐하면 원래 자기가 있던 위치에 공이 도달할 때 말은 이미 이동해 있기 때문이다.

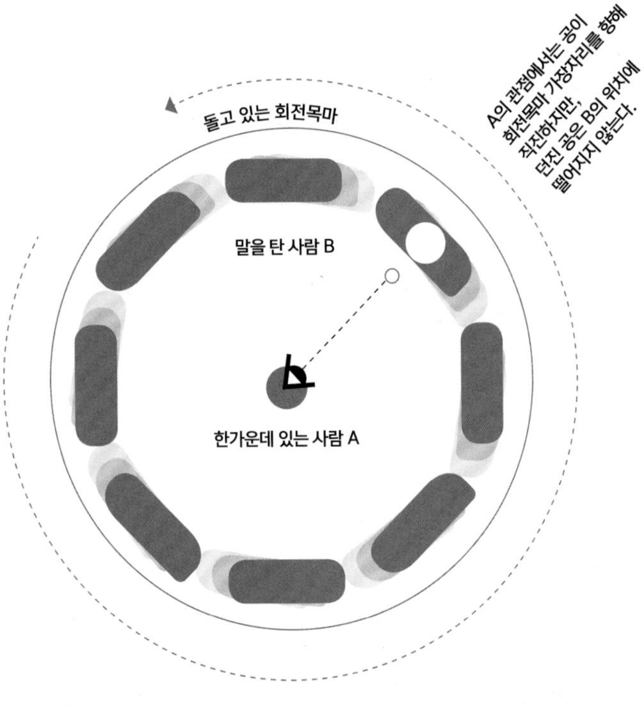
돌고 있는 회전목마
A의 관점에서는 공이
회전목마 가장자리를 향해
직진하지만,
던진 공은 B의 위치에
떨어지지 않는다.
말을 탄 사람 B
한가운데 있는 사람 A

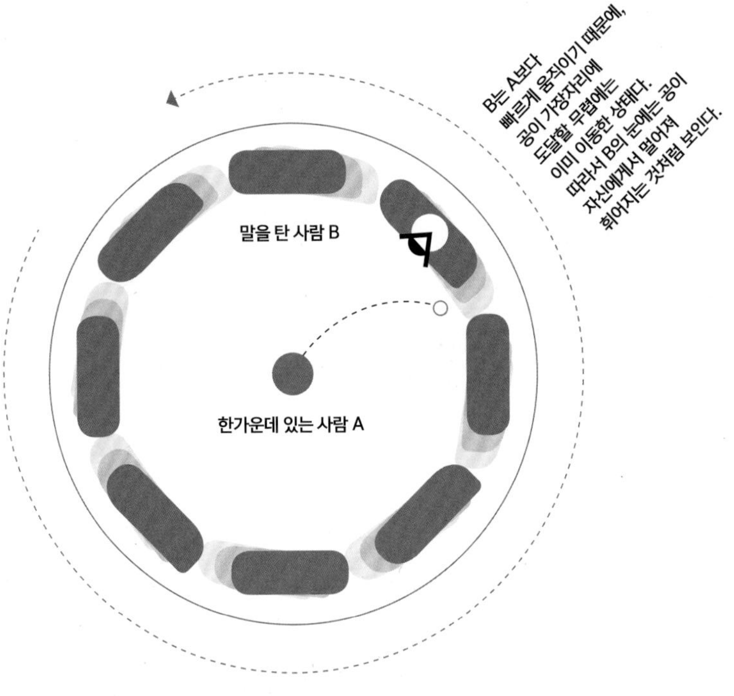
B는 A보다
빠르게 움직이기 때문에,
공이 가장자리에
도달할 무렵에는
이미 이동한 상태다.
따라서 B의 눈에는 공이
자신에게서 멀어져
휘어지는 것처럼 보인다.
말을 탄 사람 B
한가운데 있는 사람 A

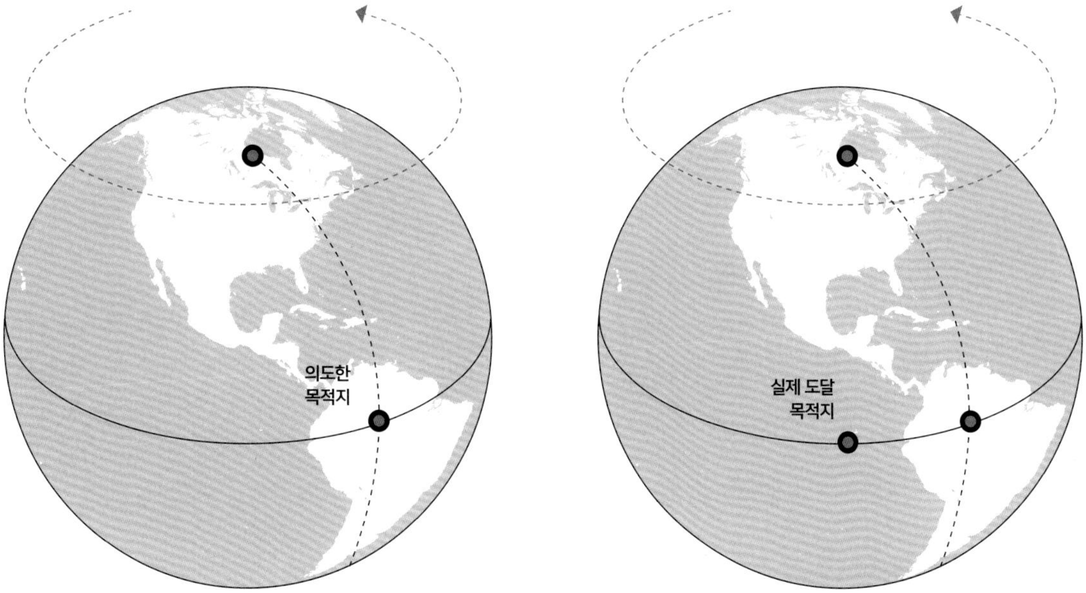

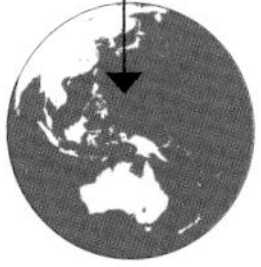

지구의 자전으로 인한 다른 효과들도 많다. 예를 들면 대양의 바닷물이 서쪽으로 쏠리게 만든다. **태평양**은 서쪽 가장자리가 0.45m 정도 더 높다.

북쪽에서 멀리 떨어진 남쪽을 향해 총을 발사하면 코리올리 효과 때문에 방향이 틀어진다.

함포를 발사해 **24km** 이상 떨어진 목표물을 정확히 맞추려면 **90m** 정도 조정되어야 한다.

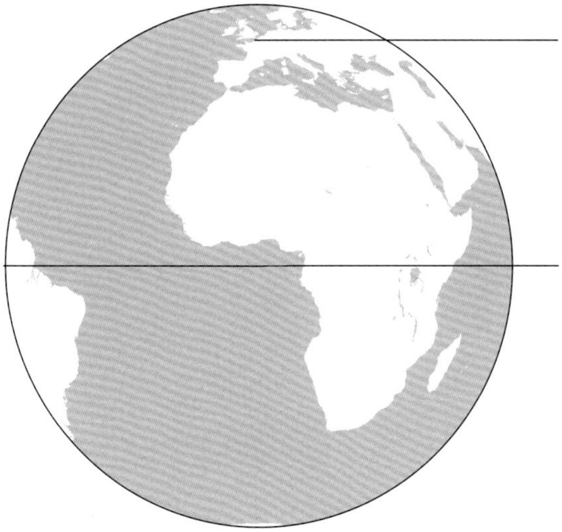

위도 약 50°-파리와 런던의 위도와 비슷하다-
지점에서 지구 표면은 동쪽을 향해 시속 900km 정도로 자전한다.

900km/h 560mph

적도에서 지구 표면의 자전속도는 시속 1,675km 정도이다.

1,675km/h 1,040mph

코리올리 효과는 **열대성 저기압**의 발생에 기여한다. 허리케인은 적도로부터 위도 5° 이내 지역에서는 발생하지 않는데, 회전력이 충분치 않기 때문이다.
북쪽으로 위도가 더 올라가면 허리케인이 회전하면서 에너지를 모으기 시작한다.

그랜드캐니언 메우기

그랜드캐니언이 쓰레기 매립지라면, 협곡을 모두 메우는 데 1만4000년가량이 걸릴 것이다.

지질학적 과정은 장구한 시간에 걸쳐 광대한 범위에서 이루어진다.
미국 애리조나 주의 그랜드캐니언만큼 이 과정을 생생하게 보여주는 것도 없다.
콜로라도 강의 침식으로 형성된 이 협곡은 길이가 446km, 최고 깊이 1.6km, 너비가 16km다.
미국국립공원관리청에 따르면 그랜드캐니언의 용적은 4조 1700만m³로, 이 협곡 세 개면 세계에서 표면적이 가장 넓은 담수호인 슈피리어 호를 채울 수 있고, 다섯 개 반이면 세계에서 부피가 가장 큰 바이칼 호를 채울 수 있다.

미국환경보호청에 따르면
미국이 2014년 한해에 매립지에 버린 쓰레기는
1억6900만 톤에 달한다.

매립지의 밀도는 평균 450kg/m³이다.
2014년 기준으로 미국이 필요로 하는 매립지가
연간 3억m³라는 것을 뜻한다.

이런 비율이라면 쓰레기로 그랜드캐니언을 채우는 데 1만3900년이 걸린다.
이 기간 동안 버린 쓰레기로는
지구 전체를 1cm 두께로 덮을 수 있다.

그랜드캐니언을 처음 발견한 유럽인은 돈 페드로 데 토바르(Don Pedro de Tovar)와 12명의 동료들이었다. 그들이 그랜드캐니언을 얼마나 훼손했는지에 대해서는 역사에 기록돼 있지 않다.

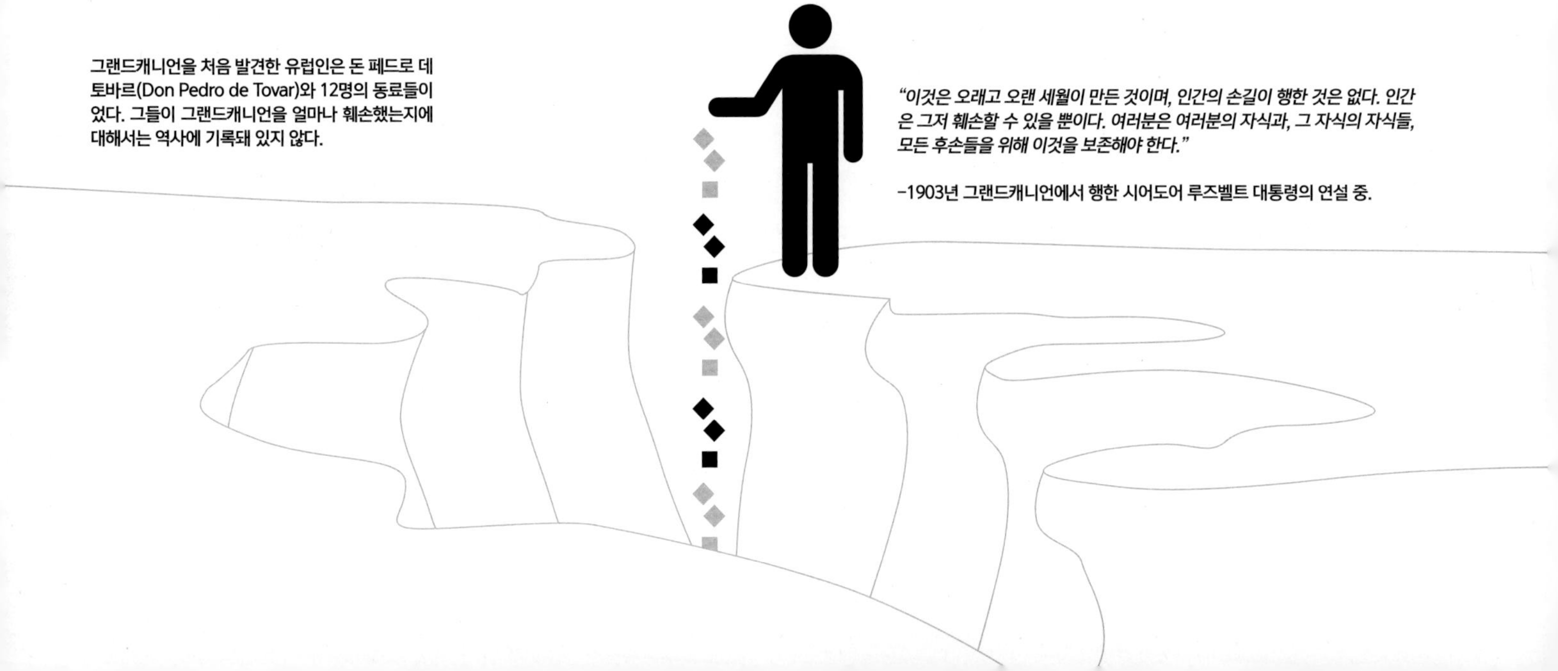

"이것은 오래고 오랜 세월이 만든 것이며, 인간의 손길이 행한 것은 없다. 인간은 그저 훼손할 수 있을 뿐이다. 여러분은 여러분의 자식과, 그 자식의 자식들, 모든 후손들을 위해 이것을 보존해야 한다."

-1903년 그랜드캐니언에서 행한 시어도어 루즈벨트 대통령의 연설 중.

그랜드캐니언이 600만 년에 걸쳐 융기하는 동안 **콜로라도 강**은 이 협곡을 계속 침식해 왔다. 그 과정에서 20억 년 전에 형성된 가장 오래된 지층 중 몇몇이 드러나게 되었다. 20억 년은 선캄브리아기에서 고생대, 중생대를 거쳐 신생대에 이르는 네 개의 지질학적 연대를 합친 기간이다.

2 billion years

그랜드캐니언도 화성에 있는
마리너 협곡(Valles Marineris)에 비하면 왜소한 수준이다.
이 협곡의 너비는 200km, 최고 깊이는 8km에 달한다.

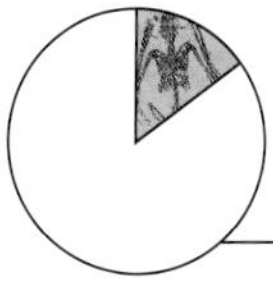

마리너 협곡의 길이는 화성 적도의 4분의 1에 해당하는
4,000km이며,
지구로 치면 미국 전역에 걸쳐 있는 것과 같다.

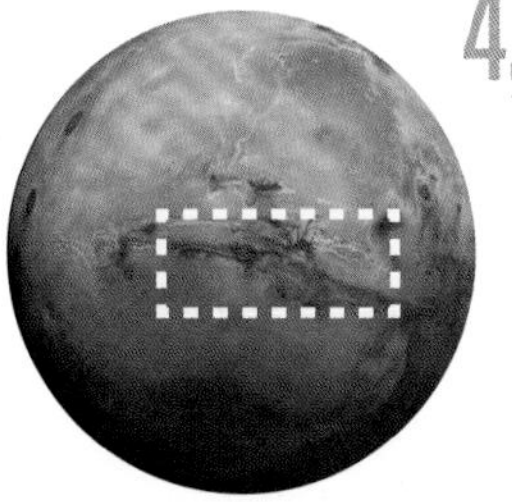

4,000km 2,500miles long

7km 4.3miles deep

200km 125miles wide

9 km deep

태양계에서 가장 깊은 협곡은
마리너 협곡 남쪽에 있는
멜라스 대협곡(Melas Chasma)으로
깊이가 9km에 이른다.

그랜드캐니언에는 고생물의 흔적이 풍부하지만,
아직 화석 뼈는 발견되지 않았다.

전체 암석 중 **15%**만이 화석을 보존할 수 있다는
사실은 놀라운 일이 아니다.

원시인류의 화석은 특히 드물다. 여태까지 발견된 뼈를 모두 합쳐도 소형 트럭의 짐칸을 채울 정도다. 수십 억 명의 원시인류 중 5,000명만 유골을 남겼기 때문이다. 호모 에렉투스(직립원인-호모 하빌리스와 호모 사피엔스의 중간단계-역주)의 화석은 스쿠버스를 채울 수도 없을 정도로 적다.

그랜드캐니언 국립공원의 태반을 차지하는 건성토양에도 수십억의 박테리아가 들어있다. 이 국립공원의 고지대를 덮은 숲에서 흙 한줌을 퍼내면 거기에는 박테리아 10,000,000,000, 효모균 1,000,000, 곰팡이류 200,000, 원생동물 10,000마리 정도가 들어있다.

10,000,000,000**bacteria** 1,000,000**yeast cells** 200,000**moulds** 10,000**protozoans**

지표면 깊은 곳에서는 더 많은 박테리아가 발견된다.
깊은 암석층에는
100조 톤 이상의 박테리아가
서식할 것으로 추정된다.
지구 전체를 15m 깊이까지 덮을 수 있는 양이다.

태평양의 물을 모두 마시려면

▶ 태평양의 물을 식수로 사용할 경우, 모두 다 마시는 데 96만조 년이 걸릴 것이다.

물은 지구만이 가진 결정적인 특성이다.
지표면의 대부분은 물로 덮여 있고,
그 중에서도 수심 1.6km보다 아래에 있는 경우가 태반이다.
지구가 차지하는 물의 대부분은 바다에 있으며,
바다 중에서는 태평양이 단연코 가장 규모가 크다.

하루에 웬만한 크기의 컵으로 8잔의 물을 마신다면, 태평양의 물을 모두 마시는 데 걸리는 시간은 350x10억x10억 ($3.5x10^{20}$)일, 햇수로는 96만조($9.6x10^{17}$)년이다.

태평양은
전 세계 육지를
모두 합친 것보다
더 크다.

60%

지표면의 60%는 수면보다 **1.6km** 이상 아래에 있다. 지표면을 균질하게 만든다면 지구는 4km 깊이의 물로 덮일 것이다.

태평양에는 7억km^3(700만조 리터)의 물이 있다. 물 한 컵으로 따지면 2억8000만조($2.8x10^{21}$)의 잔이 나오는 양이다.

700 million trillion liters

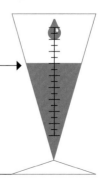

지구에는 13억km^3의 물이 있다. 앞으로도 이보다 더 물이 많아지지는 않을 것이다. 이들 대부분은 38억 년 전에 지구에 도달했다. 따라서 당신이 어떤 물을 마시든 그것들은 모두 38억년 된 물이다.

3.8 billion years old

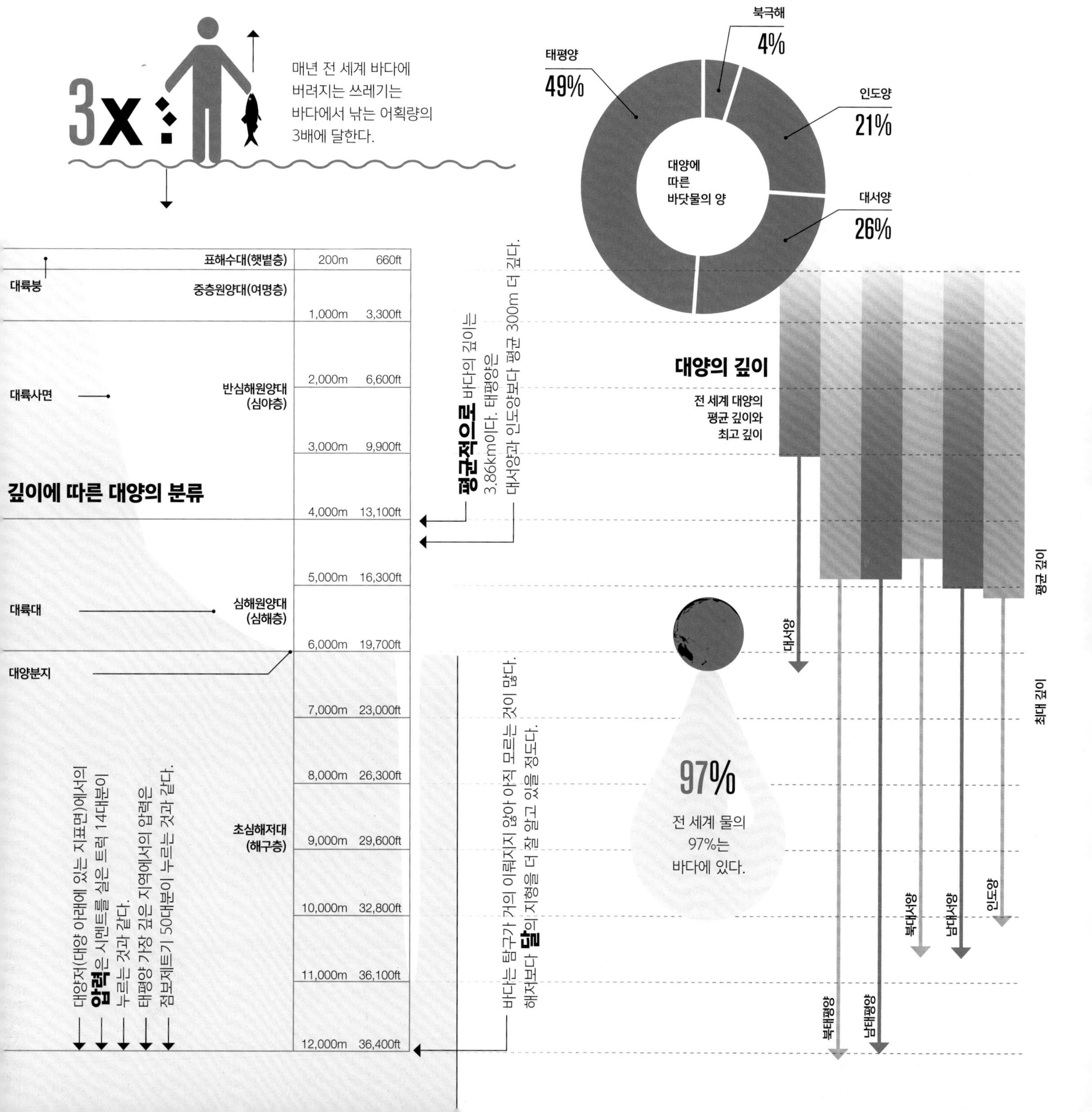
3x
매년 전 세계 바다에 버려지는 쓰레기는 바다에서 낚는 어획량의 3배에 달한다.
북극해
4%
태평양
49%
인도양
21%
대서양
26%
대양에 따른 바닷물의 양
깊이에 따른 대양의 분류
표해수대(햇볕층)
200m 660ft
대륙붕
중층원양대(여명층)
1,000m 3,300ft
2,000m 6,600ft
대륙사면
반심해원양대 (심야층)
3,000m 9,900ft
4,000m 13,100ft
5,000m 16,300ft
대륙대
심해원양대 (심해층)
6,000m 19,700ft
대양분지
7,000m 23,000ft
8,000m 26,300ft
초심해저대 (해구층)
9,000m 29,600ft
10,000m 32,800ft
11,000m 36,100ft
12,000m 36,400ft
평균적으로 바다의 깊이는 3.86km이다. 태평양은 대서양과 인도양보다 평균 300m 더 깊다.
바다는 탐구가 거의 이뤄지지 않아 아직 모르는 것이 많다. 해저보다 달의 지형을 더 잘 알고 있을 정도다.
대양저(대양 아래에 있는 지표면)에서의 압력은 시멘트를 실은 트럭 14대분이 누르는 것과 같다. 태평양 가장 깊은 지역에서의 압력은 점보제트기 50대분이 누르는 것과 같다.
대양의 깊이
전 세계 대양의 평균 깊이와 최고 깊이
평균 깊이
최대 깊이
대서양
북태평양
남태평양
북대서양
남대서양
인도양
97%
전 세계 물의 97%는 바다에 있다.

엘리베이터 타고 에베레스트 등정하기

▶ 에베레스트 산을 오르는 엘리베이터가 있다면, 정상까지 15분이면 도달한다.

히말라야 산맥은 강력한 힘으로 작동하는 지각 변동의 살아 있는 증거이다. 인도-오스트레일리아 지질판(tectonic plate)이 유라시아 판과 충돌해 높이 치솟은 히말라야는 지구에서 가장 규모가 큰 산맥으로 6500만 년에 걸쳐 형성되었다. 이 지각 변동은 지금도 여전히 작동하고 있어 인도판이 티베트 고원 아래로 밀고 들어감에 따라 히말라야는 인도 쪽으로 조금씩 이동 중이다.

에베레스트 산의 **높이**는 8,848m 즉 8.85km, 5.5마일이다.

8.85km 5.5miles

엠파이어스테이트 빌딩 20개를 겹쳐 놓아야
에베레스트 **정상**에 이를 수 있다.

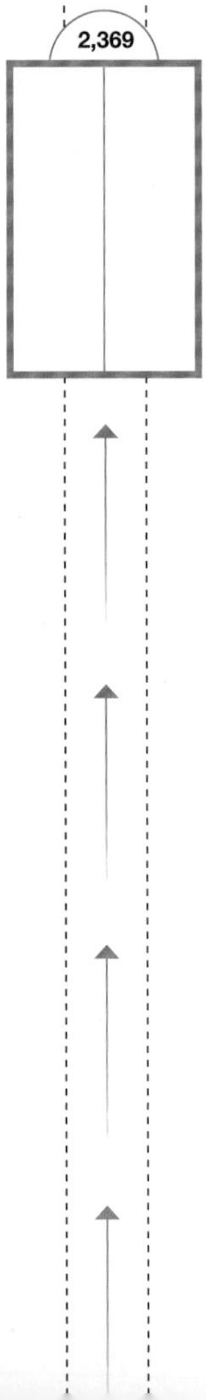

에베레스트의 높이는

2,369

2,369층 빌딩에 해당한다

현재 시속 **64km**까지 내는 엘리베이터가 나와 있으나,
세계 최고 빌딩인 두바이의 부르즈 할리파(Burj Khalifa)의
엘리베이터는 시속 35km다.
이 속도라면 에베레스트 정상까지 오르는 데 15분이 걸린다.

1 centimeter

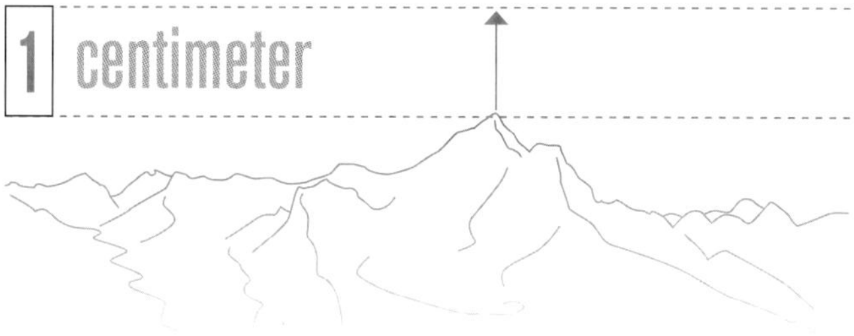

히말라야산맥은
매년 1cm 이상 **계속 융기**하고 있다.

6000만 년 전 **인도-오스트레일리아** 판이 연간 15cm가량 이동했다. 지금도 매년 5cm씩 북쪽으로 나아간다. 1000만 년 후에는 인도가 티베트 안쪽으로(혹은 티벳 아래쪽으로) 180km 이동해 있을 것이다.

앞으로 1000만 년 이상 지나면 네팔은 지각변동에 의해
존재하지 않게 될 것이다.

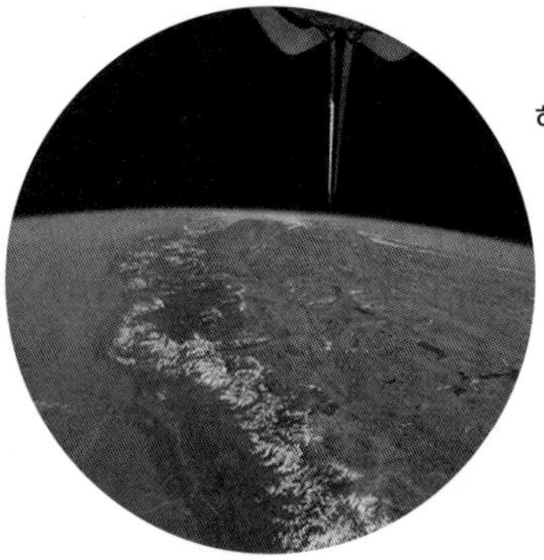

히말라야 산맥은 어찌나 큰지 우주에서도 볼 수 있을 정도다.

히말라야 같은 산맥들은 빙하와 빙상에 의해 침식된다.
엄밀히 말하면 우리는 여전히 **지구 냉각화**(global cooling) 시기에 있는데,
지금은 인류가 출현한 이후 반복된 빙하시대의 17번째에 해당한다.

30%

지난 번 빙하시대에는
육지의 30%가 얼음 밑에 있었다.
북쪽의 광활한 대륙을 덮은 빙상이
1년간 120m 이동한 적도 있었다.

인류 문명이 초래한 지구온난화가 없었다면,
한 번에 10만년씩 지속되는 빙하시대가 50차례 이상 찾아왔을 것이다.
빙하시대 다음에는 자연적으로 지구온난화 시기가 찾아온다.

지질판의 경계들

두 개의 지질판이 만나는 경계에는 지각 변동이 생긴다.
경계는 두 판이 서로 충돌하는지, 멀어지는지,
엇갈리는지에 따라 세 가지 형태
즉 수렴적, 발산적, 변형적 형태의 변동이 일어난다.

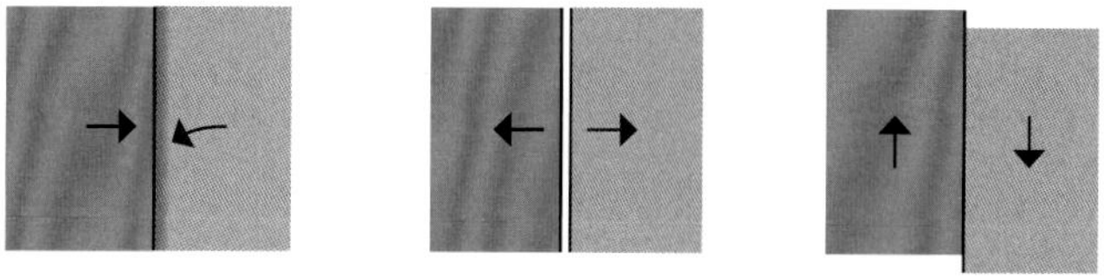

수렴적: 두 판이 서로 충돌하면 (인도판과 유럽판처럼), 한 판이 다른 판 밑으로 들어가 융기한다.

발산적: 새로운 암석층이 생기면서 두 판이 서로 멀어지면, 북대서양 열곡 (Rift Valley)과 같은 것이 형성된다.

변형적: 두 판이 서로 미끄러지면, 캘리포니아의 산 안드레아스 단층과 같은 것이 생긴다. 그 과정은 격렬하게 일어나기 때문에 지진의 원인이 된다.

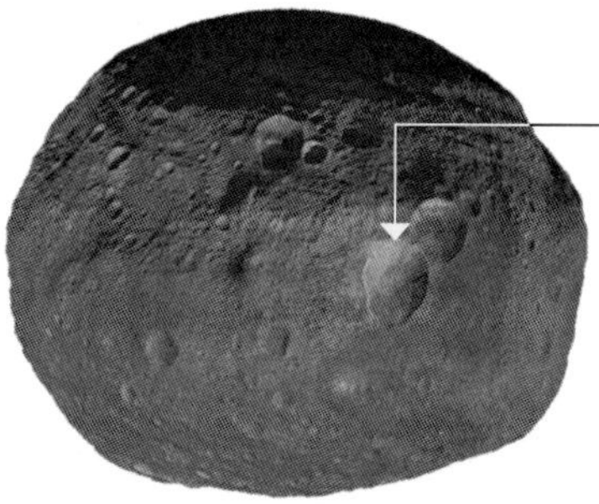

하와이의 해저산(산의 상당 부분이 바다 속에 있는 산-역주)인 **마우나 케아**(Mauna Kea)는 바닥에서 정상까지 재면 10.2km에 달해 세계에서 가장 높은 산이다.

하지만 이것은 **태양계에서 가장 높은 산**인,
소행성 베스타(Vesta)에 있는 레아실비아(Rheasilvia)에
비하면 절반에도 미치지 못한다.
분화구 바닥 위로 솟은 높이가 22km이다.

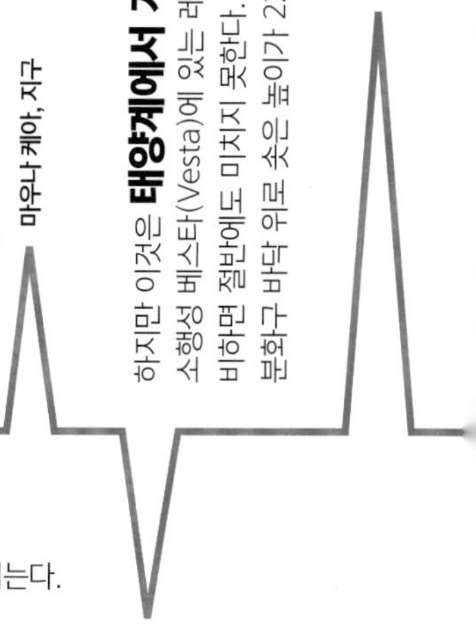

지구에서 가장 깊은 곳은 태평양의
마리아나 해구 바닥에 있는 **챌린저 딥**
(Challenger Deep)으로 깊이가 11km가 넘는다.
이것은 에베레스트에 캐나다의 CN 타워
(높이 554m) 두 개를 더 합친 높이와 같다.

샌프란시스코 지진과 수소폭탄

▶ 1906년 샌프란시스코에서 일어난 지진은 인간이 만든 수소폭탄 중 가장 규모가 큰 것 하나가 땅 밑에서 폭발한 것과 같은 에너지를 분출했다.

지질판들이 서로 어긋나거나, 하나의 판이 다른 판 밑으로 들어갈 때 그 과정이 매끄럽게 진행되지는 않는다.
지층이 휘어지면서 탄성에너지가 계속 축적되다가 한 순간 격렬하게 요동치는데, 바로 지진이다.
지진의 크기를 재는 리히터 규모(Richter Scale)는 1935년 캘리포니아공대의 지진학자였던 찰스 F. 리히터가 개발한 것이다.
지하의 진동에 의해서 땅이 얼마나 움직이는지를 측정해 로그 척도로 표시한다.
따라서 리히터 규모로 1만큼 커질 때마다 지진의 진폭은 10배씩 더 커지고, 방출되는 에너지는 31배씩 더 커진다.
리히터 규모가 클수록 더 많은 에너지가 나오긴 하지만, 지진에 따른 피해와 위험성은 지진의 진원지, 즉 진앙과 그 주변 암석의 성질과 더 관련이 깊다.

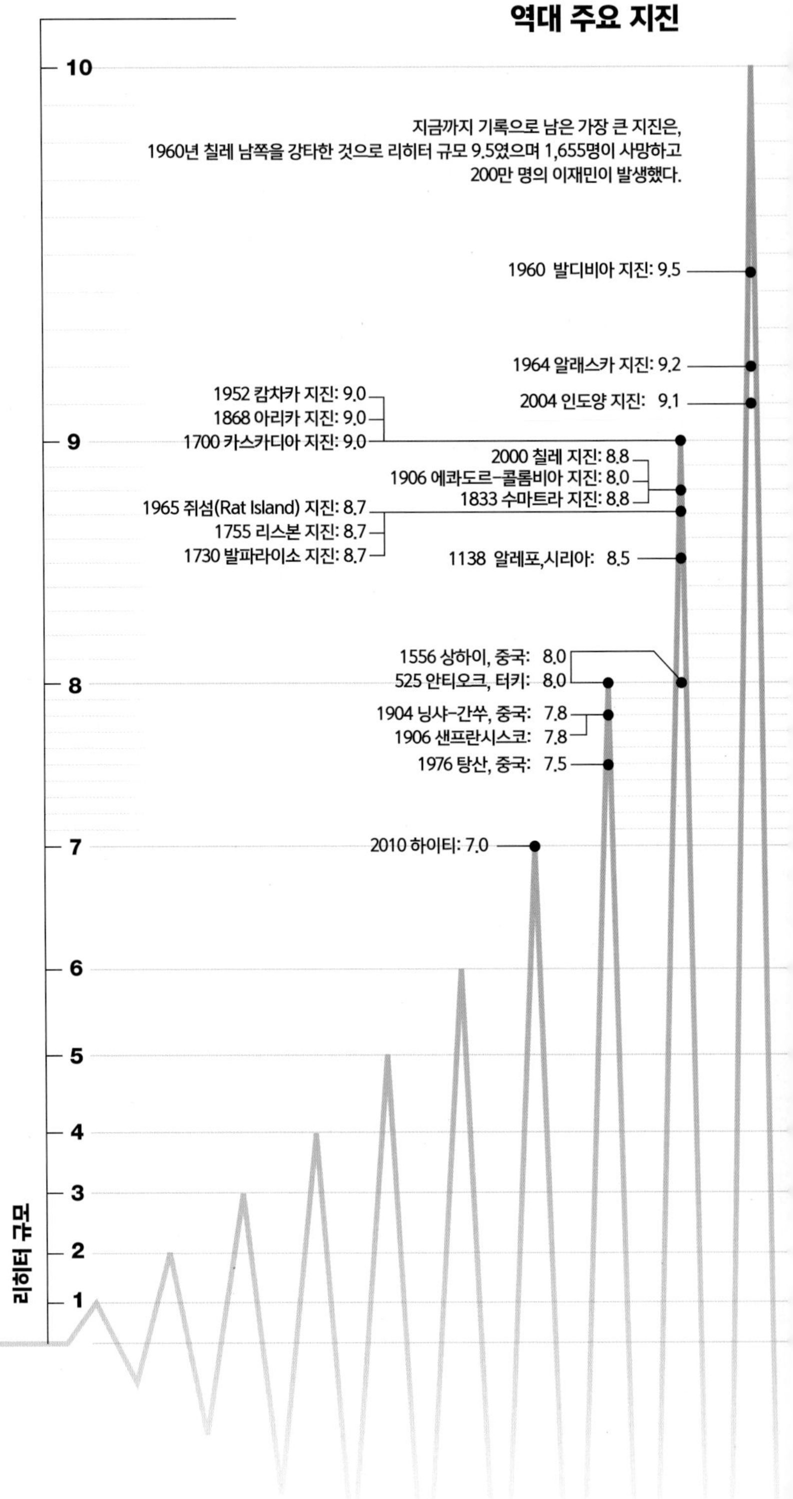

지진계는 진동에 매우 민감하게 반응하는-아주 사소한 떨림도 포착할 정도로 예민하다- 소자에 펜을 달아 그래프로 나타낸 것이다.

주요 사건과 지진 크기의 비교

리히터 규모는 로그함수를 따르기 때문에 크기가 1 증가할 때마다 자릿수가 하나 증가한다. 즉 규모 10의 지진은 규모 1보다 10배가 큰 것이 아니라 10^{10}(100억)배만큼 더 크다. 리히터 규모에는 이론적으로 최대한계가 없지만 규모 10이 넘는 지진이 발생한다면 지구 전체가 뒤흔들릴 것이다.

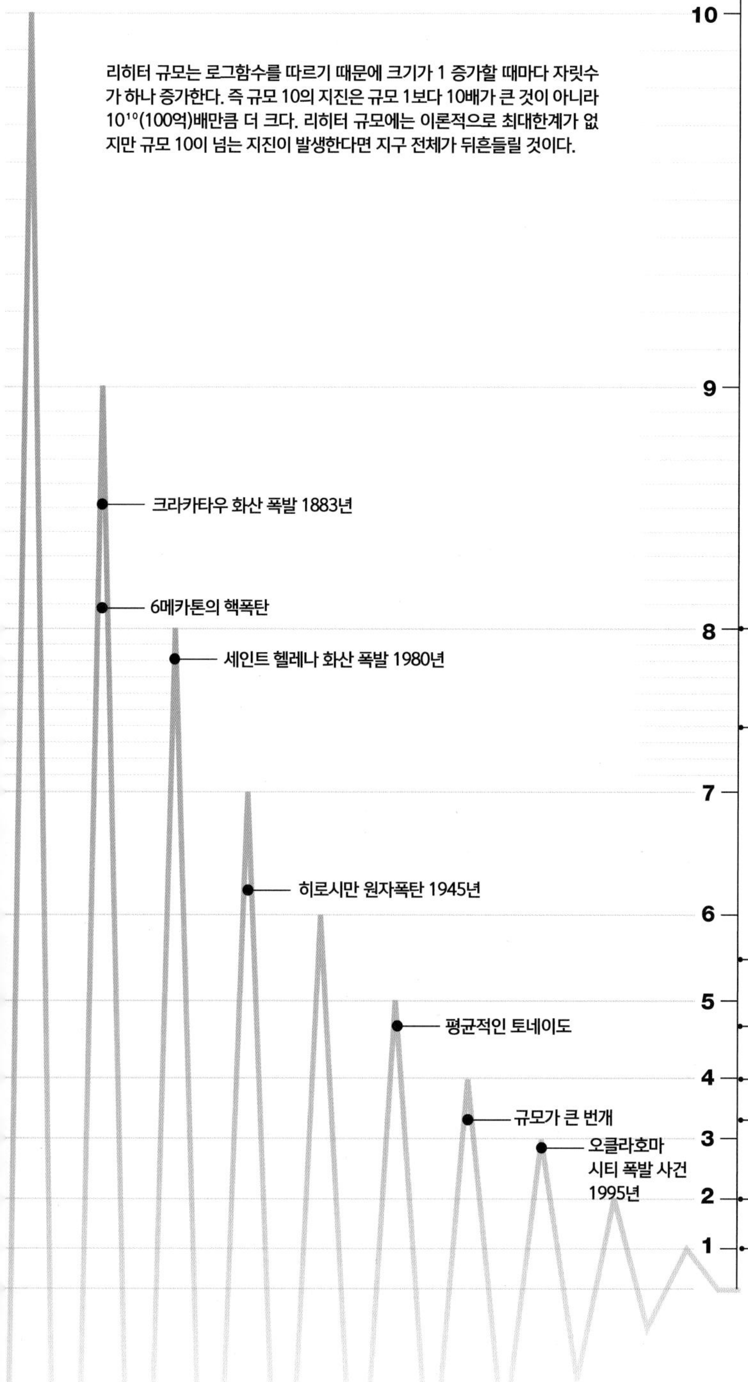

지질판은 엄청난 에너지를 갖지만 실제 이동속도는 매우 느려 손톱이 자라는 속도와 비슷하다. 지질판은 지표 아래의(부분적으로 액체 상태인) 맨틀의 흐름에 의해 움직이며, 그 속도는 시계 시침이 움직이는 속도의 1만분의 1 정도로 몹시 느리다.

규모8의 지진은 6메가톤의 핵폭탄과 맞먹는 에너지를 방출한다.

대부분의 빌딩을 붕괴시킬 정도의 위력을 가진 **규모 7.4** 이상의 지진은 1년에 평균 네 번 정도 일어난다.

규모 **5.5**가 넘으면 주택에 피해를 입히고 **6.2**가 넘으면 심각한 피해를 초래한다.

창문을 흔드는 정도인 **규모 4.3~4.8**은 1년에 5,000번 이상 발생한다.

규모 **4.0** 정도면 실내에서 어렴풋이 감지되는 크기다.

규모 3.4 이하면 사람들이 분명하게 감지하지 못하지만, 1년에 80만차례 이상 발생한다.

규모 2.0 이하면 미소(微小)지진이라 부르고, 일부 지역에 국한된 지진계에만 기록된다.

규모 1.0은 거의 감지할 수 없으며 TNT 170g을 폭파시킨 정도의 에너지를 방출한다.

화산은 대량살상 무기

▶ 옐로우스톤 국립공원 밑에 있는 마그마 호수를 다이너마이트로 환원하면, 크기는 영국의 카운티 하나만 하고, 높이는 대류권(지표면에서 약 10km에 이르는 대기권의 가장 아래층-역주)에 이를 것이다.

보통의 화산도 나름 무시무시하고 파괴적이지만 초거대 화산에 비하면 새발의 피 수준이다. 초거대 화산은 인류는 물론이고 지구 생명체 전체의 존립을 위협할 정도로 막강한 파괴력을 갖는다. 가장 마지막으로 폭발한 초거대 화산은 26,500년 전 뉴질랜드의 타우포 화산이다. 화산 폭발의 규모는 화산폭발지수(VEI, Volcanic Explosive Index)로 표시하는데 리히터처럼 로그 척도다.

역사시대에 발생한 가장 강력한 화산 폭발은 1815년의 탐보라

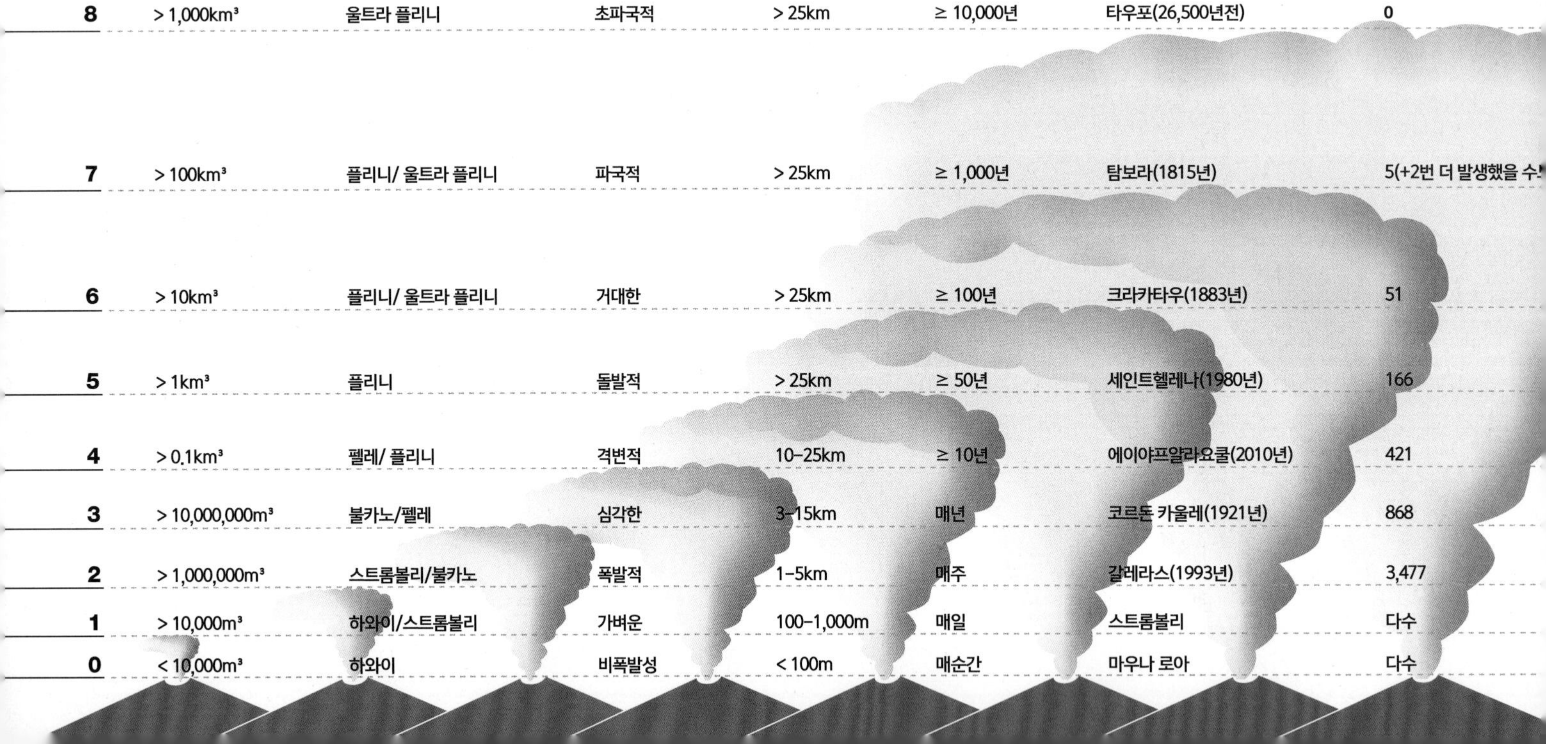

VEI 지수	분출량	등급	상태	분출 높이	빈도	사례	지난 10,000년간 발생 횟수
8	> 1,000km^3	울트라 플리니	초파국적	> 25km	≥ 10,000년	타우포(26,500년전)	0
7	> 100km^3	플리니/ 울트라 플리니	파국적	> 25km	≥ 1,000년	탐보라(1815년)	5(+2번 더 발생했을 수
6	> 10km^3	플리니/ 울트라 플리니	거대한	> 25km	≥ 100년	크라카타우(1883년)	51
5	> 1km^3	플리니	돌발적	> 25km	≥ 50년	세인트헬레나(1980년)	166
4	> 0.1km^3	펠레/ 플리니	격변적	10–25km	≥ 10년	에이야프얄라요쿨(2010년)	421
3	> 10,000,000m^3	불카노/펠레	심각한	3–15km	매년	코르돈 카울레(1921년)	868
2	> 1,000,000m^3	스트롬볼리/불카노	폭발적	1–5km	매주	갈레라스(1993년)	3,477
1	> 10,000m^3	하와이/스트롬볼리	가벼운	100–1,000m	매일	스트롬볼리	다수
0	< 10,000m^3	하와이	비폭발성	< 100m	매순간	마우나 로아	다수

화산으로 VEI 지수가 7이었다. VEI 지수가 8이었던 토바 화산 폭발은 지구의 거의 모든 인간들의 생명을 앗아갔을 것으로 추정되고 있다. 옐로우스톤은 초거대 화산이 발생했던 곳으로, 그 아래에는 길이 70km, 깊이 13km에 이르는 마그마가 흐르고 있다.

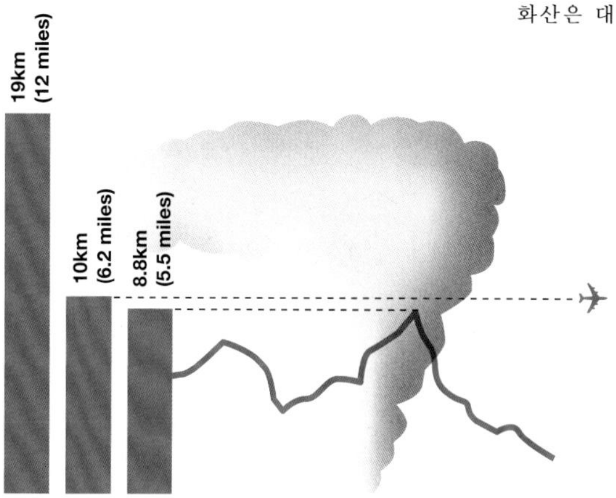

1980년 5월18일 폭발한 **세인트헬레나 화산**은 잔해들이 19km 높이까지 치솟았다.
제트여객기의 순항고도나 에베레스트보다 2배 더 높은 것이다.

540 million

세인트헬레나 화산이 폭발하면서 발생한 화산재는 5억4000만 톤에 달했고, 단 9시간 만에 6만km²에 이르는 면적-이집트 국토보다 약간 더 넓다-을 뒤덮었다.

9 hours

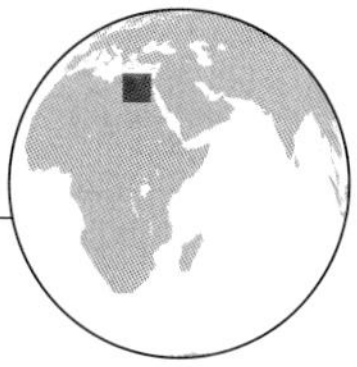

옐로우스톤에서 초거대 화산이 폭발할 경우 지름 1.5km 크기의 소행성이 지구와 충돌한 것과 같은 효과가 발생할 것이다. 지각에 폭 80km의 거대한 구멍이 생기고 폭발 몇 분 안에 1,000km²의 면적이 사라질 것이다. 화산재는 미국 본토의 4분의 3을 덮고 재 두께도 몇cm는 될 것이다.

토바 화산(7만5000년 전)은
3,000~6,000km³에 이르는 물질을 내뿜었고,
50억 톤에 달하는 황 입자들이 성층권(지상 10~50km 대기층)을 뒤덮었다. 탐보라 화산이 분출한 양의 50배에 달하는 것이었다.

탐보라는 초당 30만톤의 비율로 화산물질을 분출했다.
하지만 토바는 탐보라보다 10배 더 강력했다.

초거대 화산으로 발생한 에어로졸(고체, 액체로 된 미세입자)은 수년 간 지구를 덮을 것이다. 그 결과 햇빛의 99%가 차단돼 화산겨울(volcanic winter)을 초래할 것이고 기온이 5~10℃ 하락하면서 열대지방조차도 기온이 15℃ 정도밖에 되지 않을 것이다.

토바 화산 폭발 이후 지구상에 남은 수 천 명 정도의 인구에서 다시 안정적인 인구수가 되기까지는 2만년가량의 시간이 걸렸다.

초거대 화산보다도 **더 큰** 자연재앙은 홍수 현무암(flood basalt)이다.
엄청난 양의 용암이 수세기에 걸쳐 흘러내리는 것으로, 수십만km³의 용암이 100만km²에 이르는 면적을 덮게 된다.

2억5000만 년 전에 발생한 시베리아 트랩(화산암 지대)의 홍수 현무암은 거의 100만 년에 걸쳐 용암을 분출했다. 지구 전체를 3m(10피트) 깊이까지 덮을 수 있는 양이다.

3 meters (10 feet)

죽음의 파도

▶ 쓰나미는 당신이 욕조에 첨벙 뛰어들 때 갑작스럽게 물결이 요동치는 것과 비슷하다.
보통의 파도는 바람에 의해 생기지만,
쓰나미는 이처럼 큰 충격에 의해 물결이 갑자기 이동하면서 발생한다.

당신이 물이 가득 찬 욕조에 앉아 있다가 갑자기 두 다리를 뻗으면서 욕조의 반대편 쪽으로 몸을 민다고 해보자.

그러면 물이 격렬하게 요동치면서 큰 물결을 만들며 욕조 밖으로 넘쳐흐를 것이다.

지진에 의해 쓰나미가 발생하는 모습도 이와 유사하다. 해저가 갑작스럽게 융기하면 그 위에 있던 바닷물이 크게 흔들리면서- 지구 자체의 움직임이 상대적으로 작을지라도- 엄청난 에너지를 가진 파도를 만들게 되는 것이다.

이 파도는 육지에서 멀리 떨어진 수심이 깊은 바다에서는 별 영향을 주지 않지만, 깊이가 얕은 해안지역에 도달하면 그동안 쌓인 에너지가 폭발하면서 가공할 힘을 발휘하게 된다. 바로 이것이 쓰나미다.

쓰나미의 파도는 진폭이 매우 크고(즉 파고가 높다) 파장이 긴데, 이 긴 파장 때문에 피해가 커진다. 쓰나미의 파장이 해안지역을 다 지나갈 때까지는 파도가 계속 밀려오게 되는 것이다. 이런 현상을 너무나 생생하게 보여준 것이 2004년 크리스마스 다음날에 인도네시아 등 동남아시아 일대에서 발생한 쓰나미였다.

초대형 쓰나미는 특히 거대한 지각변동으로 바닷물이 크게 요동칠 때 발생한다.

그와 같은 지각 변동은 바다 전체를 뒤덮을 만큼의 거대한 파도를 만들게 된다.

그것은 마치 얕은 도랑이나 물통의 한 쪽 끝에 벽돌 한 장을 떨어뜨렸을 때 다른 쪽 끝에서 물이 넘쳐흐르는 것과 비슷하다.

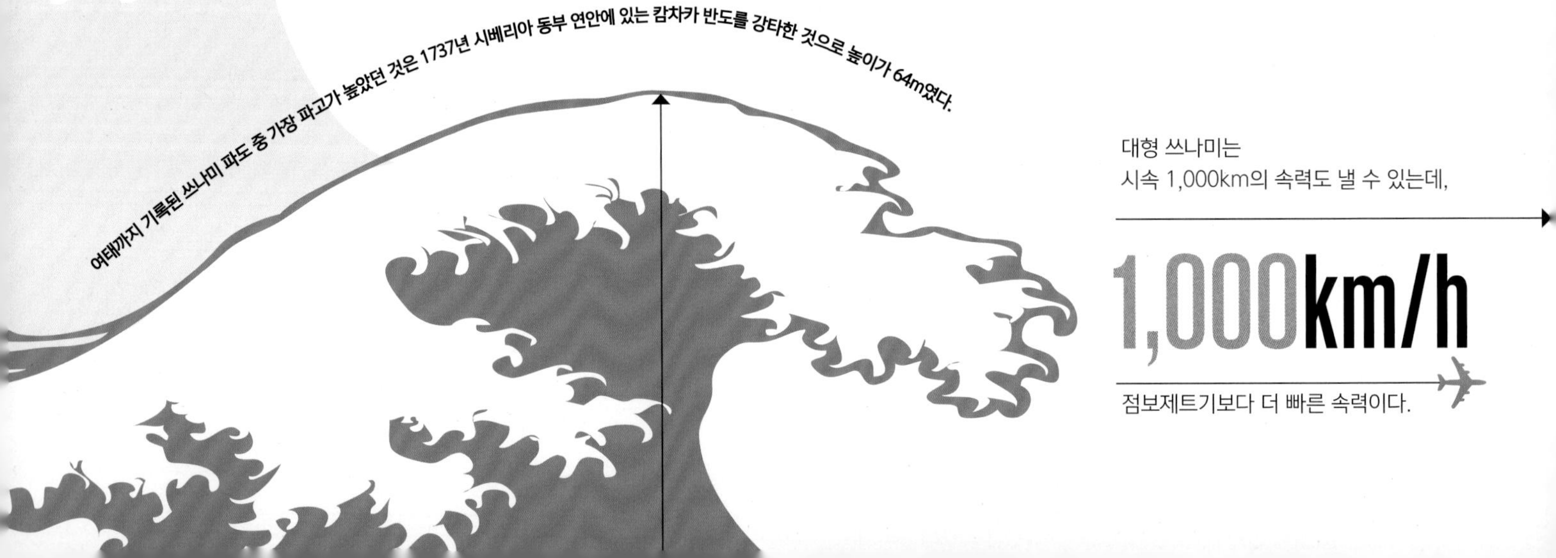

여태까지 기록된 쓰나미 파도 중 가장 파고가 높았던 것은 1737년 시베리아 동부 연안에 있는 캄차카 반도를 강타한 것으로 높이가 64m였다.
대형 쓰나미는
시속 1,000km의 속력도 낼 수 있는데,
1,000km/h
점보제트기보다 더 빠른 속력이다.

초대형 쓰나미가 발생할 가능성이 가장 높은 곳 중 하나는 카나리아 제도의 라 팔마에 있는 **쿰브레 비에하** 화산이다. 이 화산은 1949년에 발생한 지진으로 서쪽 측면이 조금 이동(변이)했는데, 전문가들은 앞으로 미진만 발생해도 이 지역이 붕괴하리라고 예상한다. 서쪽 측면이 붕괴할 때 쏟아질 암석은 5000억 톤에 이른다.

500 billion tonnes

빌 맥과이어 교수는 그 결과 발생할 초대형 쓰나미의 파고는 진앙지에서는 900m, 다른 카나리아의 섬들을 강타할 때는 100m가 될 것이라고 예상한다.

이 쓰나미는 초음속의 속도로 대서양을 **통과해** 1시간 뒤에는 아프리카 동쪽 해안을 강타하고, 5~7시간 뒤에는 스페인, 영국, 아일랜드를 강타할 텐데 이때 파고는 7m 정도가 될 것이다.

또 9~12시간 뒤에는 미국의 동쪽 해안에 도달하는데, 입구가 좁은 만(灣)과 바다와 강이 만나는 어귀에서는 파고가 50m까지 높아진다.

파장이 수백km에 이르는 초대형 쓰나미는 15분간 내륙으로 밀려들었다가, 다시 15분간에 걸쳐 바다 쪽으로 빠져나갈 것이다.

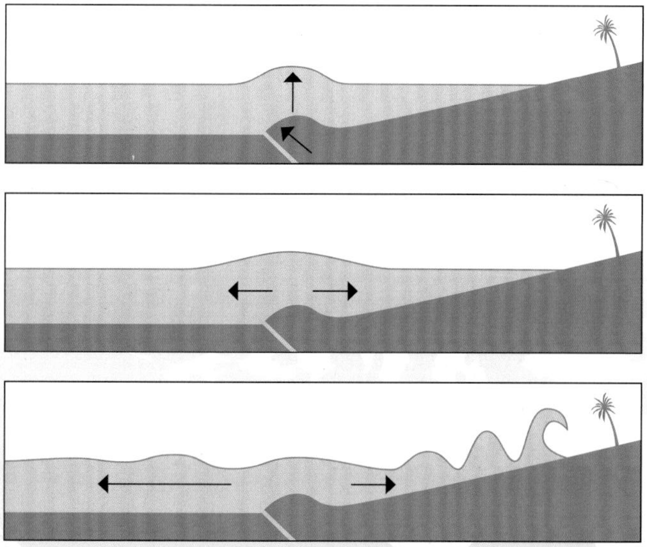

단층선을 따라 해저가 융기하면, 그 위로 물기둥이 솟아나게 된다. 이것은 거대한 반구형 파도를 만든 다음 차차 진정되면서 모든 방향을 향해 퍼져나가게 된다. 이 물결이 얕은 바다를 강타하면 파도가 크게 일면서 쓰나미가 된다.

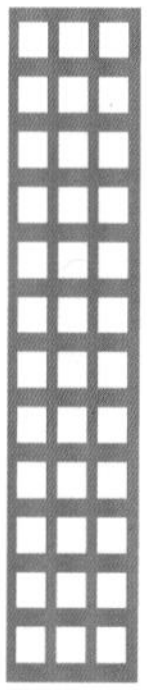

파고가 낮은 보통의 파도는
바람의 작용으로 일어나는데,
1년에 몇 차례는 특이하게도 높이
30m-12층 빌딩 높이-가 넘는
거대한 파도를 만드는 경우가 있다.
30m (100ft) high

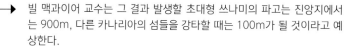

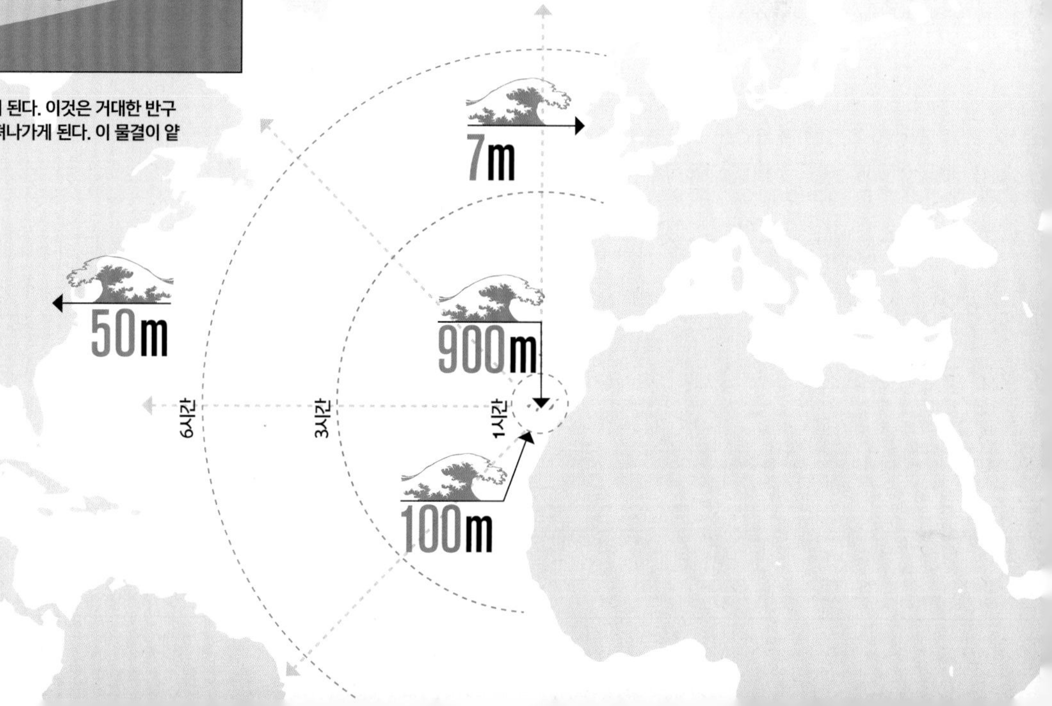

외계에서 온 무서운 물체

지구의 질량은 매년 유람선 한 척 무게만큼 늘어난다. 왜냐하면 우주의 티끌들이 끊임없이 내리고 있기 때문이다.

우주선 갈릴레오가 1993년 소행성 이다(Ida)를 지나치면서 찍은 사진.

지구가 탄생한 지 얼마 지나지 않았을 때는 태양계가 매우 위험한 지역이었다. 크기가 만만치 않은 소행성과 이보다 작은 미행성(planetoid)들이 지구와 수시로 부딪쳤던 것이다.

오늘날은 그보다는 훨씬 안전하지만, 우주에는 여전히 수십억 개에 달하는 암석과 잔해들이 떠다닌다.

이들은 대부분 NEO(Near Earth Object, 지구 궤도에 근접한 천체)에 가깝다. 우주진(cosmic spherule)이라 불리는 먼지 티끌들도 끊임없이 지구에 쏟아지고 있고, 이보다 큰 암석들은 주기적으로 지구 대기에서 타 없어진다.

다행히 암석들의 크기가 클수록 지구와의 충돌 위험성은 더 작아 안도하게 된다.

NEO에 의한 위험이 어느 정도인지를 나타내기 위해 MIT의 리처드 빈젤 교수는 토리노 척도를 개발했다. 이것은 NEO와 지구의 충돌 가능성, 충돌 시 지구가 입는 피해 정도를 표시한다.

토리노 척도가 0이면 충돌 가능성이 전혀 없고 따라서 아무런 피해도 입지 않는다는 뜻이다. 반면 10이면 충돌 가능성이 100%이고, 지구 전체를 황폐화시킬 정도의 피해를 입히게 된다는 뜻이다.

1 million small meteoroids

지난 24시간 동안 100만 개의 작은 유성체(운석과 유성)가 지구와 충돌했다.

30,000 tonnes

지구가 1년간 받아들이는 우주 먼지는 30,000톤에 이른다.

지구와 충돌했을 때 심각한 피해를 입힐 수 있는 **NEO**는 약 100만 개에 이른다.

NEO보다 더 위험한 것은 **ECA**(Earth Crossing Asteroid, 지구궤도통과 소행성)이다. NASA의 제트추진연구소에 따르면 지름이 100m 이상인 ECA는 10만개, 지름 500m 이상은 2만개, 지름 1km 이상은 500~1,000개가 있는 것으로 추정된다.

지름 1km 이상 소행성 중 300개 이상이 관측되었고 이들은 최소한 수백 년 이내에는 지구에 **위험**하지 않은 것으로 알려졌다. 여태까지 알려진 소행성 가운데 단 13개만이 2100년 이전에 지구 궤도를 가로지를 가능성이 있을 것으로 보고 있다.

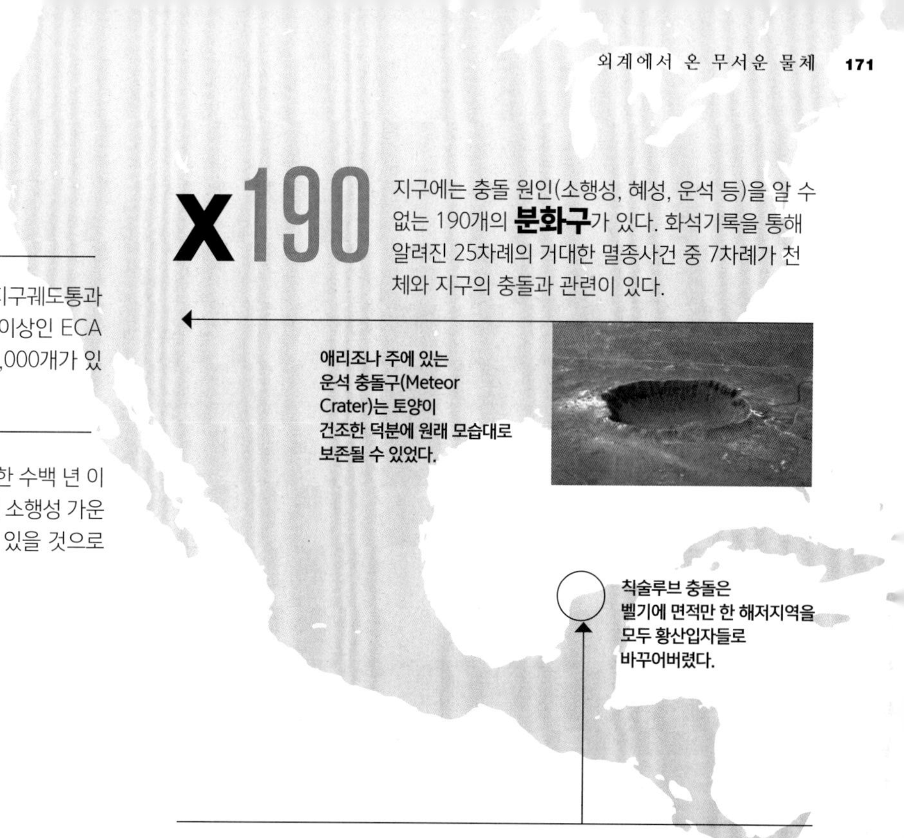
칙술루브 충돌은
벨기에 면적만 한 해저지역을
모두 황산입자들로
바꾸어버렸다.

x190 지구에는 충돌 원인(소행성, 혜성, 운석 등)을 알 수 없는 190개의 **분화구**가 있다. 화석기록을 통해 알려진 25차례의 거대한 멸종사건 중 7차례가 천체와 지구의 충돌과 관련이 있다.

애리조나 주에 있는 운석 충돌구(Meteor Crater)는 토양이 건조한 덕분에 원래 모습대로 보존될 수 있었다.

멸종과 관련된 가장 유명한 사건은 **칙술루브**(Chicxulub)충돌이다. 6600만 년 전 백악기 말기에 일어난 이 사건으로 공룡을 비롯한 지구 생명체의 4분의 3이 멸종됐다. 소행성과의 충돌로 여겨지는 이 사건은 1억 메가톤의 위력을 가졌는데, 히로시마 원자폭탄을 50억 개 모아놓은 것과 맞먹는다.

아무런 피해를 입히지 않는 사건	0
주의 깊게 추적, 관찰해야 하는 사건	1
우려할 만한 사건	2
	3
	4
위협이 될 수 있는 사건	5
	6
	7
충돌할 가능성이 확실한 사건	8
	9
	10

토리노 척도가 1보다 큰 천체는 아직 알려지지 않았다. 척도 1은 다음 세기 동안 지구와 10번 충돌할 확률이 1,000분의 1보다 작다는 뜻이다.

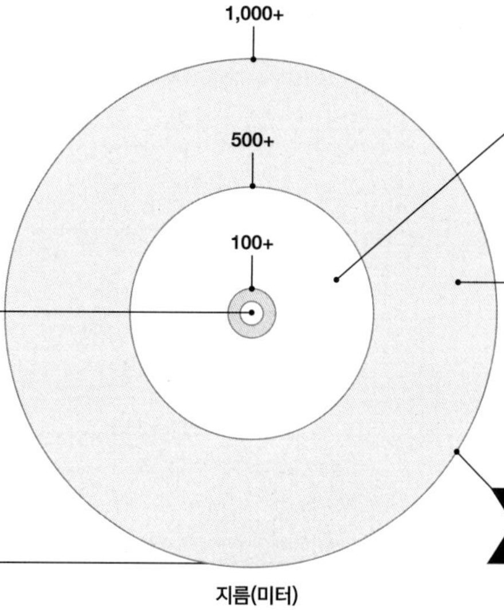
1,000+
500+
100+
50+
지름(미터)

한 도시를 파괴할 만한 힘을 가졌기 때문에 '도시의 살인자(city-killer)'라 불리는, 지름이 **50m**인 소행성은 평균 750년에 한 번 지구와 충돌하지만 대부분은 사람이 거주하지 않는 지역에 떨어진다.

한나라를 파괴할 수 있는 힘을 가진 폭이 **500m**인 소행성은 평균 10만년에 한 번의 확률로 지구와 충돌한다.

인류 문명을 위협할 정도의 힘을 가진 폭이 **1km**인 소행성은 지구와 충돌할 확률이 45만년에 한 번 정도이다.

x10 인류를 멸종시킬 정도의 힘을 가진 폭이 **10km**인 소행성은 5000만~1억 년에 한 번의 확률로 지구와 충돌한다.

지구 대 냉장고 자석

지구가 냉장고 자석이라면, 종이 한 장을 냉장고 문에 붙이기 위해서는 지구가 20개 필요하다.

지구는 자기장을 만들어내는데, 그 과정은 아마도 대류와 지구의 자전 때문에 지구 핵에 있는 액체로 된 금속이 흐르고, 그 흐름이 전류를 만들어내고, 전류는 다시 자기장을 만들기 때문일 것이다.
이 자기장은 남극과 북극을 잇는 거대한 막대자석이 만들어내는 자기장과 비슷하다.
지구의 자기장 크기는 매우 약하지만-냉장고 자석의 약 20분의 1- 거대한 공간에 퍼져 있기 때문에 전체 에너지는 매우 크다.

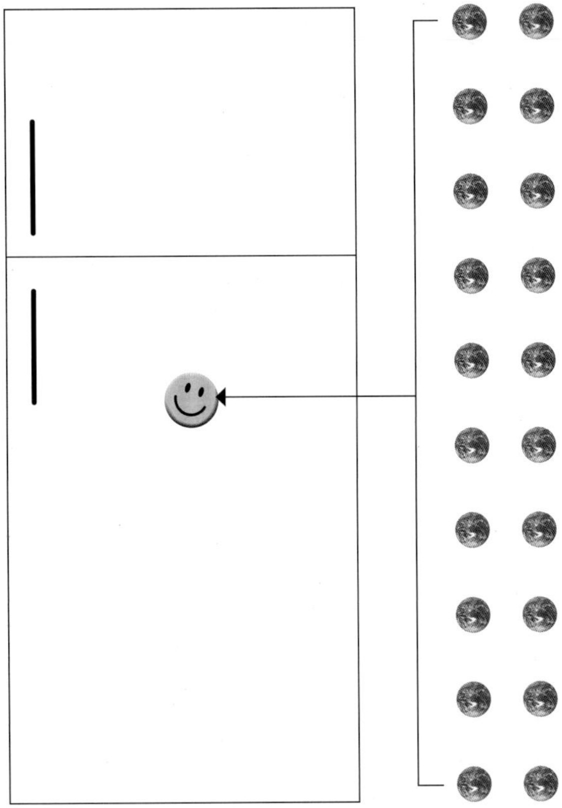

적어도 좁은 범위에서는 냉장고 자석이 지구 자력보다 월등히 강하기 때문에 쇼핑 리스트를 냉장고 문에 붙이는 데는 냉장고 자석이 훨씬 효과적이다.

자기장의 세기, 즉 자력(magnetic pull)은 **텔사**(T)와 **가우스**(G)로 나타낸다. 1T는 1만G다. 지구의 자력은 위치에 따라 다소 차이가 있지만(극지방에서 가장 세고 적도에서 가장 약하다) 평균적으로 약 0.5G다.

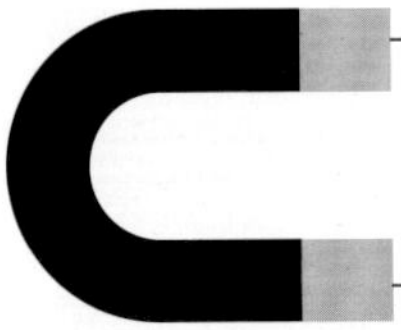

보통의 말굽자석의 자력은 0.02T, 즉 200G다.

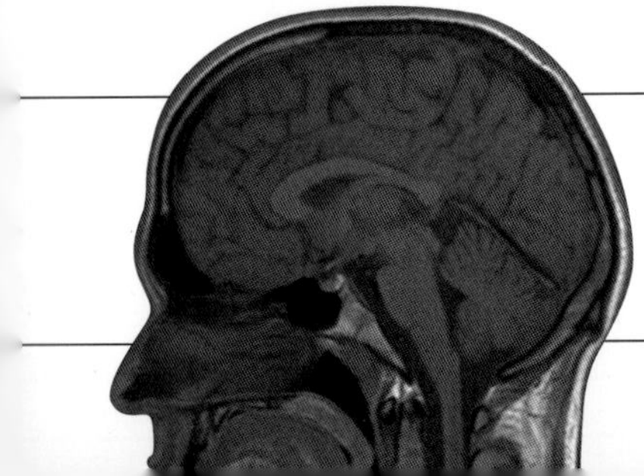

냉장고 자석의 자력은 약 10G(0.001T)이고, **MRI**(자기공명영상)에 사용되는 전자석은 약 3T(3만G)로 냉장고 자석보다 3,000배 더 세고, 지구 자력보다는 6만배 더 강하다.

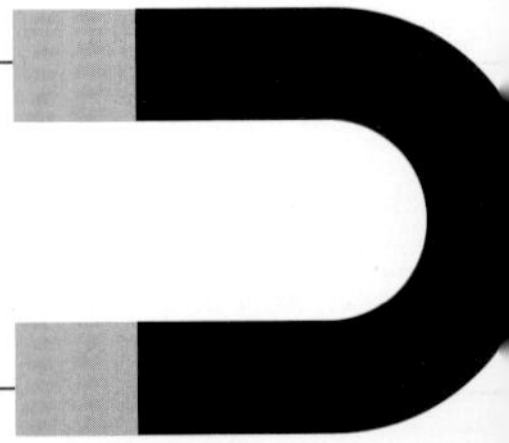

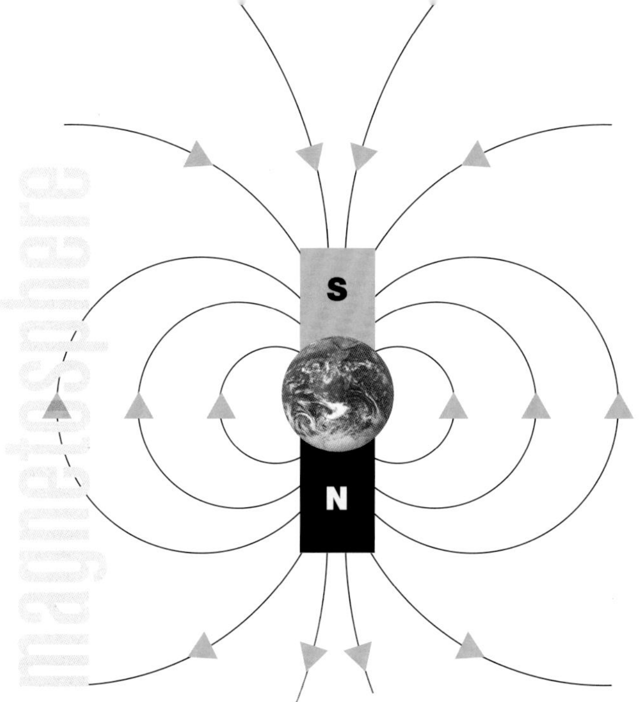

70,000-300,000km
44,000-186,000miles

지구 자기장은 태양풍-전하를 띤 입자들이 태양으로부터 지구로 몰려오는 것-에 의한 압력 때문에 실제로는 눈물 모양을 하고 있다.

지구 자기장이 미치는 범위를 **자기권**(magnetosphere)이라고 한다.
자기권의 반지름은 약 70,000km이지만,
조건에 따라서는 300,000km까지 부풀어날 수 있다.

지구 자기장은 1836년 카를 프리드리히 가우스가 처음으로 측정한 이래 100년에 약 5% 꼴로 약해졌으며, 최근에는 10년에 5% 꼴로 약해지고 있다.

5% per decade

나침반의 바늘은 북극을 가리킨다(사실은 대략적으로 그렇다. 왜냐하면 자극(magnetic pole)은 지리적인 남극, 북극에서 조금 비켜나 있기 때문이다). 북쪽을 가리키는 나침반의 바늘 끝은 자극의 북극이기 때문에, (지리적인) 북극에서의 자극은 실제로는 자극의 남극이다.

미국국립고자기장연구소는 **90T**
세기의 자석을 보유하고 있다.
냉장고 자석보다 9만배 더 큰 세기다.
이 자석 내부에는 다이너마이트 200개가
동시에 폭발하는 것과 같은 압력이
작용하고 있다.
이는 바다 밑바닥에서 받는 압력의
30배와 맞먹는다.

지구에서 인위적으로 만들어내는 가장 세기가 큰 자기장은 로스앨러모스에 있는 미국국립고자기장연구소에서 만드는 펄스 자기(pulse magnet)로 **1,000T**에 이른다.

마그네타(Magnetar)-강력한 자기장을 가진 중성자별-는 자기장의 크기가 1000억T에 달한다.

100 billion tesla

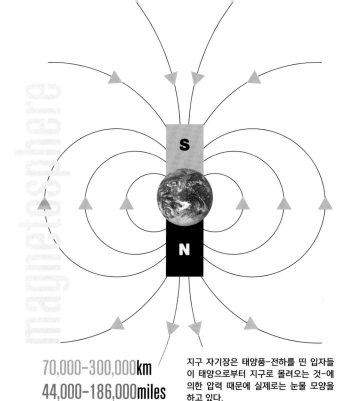

자기장의 세기는 자석으로부터의 거리의 세제곱에 반비례하다. 예컨대 자석으로부터 2배 멀어지면 자기장의 세기는 **8배** 줄어든다.
따라서 냉장고 자석의 자기장은 몇 mm만 멀어져도 제대로 포착하기가 힘들다.
반면 지구 자기장은 수천 km 떨어진 우주공간에서도 여전히 힘을 발휘한다.

스카치 에그를 닮은 지구

▶ 지구는 스카치 에그처럼 두 개 층으로 된 핵과, 두터운 중간층, 그리고 그 위의 얇은 껍질로 돼 있다.

스카치 에그는 완숙한 계란을 소시지 고기로 감싼 다음 빵가루를 묻혀 기름에 튀긴 맛있는 스낵이다. 스카치 에그의 단면은 지구의 단면과 흡사하다. 둘 다 가운데 여러 개의 층을 얇은 바깥층이 껍질처럼 둘러싸고 있다. 둘 다 중심의 핵은 두 개의 층으로 돼 있다. 즉 스카치 에그는 계란의 노른자위에 흰자가 놓여 있고, 지구는 고체 형태의 철과 니켈로 된 내핵과 용융된 철과 니켈로 된 외핵으로 이뤄져 있다. 중심을 둘러싸고 면적의 절반쯤을 차지하고 있는 층은 스카치 에그에서는 소시지 고기이고 지구에서는 맨틀(부분적으로 용융된 암석들로 돼 있다)이다.

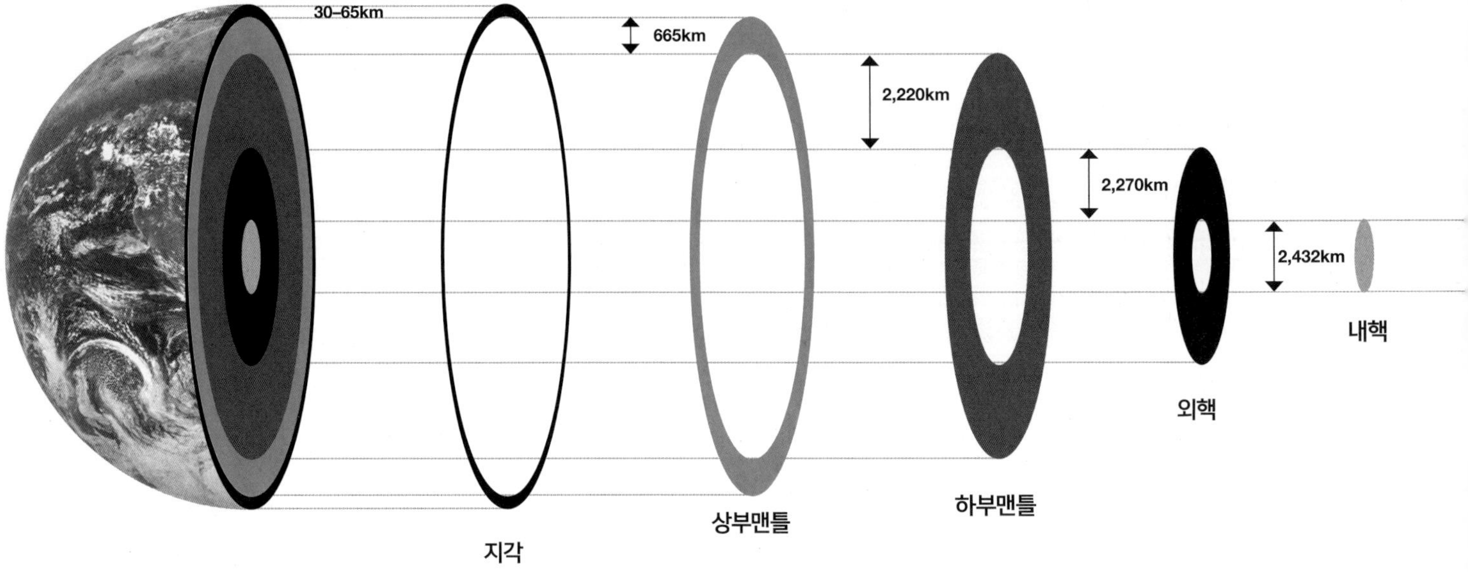

지각은 해저와 대륙으로 이뤄져 있고,
두께는 보통 10~35km 사이다.
하지만 히말라야 산맥 아래는 지각이 75km로
가장 두껍다. 지각은 대부분 암석이지만,
지구 전체로 보면 얇은 축에 속한다.
지구가 농구공만 하다면,
지각은 두께가 겨우 0.5mm에 불과하다.

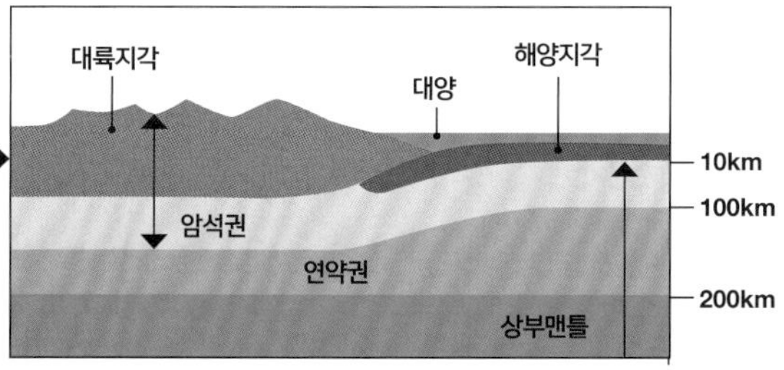

670km까지

대륙지각과 해양지각은 실리콘이 풍부한 가벼운 암석들이 많다 (암석은 대륙지각에 더 가볍다)

상부맨틀은 부분적으로 액체 상태인 실리콘-금속 화합물로 돼 있다.

하부맨틀은 액체 마그네슘과 실리콘, 산소로 돼 있다.

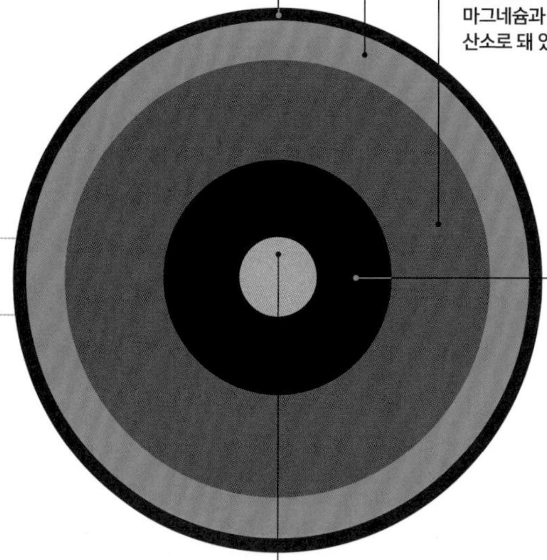

외핵은 액체 상태며, 철과 니켈을 비롯해 황, 산소 등의 가벼운 원소들로 돼 있다.

내핵은 고체 상태며 철과 니켈로 돼 있다.

지구의 지름은 약 12,700km이다.
12,700km 7,890miles

6,370km 3,960miles

지구 표면에서 핵의 중심까지 거리는 6,370km다. 벽돌을 지구 중심까지 던질 수 있다면 45분이 걸리는 거리다(단, 지구 중심에서는 중력이 사라지기 때문에 벽돌은 무게를 가지지 않을 것이다).

6,000°C

핵의 온도는 6,000°C로 추정된다.

가장 깊은 구멍

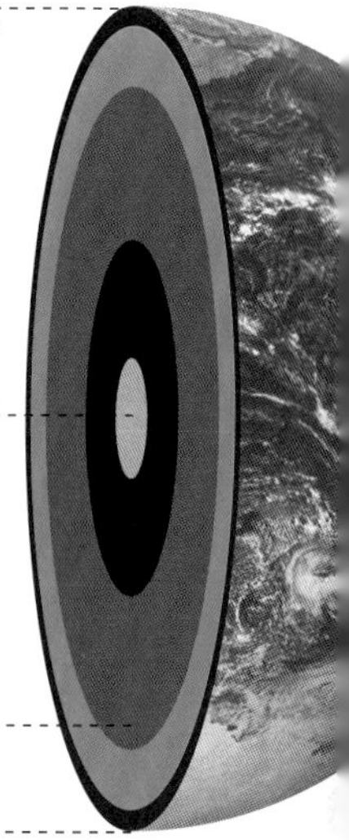

여태까지 인간이 땅 속으로 가장 깊이 뚫은 구멍은 북부 러시아에 있는 콜라 시추공(Kola borehole)이다. 1970년에서 1989년까지 소련 과학자들은 깊이 1만2262m(1.226km)까지 구멍을 팠다.

지구가 **사과**라면, 인간이 뚫은 가장 깊은 시추공은 사과껍질 두께도 다 파고들지 못한 정도이다.

핵의 일부는 45억 년 전, 탄생 초기의 지구와 충돌한 원시행성에서 온 물질로 이뤄져 있다. 이 물질들은 나중에 달의 구성 성분에도 포함되었다.

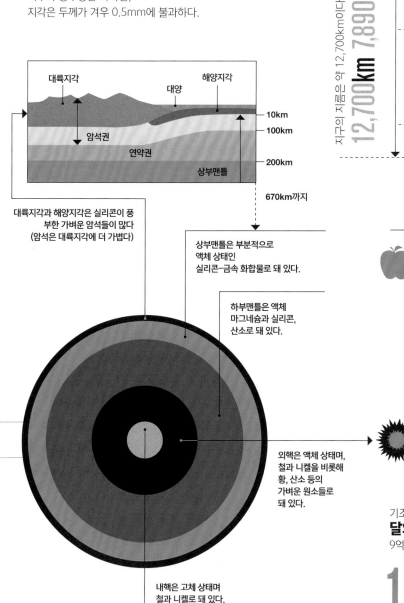

기조력(tidal interaction)의 작용으로 지구를 도는
달의 속도가 떨어지기 이전에는 회전 속도가 지금보다 더 빨랐다.
9억 년 전만 해도 지구의 1년은 481일이었고, 하루는 18시간이었다.

18 hour-long days

온실효과

▶ 지구 대기에 있는 '온실가스(이산화탄소, 메탄 등)'는 온실의 유리처럼 빛을 받아들인 다음에 열을 가두는 역할을 한다.

지구의 생명체는 온실효과의 영향을 받는다.
온실효과는 1820년대에 처음 제기된 것으로, 대기 중의 기체가 온실 유리처럼 작용하는 현상을 가리키는 말이다.
온실의 유리는 햇빛을 통과시키고, 통과된 빛은 온실 안의 공기와 식물에 의해 흡수돼 온도를 높이게 된다. 이어 공기와 식물들은 이 열에너지를 긴 파장을 가진 적외선으로 방출하는데, 이때 온실 유리는 자외선을 통과시키는 대신 온실 안으로 다시 반사시키게 된다. 이런 순환에 의해 온실 안의 온도는 바깥보다 더 높은 상태로 유지되는 것이다.

마찬가지로 이산화탄소, 수증기, 메탄 같은 대기 중의 온실가스들은 가시광선은 통과시키지만 적외선은 흡수한다. 따라서 열이 바깥 우주로 방출되지 못하고 갇히게 되면서 대기의 온도가 올라가게 된다.
이런 과정은 지구가 탄생한 이래 오랜 기간에 걸쳐 진행돼 온 것이다.
그럼에도 불구하고 근래에 문제가 된 까닭은, 가속적인 산업화로 온실가스 특히 이산화탄소 배출량이 크게 늘어나 지구온난화와 기후변화를 초래함으로써 지구 생명체를 위협하고 있기 때문이다.

만약 **온실효과**가 없었다면, 지구 전체의 평균 온도는 지금의 15℃가 아니라 영하18℃가 되어 지표면에서의 생명활동이 불가능했을 것이다.

인간 활동에 따른 탄소배출량은 현재 연간 400억 톤에 달한다.
이는 화산 폭발이나 생명체의 부패 등으로 자연에서 나오는 탄소배출량의 5분의1, 즉 20% 수준이다.
하지만 이 정도로도 탄소 순환의 미묘한 균형이 쉽게 깨질 수 있다.

20%

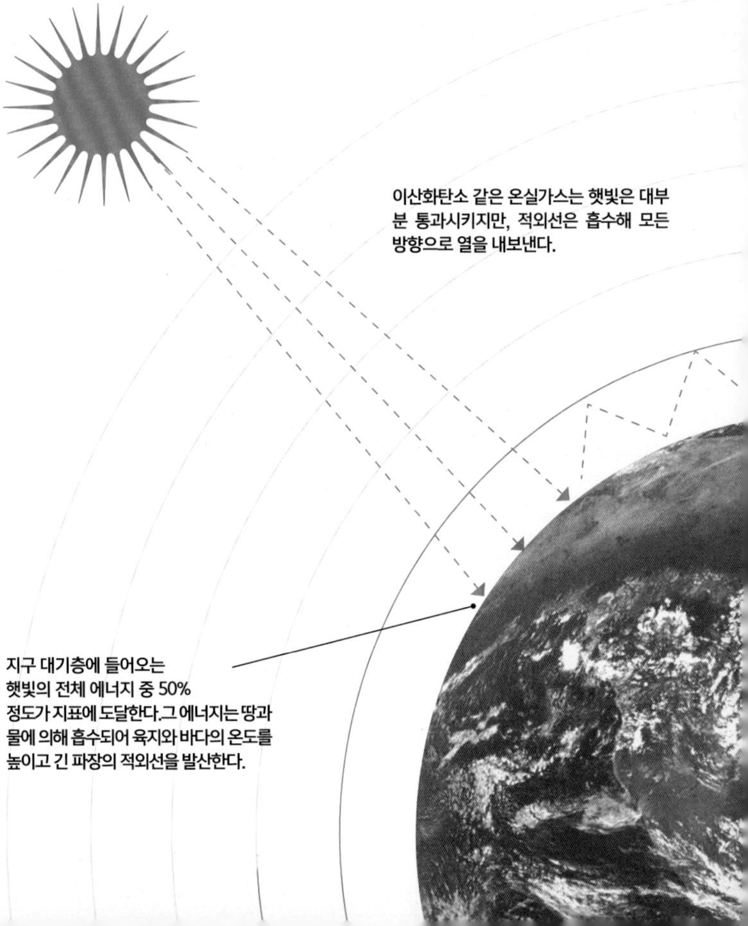

이산화탄소 같은 온실가스는 햇빛은 대부분 통과시키지만, 적외선은 흡수해 모든 방향으로 열을 내보낸다.
지구 대기층에 들어오는 햇빛의 전체 에너지 중 50% 정도가 지표에 도달한다. 그 에너지는 땅과 물에 의해 흡수되어 육지와 바다의 온도를 높이고 긴 파장의 적외선을 발산한다.

6°C

지금과 같은 비율로 탄소배출이 계속된다면 앞으로 수 세기 이상에 걸쳐 지구 온도가 6℃만큼 더 올라가게 될 것이다. 영국지질학회에 따르면 일단 상승한 온도를 지금 수준으로 되돌리려면 10만년이 걸릴 것이라고 한다.

IPCC(기후변화에 관한 정부간 협의체)는 대기 중의 이산화탄소가 산업혁명 이전의 두 배 수준으로 안정된다면, 2100년까지는 1.4~5.8℃ 정도로 온난화가 진행되리라고 예측했다.

1.4 and 5.8 °C by 2100

이 범위의 위쪽 한계인 5.8℃는 마지막 **빙하시대**와 현재 사이의 온도 차이보다 더 크다. 반면 아래쪽 한계인 1.4℃는 문명의 역사 전체에 걸쳐 가장 큰 온도 변화다.

지구온난화는 극지방의 빙모(ice cap)가 녹는점을 높여서 해수면이 높아지게 될 것이다.
지구의 모든 빙상(ice sheet)이 모두 녹으면 **해수면**이 20층 빌딩 높이인 60m나 높아질 것이다.

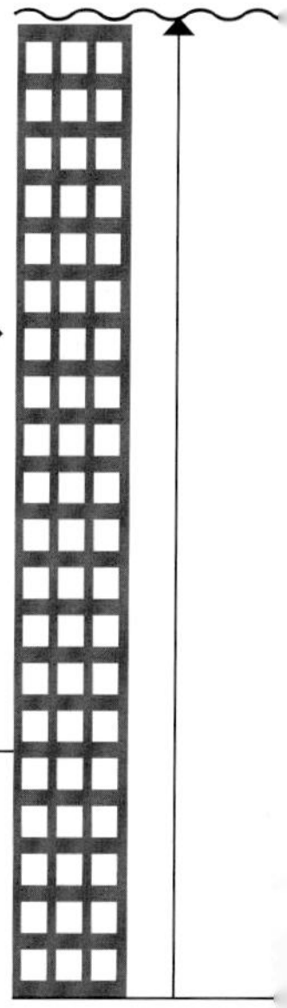

IPCC는, 보다 보수적으로 예측하더라도 2100년까지는 해수면이 9~88cm 높아질 것으로 전망한다.

9 and 88 cm by 2100

위쪽 한계인 88cm까지 높아진다면 방글라데시 국토의 **5분의 1**이 수면 아래로 잠길 것이다.

전 세계 인구의 75%는 거리상으로 바다로부터 80km 이내에 거주한다.

북극광(Aurora Borealis)은 대기의 가장 바깥 두 곳(외기권, 열권)에서 일어난다.

외기권은 지표면으로부터 800km 이상에 있는 대기권 바깥의 공간이다. 기체분자들 수가 매우 적어 서로 수백 마일 떨어져 존재한다.

열권은 지표면에서 85km에서 800km 사이의 영역으로 국제우주정거장이 도는 궤도이기도 하다. 태양열을 흡수하기 때문에 온도가 매우 높지만, 100km 이상 영역에서는 공기 농도가 희박하기 때문에 온도를 정의하기가 힘들다.

중간권은 성층권 위로부터 지표면 약 85km 높이까지의 영역으로, 유성이나 운석이 타는 곳이다. 대기권에서 기온이 가장 낮다.

성층권은 대류권 위로부터 지표면 약 50km 높이까지의 영역이다. 오존층이 여기에 포함된다.

대류권은 극지방에서는 지표면에서 10km 높이, 적도에서는 20km 높이까지의 영역을 가리킨다. 비행기의 항로가 있으며 지구의 날씨도 이 대류권에서 결정된다.

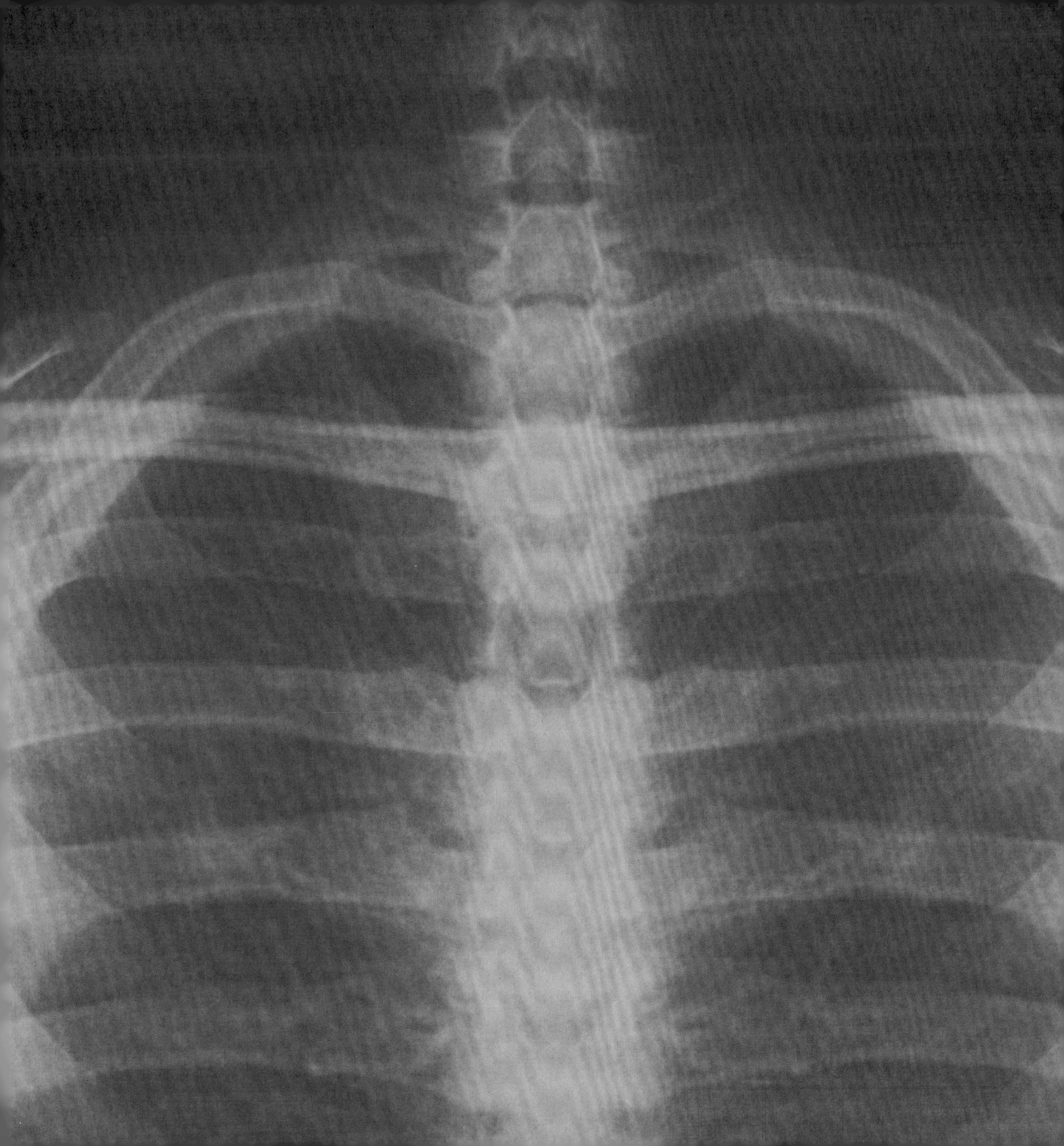

Section 06

▶ 인간의 몸은 우리에게 친숙한 영역이지만,
신체기관과 조직들이 행하는 수많은 기능과 복잡한 구조들을 제대로
이해하기 위해서는 역시 비유를 통하는 것이 지름길이다.
또한 신체와 뇌에 관한 철학적인 질문들에 답하기 위해서는
사고실험을 해보는 것도 유용하다.

인체

인간의 몸을 이루는 것들

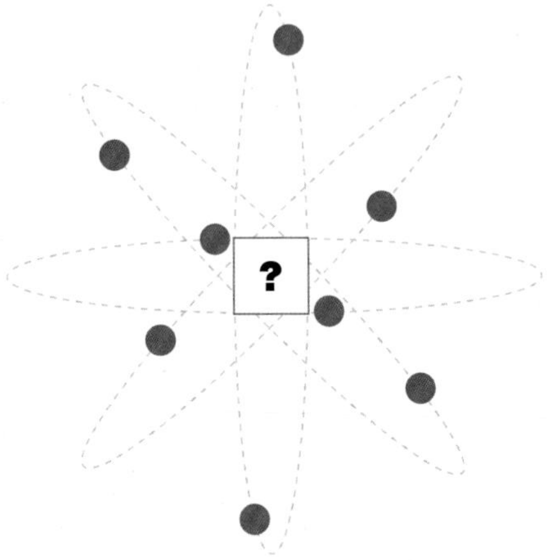

▶ 인체를 이루는 기본 원소들을 압축하면, 소형 TV 크기의 산소, 벽돌 하나 크기의 탄소, 1kg의 칼슘, 티스푼 하나 분량의 철이라는 것을 알 수 있다.

자연에서 발견되는 원소들 대부분은 우리 인체에서도 발견된다. 물론 대부분은 매우 소량으로 존재한다. 생명의 토대는 유기화학이고, 인체의 태반은 물이 차지하기 때문에 우리 몸에서 가장 많은 원소는 산소, 수소, 탄소다. 하지만 이 외에도 일반인에게는 생소한 원소들, 심지어는 독성 물질과 방사성 물질도 들어있다. 이들 대부분의 생물학적 기능이 무엇인지는 아직까지 밝혀지지 않았고, 기능이 아예 없는 경우도 있다.

오른쪽 페이지의 표는 몸무게가 70kg인 사람의 몸에 들어있는 원소들의 질량과 부피를 나타낸다.

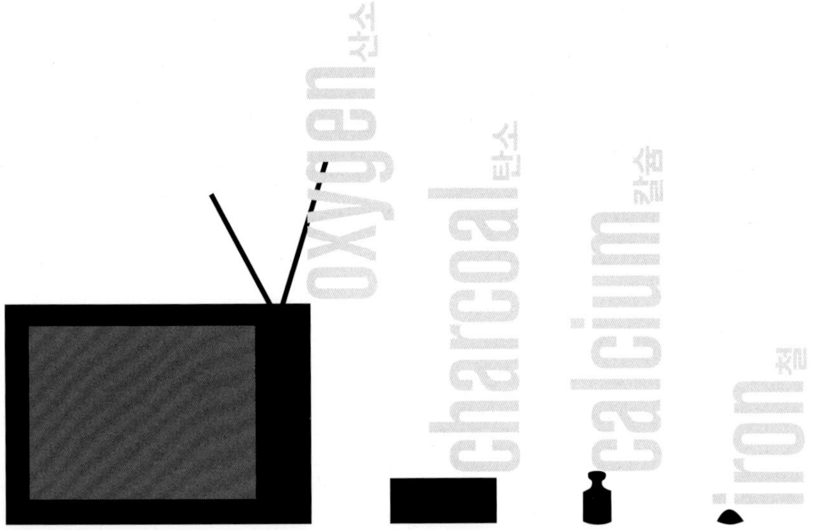

인간의 몸은 약 60%가 물이지만, 나이와 성별, 지방의 양에 따라 차이가 있다. 갓 태어난 신생아는 78%가 물이지만 한 살이 되면 65%로 준다. 지방은 근육보다 물을 적게 함유하고 여성은 남성보다 지방 비율이 더 높기 때문에 성인 여성의 물 함유량은 약 55%다.

이 표는 인체를 이루는 원소들을 추출해 순수한 형태로 정제했을 때 각 원소의 질량과 크기를 나타낸다. 기체 상태의 원소는 밀도가 더 낮고 질량 대비 부피도 더 크다는 점을 염두에 둬야 한다.

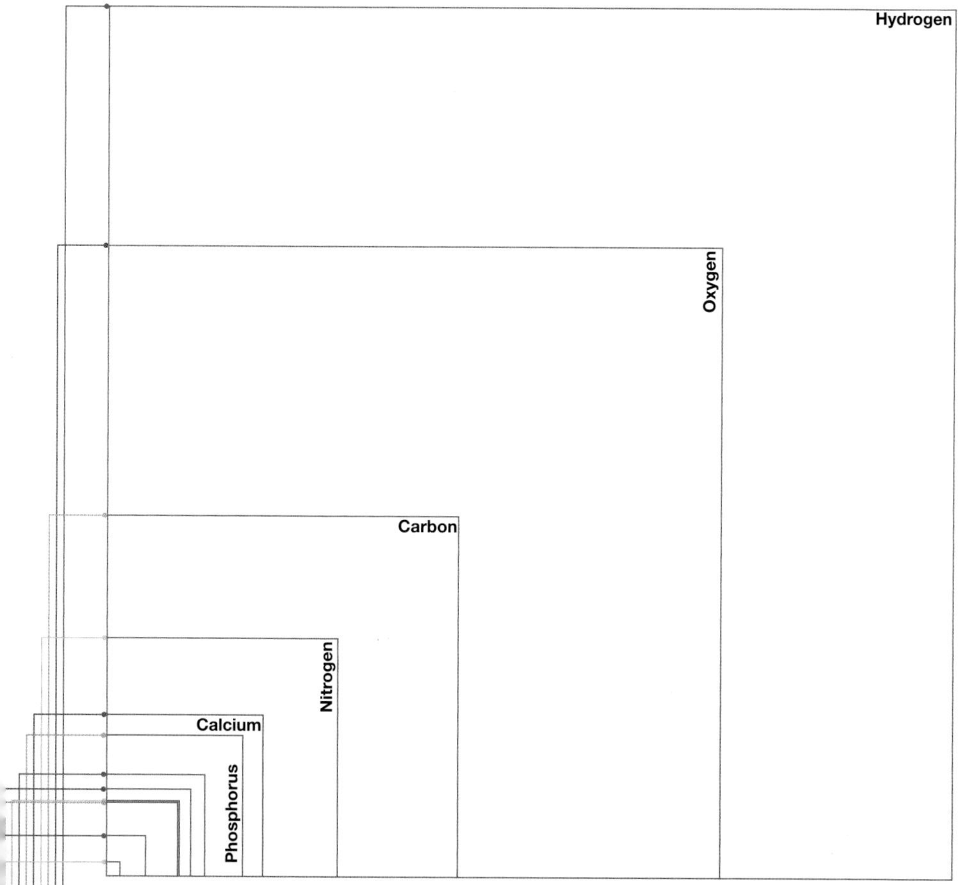

루비듐은 0.68g으로 인체에서 16번째로 많은 양을 차지하지만, 생물학적 역할이 알려지지 않았다. 아직 기능을 모르는 원소들 중에서 양이 가장 많다.

바나듐은 생물학적 기능이 알려진 원소들 가운데 가장 양이 적어 0.11mg에 불과하다. 표에서 바나듐보다 양이 적은 원소들의 역할은 모두 알려지지 않았다.

2%

인체는 거의 대부분 원자가 아니라 분자 형태로 이뤄져 있다. 인체에는 단백질의 종류가 20만개가 넘지만, 그 중 완전히 이해되고 있는 것은 2%도 되지 않는다.

원소	질량	부피	원소	질량	부피	원소	질량	부피
산소	43kg	33.5cm	알루미늄	60mg	2.8mm	은	2mg	0.6mm
탄소	16kg	19.2cm	카드뮴	50mg	1.8mm	니오븀	1.5mg	0.6mm
수소	7kg	46.2cm	세륨	40mg	1.7mm	지르코늄	1mg	0.54mm
질소	1.8kg	12.7cm	바륨	22mg	1.8mm	란타늄	0.8mg	0.51mm
칼슘	1.0kg	8.64cm	요오드	20mg	1.6mm	갈륨	0.7mg	0.49mm
인	780g	7.54cm	주석	20mg	1.5mm	텔루륨	0.7mg	0.48mm
칼륨	140g	5.46cm	티타늄	20mg	1.6mm	이트륨	0.6mg	0.51mm
황	140g	4.07cm	붕소	18mg	2.0mm	비스무트	0.5mg	0.37mm
나트륨	100g	4.69cm	니켈	15mg	1.2mm	타륨	0.5mg	0.35mm
염소	95g	3.98cm	셀레늄	15mg	1.5mm	인듐	0.4mg	0.38mm
마그네슘	19g	2.22cm	크롬	14mg	1.3mm	금	0.2mg	0.22mm
철분	4.2g	8.1mm	망간	12mg	1.2mm	스칸듐	0.2mg	0.41mm
불소	2.6g	1.20cm	비소	7mg	1.1mm	탄탈	0.2mg	0.23mm
아연	2.3g	6.9mm	리튬	7mg	2.4mm	바나듐	0.11mg	0.26mm
실리콘	1.0g	7.5mm	세슘	6mg	1.5mm	토륨	0.1mg	0.20mm
루비듐	0.68g	7.6mm	수은	6mg	0.8mm	우라늄	0.1mg	0.17mm
스트론튬	0.32g	5.0mm	게르마늄	5mg	1.0mm	사마륨	50μg	0.19mm
브로민	0.26g	4.0mm	몰리브덴	5mg	0.8mm	베릴륨	36μg	0.27mm
납	0.12g	2.2mm	코발트	3mg	0.7mm	텅스텐	20μg	0.10mm
구리	72mg	2.0mm	안티몬	2mg	0.7mm			

찻잔으로 욕조 물 퍼내기

심장이 하는 일은 티스푼으로 15분마다 욕조의 물을 다 비우는 것과 같다. 심장은 그런 작업을 생명이 멈출 때까지 평생에 걸쳐 쉬지 않고 하고 있다.

심장과 순환계는 피(혈액)를 우리 몸 구석구석에 효과적으로 배분할 수 있도록 놀라울 만큼 정교하게 설계돼 있다. 순환계는 수천 km에 달하는 혈관을 통해 하루에도 수천 번씩 피를 돌리고 있는 것이다.

우리 몸을 자동차라고 생각하면, 심장과 순환계의 역할을 보다 쉽게 이해할 수 있다.

심장은 엔진으로서 피를 움직이는 동력을 공급하며, 순환계는 구동축(driveshaft)으로서 동력을 각 기관에 배분하는 일을 맡는다.
실제로 순환계가 동력을 나누는 방식은, 산소를 함유한 피를 우리 몸을 이루는 약 100조 개의 세포들에게 골고루 나누어주는 식으로 이루어진다.
단 하나 예외가 있는데, 우리 눈의 각막은 피를 공급받지 않는다.

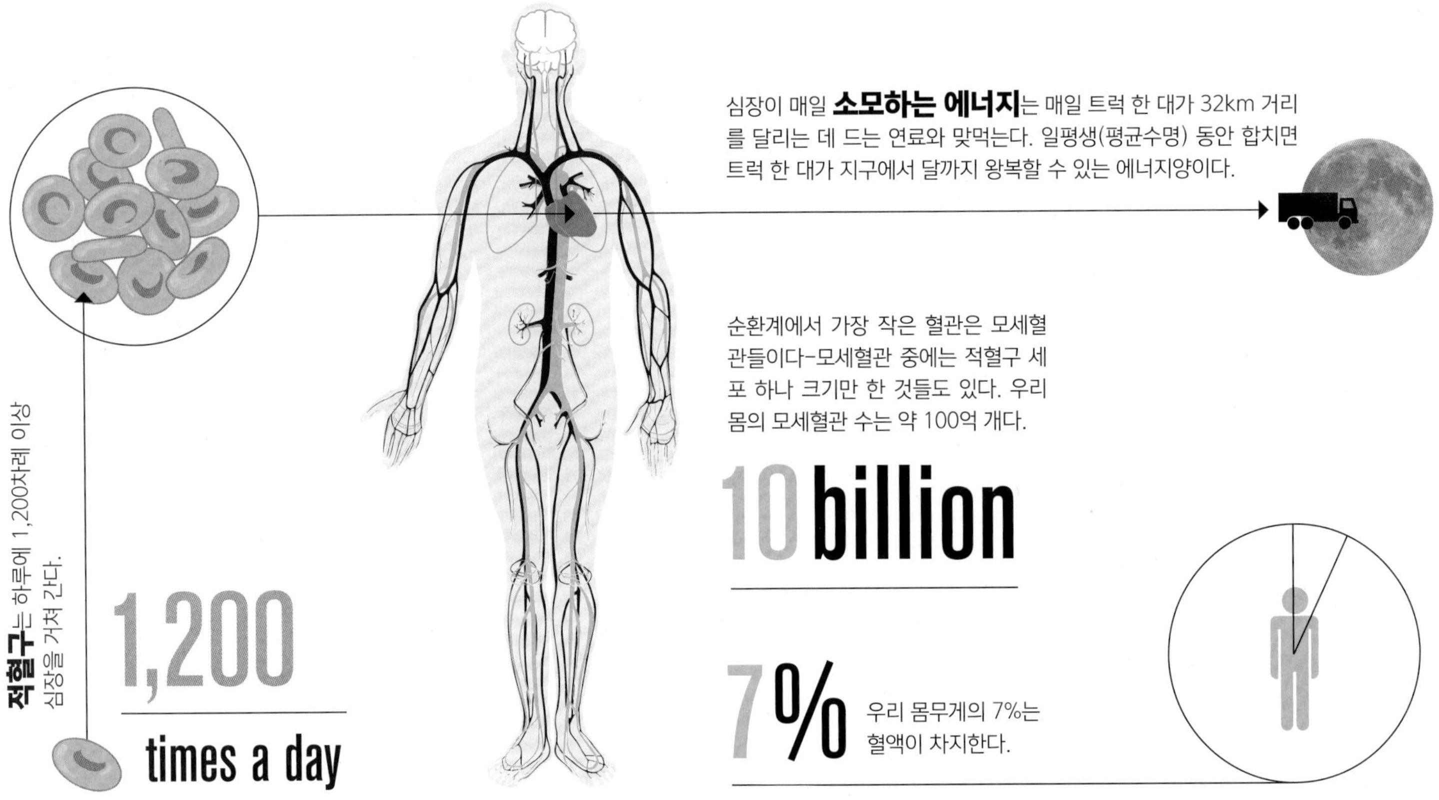
심장이 매일 **소모하는 에너지**는 매일 트럭 한 대가 32km 거리를 달리는 데 드는 연료와 맞먹는다. 일평생(평균수명) 동안 합치면 트럭 한 대가 지구에서 달까지 왕복할 수 있는 에너지양이다.
순환계에서 가장 작은 혈관은 모세혈관들이다-모세혈관 중에는 적혈구 세포 하나 크기만 한 것들도 있다. 우리 몸의 모세혈관 수는 약 100억 개다.
10 billion
적혈구는 하루에 1,200차례 이상 심장을 거쳐 간다.
1,200
times a day
7%
우리 몸무게의 7%는 혈액이 차지한다.

1 milliliter

피 1ml에는
적혈구가 5,000,000개
백혈구가 5,000~10,000개
혈소판이 200,000~300,000개

5,000,000 red blood cells

5-10,000 white blood cells

우리 몸을 돌아다니는 혈액에는 **500억 개**의 백혈구가 있다.

2-300,000 platelets

혈소판은 세포 조각으로 혈액의 응고와 지혈작용을 한다.

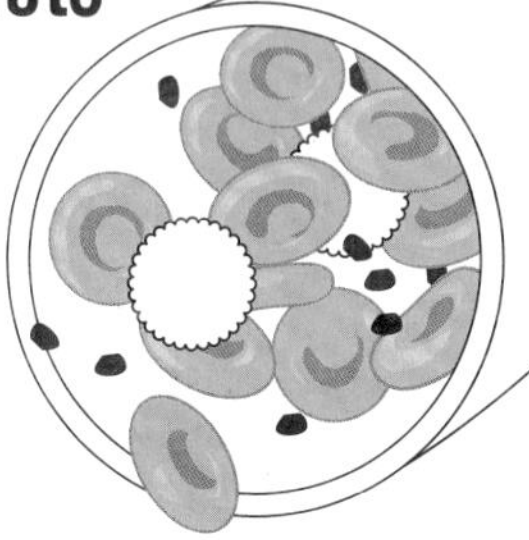

순환계는 산소를 함유한 혈액을 허파에서 몸의 말단까지 나르는 혈관들이 광대하고 복잡하게 퍼져 있는 네트워크다.

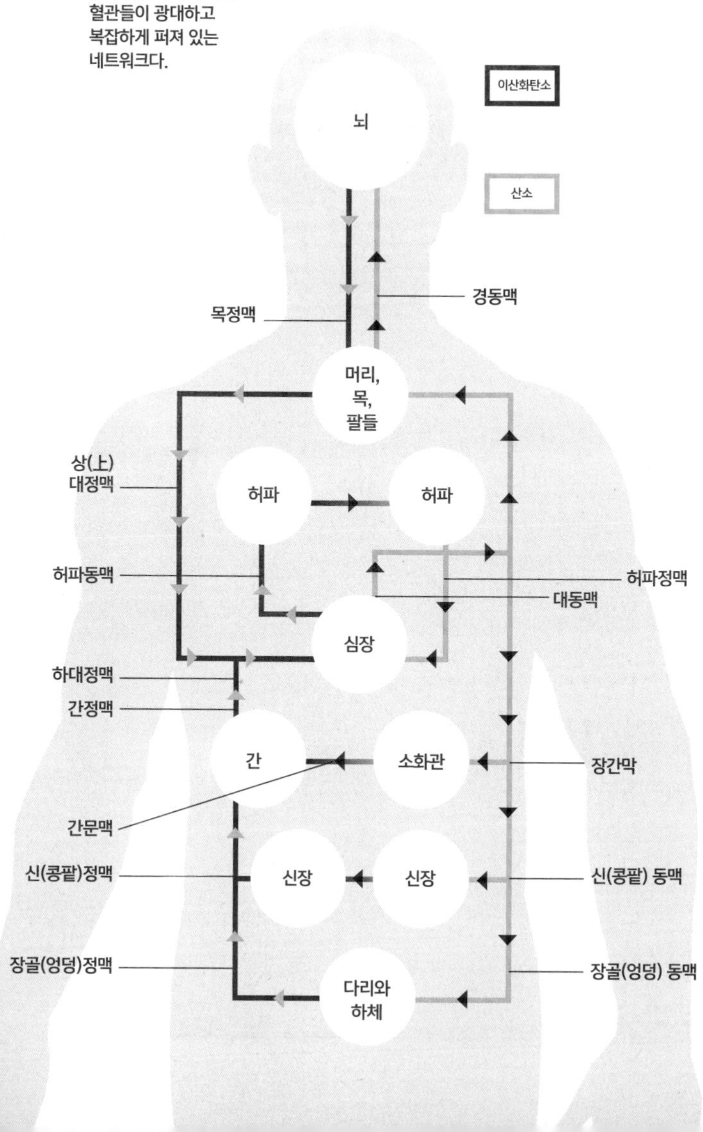

10 billion

어린아이에게는 매일 100억 개의 적혈구가 생산된다.

어른은 혈액세포(혈구)가 **골수**에서 생산된다.
골수는 1~2리터가량 있으며, 골수는 초당 300만 개의 비율로 적혈구를 생산하지만, 필요할 때는 초당 무려 3000만개까지 만들어낼 수 있다.

적혈구는 우리 몸에 있는 세포의 3분의 1을 차지하며, 도넛 형태를 띠기 때문에 표면적이 상대적으로 넓다. 평균적인 성인의 적혈 구 전체의 표면적은 3,000m²로 테니스 코트 14개를 합친 면적과 비슷하다.

백혈구는 면역체계의 일부로 기능하는데, 우리 몸에 침투한 박테리아, 바이러스 등을 물리치기 위해 싸운다. 이를 위해 백혈구에게는 훈련이 필요하다. 양쪽 허파 사이에 있는 가슴샘(흉선)은 백혈구의 훈련을 돕는 역할을 한다. 훈련을 위해 가슴샘으로 들어오는 백혈구 중 단 5%만 다시 가슴샘을 빠져 나간다.

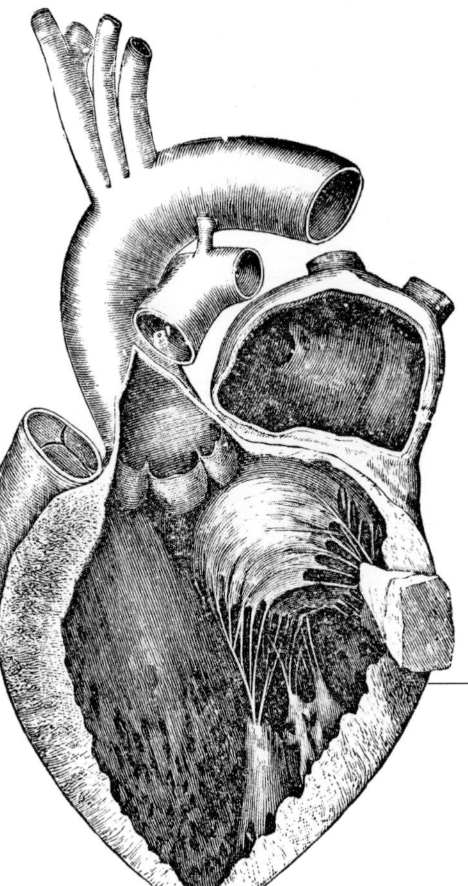

앞에서 보았듯이 순환계는 정말로 경이롭다.
하지만 우리는 문제가 생길 때까지는 그 위대함을 좀체 알아채지 못한다. 피가 쉬지 않고 우리 몸을 돌게 하기 위해 얼마나 정교한 기술과 강한 힘이 쓰이는지 깨닫지 못한다.
심장은 쉬지 않고 펌프질을 하고 있다. 마라톤을 뛸 때도 가만히 잠을 잘 때도 피는 혈관을 타고 흐른다. 그 피를 내뿜는 역할을 인체에서 가장 뛰어난 근육을 가진 심장이 맡고 있다. 심장은 결코 쉬지 않고, 잠자지 않으며, 끊임없이 에너지를 사용한다.
심장은 일평생 수십억 번의 펌프질을 통해 수백만 갤런의 피를 내보내며, 이 과정에서 엄청난 양의 에너지를 소모한다.

순환계는 다양한 크기의 혈관으로 이뤄져 있다.
인체에서 가장 큰 동맥인 대동맥은 정원용 호수 굵기만 한데 반해, 정맥은 머리카락 두께의 10분의 1밖에 되지 않는다.

너무도 막강한 슈퍼파워, 심장

▶ 심장이 올림픽 경기용 수영장 하나를 다 채우는 데는 약 1년이 걸릴 것이다.
심장이 한 평생(평균 수명) 동안 내뿜는 혈액은 125만 배럴로,
초대형 유조선 3대를 채울 수 있는 양이다.

심장은 그다지 큰 편이 아니어서, 어린아이 심장은 성인 주먹 하나 크기만 하고, 어른 심장은 성인 주먹 두 개를 합친 크기다.

x2½

인체의 모세혈관을 모두 연결해서 펼치면 지구를 2.5회 감을 수 있다.

6 liters

보통 성인의 몸에 들어있는 혈액양은 약 6리터다.

심장은 매일 약 10만 번(1초에 한 번보다 조금 더 많이 뛰는 셈), 1년에 3500만 번 박동하며, 일평생(평균 수명) 동안은 25억 차례 이상 뛴다.

100thousand heartbeats per **day**

35million heartbeats per **year**

2,500million heartbeats per **lifetime**

피는 90초마다 한 번씩 온 몸을 순환하며, 하루 동안 총 4,800km의 거리를 이동한다. 이는 미국 동부와 서부 해안을 연결한 거리와 맞먹는다.

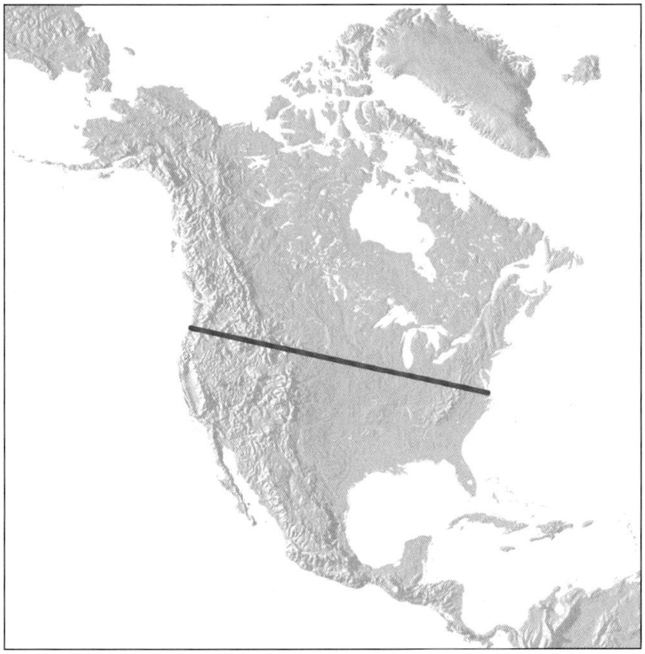

심장이 피를 내뿜기 위해 사용하는 **힘**은 손으로 물건을 강하게 쥘 때의 힘과 엇비슷하다. 우리가 쉬고 있을 때도 심장 근육은 전력 질주할 때의 다리 근육보다 두 배 더 강한 힘을 유지한다.

강철 같은 뼈

▶ 만약 우리 몸의 뼈가 금속으로 돼 있다면,
키는 지금보다 4배 더 크고, 몸무게는 64배 더 무거우며,
돌도 씹어 먹을 수 있을 것이다.

일반적으로 생명체를 이루는 물질들, 특히 인간의 뼈는 수백만 년 넘게 이어진 진화의 산물이다.
다양한 특성을 띄게 되었을 뿐 아니라, 어떤 측면에서는 인공적인 물질보다 더 탁월하기도 하고 또 어떤 측면에서는 인공적인 물질에 못 미치기도 한다.

뼈는 단백질의 콜라겐 섬유가 (대리석과 비슷한 특성을 가진) 칼슘염과 결합한 살아있는 조직이다.
뼈 안에는 세포와 혈관들이 퍼져 있다. 콜라겐 섬유는 인장강도(잡아당기는 힘에 견디는 정도)가 매우 좋고, 칼슘염은 압축강도(누르는 힘에 견디는 정도)가 좋기 때문에 이 둘이 결합된 뼈는 압축강도와 인장강도 모두 뛰어나다.
사실 뼈는 철근 콘크리트와 구조가 비슷한데, 콜라겐이 철근이라면 칼슘염은 콘크리트라고 할 수 있다.

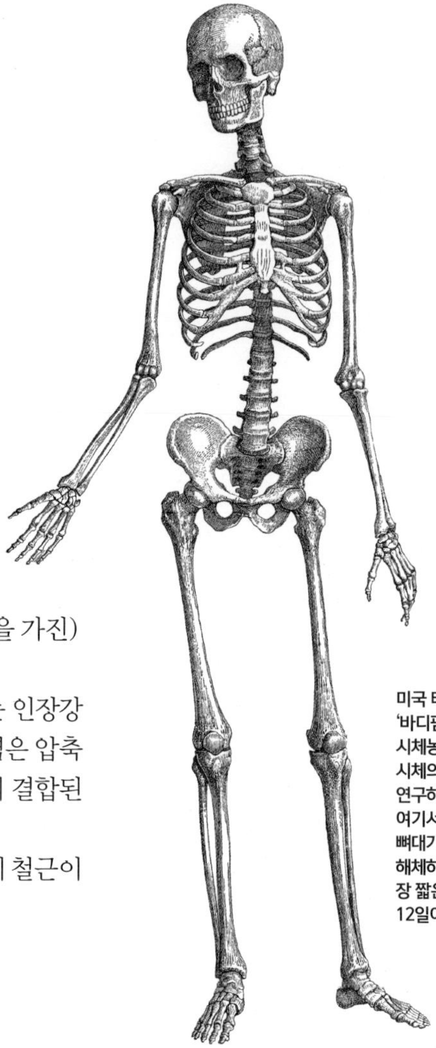

미국 테네시 주에 있는 '바디팜(Body Farm, 시체농장)'은 과학자들이 시체의 부패 과정을 연구하는 곳으로, 여기서 한 구의 시체를 뼈대가 남을 때까지 해체하는 데 걸린 가장 짧은 시간은 12일이었다.

짐을 지거나 외부에서 충격을 받았을 때 몸의 구조를 유지하기 위해서는 뼈가 여러 가지 힘들, 즉 당기는 힘(인장력), 누르는 힘(압축력), 비트는 힘(염전력), 때리거나 부딪히는 힘(전단력, 그림에는 표시되지 않았다) 등을 견뎌내야 한다.

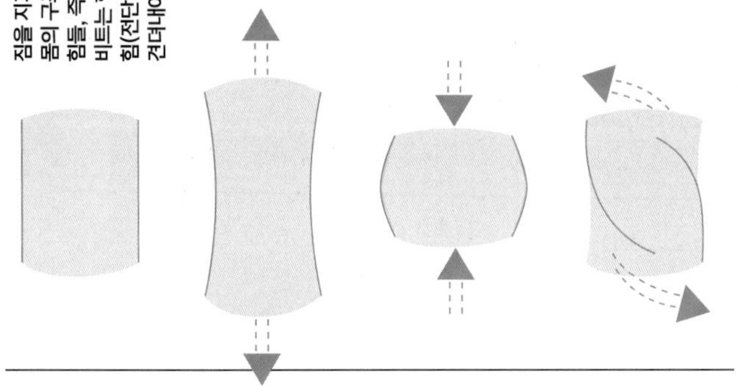

뼈는 **철근 콘크리트**와 비교할 때
압축강도는 더 뛰어나고
인장강도는 거의 비슷하다.

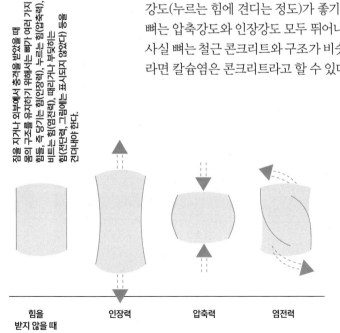

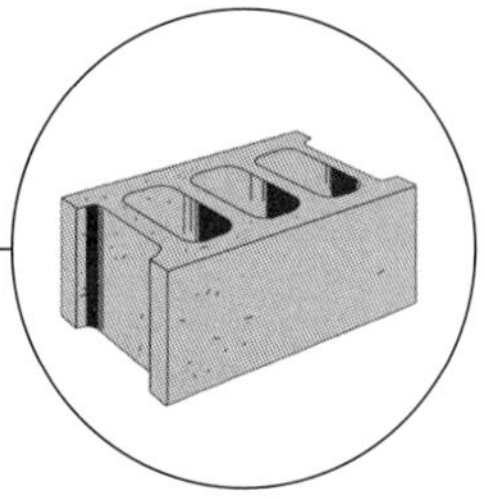

뼈는 **순수한 콘크리트**와 비교하면
콘크리트의 재료(점토, 석회석)에 따라 4~40배가량 더 강하다.

뼈의 인장강도는 **주철**(무쇠)과 비슷하나 무게는 3분의 1밖에 되지 않는다.

뼈는 근육 수축과 몸무게에 의한 **하중**을 견딜 수 있을 만큼 충분히 강해야 한다.

달리기를 할 때 270kg에 달하는 무게가 뼈에 전달된다. **270kg**

그러나 뼈도 인공적으로 만든 가장 뛰어난 물질에는 미치지 못한다. 예컨대 합금강은 인장강도나 **파괴인성**(균열이 생겼을 때 조각으로 부서지지 않도록 버티는 정도)이 뼈보다 10배나 더 낫다.

x10 better

x25 more energy

또한 강철은 뼈보다 25배나 더 많은 에너지를 흡수할 수 있다.

티탄합금으로 만든 뼈는 실제 뼈보다 1.3배밖에 무겁지 않지만, 강도는 5배 더 높다. 티탄합금의 피로강도(오랜 기간 반복해서 가해지는 압박에 견디는 정도)는 실제 뼈보다 5배 더 높아 웬만해서 부러지지 않는다. 사고를 당하면 티탄합금 뼈는 단지 구부러질 뿐, 시간이 좀 지나면 원래대로 돌아온다.

아기에게는 270개의 뼈가 있는 반면 어른은 206개다. 아기의 부드러운 뼈는 시간이 지나면서 **서로 결합**해 최종적으로 206개가 된다.

x0.25

키틴은 곤충들이 몸을 딱딱하게 만들 때 사용하는 탄수화물이다. 키틴 덕분에 곤충들은 매우 특별한 속성을 갖는다. 지상에서 가장 큰 동물인 아프리카코끼리는 자기 몸무게의 4분의 1(0.25배)밖에 짐을 지지 못하지만, 뿔쇠똥구리(horned dung beetle)는 자기 몸무게의 1141배까지 짐을 질 수 있다. 이는 한 사람이 이층버스 여섯 대를 들어 올리는 것과 같다.

x1,141

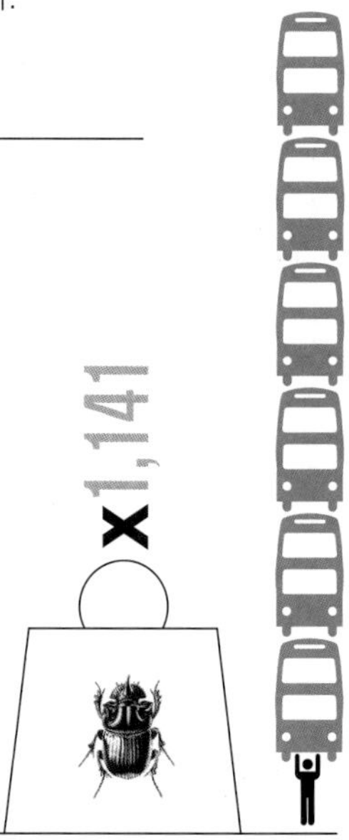

어디서나 득실득실하는 박테리아

▶ 우리 몸의 안팎에 서식하는 박테리아의 수는 우리 몸의 세포들보다 10배 이상 많다.

면역계는 박테리아가 우리 몸 내부의 생체조직으로 침투하지 못하도록 열심히 일한다.
하지만 우리 몸의 겉 표면-입, 목구멍, 위, 창자도 포함된다-은 미생물이 바글거리는 바깥 환경과 늘 접촉하고 있기 때문에 박테리아를 피하는 것이 결코 쉽지 않은 일이다. 그래서 인체는 박테리아와 공생관계를 유지함으로써 상황을 헤쳐 가도록 진화해왔다.

이러한 '상호주의'는 우리 몸에서 살아가는 박테리아들과 우리 몸이 서로 돕는 과정에서 잘 드러난다. 이들은 우리가 먹는 음식을 배불리 먹고, 우리가 숨기고 싶어 하는 은밀한 곳과 세포 속에서 안전하게 서식한다.
대신 박테리아들은 그 대가로 인체가 스스로 만들어내지 못하는 비타민 같은 필수영양소를 제공한다. 특히 내장박테리아(장 세균)는 소화기관-음식물을 세포가 흡수할 수 있도록 영양소로 바꾸는 기관의 총칭-에서 필수적인 역할을 맡고 있다.

식사를 위해서는 다양한 박테리아와 식탁을 공유할 수밖에 없다. 사실 가정집 부엌은 어디를 막론하고 미생물들이 득실거리지만, 대부분 인체에 무해하다.

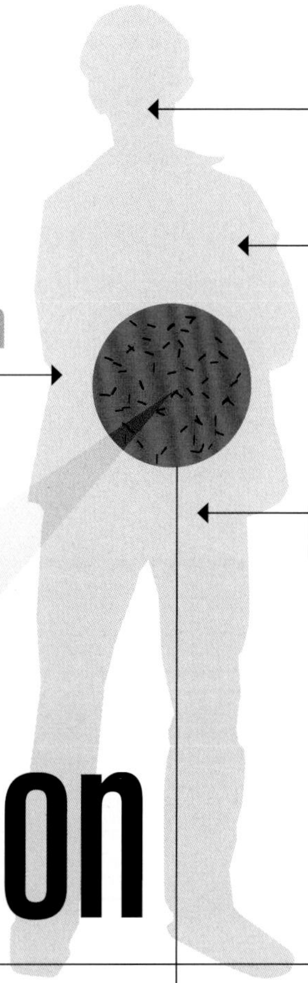

1cm

보통 성인의 피부 1cm²당
수십만의 박테리아가 있다. 다음은 우리 몸 중
일부에 있는 박테리아 수다.

우리 몸의 피부 전체에는 총 1조의 박테리아가 있다.

1 trillion on your entire skin

100,000 per cm^2

cm²당 100,000마리.

내장에는 750조의 박테리아가
있으며, 그 종류도
400가지가 넘는다.

750 trillion

1 billion in your mouth

입에 서식하는 박테리아는 10억.

10 million in your armpit

겨드랑이에 서식하는 박테리아는 1000만.

10 million in your groin

사타구니에 서식하는 박테리아도 1000만.

1%

실제로는 우리가 짐작하는 것보다 더 많은 종의 박테리아가 존재할 것이다. 최근 입안에 서식하는 박테리아의 RNA '지문'을 조사한 결과, 입안의 박테리아 전체 종의 겨우 1%만 **과학적으로 확인**되었다.

인간의 내장은 길이가 8m이며, 음식물 분자들을 분해하는 박테리아들이 들어있다.
장 안에서 가스가 발생하는 것은 이들 박테리아의 분해 활동 때문이다.

우리 몸은 하루에 1~1.5리터의 **침**을 분비한다.

혀에는 **10,000**개의 미뢰(맛 봉오리)가 있다.

위산은 피부를 태울 수 있고 면도칼을 녹일 수도 있다. 위산은 식초보다 산성이 1,600배 강하다. 하루에 분비되는 위산은 약 1.5리터다.

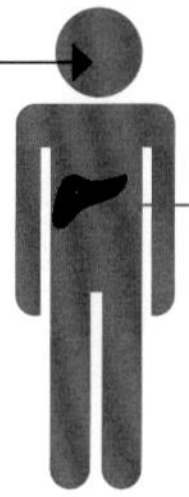

간은 전체의 80% 이내에서 손상되면,
10일 안에 재생된다.

간은 1분마다 1리터의 혈액을 정화한다.
1년이면 우유를 나르는
탱크트럭 23대분의 피를 깨끗하게 한다.

머리카락은 죽은 조직

▶ 당신의 머리카락이 어깨까지 내려온다면, 그 길이로 자라기까지 걸리는 시간 동안 머리카락에 가한 행위들–샴푸하기, 드라이하기 등등–을 똑같이 옷감에 가할 경우 올이 다 드러나고 해질 것이다. 게다가 정기적으로 염색이나 표백까지 한다면, 어깨까지 내려오는 시간이 되기 몇 달 전에 옷감은 벌써 녹아내렸을 것이다.

사람의 머리숱은 **평균** 약 100,000가닥이다.

100,000strands

x420

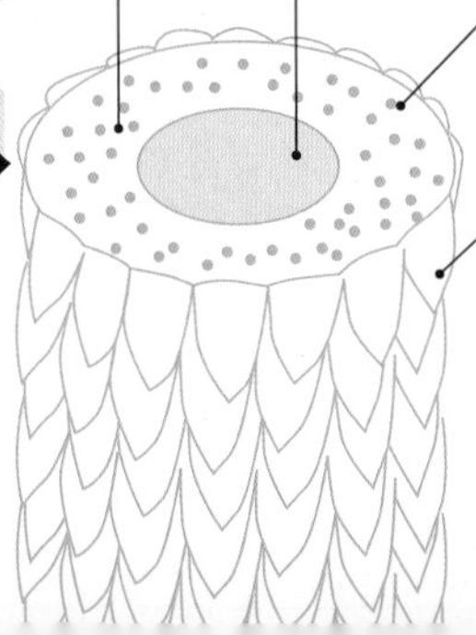

머리카락은 손과 발에 생기는 티눈이나 굳은살처럼 죽은 조직이다. 동물의 뿔도 대부분 이들과 같은 성분, 즉 각질(keratin)로 돼 있다. 머리카락은 죽은 세포들로 이뤄진 각질 섬유 가닥이라고 할 수 있다.

머리카락은 매우 서서히 자라기 때문에 어깨까지 자라려면 대개 2년가량 걸린다. 하지만 매일 샴푸로 감고, 드라이를 하고, 스프레이를 뿌리고, 정기적으로 염색이나 표백을 하고, 게다가 바람과 비, 추위, 햇빛에 노출돼 자연 마모가 더해지고, 빗질과 컬링을 하고, 핀을 꽂고, 벽이나 이런저런 물체에 문지른다면 이토록 오랜 시간 동안 살아남는 머리카락은 별로 없을 것이다.

건강한 모공(hair follicle)은 6년까지 지속될 수 있다.

6 years

클라렌스 R. 로빈스는 2002년 펴낸 *<모발의 물리적, 화학적 특성>*에서 다음과 같은 사실을 알려주었다.

hair vs nails

16

머리카락은
1년에 16cm,
즉 6인치가량
자란다.

14

관자놀이 부근
머리카락은
1년에 14cm 정도로,
상대적으로 늦게 자란다.

10

턱수염은
1년에 10cm 정도씩
자란다.

머리카락은 **나이가 들면서**
자라는 속도가 점점 느려져,
1년에 겨우 3cm 정도로 줄어들 수 있다.

3 centimeters per year

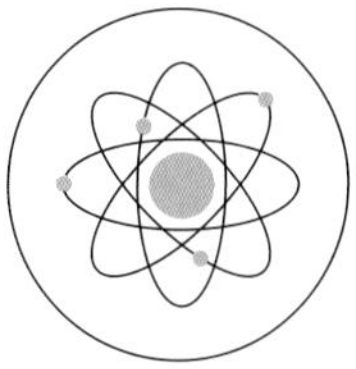

1 nanometer per second

손톱과 비교하면 머리카락이
훨씬 빨리 자란다.
손톱의 성장속도는 1초에 1nm로,
1nm미터는 분자의
평균 크기에 해당한다.

millimeters per day

손톱은 하루에
0.09mm씩 자란다.

0.09

0.09mm는
머리카락 하나의 두께다.

3 centimeters per year

손톱은 1년에
3cm 정도
자란다.

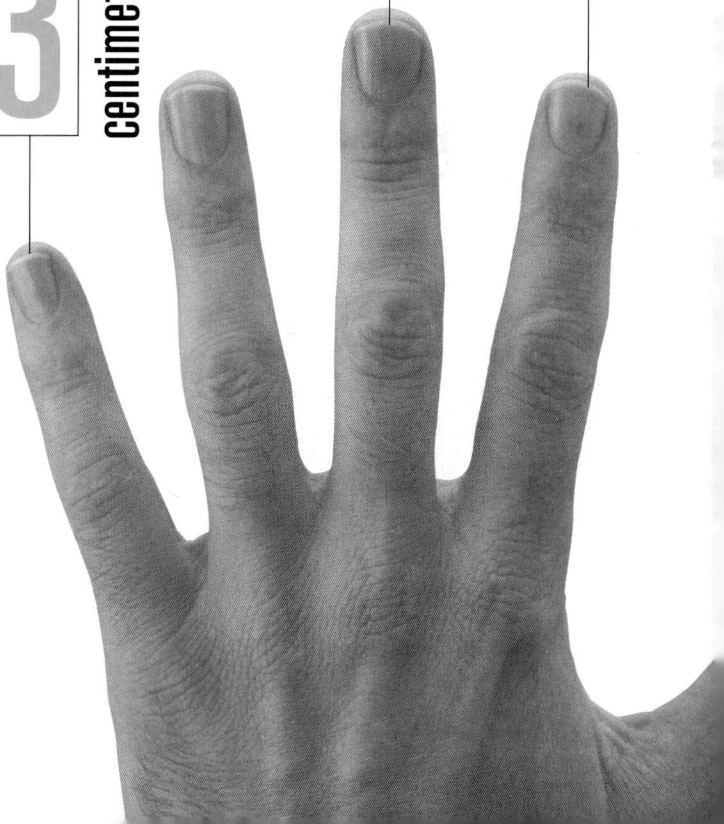

험난하고 고통스런 헤엄치기

▶ 인간의 정자가 목표물을 향해 헤엄쳐 가는 상황은, 당밀이 가득 찬 수영장에서 사람이 수영하는 것과 비슷하다. 1분에 1cm도 나아가기 힘든 것이다.

정자가 하는 일은 몹시 힘들다.

산성이 강하고, 호의적이지도 않은 환경에 내던져진 정자는 점액질 속에서 자기 몸길이의 2만배 되는 거리를 헤엄쳐 가야 한다.

목표물은 자기보다 8만5000배가 더 크며, 목표물에 도달할 무렵이면 이미 다른 정자들 수백 마리가 먼저 도달해 있기 일쑤다.

무엇보다 고된 것은 매질의 점도가 워낙 높다는 점이다. 점도는 레이놀즈 수(Reynolds number)와 관계가 있는데, 수가 작을수록 점도가 높다.

사람이 물에서 수영할 때의 레이놀즈 수는 약 10,000인데 반해, 정자의 레이놀즈 수는 0.00003에 가깝다. 사람이 이런 상황에 놓인다면 끈적끈적한 당밀 속을 헤쳐 나가는 것과 같아서 믿을 수 없을 정도로 느리게 움직일 수밖에 없다.

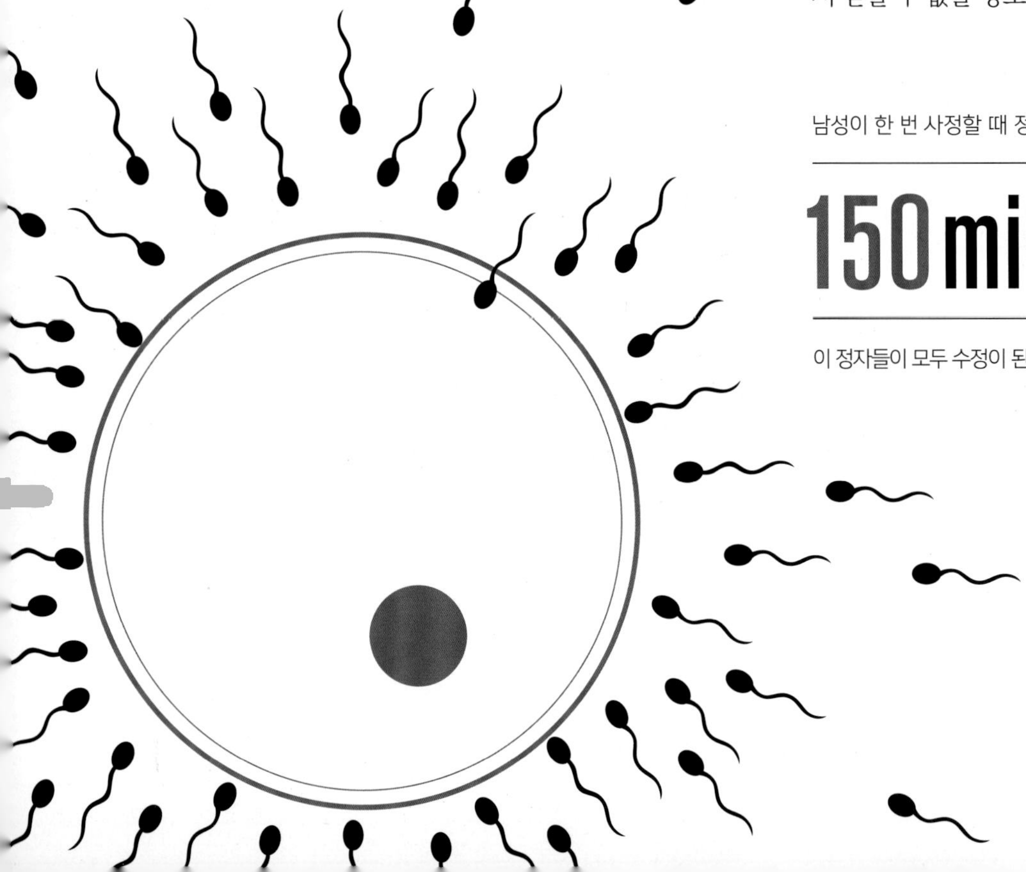

남성이 한 번 사정할 때 정자 수는 평균 약 1억5,000만 마리다.

150 million sperm

이 정자들이 모두 수정이 된다면, 방글라데시나 나이지리아 인구만큼 태어날 수 있다.

건강한 남성이 한 번 사정하면 1ml당 최소 2,000만 마리의 정자가 들어있다. 정상적인 상태라면, 사정된 수천만 마리의 정자들 중 일부가 목표물에 도달하겠지만 단 한 마리만 난자로 들어갈 수 있다. 첫째로 도달한 정자가 난자의 막에 틈을 내면 생화학적인 변화가 일어나 다른 정자의 침입을 막게 된다.

정자가 '스타트'해서 난자에 도달하기까지의 거리는 약 **10~18cm**다.

정자의 꼬리는 55미크론인데 반해 몸체는 겨우 5미크론이어서, 정자는 자기 몸길이의 20,000~36,000배를 헤엄치게 된다.

20,000-36,000 body lengths

만약 정자가 **연어** 크기만 하다면,
헤엄치는 거리는 14km, 8.6마일 이상 될 것이다.

14 km 8.6miles

정자가 **향유고래**만 하다면,
헤엄치는 거리는 380km, 236마일이 넘는다.

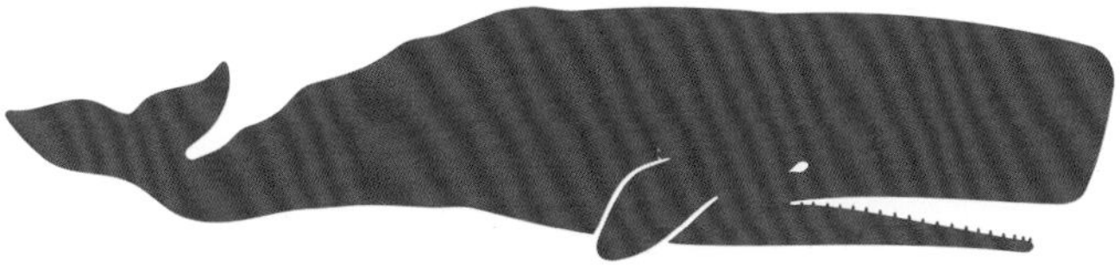

380 km 236miles

10blps

정자는 분당 1~4mm를 헤엄친다.
초당 자기 몸길이만큼 나아간다는 뜻이다.
만약 정자가 인간이라면 초속 18m, 시속 65km로 달리는 것과 같다.

65km/h
40mph

정액에는 비타민 C, 칼슘, 염소, 콜레스테롤, 구연산, 크레아틴, 과당, 젖산, 마그네슘, 질소, 인, 칼륨, 나트륨, 비타민 B12, 아연 등 **영양소**가 가득하다.

한 번의 사정에 들어있는 칼로리 함량은 5~25칼로리다. 이 중 단백질 함량은 큰 달걀 하나의 흰자위에 든 것과 비슷한 양이다.

5-25calories

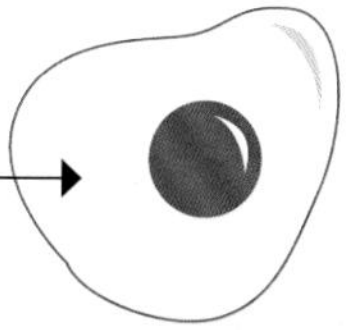

어떤 연구결과에 따르면 젊은 남성들의 15~20%는 **정자 수**가 1ml당 2,000만 마리 미만이라고 한다. 축산용 황소의 정자 수는 수십억 마리에 이른다.

1992년 칼슨 박사 등은 <브리티시 메디컬 저널>에 인간의 정자 수는 지난 50년간 **40% 감소**했다고 밝혔는데, 이후 비슷한 주장을 담은 논문들이 여러 편 나왔다. 하지만 이런 연구결과는 아직 정확히 입증되지 않았다.

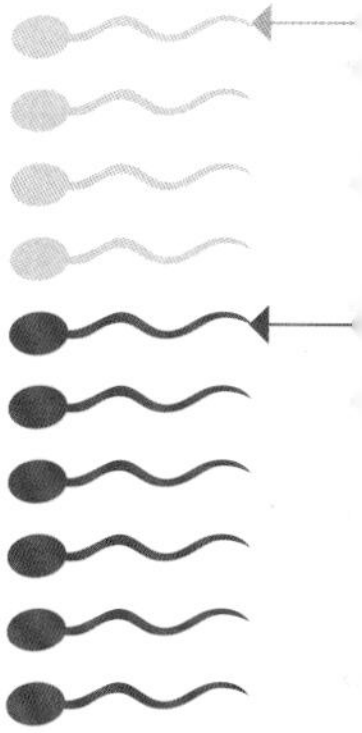

테세우스의 배

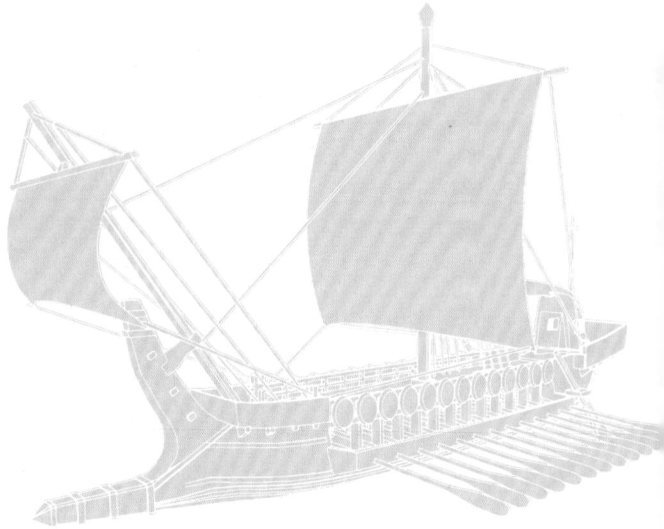

▶ 당신은 테세우스 배와 같다-인체의 모든 분자들이 이전과는 다른 것으로 교체되었는데도 여전히 당신을 이전의 당신과 같다고 보아야 할까?

'테세우스의 배'는 그리스 신화에 등장하는 철학적인 패러독스다. AD 1세기경에 활동한 그리스 철학자 플루타르크는 이렇게 썼다.

"테세우스와 아테네의 젊은이들이 탄 배에는 서른 개의 노가 달려 있었다. 이후 아테네인들이 계속 보수하면서 데메트리오스 팔레레우스 시대(BC 약 300년)까지 유지되었다. 이들은 낡은 널빤지를 뜯어내고 튼튼한 새 목재로 바꾸기를 거듭하였다. 그 결과 이 배는 철학자들 사이에서 '계속해서 자라나는 것들에 대한 논리학적 질문' 의 생생한 사례가 되었다. 어떤 철학자는 이 배가 이전과 같은 배로 그대로 남아있다고 여겼고, 다른 이들은 이전의 배와 완전히 다른 것이 되었다고 주장했던 것이다."

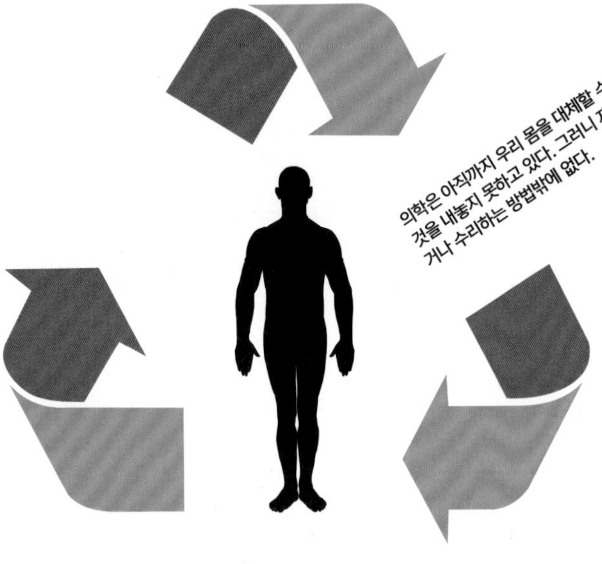

의학은 아직까지 우리 몸을 대체할 수 있는 것을 내놓지 못하고 있다. 그러니 재활용하거나 수리하는 방법밖에 없다.

다시 말해 어떤 물건의 부품을 모두 교체하면, 이전과 같은 것으로 보아야 하는가 아니면 완전히 새로운 것으로 보아야 하는가, 라고 질문한 것이다. 정체성의 연속성에 관한 이 역설은 인간에게도 적용할 수 있다. 인체의 세포 대부분은 최소한 한 달에 한 번씩 교체된다. 교체되지 않는 것들-예를 들면 단백질과 탄수화물-도 구성 요소들을 재활용하고, 수리하고 교체한다. 인체를 이루는 분자들 가운데 15~20년 전에 존재하던 것들이 거의 남아 있지 않다면, 그때의 당신과 지금의 당신이 동일하다고 할 수 있는가? 답은 분명히 "그렇다"라고 여겨진다. 하지만 만약 누군가가 당신의 몸에서 버려진 세포들과 분자들을 모두 모아서 당신의 몸을 그대로 되살려낸다면, 어느 쪽의 당신을 진정한 당신이라고 할 수 있을까?

우리 몸의 살아있는 세포들 **대부분**은 수명이 한 달 미만이다. 단 (수년간 생존하는) 간세포와 (일평생 생존하는) 뇌세포는 예외다.

그러나 간세포와 뇌세포는 구성 성분들이 계속 **재생**되기 때문에, 이 성분들 중 한 달 이상 지속되는 것은 없다.

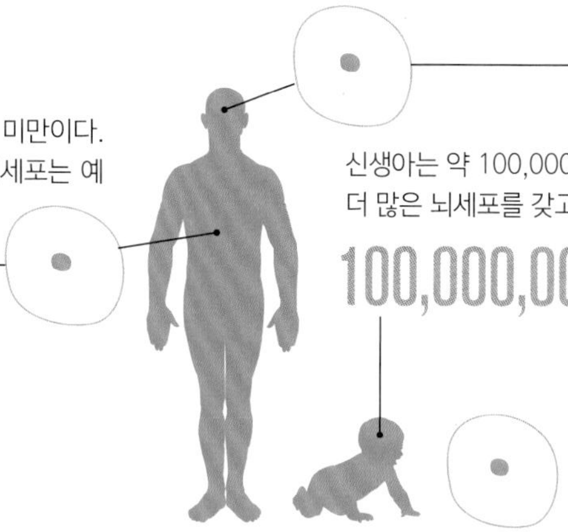

신생아는 약 100,000,000,000(1000억)개 더 많은 뇌세포를 갖고 태어난다.

100,000,000,000

한 연구에 따르면 우리는 **시간당**

500

500개의 뇌세포를 잃고 있다고 한다.

9

어른의 몸을 이루는 분자들 중 9년 이상 된 것은 거의 **없다.**

years old

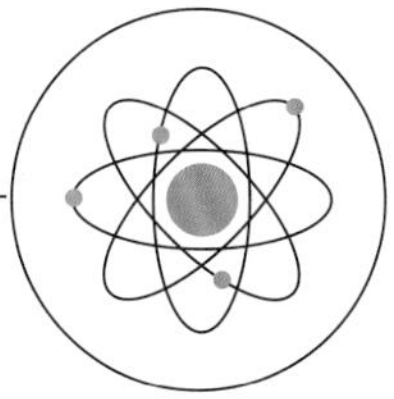

피부의 제일 바깥층에 있는 세포들은 모두 죽은 세포들이다. 따라서 우리는 몸 전체가 죽은 세포로 덮여 있다고 할 수 있다. 성인의 경우 죽은 피부 세포의 무게는 2kg이 넘으며, 이들 중 매일 수십억 개가 떨어져 나간다.

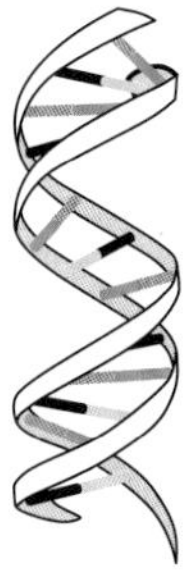

DNA는 경이로울 정도로 **정확히** 복제되기 때문에, 가장 뛰어난 인공적인 기술에 비교해도 손색이 없다. 교정효소(proofreading enzyme)가 있어 10억 차례의 복제가운데 단 하나의 염기가 잘못되는 정도로 오류 비율을 낮추는 데 도움을 준다. 가끔은 100억분의 1의 정확도를 갖기도 한다. 이는 셰익스피어전집을 1,400회 타이프로 쳐서 옮길 때 한 글자만 틀리는 것과 같다.

ATP

인체의 분자들 중 가장 높은 교체율을 보이는 것은 ATP다. ATP는 세포가 에너지를 얻기 위해 사용하는 분자인데, 전류로 치면 전자와 같은 역할을 한다.

각 세포에는 약 10억 개의 ATP 분자가 있으며,

a billion ATP molecules,

2분마다 새로운 분자로 교체된다.

이런 정확도 덕분에 100,000조에 이르는 세포분열 가운데 단 한 번 **악성**세포가 생긴다.

1 in

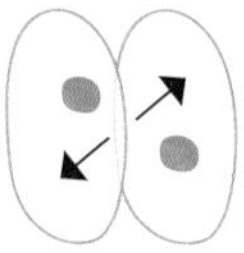

100,000trillion

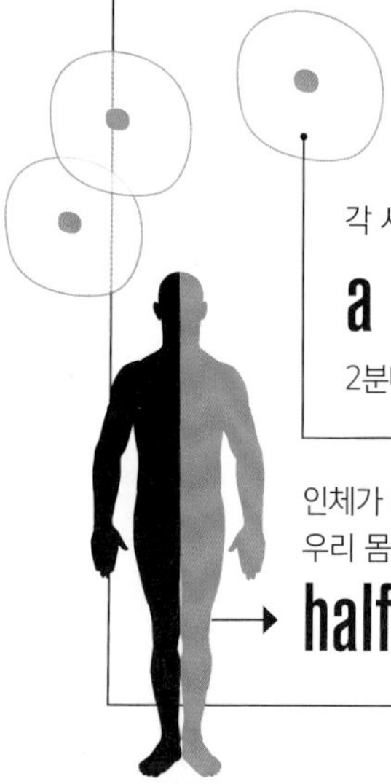

인체가 매일 생산하고 소비하는 ATP 분자의 양은 우리 몸무게의 절반에 해당한다.

half your body weight

데카르트의 '전능한 악마'

▶ 우리가 단지 액체로 채워진 통에 담긴 뇌이고, 그 뇌에 현실을 모방하는 컴퓨터가 연결돼 있다면, 우리는 과연 현실과 현실 아닌 것의 차이를 구별할 수 있겠는가?

1641년 프랑스 철학자 르네 데카르트(1596~1650년)는 현실의 본성에 의문을 제기하면서, 궁극적으로는 우주 자체의 실재성을 따지는 글을 썼다.

"속임수에 능한 악마가 자기 재능을 총동원해 나를 기만하고 있다고 (내가) 믿는다고 해보자. 그 결과 나는 외부의 사물과 사건들은 이 악마가 나를 함정에 빠뜨리려고 꾸민 환각이자 꿈이라고 생각하게 될 것이다."

즉 현실의 실재성을 확인할 수 있는 유일한 방법이 감각기관을 통해 정신에 도달한 정보뿐이라면, 이런 감각들에 의해 속을 수도 있다는 말이다.

이런 딜레마의 현대판 버전이 '통 속의 뇌'다. 당신이 걸어 다니고 주변 현실과 상호작용하는 신체를 가진 사람이 아니라, 단지 통 속에 든 뇌이며 강력한 컴퓨터를 통해 현실을 모방한 정보들만 받아들이고 있다면, 현실과 현실 아닌 것의 차이를 구별할 수 있는 방도는 아무것도 없다. 이런 발상을 구체화한 것이 영화 <매트릭스>다.

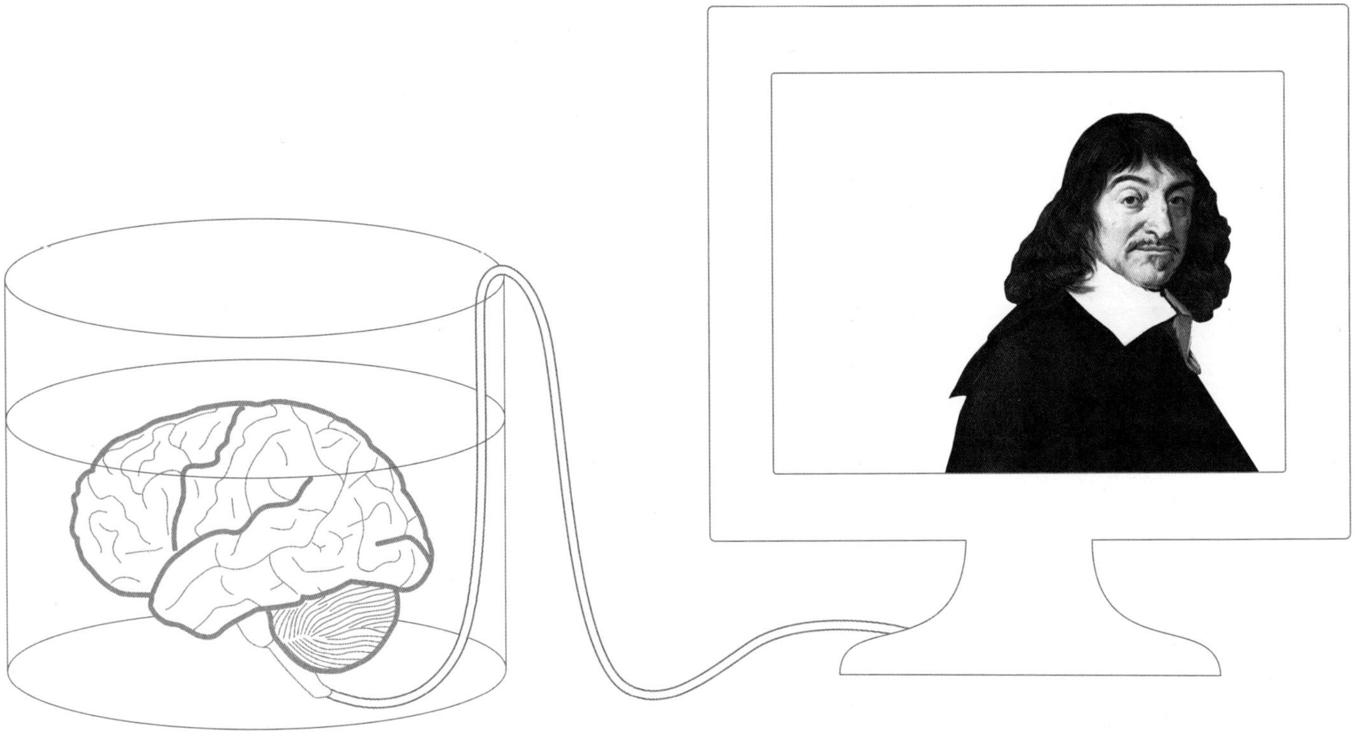

대뇌-뇌의 바깥 부분-는 의식(언어, 운동, 감각, 기억 등-역주)이 일어나는 곳으로 여겨지고 있다. 대뇌의 주름들을 모두 펼치면 대뇌의 면적은 A4 용지 넉 장의 면적과 비슷하다.

90 minutes

성인은 수면 중 약 90분마다 5단계의 과정을 거친다. 이를 '울트라디언 리듬(ultradian rhythm 하루보다 짧은 주기)'이라고 한다. 각 단계의 지속 시간은 밤 시간과 나이에 따라 다르다.

6 minutes.

인간의 정신은 엄청난 일을 해낼 수 있다.
힌두교의 **현자들**(saddhus)은 심장박동수를
1분당 단 2회까지 줄일 수 있으며,
6분 동안 물속에서 잠수할 수도 있다.

티베트의 승려들 중 일부는 **투모**(Tumo)라는 수련을 통해, 손가락과 발가락의 온도를 8도 더 높일 수 있다.

막 잠이 들었을 때는 숙면 상태가 길고 **렘수면**은 겨우 몇 분에 불과하지만, 잠이 깰 무렵인 아침에는 렘상태가 30분까지 늘어난다.

30 minutes

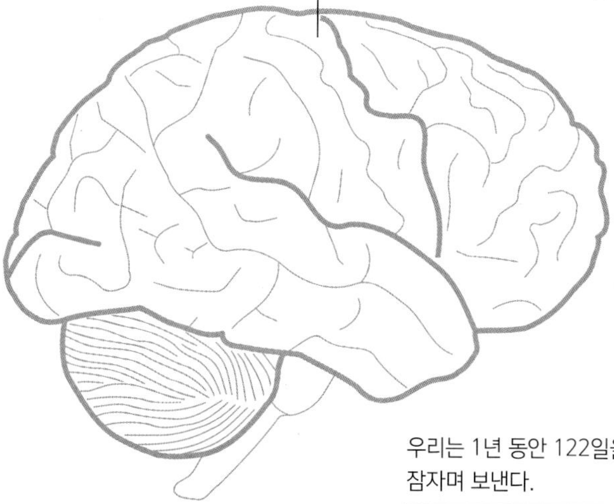

우리는 1년 동안 122일을 잠자며 보낸다.

122 days

평생의 **3분의1**을 수면이 차지하는 것이다.

일상에서 악마의 속임수가 일어나는 것은 **꿈꾸기**다. 꿈은 우리의 무의식이 잠자고 있는 의식에게 모방된 감각(가짜 감각)을 제공함으로써 일어난다.

x 1,825 dreams

대부분의 사람은 하루 8시간의 수면 동안 약 5차례 꿈을 꾼다.
따라서 **1년간** 1,825차례 꿈을 꾼다고 할 수 있다.

포유류 중 오직 돌고래와 바늘두더지만 렘(REM)수면을 하지 않는다(현재까지 연구 결과).

신생아들은 잠자는 시간 가운데 **70%**가 렘수면이다.

상어가 거인을 물다

▶ 머리는 볼티모어에 있고 발가락은 남아프리카 해안에 있는 지구 크기만 한 거인이 있다고 하자.
월요일에 상어 한 마리가 이 거인의 발을 문다면,
거인은 수요일이 돼서야 통증을 느끼고,
일요일에야 상어를 물리치려고 반응할 것이다.

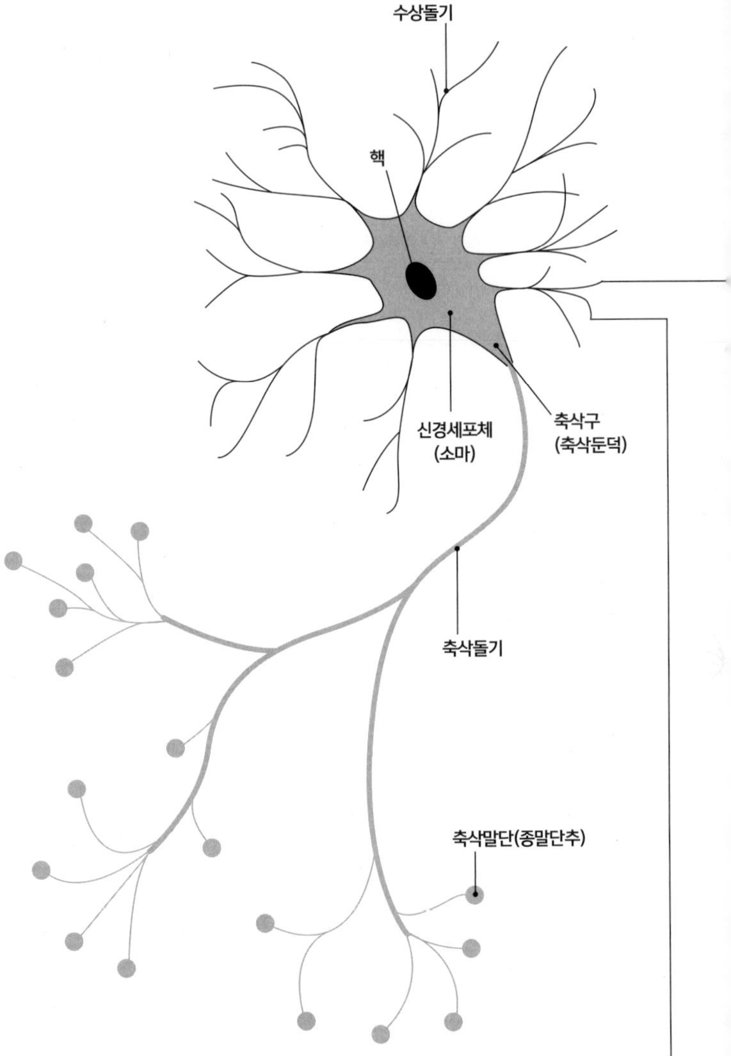

존스 홉킨스대학의 신경과학자인 데이비드 린덴은 인간의 신경이 얼마나 느린지를 알려주기 위해 이런 비유를 들었다.
신경계에서는 뉴런이라 불리는 신경세포가 신체 안팎의 정보를 전달하는데, 그 방식은 축삭돌기의 전기적인 자극을 통해 이뤄진다.
예컨대 당신이 발을 물리면 발에 있는 통증수용체로부터 뇌에 전기 자극이 전해져 통증을 느끼게 된다. 이는 축삭돌기를 가진 뉴런들이 척수를 거쳐 발과 뇌를 연결하고 있기 때문이다.
전기 자극이 뇌에 도달하면 통증 감지기관을 작동시키며, 동시에 척수에서 상대적으로 단순한 과정을 통해 근육반사를 일으키게 된다. 신경에서 전기 자극이 전달되는 속도와 신체적인 반작용은 매우 빠른 듯하지만, 인간이 거인처럼 매우 거대하다면 그 속도가 상대적으로 그다지 빠른 건 아니라는 걸 알게 될 것이다.

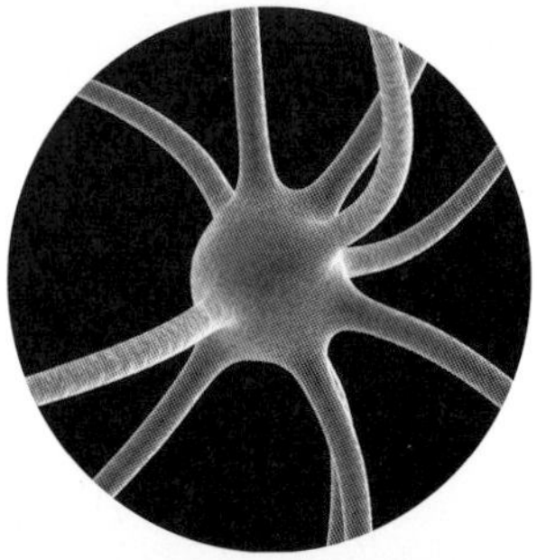

뉴런을 현미경 사진으로 보면 신경세포체인 소마와 축삭돌기, 수많은 수상돌기를 확인할 수 있다.

뉴런 하나는 약 **50,000**개의 다른 뉴런들과 연결돼 있다. 뇌에는 이런 연결이 100조 이상 있는 것으로 추정된다. 인체 전체로 확장하면 뉴런들끼리의 연결 개수는 우주에 존재하는 원자들보다 더 많아진다.

100 trillion+

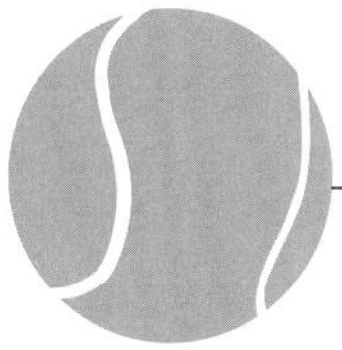

축삭돌기는 다른 뉴런과 연결하기 위해 **1m**까지 길이가 늘어난다.
뉴런의 신경세포체가 테니스공만큼 커진다면 축삭돌기의 길이는 반마일(0.8km)가량 된다.

전기적인 자극은 신경섬유를 따라 시속 270마일(435km)로 전달된다.

270milesperhour

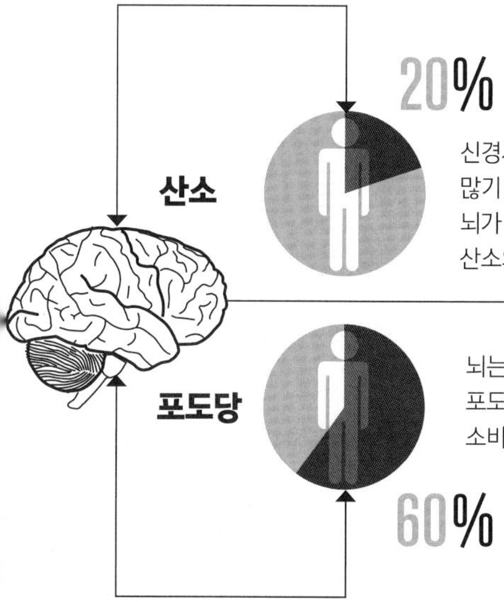

신경세포는 에너지 소모량이 많기 때문에, 뇌가 인체 내 산소의 20%를 사용한다.

뇌는 인체에 공급되는 포도당의 60%나 소비한다.

뇌는 귀족 집안 같아서, 응석받이인 뉴런은 자신을 돌봐주는 도우미 신경아교세포(glial cells)들을 곁에 둔다.

신경아교세포는 뉴런 하나당 적어도 10개꼴로 수가 훨씬 많은 걸로 알려져 있다. 하지만 최근 리우 데 자네이루 대학의 수자나 헤르쿨라노-호우젤 교수 등은 근거 없는 주장이라고 반박하면서 실제로는 1대1에 가깝다고 밝혔다.

성인 남성의 뇌는 **1.5kg**이며,
860억 개의 뉴런과 850억 개의 신경아교세포가 들어있다.

86billion neurons

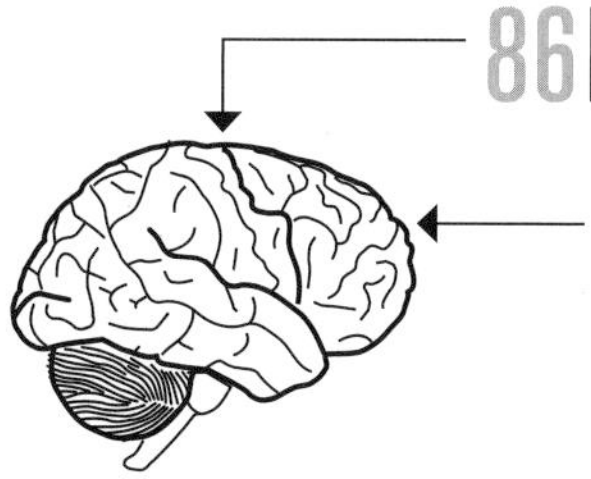

85billion glial cells

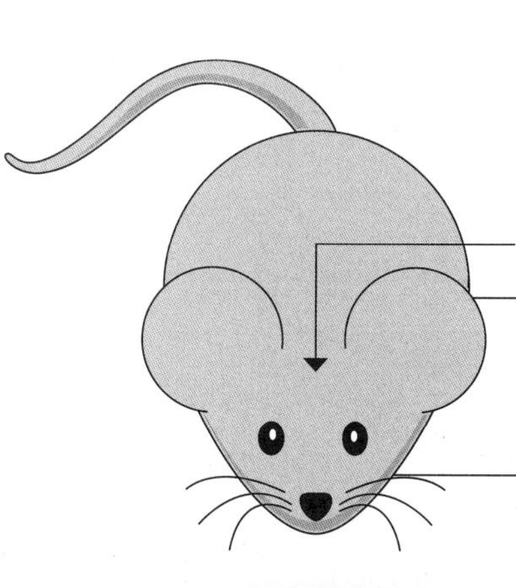

쥐, 토끼 같은 **설치류**는 인간의 뇌와 다르게 구성돼 있다.

설치류가 인간과 같은 수의 뉴런을 갖게 된다면,
몸무게는 50톤, 뇌의 무게는 35kg에 달할 것이다.

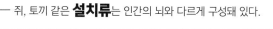

인간이 생쥐와 같은 뇌를 가진다면
몸무게는 **145g**, 뉴런 수는
120억 개에 불과했을 것이다.

12billion neurons

눈과 카메라

▶ 눈과 카메라는 둘 다 빛을 모아 통과시키는 렌즈(수정체)와, 빛의 양을 조절하는 조리개(홍채)를 통해 물체의 이미지가 감광판(망막)에 정확히 맺히도록 초점을 맞춘다.

디지털카메라가 유행하기 이전의 구식 카메라에서 렌즈는 빛을 모으고 통과시키며, 조리개는 카메라로 들어오는 빛의 양을 조절한다. 또 빛이 반사되지 않도록 내부는 까맣게 돼 있고, 필름에는 거꾸로 된 상이 맺힌다. 렌즈를 사용하지 않을 때는 렌즈 뚜껑을 덮어 보호한다.
한편 눈은 두 개의 렌즈를 갖고 있는데, 하나는 각막으로 두께가 고정돼 있는 반면 다른 하나인 수정체는 물체가 멀고 가까움에 따라 두께를 변화시켜 초점이 잘 맺히도록 한다. 카메라에서 렌즈를 앞뒤로 움직이면서 초점을 맞추는 것과 같다.
눈에도 밝기를 조절하는 조리개(홍채)가 있으며 눈의 내부는 빛의 반사를 막기 위해 까맣게 돼 있다. 또 렌즈 뚜껑처럼 각막을 보호하기 위해 눈꺼풀이 있으며, 물체의 이미지는 눈 뒤에 있는 망막에 거꾸로 된 형태로 맺힌다.

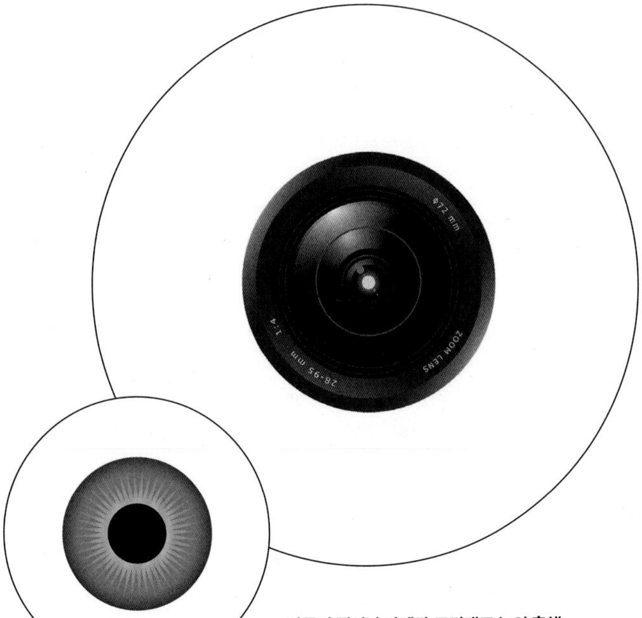

아무리 뛰어난 카메라 조리개도 눈의 홍채에는 미치지 못한다. 홍채의 근육은 빛이 변하는 것에 맞춰 끊임없이 빛의 양을 조절하고 있기 때문이다.

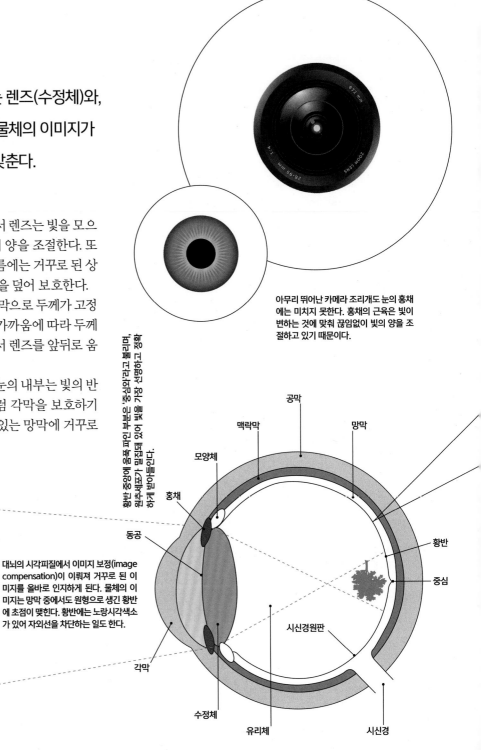

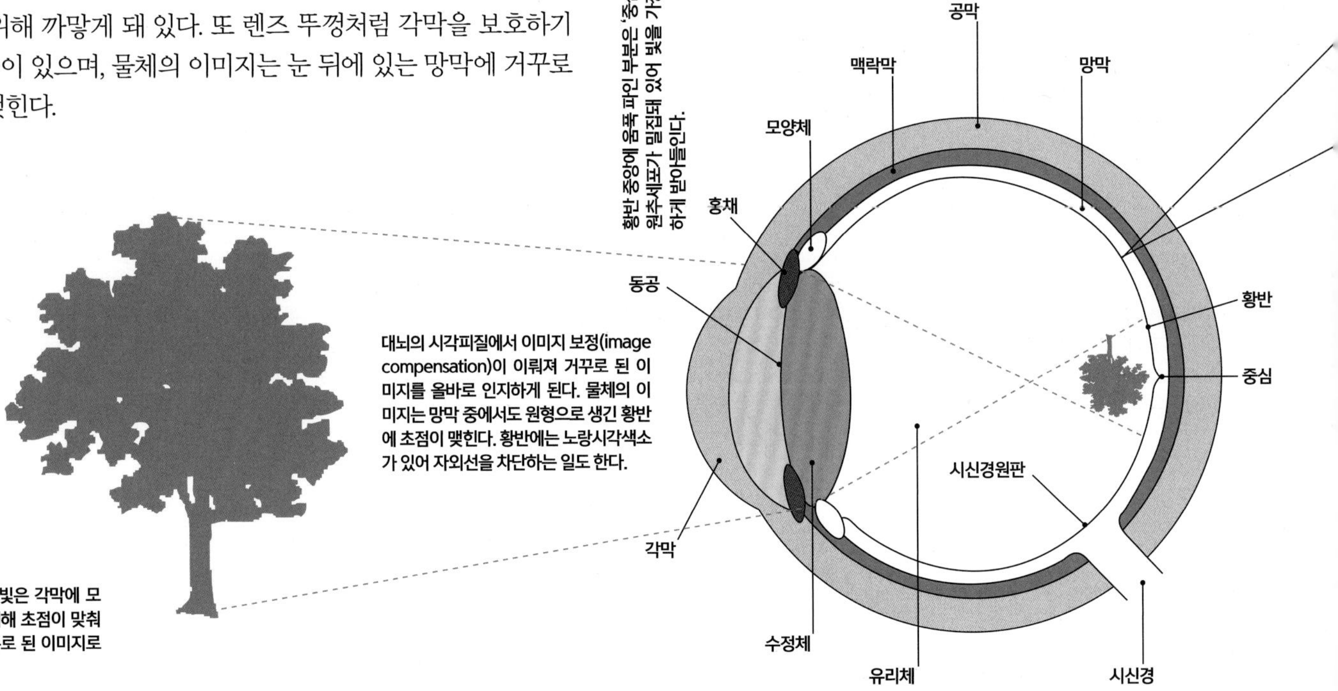

황반 중앙에 움푹 파인 부분은 '중심와'라고 불리며, 원추세포가 밀집돼 있어 빛을 가장 선명하고 정확하게 받아들인다.

대뇌의 시각피질에서 이미지 보정(image compensation)이 이뤄져 거꾸로 된 이미지를 올바로 인지하게 된다. 물체의 이미지는 망막 중에서도 원형으로 생긴 황반에 초점이 맺힌다. 황반에는 노랑시각색소가 있어 자외선을 차단하는 일도 한다.

물체에서 반사된 빛은 각막에 모인 뒤 수정체에 의해 초점이 맞춰지고, 망막에 거꾸로 된 이미지로 맺힌다.

망막에는 두 종류의
광수용체(photoreceptor) 세포가 있다.

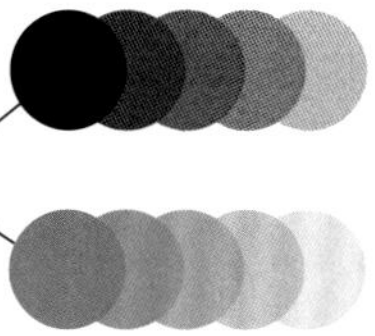

반직관적이지만 빛은 뇌세포와 다른 층을 통과해야 빛을 찾아내는 간상세포와 추상세포에 다다른다. 아마도 간상세포와 추상세포가 망막 뒤에 있는 혈액공급 경로 가까이에 있기 때문일 것이다.

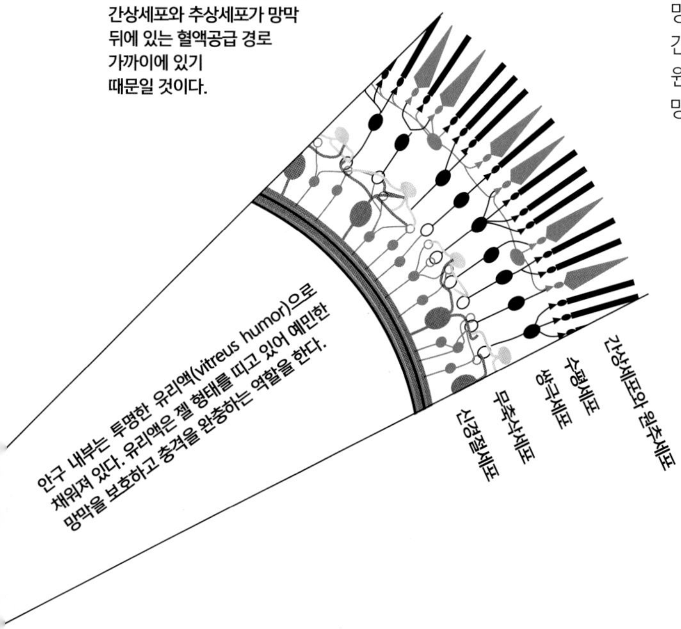

하나는 흑과 백, 명암만을 구별하는
간상세포(rods)이고,

다른 하나는 색을 구별하는
원추(추상)세포(cones)다.

망막에는 1억2,000만 개의 간상세포, 600만~700만 개의 원추세포가 있다. 원추세포는 망막의 중앙에 집중돼 있다.

간상세포는 원추세포보다 수천 배 더 민감하게 반응한다. 어떤 경우에는 광자 하나만으로도 간상세포를 촉발시킬 수 있을 정도라고 한다.

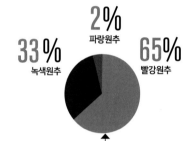

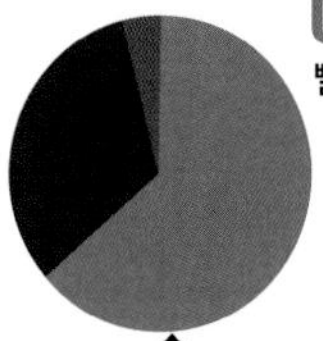

원추세포는 시각색소 각각의 **색** 민감도에 따라 세 가지로 나눠진다.

개와 고양이가 흑백만 구별할 줄 안다는 건 **잘못된 지식**이다. 그렇지만 인간은 세 가지 시각색소로 다양한 컬러를 구별하는데 반해 개와 고양이는 두 가지 시각색소만 갖고 있어 적록색맹인 사람과 비슷하게 본다.

colour pigments

16

사마귀새우(mantid shrimp)는 색 식별 능력에서 세계 최고다. 사람보다 더 많은 시각색소를 갖고 있으며, 눈에 색 필터(color filter)도 있다. 사람의 시각색소가 셋인데 반해 모두 16가지 시각색소를 갖고 있다.

독수리의 망막에는 사람보다

600,000cones

4배나 많은 1mm²당 600,000개의 추상세포가 있다.

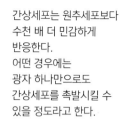

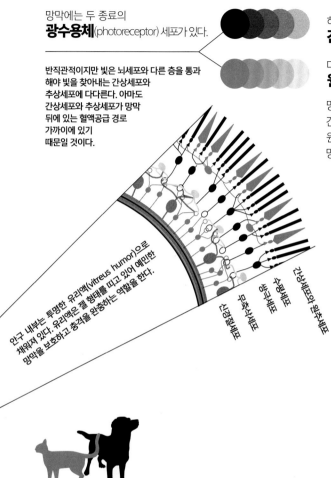

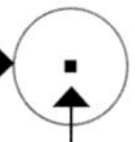

x 4

독수리의 시력은 가장 시력이 좋은 사람보다 적어도 4배나 더 뛰어나다. 1마일 떨어진 거리에서 뛰어다니는 토끼를 알아볼 수 있을 정도다. 고도 300m에서 날고 있는 독수리는 7.75km² 범위 안에 있는 먹잇감을 발견할 수 있다.

Section 07

▶ 과학과 기술은 웅장하고도 경탄할 만한 결과들을 만들어냈다.
이 놀라운 위업들을 제대로 이해하는 가장 적절한 방법 중
하나는 비유라는 렌즈를 통하는 것이다.
우리에게 보다 친숙한 개념의 틀 안에 그것들을 놓을 때
그 진가를 알아보게 된다.

기술

18개월마다 맨해튼이 하나씩

중국의 도시들은 엄청난 경제성장에 힘입어 앞으로 15년간 맨해튼 10개 규모에 맞먹는 고층건물들을 지을 계획을 세우고 있다.

경영컨설트사 맥킨지에 따르면 현재 폭발적인 도시화가 진행되고 있는 중국은 -도시계획법에 따라 난개발을 막고 농지를 보존하려고 노력하고 있지만-향후 15년간 약 5만개에 이르는 새로운 고층빌딩을 건설할 계획이다. 이는 뉴욕 맨해튼 10개를 새로 짓는 것과 같은 규모다.

50+ storeys

세계초고층도시건축학회에 따르면, **지난 10년간** 전 세계에서 50층 이상 초고층빌딩이 294개나 세워졌다. 이전 1세기 동안 지어진 마천루들을 모두 합친 것보다 더 많은 숫자다.

향후 15년간 중국의 도시 인구는 미국의 인구 수(약 3억2,000만 명)만큼 더 늘어날 것이다.

294개 빌딩의 약 **절반**은 중국과 홍콩에 세워졌다.

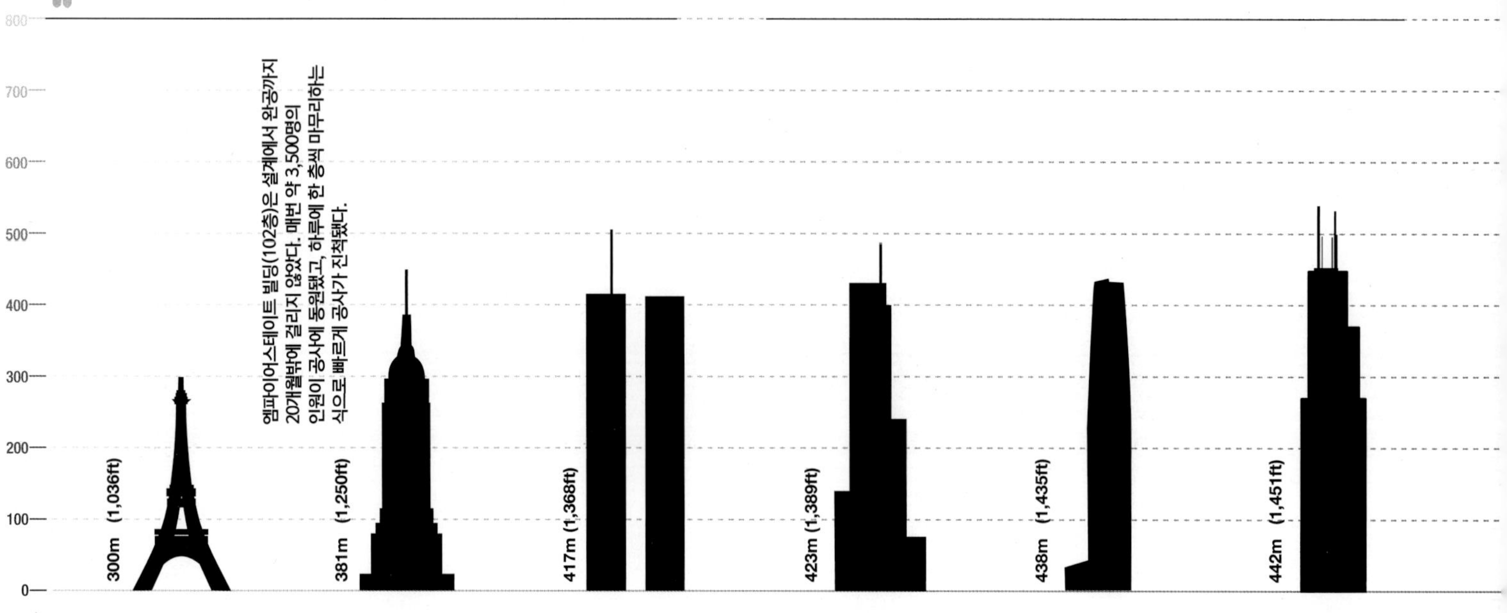

에펠탑
프랑스
1889

엠파이어스테이트빌딩
미국
1931

세계무역센터
미국
1973-2001

트럼프 인터내셔널 호텔 앤 타워
미국
2009

광저우 국제금융센터
중국
2010

시어스 타워
미국
1974

전 세계 최고층빌딩인 두바이의
부르즈 칼리파(Burj Khalifa)는
엠파이어스테이트 빌딩보다
두 배 이상 높은 828m로 160층이 넘는 규모다.

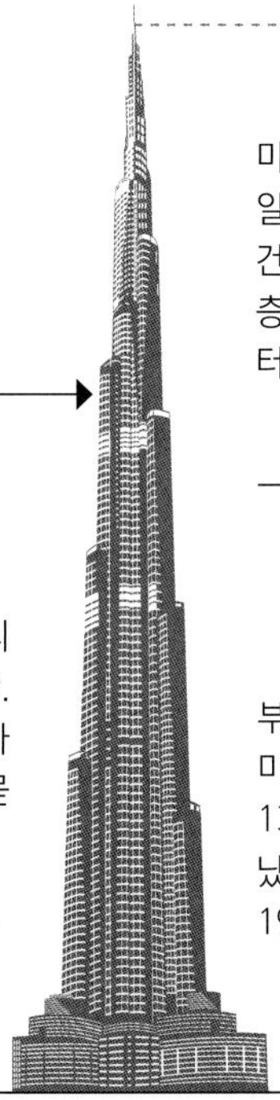

미국 건축가 프랭크 로이드 라이트(1867~1959)는 1956년에 1마일(약 1,600m) 높이에 **528층**짜리 마천루를 디자인했다. 만약 건설되었다면 부르즈 칼리파보다 두 배 높았을 것이다. 그는 꼭대기 층까지 1분 만에 오를 수 있는, 원자력으로 작동하는 고속엘리베이터를 제안하기도 했다.

x5.5

5.5배 높이

6 years

공사기간은 6년. 사용된 철근 3만9,000톤, 콘크리트 33만m³, 노동자들의 총 노동 시간 2,200만 시간. 바닥의 기둥을 세우는 데 11만톤이 넘는 콘크리트가 사용되었다. 지하 50m까지 기둥을 묻었다.

부르즈 칼리파는 이집트 기자의 피라미드보다 5.5배 이상 높다. 피라미드는 **4,000여 년간** 지상에서 가장 높은 건축물이었다. 1311년 높은 첨탑을 지닌 160m의 링컨대성당이 건립되면서 밀려났으나 1594년 이 첨탑이 부서지면서 다시 왕좌에 복귀했다. 이후 19세기 말에서야 최고의 자리를 넘겨주었다.

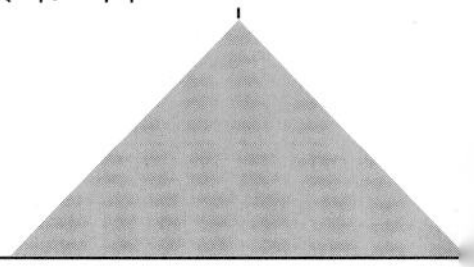

최초로 300m가 넘은 빌딩은 1930년에 완공된 319m 높이의 **크라이슬러 빌딩**이었다. 하지만 곧 이어 세워진 381m의 엠파이어스테이트에 밀려났다. 엠파이어스테이트는 1931년부터 1971년까지 세계 최고층의 지위를 누렸다.

828 metres tall

160+ storeys

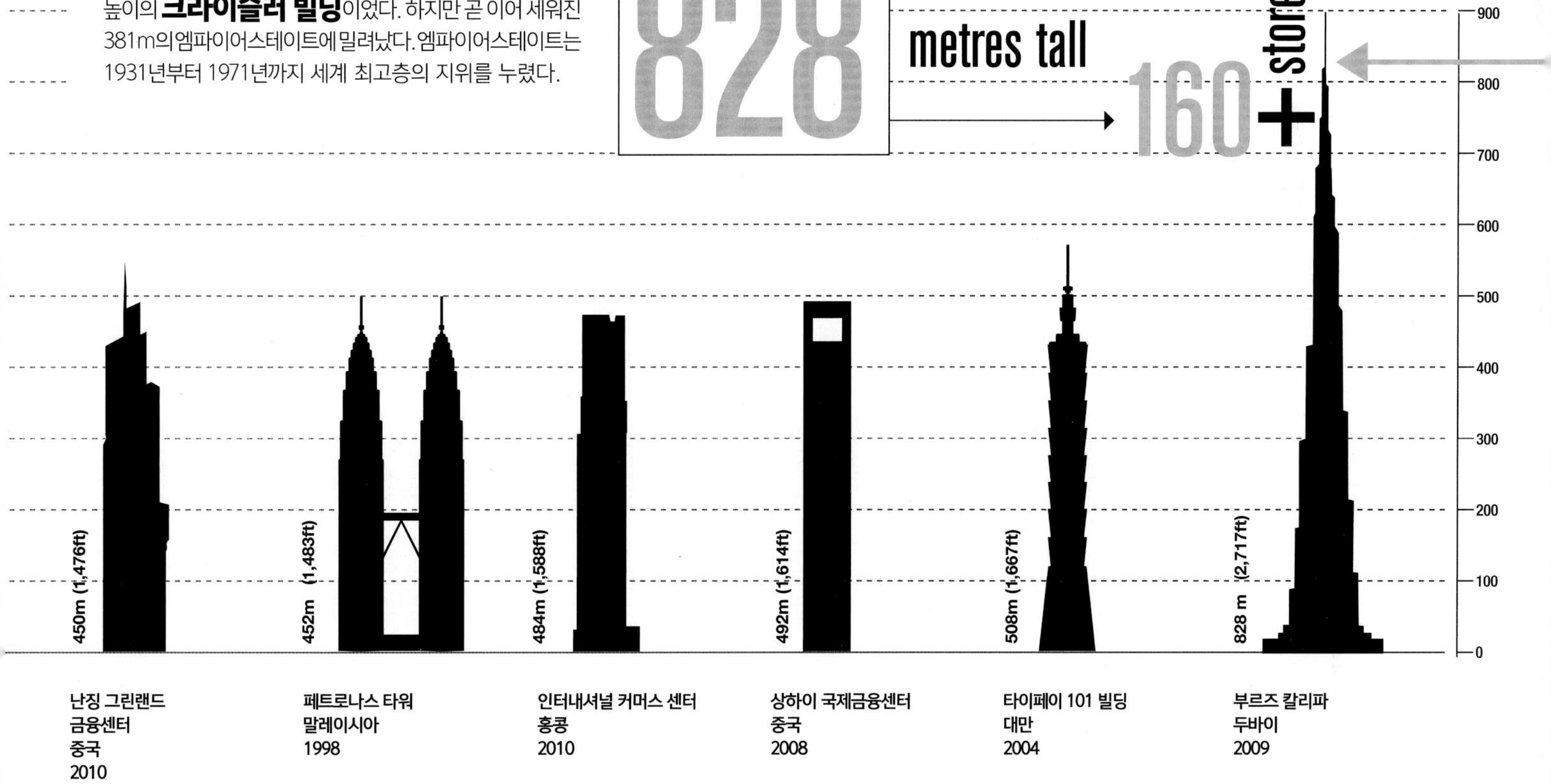

피라미드를 최저임금으로 짓는다면

▶ 기자에 있는 대피라미드를 요즘 짓는다면, 노동자들에게 최저임금만 지급한다고 해도 인건비만 260억 달러 이상 든다.

이집트 기자의 피라미드는 가장 오래되고 가장 거대한 건축물로, 유일하게 현존하는 세계 7대 불가사의 중 하나다.
BC 450년 경 이집트를 방문해 민간에 전승되는 이야기를 기록한 그리스 역사가 헤로도토스에 따르면 피라미드를 짓는 데 20년간 10만명 이상이 동원되었다고 한다.
1주일에 35시간씩 일했다고 하면 36억4,000만 시간을 들인 것과 같다. 미국의 최저임금인 시간당 7.5달러를 적용하면 인건비에만 총 260억 달러가 지급되어야 한다.
인건비와 별개로 건축에 사용된 석회암 덩어리 200만 개를 수송하고 절단하고 깎는 데도 천문학적 비용이 들 것이다.
후버 댐과 같은 대형 프로젝트를 가능케 한 콘크리트로 대체하면 재료비를 줄일 수 있을 것이다. 기자의 피라미드는 후버 댐보다는 크기가 훨씬 작기 때문에 200만m³의 콘크리트만 있으면 충분하다. m³당 콘크리트 가격이 130달러이므로 재료비로는 2억6,000만 달러가 든다. 이 정도면 인류 역사에서 가장 기념비적인 건축물을 짓는 데 드는 비용치고는 싸다고 할 수 있다.

후버댐은 피라미드보다 **훨씬 거대해**, 230만m³의 콘크리트가 사용되었다. 이는 10km²의 넓이를 30cm 깊이로 메울 수 있는 양이다. 또는 1m² 면적을 가진 탑을 2,740km 높이까지 세울 수 있는 양이다.

카이로 외곽의 기자에는 세 개의 거대한 피라미드-쿠푸 왕 피라미드, 카프랑 왕 피라미드, 멘카우레 왕 피라미드-와 '여왕 피라미드'라 불리는 더 작은 묘들이 있다.

헤로도토스가 이집트에서 들은 이야기는 잘못된 정보였을 것이다. 오늘날 계산으로는 피라미드 건설에는 평소 **20,000**명 정도의 일꾼이 참여했고, 일손이 가장 많이 필요할 때는 40,000명까지 늘었을 것이며, 총 건설 기간은 10~15년으로 추정된다.

10-15 years

피라미드 건설 작업은 이집트 사람들의 일손이 가장 한가한 나일강의 홍수 기간에 이뤄졌을 것이다.

2,300,000

피라미드를 짓는 데는 2,3000,000개의 블록이 사용되었는데, 이는 프랑스의 국경을 빙 둘러치고도 남는 양이다.

최근 일부 지구물리학자들은 피라미드 내부가 암석 잔해들과 모래로 채워져 있을지도 모른다는 주장을 폈다. 또 자연적으로 생겨난 거대한 암석 돌출부를 둘러싸고 피라미드가 건설되었을 가능성도 있다고 주장한다.

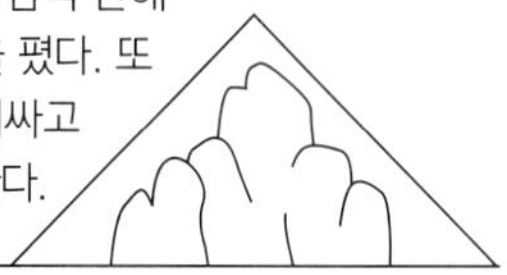

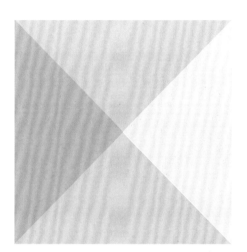

hectares
5¼

기자의 대피라미드의 밑면적은 5와 ¼헥타르다. 피라미드의 **내부공간에는** 로마의 베드로 성당이 들어갈 수 있을 뿐 아니라, 런던의 웨스트민스터 성당이나 세인트 폴 대성당, 밀라노와 피렌체에 있는 대부분 성당도 들어갈 수 있다.

6-46
million tonnes

피라미드의 무게는 정확히 알려지지 않았으나, 600만~4600만 톤 사이일 것으로 추정된다.

144,000 *casing stones*

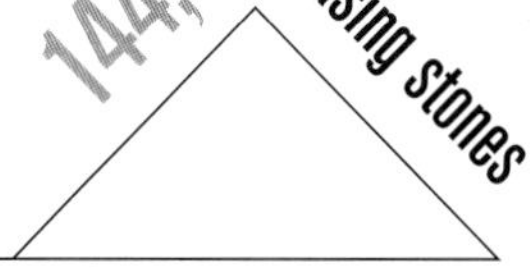

기자의 피라미드 **바깥층**은 144,000개의 화장석(casing stones)으로 덮여 있다.

화장석 하나의 무게는 **15**톤, 두께는 2.5m가 넘고, 0.24mm 오차의 정확도로 다듬어졌으며, 피라미드를 받치는 석괴와 정확히 직각을 이룬다.

7

고대의 7대 불가사의 중 현재까지 남아있는 것은 피라미드뿐이다. 시기적으로 가장 나중인 로도스의 거상이 세워질 무렵 바빌론의 공중정원은 이미 파괴된 뒤였다. 로도스의 거상은 7대 불가사의 중 지속시간이 가장 짧았다.

	2500 BCE	2000 BCE	1500 BCE	1000 BCE	500 BCE	0 CE	500 AD	1000 AD	1500 AD	2000 AD
대피라미드										
바빌론의 공중정원										
아르테미스 신전										
올림피아의 제우스 상										
할리카르나소스의 마우솔로스 능묘										
알렉산드리아의 파로스 등대										
로도스의 거상										

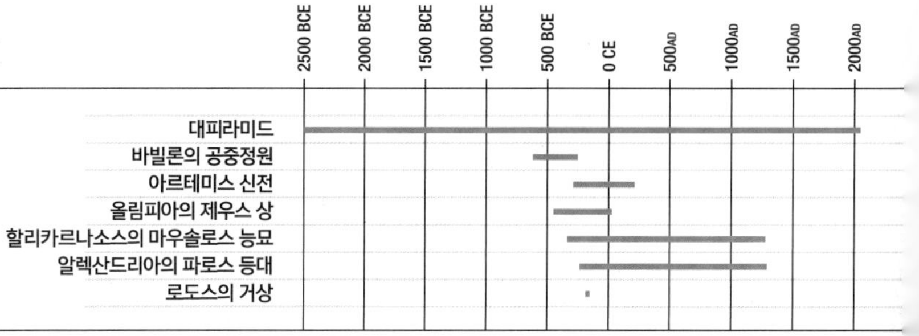

세계에서 가장 큰 기계

▶ 대형 강입자 충돌기(LHC)는 지구상에서 가장 큰 냉각장치이고, 태양계에서 가장 텅 빈 곳이며, 은하계에서 가장 뜨거운 곳이다.

대형 강입자 충돌기는 유럽입자물리연구소(CERN)가 과학연구를 위해 세운 거대한 장치다.
지하 100m 깊이에 둘레가 27km에 이르는 원형 터널 안에 있다. 제네바 인근, 스위스와 프랑스 국경에 걸쳐 있다.
LHC는 약 1만 개의 자석으로 소립자들을 광속의 99.99%까지 가속시켜 입자들끼리 엄청난 힘으로 충돌하도록 만든다. 이를 통해 빅뱅 이후 100만분의 1초가 지난 환경을 재현함으로써, 현재의 물리법칙이 적용되지 않는 당시에 어떤 일이 일어났는지를 알아내고자 한다. LHC는 세계에서 가장 큰 기계이자, 가장 큰 과학도구이며, 전 세계에서 가장 규모가 큰 실험실이다.
LHC와 관련된 모든 것들 앞에는 최상급의 표현이 붙는다.

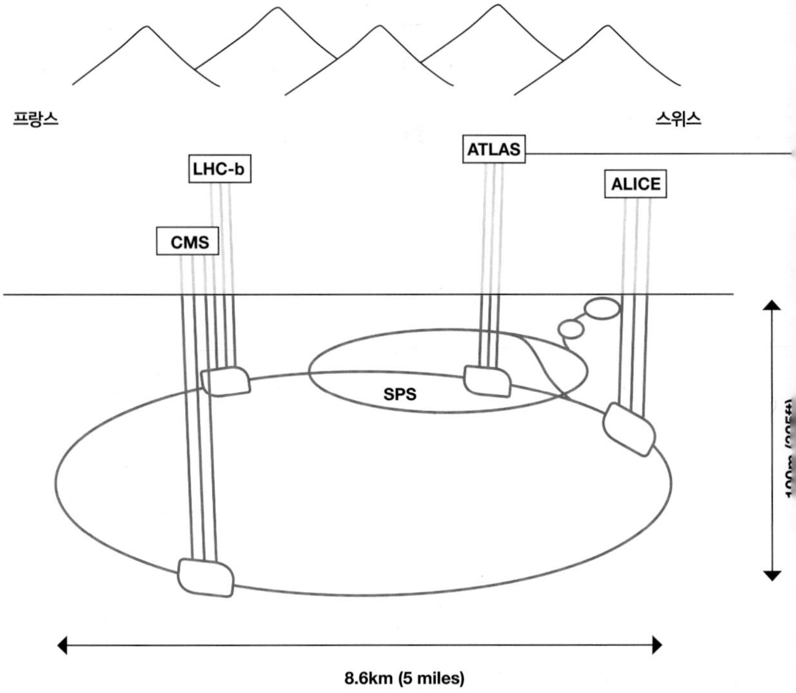

LHC는 레이크 제네바(Lake Geneva)와 쥐라 산맥 사이의 지하 100m 깊이에 설치된 거대한 터널 안에 있다. 4대의 대형 검출기가 입자들 사이의 충돌을 감지하며. 두 번째 링-슈퍼양성자 싱크로트론(Super Proton Synchrotron)-은 양성자와 납의 원자핵을 빔으로 쏘아 가속시킨 다음 LHC의 빔 파이프로 옮기는 역할을 한다. 아래는 대형 검출기 네 대의 이름과 약자이다.

LHC-b = **LHC beauty experiment**
CMS = **Compact Muon Solenoid experiment**
ATLAS = **A Toroidal Lhc ApparatuS**
ALICE = **A Large Ion Collider Experiment**

LHC의 무게는 최소 38,000톤으로, 타이타닉 호 무게(46,000톤)의 절반을 훌쩍 넘는다.

38,000tonnes

LHC에는 **세계에서 가장 큰** 초전도자석을 비롯해 총 9,300개의 자석이 있으며, 이들의 무게는 에펠탑보다 무겁다.

LHC에서 **가장 큰** 초전도자석-배럴 토로이드(Barrel Toroid)-은 시속 70km로 달리는 차량 1만대를 합친 것과 같은 에너지를 갖는다.

8

자석들은 **절대영도** 가까이(우주공간보다 더 낮은 온도다) 냉각되어야 하는데, LHC의 극저온냉각시스템은 가장 성능 좋은 냉장고보다도 8배나 더 기능이 뛰어나다.

양성자들이 가속기 안에 있을지도 모를 원자들과 충돌을 일으키지 않도록 터널은 성간우주와 비슷할 정도의 **진공** 상태를 유지한다. LHC의 진공도는 워낙 높아서(달에서의 기압보다 10배 더 낮다) 태양계 전체를 통틀어 가장 텅 빈 공간이라고 할 수 있다.

LHC를 **최대한 가동**하면,
수조 개의 양성자를 초당 11,245차례 가속시킬 수 있다.

11,245 **times a second**

입자들끼리 충돌할 때 나오는 에너지는
13TeV(1테라(TeV)는 10^{12}전자볼트(eV))로

x100,000**hotter**

태양 중심보다 100,000배 더 뜨겁고, 충돌하는 아주 짧은 순간 동안은 은하계 전체에서 가장 뜨거운 곳이 된다.

그 결과 입자들끼리의 **충돌** 횟수는
초당 총 6억 회에 달한다.

600**million**

LHC 전체가 가동될 때 검출기들에서 얻어지는 **데이터**의 양은 전 세계 정보생산량의 1%에 해당한다. 이것은 1년간 더블 레이어 DVD 10만 개를 채울 수 있는 양이며, 초당 DVD 2개를 채울 수 있는 정보 생산량이다.

이처럼 엄청난 정보를 처리하기 위해 LHC는
세계에서 가장 성능 좋은 슈퍼컴퓨터시스템과 연결돼 있다.

LHC는 전체 길이 **7,600km**의 초전도 케이블을 사용한다. 케이블의 전선 안에 든 필라멘트(가는 섬유)를 모두 풀어놓으면 태양까지 5번을 왕복하고도 달까지 7번을 왕복할 수 있는 양이 남을 것이다.

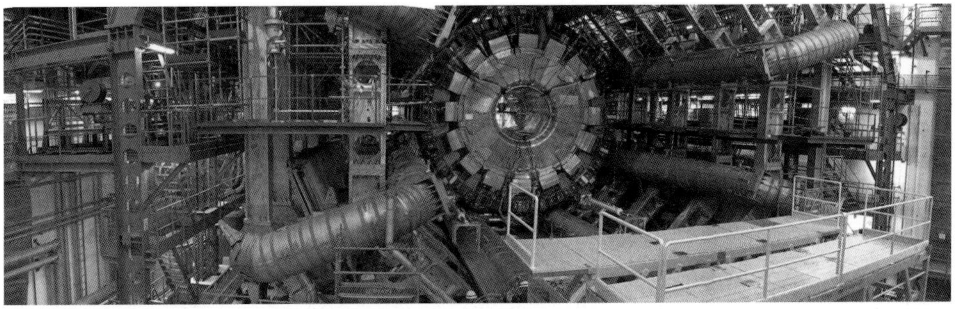

ATLAS 검출기는 고에너지의 양성자들이 정면충돌하는 현상을 감지한다. 여기서 1년간 나오는 데이터를 CD에 담으면 달까지 두 번 왕복할 수 있는 길이의 CD가 쌓일 것이다.

엠파이어스테이트 빌딩보다 더 커다란 배

▶ 지구에서 인간이 만든 가장 큰 움직이는 물체는 면적이 로어 맨해튼(맨해튼 남부)과 맞먹지만, 엠파이어스테이트 빌딩보다 더 길었던 선박보다는 무겁지 않다.

인류의 야망은 늘 기술 수준을 앞질렀다. 하지만 지난 수십 년간 개발된 기계들 중에는 인간의 야망도 혀를 내두를 정도로 대단한 것들이 있었다. 예컨대 시와이즈 자이언트(Seawise Giant)-이 유조선의 명칭은 그동안 몇 차례 바뀌었고 그 중 가장 유명한 것은 야레 바이킹(Jahre Viking)이다-라는 초대형 유조선은 엠파이어스테이트 빌딩의 높이보다 더 길었지만, 2010년 노후화로 방글라데시에서 해체되었다.
람폼 바이킹(Ramform Viking)은 해양탐사선으로 감지기를 장착한 선박들을 다수 거느리며 광대한 해양을 관측한다. 이 선박의 보유회사(Petroleum GeoServices)는 람폼 바이킹이 "지구에서 가장 규모가 큰 움직이는 물체"라고 자랑했다.

230 tonnes

키(방향타)의 무게는 230톤, 프로펠러는 50톤, 증기터빈 엔진은 50,000마력까지 낼 수 있다.

50,000 horsepower

야레 바이킹은 길이가 450m, 무게는 기름을 가득 실었을 때 **657,000톤**이 넘었다. 워낙 덩치가 크고 수심이 깊어야 했기 때문에 파마나 운하와 수에즈 운하는 물론이고 영불해협도 지날 수가 없었다. 초대형유조선인 엑손 발데즈(Exxon Valdez)의 두 배 크기였다.

485m

람폼 바이킹은 너비 1km,
길이는 8km며,
면적은 8.75km²다.

람폼 바이킹은 지진파를 이용해 해저구조를 조사함으로써 원유가 매장된 곳을 찾는다. 람폼 바이킹을 뒤따르는 선박들은 지진파를 포착하기 위해 감도가 높은 음향탐지기를 장착하고 있다.

엄청난 크기에도 불구하고 야레 바이킹의 승무원은 40명으로, 두 대의 점보제트기에서 일하는 승무원 숫자와 같다.

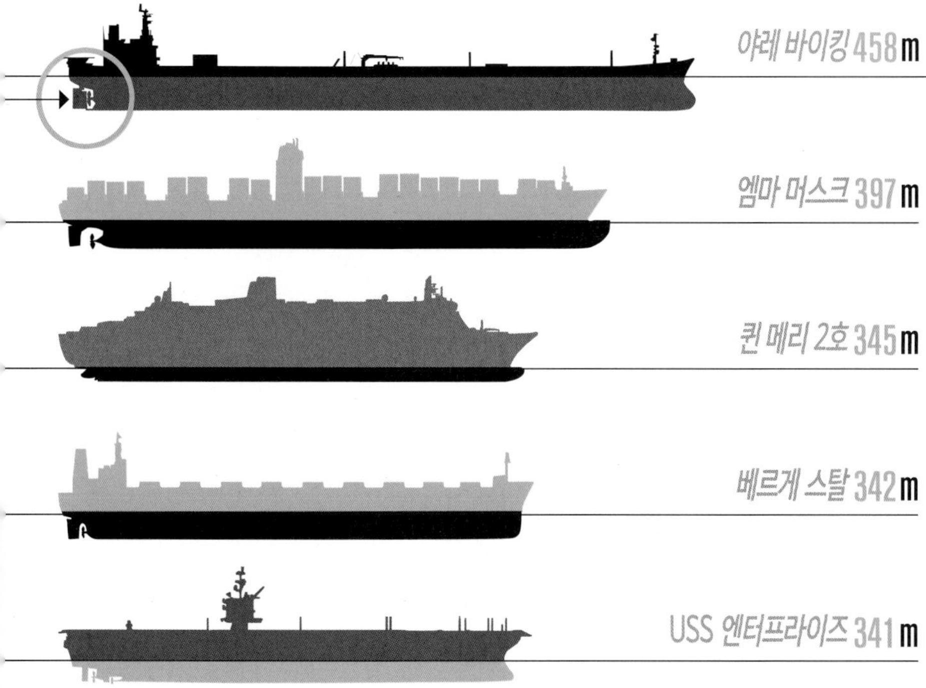

이 거대한 선박들도 **LHC**에 비하면 새발의 피 수준이다. 하지만 LHC도 1991년 텍사스에서 공사를 시작한 초대형 입자가속기가 완성되었더라면 이보다 작았을 것이다.

텍사스의 초전도 초대형 입자가속기가 완공되었다면, 가속기의 링 길이 87km, 입자 가속 에너지 40TeV로 LHC보다 세 배 더 크고 강력했을 것이다.

하지만 첫 삽을 뜬 지 2년 후, 이미 20억 달러의 공사비가 들어갔지만, 향후 추가적으로 100억 달러의 비용이 소요된다는 점 때문에 프로젝트가 취소돼 결국 23km 너비의 거대한 구멍만 남기고 공사가 중단되었다.

엄청난 하이테크를 이용한 또 다른 초거대 기계는 일본에 있는 슈퍼 카미오칸데 중성미자 검출기다. 엄청나게 순수한 물이 담긴 거대한 탱크에 검출기들을 설치한 것으로, 탱크의 폭과 높이가 각각 40m로, 5만톤의 물이 담겨 있다. 이것은 시카고 시민들이 하루 소모하는 식수와 맞먹는 양이다.

이 검출기는 우주에 있는 별보다 10억 배 더 많은 원자를 갖고 있다.

휘발유 한 통으로 달 왕복하기

▶ 무어의 법칙-마이크로칩에 들어가는 트랜지스터의 수는 18개월마다 두 배로 증가한다-이 자동차 기술에 적용됐다면, 롤스로이스는 1갤런의 연료로 32만km를 달렸을 것이고, 마음먹기에 따라서는 차체 길이를 1cm보다 작게 만들 수 있고, 자동차 가격은 주차요금보다 싸졌을 것이다.

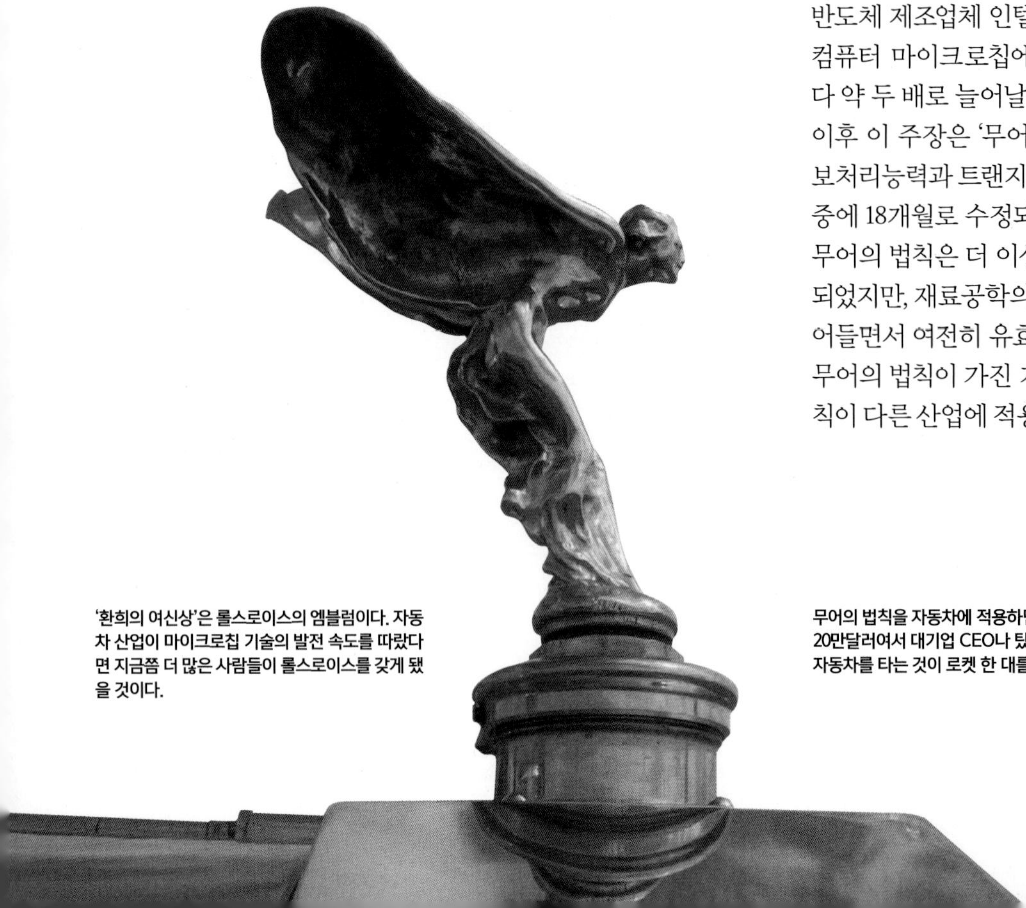

'환희의 여신상'은 롤스로이스의 엠블럼이다. 자동차 산업이 마이크로칩 기술의 발전 속도를 따랐다면 지금쯤 더 많은 사람들이 롤스로이스를 갖게 됐을 것이다.

반도체 제조업체 인텔의 창립자인 고든 무어는 1965년, 앞으로 컴퓨터 마이크로칩에 들어가는 트랜지스터의 수는 24개월마다 약 두 배로 늘어날 것이라는 글을 발표했다.
이후 이 주장은 '무어의 법칙'으로 불리게 되었고, 컴퓨터의 정보처리능력과 트랜지스터의 가격에도 적용되었다(24개월은 나중에 18개월로 수정되었다).
무어의 법칙은 더 이상 적용되지 않는다는 주장이 번번이 제기되었지만, 재료공학의 발전과 트랜지스터가 나노미터로까지 줄어들면서 여전히 유효함을 입증했다.
무어의 법칙이 가진 기술적, 경제적 중요성을 이해하려면 그 법칙이 다른 산업에 적용됐을 때를 상상해 보는 것이 도움이 된다.

무어의 법칙을 자동차에 적용하면, 지금 2만달러짜리 보통 차는 5년 전에는 20만달러여서 대기업 CEO나 탔을 것이고, 20년 전이라면 2억 달러에 달해 자동차를 타는 것이 로켓 한 대를 발사하는 것과 비슷했을 것이다.

자동차 기술이 마이크로칩의 발달 속도를 따랐다면, 샌프란시스코에서 뉴욕까지 4,140km를 가는 데 13초밖에 걸리지 않을 것이다.

13 seconds

2017 **$1**

1967 **$10,000,000,000**

무어의 법칙은 컴퓨팅 비용도 기하급수적으로 감소한다는 것을 보여준다. 오늘날 1달러가 드는 컴퓨터 연산처리과정이 **50년 전**이라면 100억 달러가 들었을 것이다.

1978년에 뉴욕과 파리 사이를 비행기로 가려면 비행시간 9시간에 900달러가 들었다. 인텔에 따르면, 무어의 법칙이 항공 산업에도 적용돼 1978년 이후 반도체 산업이 발달한 경로를 밟았다면 뉴욕과 파리 사이의 비행시간은 1초도 걸리지 않고, 비용도 1센트밖에 들지 않을 것이다.

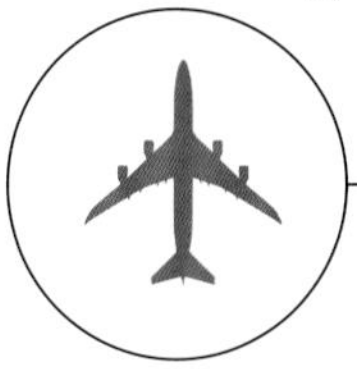

배터리 기술이 무어의 법칙을 따랐다면, 1970년에는 한 시간 정도의 충전량을 가졌던 배터리가 오늘날에는 **1세기** 이상 지속되는 충전량을 보였을 것이다.

고든 무어는 2003년 한 해에 전 세계적으로 생산된 트랜지스터는 **1,000만 조**(10^{18}) 개로 추정했다. 이는 전 세계에 서식하는 개미 수보다 100배 더 많은 양이다.

x100

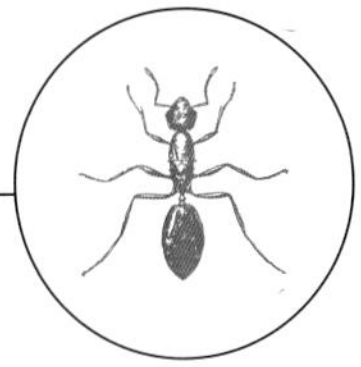

기술의 발달로 오늘날 마이크로칩은 머리카락 1만분의 1 두께까지 얇아지게 되었다. 이것은 자동차를 640km까지 직진하는 동안 2.5cm(아래 그림과 같은 칩의 너비)도 벗어나지 않을 정도의 정확도에 해당한다.

인텔에 따르면 우리 인간이 전기스위치를 손으로 1조5,000억 차례 껐다 켰다 하는 데는 **25,000**년이 걸리지만, 트랜지스터는 단 1초에 해낼 수 있다.

each second

x1,500,000,000,000

오늘날 트랜지스터 하나를 만드는 데 드는 비용은 신문지에 글자 한 자를 인쇄하는 것보다 **더 적게** 든다.

인터넷이라는 거대한 세계

▶ 페이스북을 하나의 국가로 본다면, 지구상에서 가장 규모가 큰 국가일 것이다.

인터넷은 지난 2000년에 비해 사용자가 10배 이상 늘었을 정도로 경이적인 성장세를 보이고 있다.
오늘날 페이스북 사용자는 2000년의 인터넷 전체 사용자보다도 더 많다. 2017년 기준으로 인도나 중국 인구보다 많은 20억 명 이상이 소셜 네트워킹 사이트를 이용했다.
10년 전인 2007년의 인터넷 이용자는 3억3,100만 명이었다. 페이스북은 분당 600만 페이지뷰를 기록해 월간 2,610억, 연간 37조4000억 페이지뷰에 이르고 있다.

하지만 인터넷의 규모를 정확히 측정하기는 쉽지 않다.
사용자 수를 기준으로 할지, 웹사이트 수나 데이터 용량으로 할지 기준을 정하기가 어려운데다, 인터넷 특성상 중앙집권식이 아니라 널리 분산돼 있어 데이터를 모으기가 쉽지 않기 때문이다.

하버드 대학의 러셀 사이츠는 인터넷의 무게를 재는 방법을 제안했다.
아인슈타인의 유명한 공식 $E=mc^2$은 에너지를 질량으로 변환할 수 있음을 보여준다. 사이츠는 이 공식을 이용해, 인터넷 트래픽의 전체 용량에 1바이트의 정보를 이동시키는 데 필요한 에너지를 곱한 결과 인터넷의 총무게(질량)는 56g이라는 계산 결과를 얻었다. 이것은 큰 계란 하나의 무게와 비슷하다.

2000년 기준으로 361,000,000

전 세계 **인터넷 사용자**는 361,000,000명이었다.

2017년 12월 기준으로는 3,770,000,000명이었다.

3,770,000,000

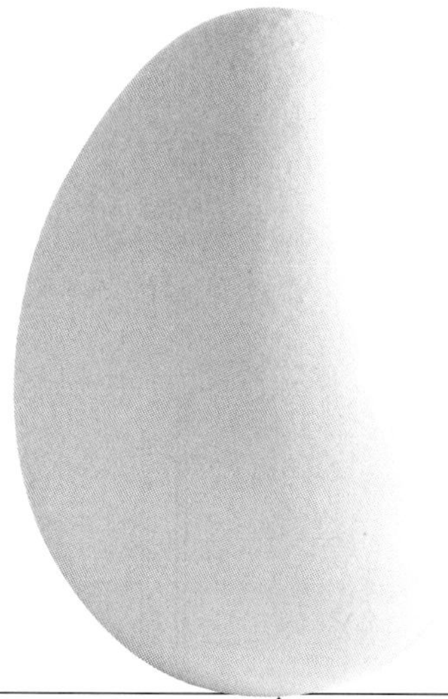

에너지는 질량을 갖지만($E=mc^2$), 그 양은 매우 작다($m=E/c^2$). 그래서 전 세계의 인터넷 트래픽에 사용되는 에너지는 계란 하나의 무게와 비슷하다.

5,000,000,000

유튜브에서 하루 평균 시청되는 동영상은 5,000,000,000 개다.

유튜브에서는 1분당 300시간의 동영상이 업 로드되고 있다.

1.5million

이것은 매주 장편 영화 150만 편이 업 로드되는 것과 같은 양이다.

---

500 million tweets per day

트위터 이용자는 3억2,800만 명이며, 이들은 매일 5억 개, 초당 6000개의 트윗을 보내고 있다.

6,000 tweets per second

205

전 세계 이메일 사용자는 37억 명이다. 2016년 기준으로 이들이 연간 **보낸 이메일**은 총 75조 건으로 하루 평균 2,050억에 달했다.

86% of which were spam 하지만 이들 중 86%는 스팸 메일이었다.

2009년12월 기준으로 인터넷에 올라온 웹사이트는 **2억3,400만** 개였다.

인터넷 사용자의 **42%**는 아시아에 거주한다.

구글의 에릭 슈미츠는 구글은 전 세계 정보의 0.004%만 색인으로 제공하고 있다고 밝혔다.

5**엑사바이트**(1엑사바이트는 10^{18}바이트)는 온 인류가 그동안 말한 단어들을 모두 합한 것과 같은 양이다.

구글은 지금까지 **200테라바이트**(1테라바이트는 10^{12}바이트)가 넘는 데이터를 색인화했다. 브리태니커 백과사전 20만 권 분량이며, 미국 의회 도서관이 보유한 도서의 20배에 해당하는 양이다.

살벌한 우주 쓰레기

▶ 지구를 둘러싼 공간이 쓰레기 매립지라면, 매립지를 다 채우는 데 오랜 시간이 걸리지 않을 것이다.

우주비행은 인류 문명이 거둔 위대한 성과 중 하나지만, 우주 쓰레기라는 부작용도 수반한다. 용도 폐기된 위성, 로켓, 우주선들끼리의 충돌로 인한 잔해, 폐기물 투기(우주정거장 미르에 근무하는 비행사들은 100개가 넘는 쓰레기봉투를 지구 궤도로 내버렸다-역주) 등으로 우주 쓰레기가 매년 증가하면서 골칫거리가 되고 있다. 예를 들어, 1965년 미국에서 최초로 우주유영에 나섰던 제미니4호(Gemini4)에 탑승했던 비행사 에드워드 화이트는 실수로 장갑 한 쪽을 우주 공간으로 떨어뜨렸는데, 이 장갑은 시속 2만8000km의 속도로 약 한 달간 지구 궤도를 비행하는 바람에 위성이나 우주선 같은 다른 물체와 충돌했다면 굉장히 위험한 상황이 벌어질 수도 있었다.

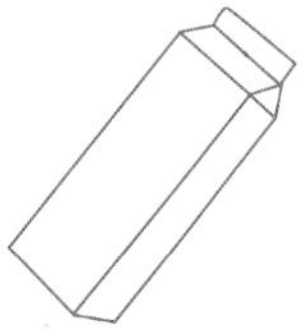

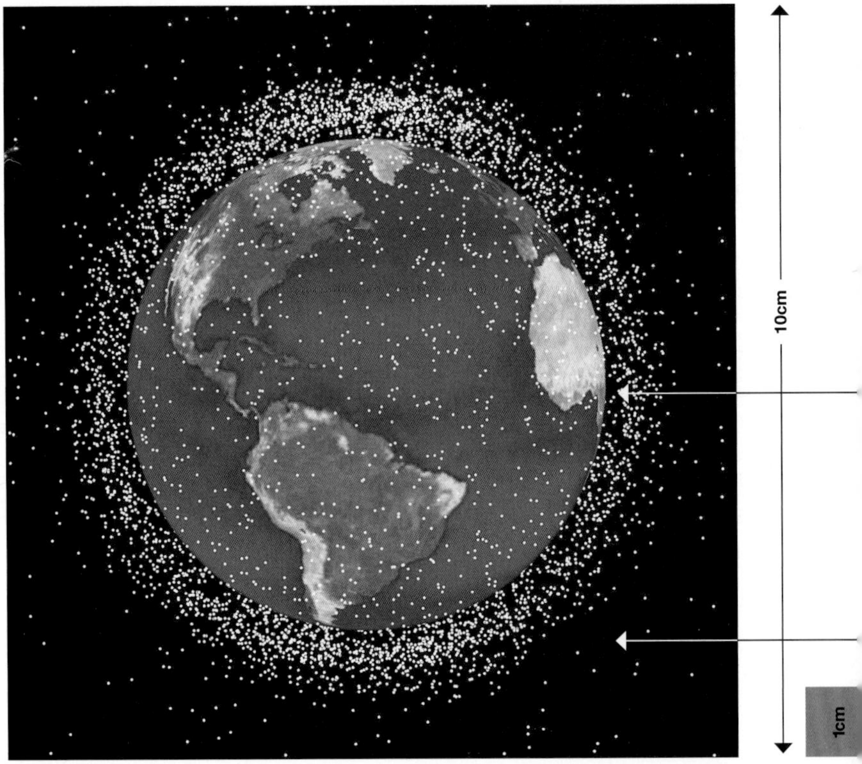

이 그림은 지구 궤도를 도는 우주 쓰레기 가운데 크기가 10cm가 넘는 것들을 점으로 보여주고 있다.

지구 저궤도(고도 2,000km 미만)에 있는 입자들은 초속 8km로 지구를 돌지만, 어떤 물체와 충돌해 그 물체의 속도가 더해지게 되면 충돌속도가 초속 10km 정도로 높아진다.

10km/s

지구 궤도가 더 높아지면 잔해들이 지구로 떨어지기까지 우주에 머무는 시간도 더 길어진다. 궤도 600km 미만의 잔해들은 단지 몇 달간만 머물지만, 1,000km 이상의 궤도를 도는 쓰레기들은 **1세기** 이상 지구 주위를 돌게 된다.

지금도 지구 궤도를 돌고 있는 우주 쓰레기 가운데 **가장 오래된 것**은 1958년 발사된 뱅가드 1호 위성이다. 이 위성은 발사 후 약 6년간만 활동했다.

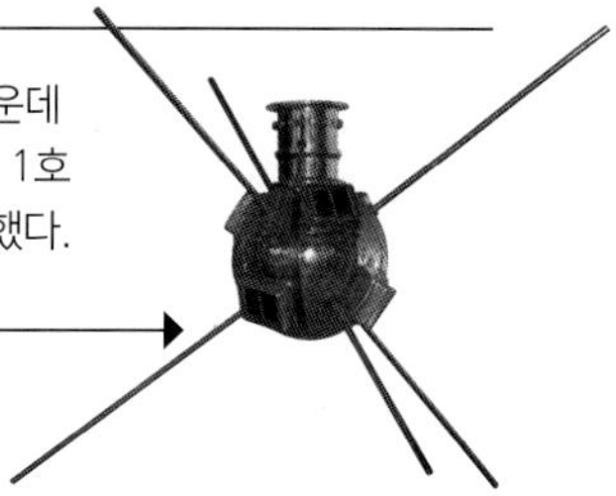

NASA에 따르면 지구를 돌고 있는 물체들 가운데

29,000 크기가 10cm **이상**인 것은 약 29,000개다.

반면 폭이 **1~10cm 사이**인 것은 67만 개가량이다.

670 thousand

1cm보다 더 작은 것은 **수억 개**에 달한다.

가장 빠른 총알도 초속 1km 미만인 걸 감안하면 우주 쓰레기의 속도는 매우 빠르다. 우주 쓰레기 1그램 당 운동에너지는 탱크에서 쏜 포탄의 100배나 되기 때문에 충돌할 경우 피해도 엄청나다.

NASA의 목록에 등재될 정도로 큰 우주 쓰레기가 평균적으로 **매일 하나씩** 지구로 떨어진다. 여태까지 추락한 우주 쓰레기에 맞아 숨진 사람은 없다.

우주 쓰레기는 가장 비싼 폐기물이다.
지구의 쓰레기를 우주로 보내는 데 드는 비용은 kg당 22,000달러이다.

$22,000perkg $10,000perlb

미국이 육상에서 나오는 쓰레기를 모두 우주로 보내려고 하면, **매일 4,000조 달러**의 비용이 들 것이다.
이것은 미국의 하루 쓰레기 처리 비용의 10만 배에 달한다.

우주로 나가는 데 비용이 많이 드는 까닭은
지구 중력을 벗어나야 하기 때문이다.
중력을 이겨내고 우주로 나가려면
탈출속도(escape velocity) 이상으로 가속되어야 한다.

지구 표면에서의 탈출속도는 (공기의 마찰을 무시하면)
초속 **11,100**km, 시속으로는 4만2000km다.

야구공을 지구 궤도로 올려놓으려면,
가장 빠른 구속을 지닌 투수보다 **250배** 더 빠르게 던져야 한다.

단 한 방에 2차 대전 끝

▶ 인류가 개발한 가장 강력한 무기인 차르 봄바(Tsar Bomba)는
제2차 세계대전에 사용된 폭발물을 모두 합친 것보다 10배나 강력한 폭발력을 보였다.

핵무기는 인류 문명이 낳은 가장 가공할 무기지만, 핵무기를 만드는 기술 자체는 인류가 낳은 기술 가운데 매우 인상 깊은 것이기도 하다.
이들 중에서도 가장 강력한 무기는 소련이 개발해 1961년 10월31일에 시험적으로 폭발한 AN602라는 수소폭탄으로, 일명 차르 봄바(황제폭탄)라 불렸다.
차르 봄바의 위력은 50메가톤이나 돼 재래식 폭탄으로 치면 TNT 75톤을 실은 15m짜리 화물열차가 66만6000대 필요한 양과 같다. TNT를 실은 화물열차가 1만km나 늘어서 있는 꼴이다.

차르 봄바의 폭발력은 50메가톤. 역사상 최악의 화산 폭발로 기록된 1883년의 크라카타우 화산의 폭발력은 200메가톤으로 추정된다.

200
megatonnes

x1,400

차르 봄바는 **히로시마**와 **나가사키**에 투하된 원자탄을 합친 것보다 1,400배나 더 강했다.

차르 봄바가 지하에서 폭발했다면 **리히터 규모** 7.1의 지진과 맞먹었을 것이다.

7.1

차르 봄바가 폭발하면서 분출한 에너지는

1.4%

태양이 낸 에너지의 1.4%에 해당했다.

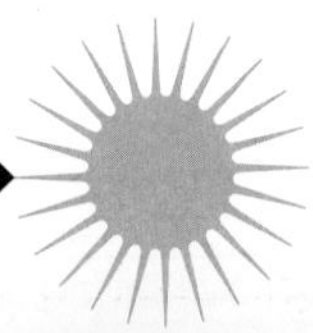

차르 봄바의 폭발로 **버섯구름**이
64km나 치솟았다.

64 kilometers

7x 이것은 **에베레스트**보다
거의 7배나 높은 것이다.

23,360 warheads

그동안 핵무기감축조약 덕분으로 오늘날 전 세계에 존재하는 핵탄두는 23,360개로 줄었으며, 이들을 다 합치면 약 7,000메가톤의 위력을 갖는다.

7,000 megatonnes

냉전이 절정에 달했던 1973년에
전 세계 핵탄두를 모두 합치면 27,333메가톤이었다.

27,333 megatonnes

지구 표면을 폐허로 만들려면 **1,241,166**개의 고성능 핵탄두가 필요하다. 전 세계의 도시를 모두 파괴하는 데만도 9만9293개의 핵탄두가 필요하다. 따라서 아직은 우리가 만든 문명을 완전히 날려버릴 만큼의 핵무기는 가지고 있지 않은 셈이다.

지구의 중력 에너지를 이겨내고 **지구를 완전히 파괴**하려면
50,000조 메가톤의 폭탄이 필요하다.

50,000 **trillion**megatonnes

'중국어 방'

인공지능은 밀폐된 방에 있는, 중국어를 한 마디도 모르는 사람과 같다. 하지만 그는 중국어 문법을 상세히 다룬 책을 갖고 있고, 단어의 뜻을 전혀 모르면서도 중국어로 쓰인 질문지와 메시지에 답을 해야 한다.

'중국어 방'이라 불리는 이 사고실험은 1980년 언어철학자 존 설이 처음 제안했다. 이것은 앨런 튜링이 인공지능(AI)과 관련해 고안했던 유명한 실험 '튜링 테스트'를 존 설이 살짝 비튼 것이었다. 튜링 테스트란 어떤 사람이 상대가 AI인지 사람인지 모르는 상태에서 글로 쓴 문장을 통해 의사소통을 한 뒤, 상대가 AI인지 사람인지를 구별하는지 여부를 알아보는 것이다. 만약 구별하지 못한다면 AI가 인간적인 의미에서 지능을 가지고 있다고 간주해야 한다는 것이다.

튜링 테스트를 보여주는 다이어그램. 조사하는 사람은 컴퓨터 앞에 앉아 질문을 입력한다.

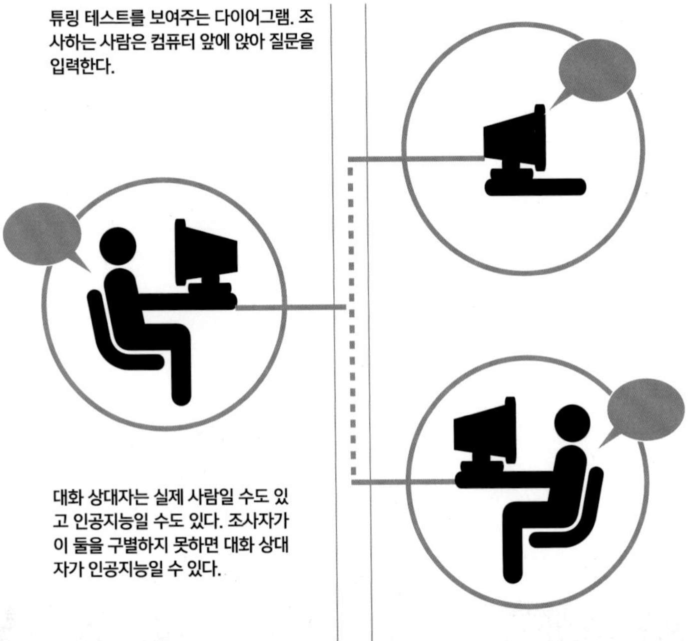

대화 상대자는 실제 사람일 수도 있고 인공지능일 수도 있다. 조사자가 이 둘을 구별하지 못하면 대화 상대자가 인공지능일 수 있다.

존 설의 방식에 따르면, 밀폐된 방 바깥에 있는 사람은 방 안에 있는 사람이 자신이 보낸 메모를 이해하고 답장할 수 있는 사람이라고 생각하며, 문 아래로 메모지를 주고받는다. 하지만 방 안에 기계가 있고 정교한 프로그램을 통해 메모 내용을 분석하고 적절하게 답을 할 수 있다면 어떻게 되는가?

존 설은 그건 마치 중국어를 전혀 할 줄 모르고 단어의 뉘앙스나 의미도 전혀 파악하지 못하면서 중국어 문법책을 이용해 질문에 답을 척척 해내는 사람이 방 안에 있는 것과 같다고 보았다. 다시 말해 그 기계는 인간의 지능을 흉내 낼 수는 있지만, 단어의 진정한 의미-존 설은 이를 '의도'라고 불렀다-는 아무것도 모르기 때문에 인간적인 의미의 지능을 갖는다고 볼 수는 없다고 존 설은 주장했다.

그러나 반대자들은 '의도'라는 것이 과연 중요한 판단 근거인가, 컴퓨터 프로그램이 중국어 방의 질문들을 통과할 정도로 정교하다면 과연 의도와 무슨 차이가 있느냐고 반문했다. 중국어의 뜻을 몰라도 훌륭한 문법책과 사전을 통해 질문에 답하는 개인이 있다면 그와 중국어를 학습한 개인이 다르다고 할 수 없는 것처럼, 정교한 프로그램을 가진 컴퓨터도 인간적인 지능을 가진 것으로 볼 수 있다고 주장했다.

AI의 도래는 19세기 이전부터 이미 예견돼 있었다.
하지만 비판적인 사람들은 이렇게 농담한다.

"인공지능은 50년 뒤에 나올 것이고, 그때가 되면 또 다시 50년 뒤에 출현한다고 할 것이다."

시냅스(뉴런과 뉴런 사이의 연결. 뉴런의 수는 10^{15}개)의 수와 각 시냅스가 자극을 전달하는 속도(초당 약 10개)를 기초 삼아 따져보면, 뇌는 초당 10^{16}의 **자극 처리능력**을 갖는다. 컴퓨터로 치면 10페타플롭스(1페타플롭은 초당 1000조 즉 10^{15}의 연산처리를 할 수 있다)의 처리능력을 갖는다는 뜻이다.

10 petaflops

AI 전문가 스티브 퍼버는 슈퍼컴퓨터가 인간의 뇌만큼 처리능력을 갖추려면 적어도 **1엑사플롭**(1,000 페타플롭스) 이상 되어야 한다고 주장했다.

스티브 퍼버에 따르면 뇌는 현존하는 최고의 컴퓨터 프로세서보다도 **100만 배** 이상 에너지 효율이 뛰어나다.

지금 **이 문장을 큰 소리로 읽으면** 뇌와 상관없이 내이(속귀,內耳)가 자극되면서 초당 10억 개의 정보가 처리된다(1기가플롭, 혹은 백만분의 1 페타플롭에 해당). 이것은 게임 콘솔의 처리능력과 비슷하다.

인간의 뇌는 자극 처리 과정에서 약 25와트의 전기에너지를 소비한다.

25watts

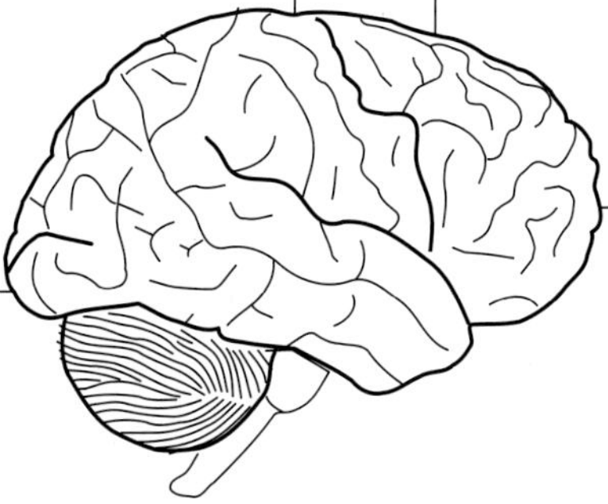

하지만 게임 콘솔이 이 정도 정보를 처리할 때 50와트의 전력을 소모하고 쿠키를 구울 정도의 열을 내는 데 반해 내이(속귀)는 겨우 100만분의 4와트를 소비한다. 이 정도 소비라면 AA건전지로 15년간 사용할 수 있다.

세계에서 가장 강력한 슈퍼컴퓨터는 **선웨이 타이후라이트**(Sunway TaihuLight)로, 중국 장쑤성 우시에 있는 국가슈퍼컴퓨팅센터가 보유하고 있다.

이 슈퍼컴퓨터의 최고 처리속도는 **125페타플롭스**다.

이 슈퍼컴퓨터는 **15메가와트**의 전기에너지(전력)를 소비한다.

1997년 체스 세계챔피언 가리 카스파로프를 물리쳤던 슈퍼컴퓨터인 **딥 블루**의 무게는 1.4톤에, 초당 체스 말을 2억 번 움직일 수 있는 처리능력(반면 카스파로프는 초당 두 번)을 가졌었다.

오늘날 딥 블루의 처리능력은 엄지손톱보다도 작은 칩 하나에 다 들어간다.

색인

이미지 출처

Creative Commons

12 (아래) © KaterBegemot
70 (다이어그램, 오른쪽 아래) © Sullivan.T.J
94 (오른쪽 아래) © Daniel Schwen
100 (오른쪽 아래) © Goldstein Lab
103 (코끼리) © nickandmel2006
103 (크릴새우) © Uwe Kils
108 (북아메리카 말벌) © PiccoloNamek
108 (총알개미) © April Nobile / AntWeb.org
108 (종이말벌) © Alvesgaspar
108 (붉은수확기개미) © Steve Jurvetson
108 (불혼아카시아 개미) © Ryan Somma
108 (땅벌) © Richard Bartz
108 (짖는 개) © Balthazar
111 (오른쪽) © Wilder Kaiser
118 (오른쪽) © Mnof
126 (왼쪽) © Kathy Estibeiro
126 (오른쪽, 시계) © Arne Nordmann
159 (오른쪽 아래) © Elnur Amikishiyev
172 (왼쪽 아래) © Helmut Janushka
185 (오른쪽 아래) © Smithan
206 © Ricardo Liberato
209 (아래) © Frank Hommes
212 (아래) © Jimknopfmuc
215 (왼쪽) © Ren West

Dreamstime.com

12 (왼쪽) © Serg_dibrova
15 (아래) © Olivier Le Queinec
17 (아래) © Mailthepic
18 (맨위) © Sillici
53 (가운데) © Amiralis
63 (맨위 오른쪽) © Barfooz
68 (가운데) © Angelo Gilardelli
80 (맨위) © Xuujie
81 (맨위 오른쪽) © Evgeny Karandaev
84 (맨위) © Alle
92 (아래) © Msenbg
96 © Fenton 1806
104 (오른쪽 아래) © Sergey Rusakov
105 (맨위) © Ralf Kraft
110 (왼쪽 아래) © Eric Isselee
110 (오른쪽 아래) © Sebastian Kaulitzki
111 (맨위) © Santos06
130 © Karima Lakhdar
131 (맨위 오른쪽) © Joingate
178 © Rlunn
180 (오른쪽 아래) © Kathy Gold
185 (가운데) © Reticent
190 (오른쪽 아래) © Gianluca D'elia
194 (맨위) © Nenad Cerovic
200 (맨위) © Hakan Ertan
216 (맨위) © Eddie Toro
217 (오른쪽 아래) © Alexstar

iStockphoto.com

18 (아래) © Zennie
30 © John Shepherd
32 (왼쪽 아래) © Katrina Brown
36 (맨위) © Daniel Jensen
43 © James Wakefield
46 (왼쪽) © Cbpix
47 (오른쪽 아래) © Gzaleckas
48 © Eric Isselee
60 © Diane Labombarbe
64 (맨위) © Shelley Perry
67 (오른쪽) © Eric Gevaert
68 (맨위) © Suzannah Skelton
72 (왼쪽 아래) © Chestnutphoto
72 (오른쪽 아래) © Joingate
73 (모래알) © Sufi70
73 (확대경) © Blackred
74 (맨위) © Mustafa Deliormanli
86 (맨위) © Subjug
93 (아래) © Richard Goerg
95 (스프링) © Pei Ling Hoo
101 (아래) © Dra_schwartz
107 (숟가락) © Elena Elisseeva
107 (개구리) © Mariya Bibikova
112 (왼쪽) © Natalia Yakovleva
184 (맨위) © Mark Strozier

© NASA

15 (맨위); 20 (아래);
21 (아래); 29 (오른쪽);
57 (아래); 75 (아래);
128; 131 (맨위 왼쪽); 134;
136 (왼쪽); 142 (오른쪽);
143 (왼쪽 아래); 147 (왼쪽);
149 (맨위 왼쪽); 150;
151 (왼쪽 아래); 163 (왼쪽);
163 (오른쪽); 170 (맨위);
171 (오른쪽); 216 (아래);
217 (뱅가드 위성)

Miscellaneous

58 © Alex Buckingham
72 (맨위 왼쪽) © Lindsey Johns
152 © Tony Sweet
198 © Nicolas P. Rougier | GNU